普通高等教育公共基础课系列教材

Office办公软件高级应用项目教程

主　编　苟　燕　刘志国　王　莉

副主编　李利宾

科学出版社

北　京

内 容 简 介

本书围绕全国计算机等级考试二级"MS Office 高级应用"考试大纲设置内容，教学案例从生活实景出发，融入经典案例，并精选计算机等级考试真题中的各类考点，教读者如何利用 Office 解决学习、生活、工作中的各类难题。通过本书的学习，读者能够在提高利用计算机解决问题能力的同时顺利通过全国计算机二级 Office 考试，使读者的工作事半功倍，增强职场竞争能力。

本书适用于在校本科生、高职高专生、参加计算机等级考试的考生以及其他希望提高计算机实操技能的人员。

图书在版编目(CIP)数据

Office 办公软件高级应用项目教程/苟燕，刘志国，王莉主编. 一北京：科学出版社，2024.2

（普通高等教育公共基础课系列教材）

ISBN 978-7-03-077701-0

Ⅰ. ①O… Ⅱ. ①苟… ②刘… ③王… Ⅲ. ①办公自动化-应用软件-高等学校-教材 Ⅳ. ①TP317.1

中国国家版本馆 CIP 数据核字（2024）第 016419 号

责任编辑：宋　丽　袁星星 / 责任校对：赵丽杰

责任印制：吕春珉 / 封面设计：东方人华平面设计部

科学出版社出版

北京东黄城根北街 16 号

邮政编码：100717

http://www.sciencep.com

三河市骏杰印刷有限公司 印刷

科学出版社发行　各地新华书店经销

*

2024 年 2 月第　一　版　开本：787×1092　1/16

2024 年 2 月第一次印刷　印张：22 1/4

字数：553 000

定价：75.00 元

（如有印装质量问题，我社负责调换〈骏杰〉）

销售部电话 010-62136230　编辑部电话 010-62135763-2047

前　言

“MS Office 高级应用”是为非计算机专业学生开设的一门公共必修课，2021 年本课程被评为首批内蒙古自治区线上一流本科课程。本课程建设精选了 10 个生活中经常遇到的经典案例，并和学堂在线专业团队合作，进一步提高了课程的实用性和 MOOC（massive open online courses，大型开放式网络课程）课程视频质量。本课程设计了基于 MOOC 平台的“线上线下”混合式教学模式，通过 MOOC 平台呈现课程内容，课下学生可在线完成学习、习题和作业，与教师在线交流、讨论；课上教师检查学生学习情况、答疑、辅导、讨论，实现传统教学和网络教学相结合的混合式教学模式。本书可作为学生线上学习的参考教材。

本书共 13 个项目，项目 1 为图文混排（制作个人简历），项目 2 为邮件合并（制作会议代表证），项目 3 为长文档编辑与应用（快速排版学位论文），通过这 3 个教学案例讲解 Word 高级应用技能；项目 4 为 Excel 基本数据处理（大学生生活费收支管理），项目 5 为 Excel 数据分析（学生成绩管理），项目 6 为 Excel 函数及数据图表（勤工助学部商品销售情况统计），项目 7 为数据模拟分析应用（财务本量利分析），通过这 4 个教学案例讲解 Excel 高级应用技能；项目 8 为宣传展示类演示文稿的制作，项目 9 为培训类演示文稿的制作，项目 10 为创建电子相册，通过这 3 个教学案例讲解 PowerPoint 高级应用技能；项目 11 为全国计算机等级考试真题（Word 部分），项目 12 为全国计算机等级考试真题（Excel 部分），项目 13 为全国计算机等级考试真题（PowerPoint 部分），分别精选计算机等级考试操作题库中的典型真题加以详细分析和讲解，对参加计算机等级考试的读者进行针对性的辅导。

本书由苟燕、刘志国、王莉任主编，由李利宾任副主编，具体编写分工如下：项目 1、项目 2 和项目 13 由王莉编写，项目 3 和项目 11 由苟燕编写，项目 4 和项目 5 由李利宾编写，项目 6、项目 7 和项目 12 由石淼编写，项目 8～项目 10 由刘志国编写。

参与本书编写的作者都是多年从事一线教学的教师，具有较为丰富的教学经验。在编写时，注重原理和实践紧密结合，注重实用性和可操作性；在案例的选取上，注重读者日常学习工作的实际需要；在文字叙述上，深入浅出，通俗易懂。

本书在教学过程中使用的教学资源和素材可登录学堂在线-精品在线课程学习平台，查找课程“玩转计算机二级——Office 高级修炼”即可观看视频并下载素材，课程网址为 https://www.xuetangx.com/course/imnu08091002293/19318367，课程二维码见右图。

长按识别看课程

由于编者水平有限，本书不足之处在所难免。为便于本书的修订，恳请专家、教师及读者多提宝贵意见。

目　录

项目 1　图文混排（制作个人简历）

图文混排是全国计算机等级考试中比较简单的一种 Word 操作题型，在历年考试中一般会有制作宣传海报、个人简历等图文混排题型，下面分任务讲解有关个人简历图文混排的案例。

案例背景：张静是一名大学本科三年级学生，经多方面了解分析，她希望在下个暑期去一家公司实习。为获得难得的实习机会，她打算利用 Word 精心制作一份简洁而醒目的个人简历，制作完成的效果如图 1-1 所示，下面分 6 个任务讲解制作过程。

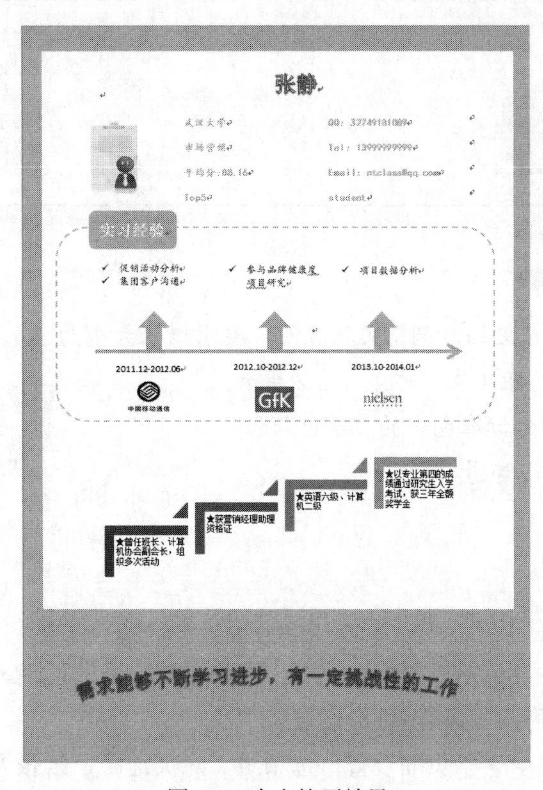

图 1-1　个人简历效果

素养目标

图文混排涉及多个方面的知识和技能，包括文字与图片的查找、文本框与艺术字的使用以及色调的搭配和排版的美观等。通过图文混排，可以培养学生自主探索和综合实践操作的能力。

图文混排任务要求呈现的内容可以引起学生的兴趣和思考，进而激发他们对相关问题的思辨和讨论，这有利于培养学生的思维能力和创新思想。

任务 1.1　页 面 设 置

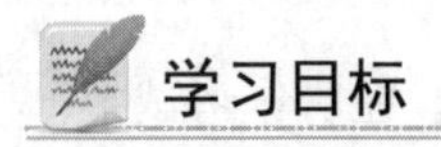

学习目标

【技能目标】

- 掌握调整文档版面的方法。
- 掌握设置文档背景的方法。

【知识目标】

学会以下知识点：

- 设置纸张大小。
- 设置页边距。
- 设置页面背景。

任务要求

- 新建一个 Word 文档，调整文档版面，要求纸张大小为 A4，页边距（上、下）为 2.5 厘米，页边距（左、右）为 3.2 厘米。
- 设置页面背景为标准色中的“橙色”。
- 将文档保存为“学号.docx”。

知识准备

1. 文档的页面设置

文档的页面设置主要包括设置纸张大小、纸张方向、页边距等。

（1）使用“页面设置”选项组进行设置

选择“布局”选项卡→“页面设置”选项组，对页边距、纸张方向、纸张大小等进行快速设置，如图 1-2 所示。

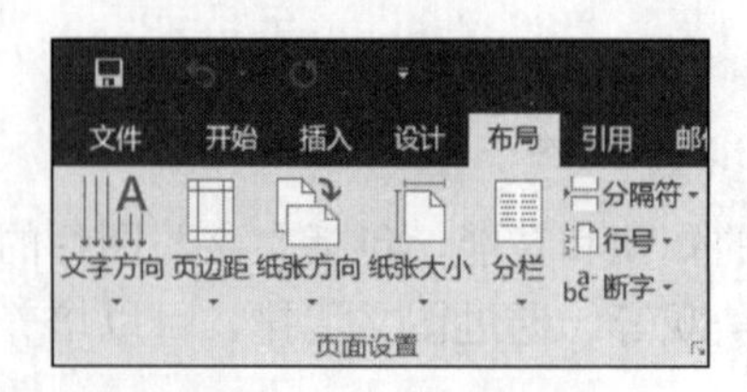

图 1-2　“页面设置”选项组

（2）利用“页面设置”对话框进行设置

选择“布局”选项卡→“页面设置”选项组，单击右下角的对话框启动器，弹出“页面设置”对话框（图 1-3），对页边距、纸张方向、纸张大小等进行设置，设置完成后单击“确定”按钮即可。

2. 设置页面颜色和背景

（1）为文档设置页面颜色和背景

为文档设置页面颜色和背景的操作步骤如下：

1）选择“设计”选项卡→“页面背景”选项组，单击“页面颜色”下拉按钮。

2）在打开的下拉列表中的“主题颜色”或“标准色”区域中单击所需颜色。如果没有所需颜色，可选择“其他颜色”命令，在弹出的“颜色”对话框中进行选择即可。

3）如果希望添加其他效果，则选择“填充效果”命令即可。

4）弹出“填充效果”对话框（图 1-4），其中有“渐变”“纹理”“图案”“图片”4 个选项卡，用于设置页面的特殊填充效果，设置完成后单击“确定”按钮即可。

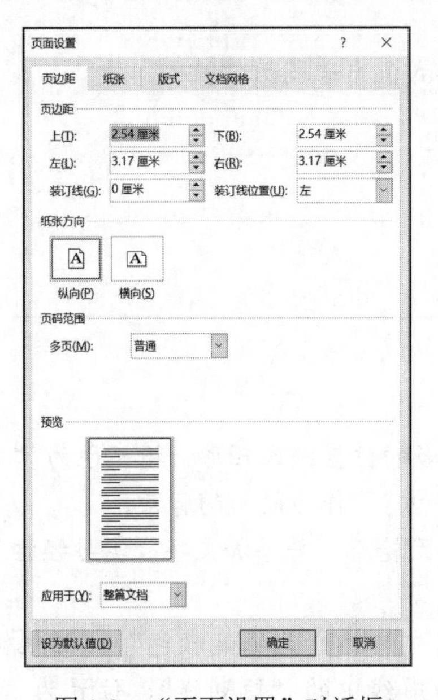

图 1-3　“页面设置”对话框

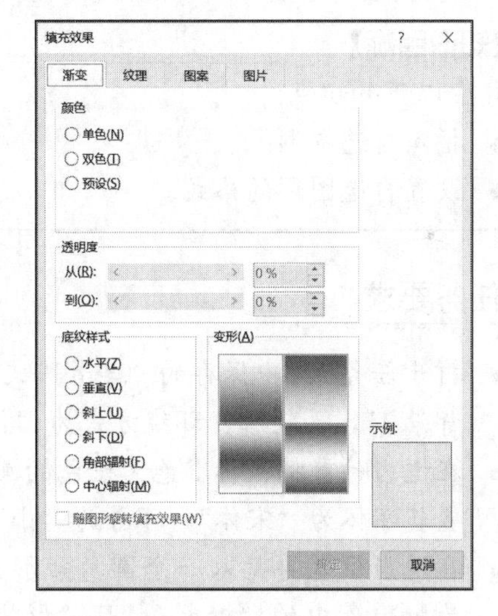

图 1-4　“填充效果”对话框

（2）为页面添加可打印的背景颜色

在 Word 2016 中，打印的默认设置是不包含背景颜色的。要打印背景颜色，可以按照如下步骤进行操作：选择“文件”→“选项”命令，弹出“Word 选项”对话框，选择“显示”选项卡，在“打印选项”处选中“打印背景色和图像”复选框，单击“确定”按钮。设置完成后，再进行打印就会包含背景颜色。

实施步骤

第 1 步：启动 Word 2016，并新建空白文档。选择“布局”选项卡→“页面设置”选项组，单击右下角的对话框启动器，在弹出的“页面设置”对话框中选择“纸张”选项卡，将“纸张大小”设置为A4；选择“页边距”选项卡，将“页边距”的上、下、左、右分别设置为2.5厘米、2.5厘米、3.2厘米、3.2厘米，单击“确定”按钮。

第2步：选择“设计”选项卡→“页面背景”选项组，单击“页面颜色”下拉按钮，在打开的下拉列表中选择标准色中的“橙色”。

第3步：选择“文件”→“保存”命令，在弹出的“另存为”对话框中输入文件名为“学号”，单击“保存”按钮。

任务1.2　插入并设置自选图形的格式

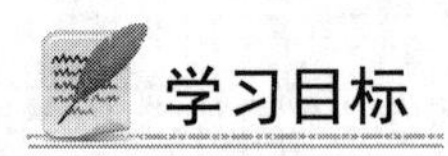

学习目标

【技能目标】

- 掌握在文档的适当位置添加自选图形，并格式化自选图形的操作。

【知识目标】

学会以下知识点：

- 插入自选图形。
- 设置自选图形的格式。

任务要求

- 打开任务1.1中保存的“学号”文档，在适当的位置插入矩形，填充色为“白色，背景1”，无轮廓，环绕方式为“衬于文字下方”，作为简历的背景。
- 在适当位置插入标准色为橙色的圆角矩形，无轮廓，并添加文字“实习经验”，设置其字体为“宋体”，字号为“小二”。
- 在适当位置再插入一个圆角矩形，“形状填充”为“无填充颜色”，“形状轮廓”为标准色中的“橙色”，且“形状轮廓”为虚线中的“短划线”，位置为“下移一层”。
- 在适当位置绘制4个箭头（提示：横向箭头使用线条类型箭头，颜色为标准色中的“橙色”，粗细为“4.5磅”；纵向箭头为“箭头总汇”中的“上箭头”，颜色为标准色中的“橙色”，“形状轮廓”为“无轮廓”）。

知识准备

1. 插入自选图形

插入自选图形的操作步骤如下：选择“插入”选项卡→“插图”选项组，单击“形状”

下拉按钮，打开如图 1-5 所示的下拉列表，选择需要的图形。按住鼠标左键在文档中拖动，即可插入一个自选图形。

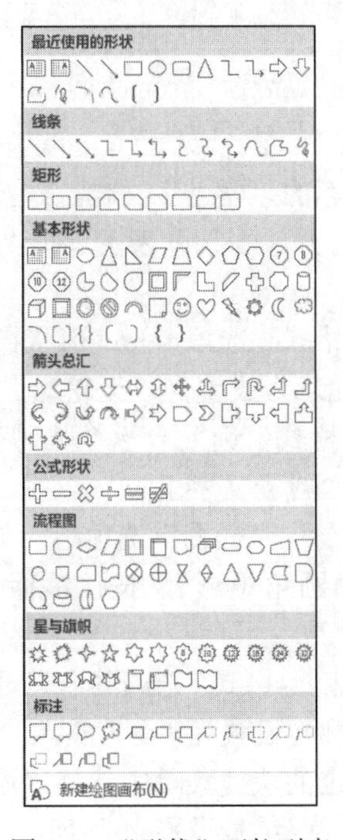

图 1-5　“形状”下拉列表

2. 设置自选图形的格式

设置自选图形格式的操作步骤如下：

首先选中要设置的自选图形，然后选择“绘图工具-格式”选项卡，如图 1-6 所示。

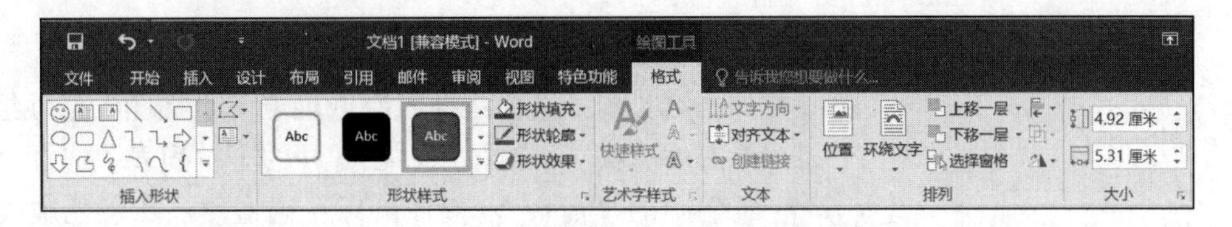

图 1-6　“绘图工具-格式”选项卡

在“形状样式”选项组的“形状填充”下拉列表中可以设置自选图形的内部填充颜色；在“形状轮廓”下拉列表中可以设置自选图形的外围轮廓（外围边框）的颜色，以及外围边框的粗细及线型；在“形状效果”下拉列表中可以设置自选图形的特殊显示效果，选择相应的选项即可完成设置。

图 1-7　“环绕文字”下拉列表

“排列”选项组中的“环绕文字”用于设置自选图形与文字的环绕方式，如图 1-7 所示；“上移一层”“下移一层”“对齐”用于设置自选图形的位置；“旋转”用于设置自选图形的旋转角度，选择相应的选项即可完成设置。

“大小”选项组用于设置自选图形的大小，即高度与宽度。输入相应的高度与宽度值后即可完成设置。

实施步骤

第 1 步：打开任务 1.1 中保存的“学号”文档，选择“插入”选项卡→“插图”选项组，单击“形状”下拉按钮，在打开的下拉列表中选择“矩形”，按住鼠标左键拖动，绘制一个稍小于页面大小的矩形。

选中矩形，选择“绘图工具-格式”选项卡→“形状样式”选项组，分别将“形状填充”设置为“白色，背景 1”，“形状轮廓”设置为“无轮廓”。

选中矩形，选择“绘图工具-格式”选项卡→“排列”选项组，单击“环绕文字”下拉按钮，在打开的下拉列表中选择“衬于文字下方”选项。

第 2 步：选择“插入”选项卡→“插图”选项组，单击“形状”下拉按钮，在打开的下拉列表中选择“矩形”中的“圆角矩形”，按住鼠标左键拖动，在白色矩形上面绘制一个圆角矩形。

选中圆角矩形，选择“绘图工具-格式”选项卡→“形状样式”选项组，分别将“形状填充”设置为“橙色”，“形状轮廓”设置为“无轮廓”。

选中圆角矩形，右击，在弹出的快捷菜单中选择“添加文字”命令，输入文字“实习经验”，并将其字体设置为“宋体”，字号设置为“小二”。

第 3 步：采用与第 2 步同样的方法，在橙色矩形上面再绘制一个圆角矩形，并设置其“形状填充”为“无填充颜色”，“形状轮廓”为标准色中的“橙色”，且“形状轮廓”为虚线中的“短划线”。

选中该圆角矩形，选择“绘图工具-格式”选项卡→“排列”选项组，单击“下移一层”按钮。

完成该步骤后的效果如图 1-8 所示。

图 1-8　完成第 3 步后的效果

第 4 步：选择“插入”选项卡→“插图”选项组，单击“形状”下拉按钮，在打开的下拉列表中选择“线条”中的“箭头”，按住鼠标左键拖动，在橙色虚线圆角矩形中绘制一个箭头。

选中箭头，选择“绘图工具-格式”选项卡→“形状样式”选项组，将“形状轮廓”设置为标准色中的“橙色”，粗细为“4.5 磅”。

第 5 步：选择“插入”选项卡→“插图”选项组，单击“形状”下拉按钮，在打开的下拉列表中选择“箭头总汇”中的“箭头：上”，按住鼠标左键拖动，在线条箭头上方绘制一个上箭头。

采用与第 2 步同样的方法，选中上箭头，设置其“形状填充”为标准色中的“橙色”，“形状轮廓”为“无轮廓”。

选中设置好的箭头，按 Ctrl+C 组合键，复制一个箭头，按两次 Ctrl+V 组合键，粘贴两个同样的箭头，调整箭头到合适的位置即可。

完成该步骤后的效果如图 1-9 所示。

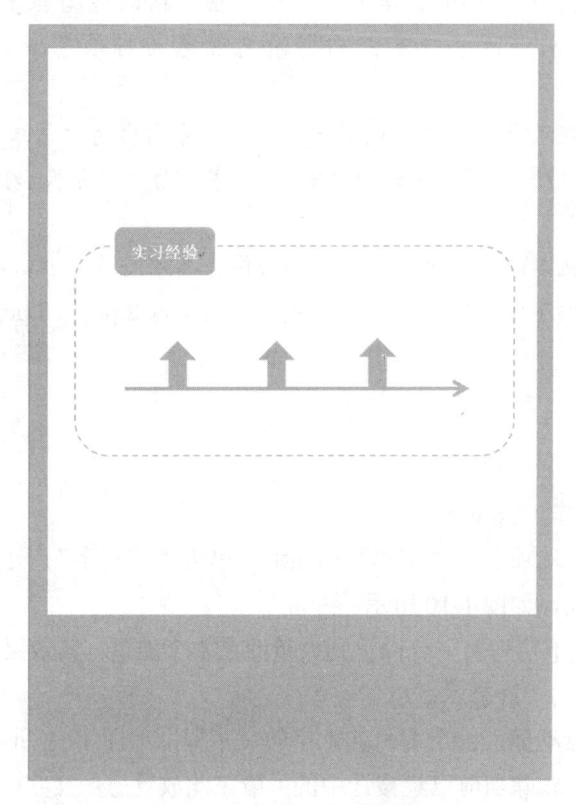

图 1-9　完成第 5 步后的效果

第 6 步：保存“学号”文档。

任务 1.3　插入艺术字和裁剪图片

学习目标

【技能目标】

- 掌握在文档的适当位置插入艺术字和图片，并根据需要裁剪图片的基本操作。

【知识目标】

学会以下知识点：

- 创建和格式化艺术字。
- 插入和裁剪图片。

任务要求

- 打开任务 1.2 中保存的“学号”文档，在文档的适当位置插入姓名“张静”，要求其为艺术字第一行第三列，填充颜色为标准色中的“橙色”，字号为“小一”。
- 在文档下面插入第一行第三列的艺术字，文字内容为“需求能够不断学习进步，有一定挑战性的工作”，字体为“宋体”，字号为“二号”，文本效果为跟随路径中的“上弯弧”。
- 在“张静”姓名的左下方插入一个小头像，要求图片为“四周型环绕”。
- 在 3 个箭头的下方以四周环绕的方式，分别插入 2.png、3.png、4.png 3 张图片。

知识准备

1. 插入艺术字

插入艺术字的操作步骤如下：

1）选择“插入”选项卡→“文本”选项组，单击“艺术字”下拉按钮。

2）打开下拉列表，如图 1-10 所示。

3）在“艺术字”下拉列表中可以看到大量的艺术字造型，其效果可以直接从图示上形象地看到，选择其中的一种艺术字造型。

4）在文档中会自动插入一个编辑艺术字的文本框，如图 1-11 所示。

5）按 Delete 键，删除当前已经被选中的“请在此放置您的文字”这行文字，然后就可输入自己的内容（如“生日快乐”），艺术字即被插入文档中的指定位置。

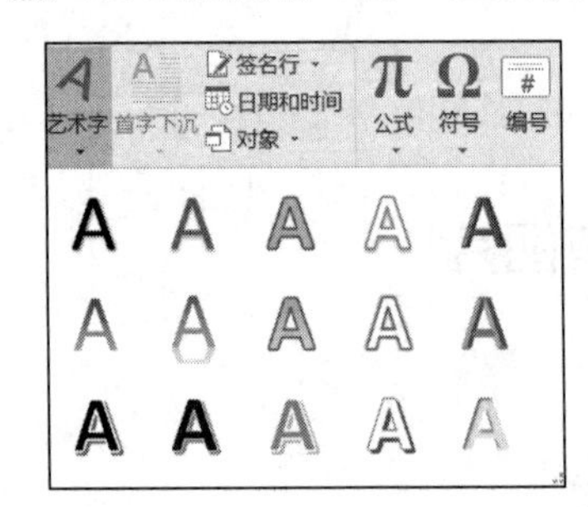

图 1-10 “艺术字”下拉列表

图 1-11 编辑艺术字的文本框

2. 编辑艺术字

插入艺术字后，选中艺术字，则会出现“绘图工具-格式”选项卡，在该选项卡中可以看到它的功能区，可对艺术字样式等进行调整，如图 1-12 所示。

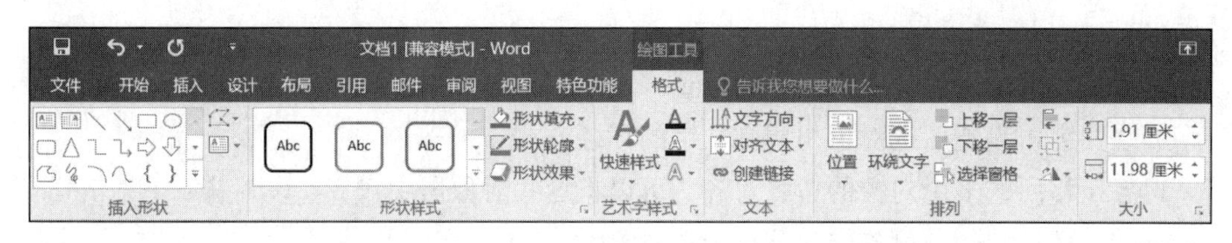

图 1-12　“绘图工具-格式”选项卡

3. 插入图片

插入图片的操作步骤如下：

1）将插入点放在要插入图片的位置。

2）选择“插入”选项卡→“插图”选项组，单击“图片”按钮。

3）弹出“插入图片”对话框，在左侧的列表框中选取要插入图片所在的文件夹，在“预览”状态下，图片的缩略图将显示在右侧的预览窗口中。

4）选中要插入的图片，单击“插入”按钮即可。

4. 编辑图片

插入图片后，选中图片，Word 2016 中会自动出现“图片工具-格式”选项卡，如图 1-13 所示，可以对图片进行各种设置。

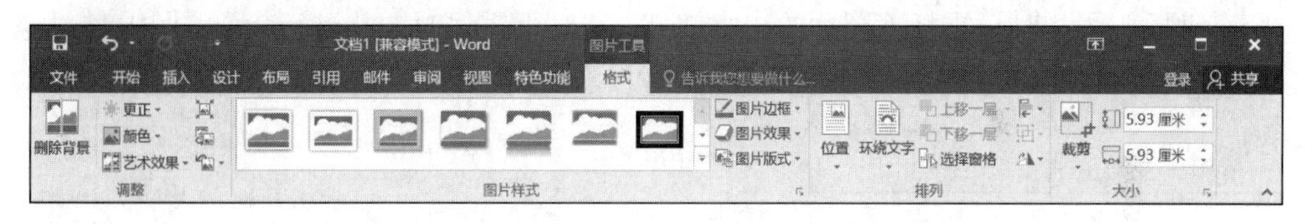

图 1-13　“图片工具-格式”选项卡

在编辑图片前要先选中图片，被选中的图片周围会出现 8 个黑色的控制点。

（1）“调整”选项组

删除背景：自动删除不需要的部分图片。

更正：更改图片的亮度、对比度、清晰度。

颜色：更改图片颜色，以提高图片质量或匹配文档的内容。

艺术效果：将艺术效果添加到图片，以使其更像草图或油画。

压缩图片：压缩选中的图片。

更改图片：更改为其他图片，但保留当前图片的格式和大小。

重设图片：取消对图片的所有编辑修改，还原到初始状态。

（2）“图片样式”选项组

图片边框：指定选定形状轮廓的颜色、宽度和线型。

图片效果：对图片应用某种视觉效果，如阴影、发光等。

图片版式：将所选图形转换为 SmartArt 图形。

（3）“排列”选项组

位置：设置所选对象在页面上的位置。

环绕文字：设置所选对象与周围文字的环绕方式。

对齐：将所选多个对象的边缘对齐。可以将这些对象居中对齐、左对齐、右对齐等。

旋转：按一定的角度旋转或翻转所选对象。

上移一层：将所选对象上移或将其移至所有对象前面。

下移一层：将所选对象下移或将其移至所有对象后面。

选择窗格：显示选择窗格，帮助选择单个对象，并更改其顺序和可见性。

组合：将对象组合到一起，以便将其作为单个对象进行处理。

（4）“大小”选项组

通过“大小”选项组，用户可调整图片高度、宽度，以及对图片进行裁剪。

用户可以通过鼠标拖动图片边框以调整大小，或在“大小”选项组中单击右下角的对话框启动器，弹出“布局”对话框，如图 1-14 所示。选择“大小”选项卡，在“缩放”选项组中选中“锁定纵横比”复选框，设置“高度”和“宽度”的百分比即可更改图片的大小。最后单击“关闭”按钮，关闭对话框。

5. 裁剪图片

有时插入图片时只需插入图片的一小部分，这时就需要对图片进行裁剪。图 1-15 中包含许多小图片，而本任务只需要插入橙色“YES!”小图片，这时就需要对这张图片进行裁剪。

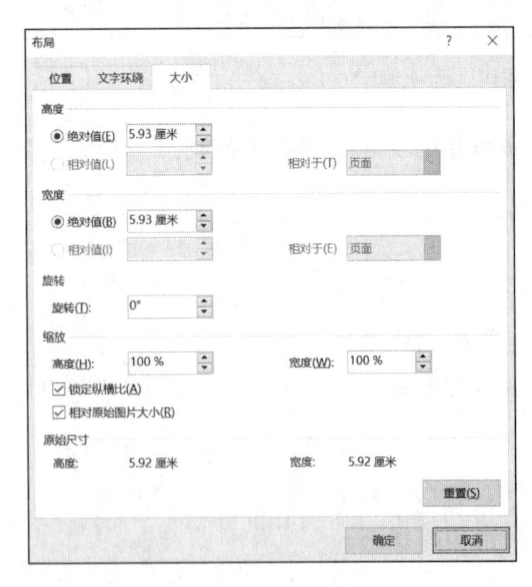

图 1-14 “布局”对话框

图 1-15 裁剪图片

裁剪图片的操作步骤如下：

1）插入所需图片。

2）选中该图片，选择“图片工具-格式”选项卡→“大小”选项组，单击“裁剪”按钮，这时图片四周出现黑色的短粗线。

3）按住鼠标左键，拖动图片左上角的黑色三角框线到橙色“YES!”小图片的左边缘，如图 1-16 所示，被裁剪的部分变为灰色。

4）按住鼠标左键，拖动图片右下角的黑色三角框线到橙色“YES!”小图片的右边缘，如图 1-17 所示。

5）在空白位置单击，即可完成图片的裁剪。

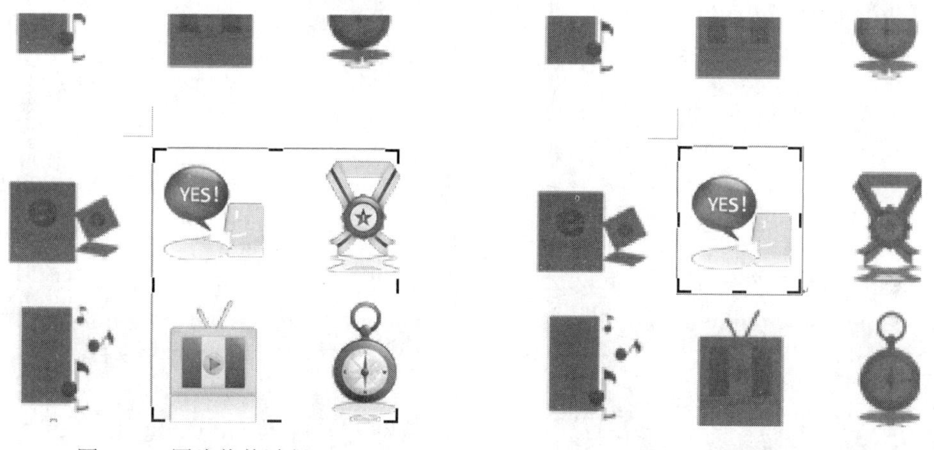

图 1-16　图片裁剪过程 1　　　图 1-17　图片裁剪过程 2

实施步骤

第 1 步：打开任务 1.2 中保存的“学号”文档，将光标定位在文档上面，选择“插入”选项卡→“文本”选项组，单击“艺术字”下拉按钮，在打开的下拉列表中选择第一行第三列的艺术字。此时，在文档的页面上出现“请在此放置您的文字”文本框，按 Delete 键将这行文字删除，同时输入“张静”。

选中艺术字“张静”所在的文本框，选择“绘图工具-格式”选项卡→“艺术字样式”选项组，单击“文本填充”下拉按钮，在打开的下拉列表中选择标准色中的“橙色”，对艺术字进行填充。

选中艺术字“张静”所在的文本框，选择“开始”选项卡→“字体”选项组，将字号设置为“小一”。调整艺术字到合适的位置，如图 1-18 所示。

第 2 步：按照第 1 步的方法在文档下方插入第一行第三列的艺术字，内容为“需求能够不断学习进步，有一定挑战性的工作”；或者从该课程的 MOOC 平台上下载“WORD 素材.txt”文档，打开“WORD 素材.txt”文档，复制“需求能够不断学习进步，有一定挑战性的工作”这句话，粘贴在艺术字文本框中即可。

选中艺术字所在的文本框，选择“开始”选项卡→“字体”选项组，将字体设置为“宋体”，将字号设置为“二号”。

选中艺术字所在的文本框，选择“绘图工具-格式”选项卡→“艺术字样式”选项组，单击“文本效果”下拉按钮，在打开的下拉列表中选择“转换”→“跟随路径”→“拱形”命令。艺术字设置完成，效果如图 1-19 所示。

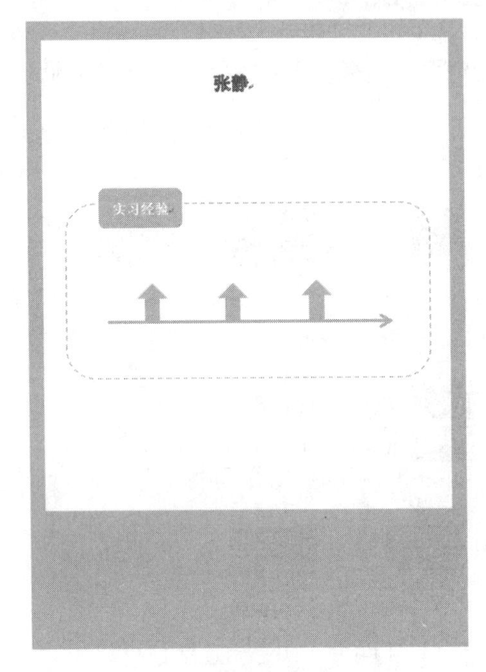

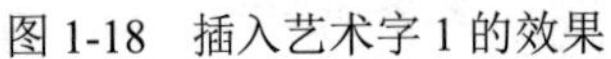
图 1-18　插入艺术字 1 的效果

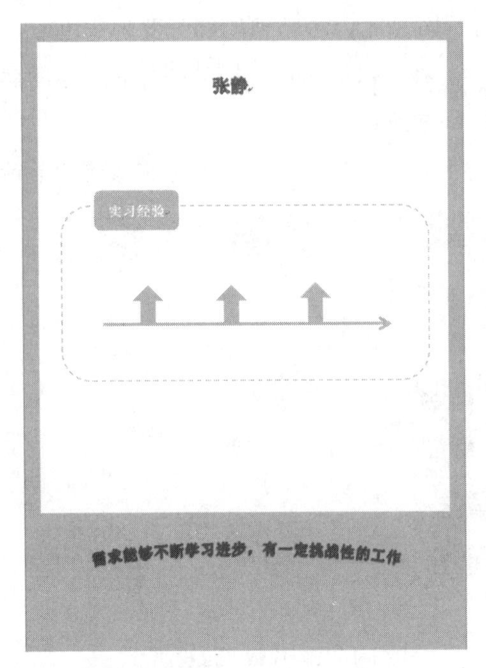

图 1-19　插入艺术字 2 的效果

第 3 步：从 MOOC 平台上下载“综合练习一”文件夹，选择“插入”选项卡→“插图”选项组，单击“图片”按钮，弹出“插入图片”对话框，从“综合练习一”文件夹中选择 1.png 图片，将图片插入文档中。选择“图片工具-格式”选项卡→“排列”选项组，单击“环绕文字”下拉按钮，在打开的下拉列表中选择“四周型环绕”命令，设置图片的环绕方式。

插入的图片中有很多小图片，需要对图片进行裁剪。首先选中图片，选择“图片工具-格式”选项卡→“大小”选项组，单击“裁剪”按钮，这时图片四周出现黑色的短粗线。然后按住鼠标左键，拖动图片左上角的黑色三角框线到“橙色头像”小图片的左边缘，被裁剪的部分变为灰色；再按住鼠标左键，拖动图片右下角的黑色三角框线到“橙色头像”小图片的右边缘。裁剪完成后，在空白位置单击即可。

调整图片到合适的位置，如图 1-20 所示。

第 4 步：选择“插入”选项卡→“插图”选项组，单击“图片”按钮，弹出“插入图片”对话框，从“综合练习一”文件夹中选择 2.png 图片，将图片插入文档中，并设置图片的环绕方式为“四周型环绕”，调整图片到合适的位置。

按照同样的方法插入 3.png 和 4.png 图片，插入图片后的效果如图 1-21 所示。

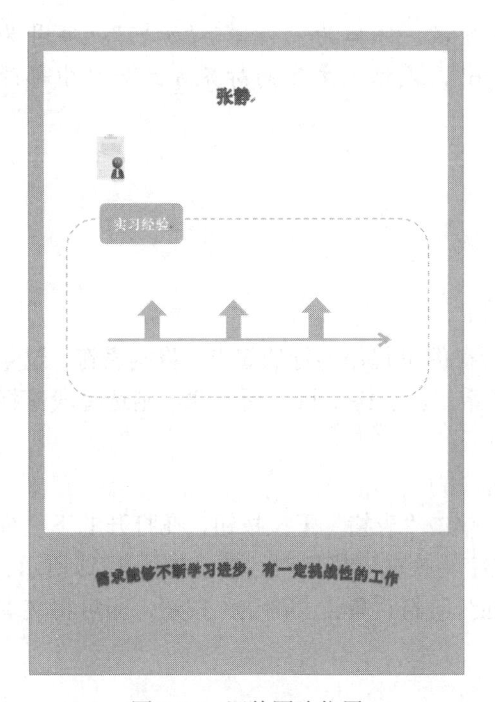

图 1-20　调整图片位置

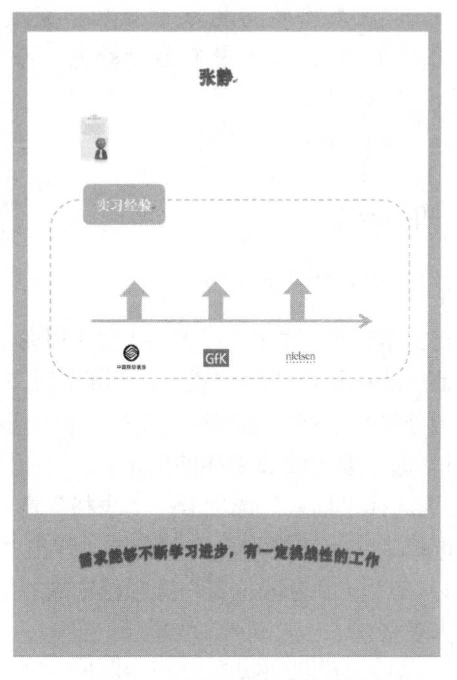

图 1-21　插入图片后的效果

第 5 步：保存“学号”文档。

任务 1.4　表格的应用

学习目标

【技能目标】

- 掌握将文本转换为表格的方法，并将表格插入适当位置。

【知识目标】

学会以下知识点：

- 将文本转换为表格。
- 设置表格格式。

任务要求

- 打开任务 1.3 中从 MOOC 平台上下载的“WORD 素材.txt”文档，将“张静”下面的“实习经验”上面的文字转换为表格，放到任务 1.3 中保存的“学号”文档中。

- 设置表格的高度为 1 厘米，宽度为 6 厘米，字体为“楷体”“加粗”，字号为“小四”，字体颜色为“橙色，个性色 6”，表格中文字的对齐方式为“中部两端对齐”。
- 将表格设置为无框线。

知识准备

1. 将文本转换为表格

将文本转换成表格时，Word 会将段落标记所在的位置作为行的起点，将制表符、逗号或其他所选标记所在的位置作为列的起点。如果希望新表格中只包括一列，则选择段落标记作为分隔符。将文本转换为表格的操作步骤如下：

1）选中要转换成表格的文本。

2）选择“插入”选项卡→“表格”选项组，单击“表格”下拉按钮，在打开的下拉列表中选择“文本转换为表格”命令，弹出“将文字转换成表格”对话框，如图 1-22 所示。

3）在“文字分隔位置”选项组中选择合适的分隔符，单击“确定”按钮，即可将文本转换为表格。

2. 将表格转换为文本

1）选中要转换成文本的表格。

2）选择“表格工具-布局”选项卡→“数据”选项组，单击“转换为文本”按钮，弹出如图 1-23 所示的“表格转换成文本”对话框，选择合适的文字分隔符，单击“确定”按钮，即可完成表格到文本的转换。

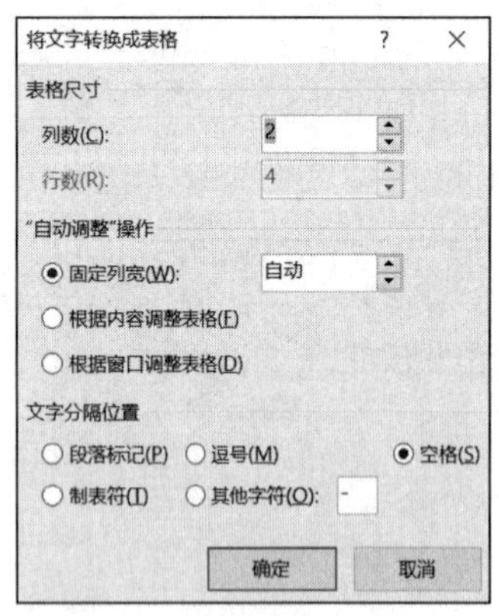

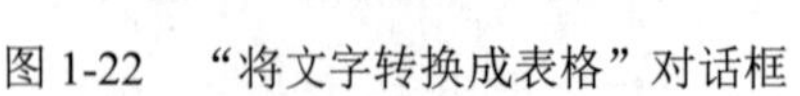
图 1-22　“将文字转换成表格”对话框

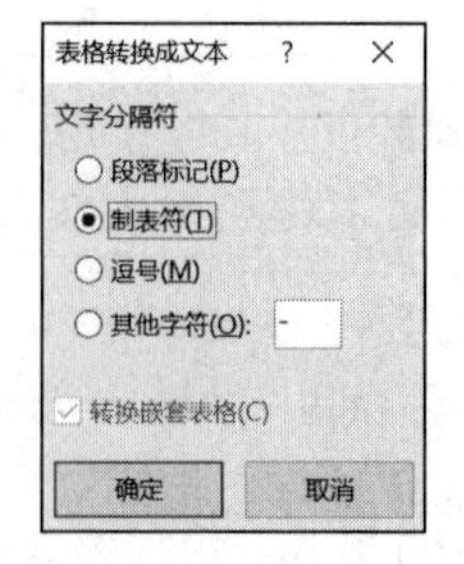

图 1-23　“表格转换成文本”对话框

3. 设置表格的格式

插入表格，选中表格后将会出现“表格工具”选项卡。在“表格工具-设计”选项卡（图 1-24）的“表格样式”选项组中可以设计表格的样式和底纹；在“边框”选项组中可以设置边框的线型及线的粗细。

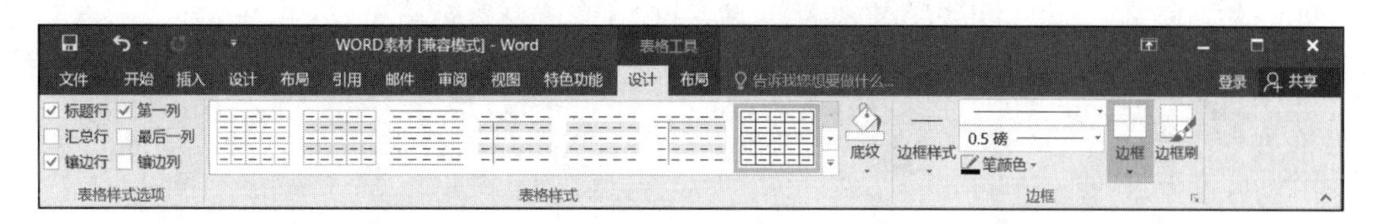

图 1-24　“表格工具-设计”选项卡

在设置时，需要选中所要设置的行、列或单元格，单击对应的按钮即可。

“表格工具-布局”选项卡如图 1-25 所示，在该选项卡中常用“单元格大小”选项组来设置所选单元格的大小；“对齐方式”选项组，用来设置所选单元格内容的对齐方式。

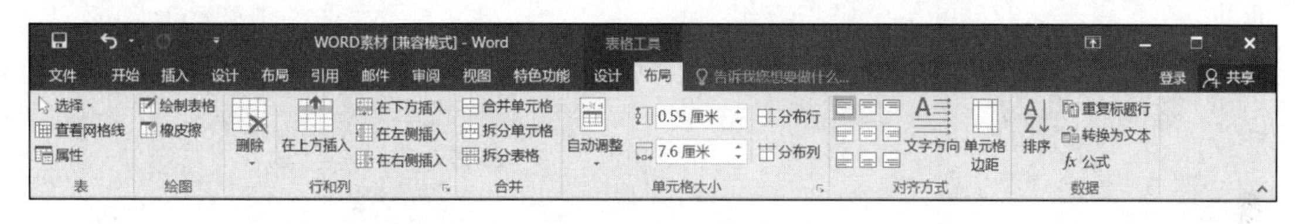

图 1-25　“表格工具-布局”选项卡

实施步骤

第 1 步：打开从 MOOC 平台上下载的“WORD 素材.txt”文档，复制“张静”下面的“实习经验”上面的文字，粘贴到一个新的 Word 文档里。选中粘贴好的文字，选择“插入”选项卡→“表格”选项组，单击“表格”下拉按钮，在打开的下拉列表中选择“文本转换为表格”命令，弹出“将文字转换成表格”对话框，单击“确定”按钮，即可完成文本到表格的转换。

选中表格并复制，打开任务 1.3 中保存的“学号”文档，将光标放置在“张静”左侧的回车符处，右击，在弹出的快捷菜单中选择“粘贴选项”→“保留源格式”命令。

第 2 步：选中表格，选择“表格工具-布局”选项卡→“单元格大小”选项组，将表格的高度设置为 1 厘米，宽度设置为 6 厘米。

选中表格，选择“开始”选项卡→“字体”选项组，将表格中的字体设置为“楷体”“加粗”，字号设置为“小四”，字体颜色设置为“橙色，个性色 6”。

选中表格，选择“表格工具-布局”选项卡→“对齐方式”选项组，单击“中部两端对齐”按钮，即可设置表格中文字的对齐方式。

第 3 步：选中表格，选择“表格工具-设计”选项卡→“边框”选项组，单击“边框”下拉按钮，在打开的下拉列表中选择“无框线”选项，调整表格到合适的位置，如图 1-26 所示。

第 4 步：保存“学号”文档。

图 1-26　插入表格后的效果

任务 1.5　SmartArt 图形的应用

学习目标

【技能目标】

- 掌握利用 SmartArt 美化作品的方法。

【知识目标】

学会以下知识点：

- 利用 SmartArt 创建流程。
- 为文本添加特殊的项目符号。

任务要求

- 打开任务 1.4 中保存的“学号”文档，在该文档中插入一个 SmartArt 图形，要求图形为“流程”中的“步骤上移流程”，环绕方式为“四周型环绕”，颜色为“个性色 2”中的“渐变范围-个性色 2”。

- 在插入的 SmartArt 图形的文本框中输入如图 1-1 所示的文字，也可以打开任务 1.3 中从 MOOC 平台上下载的“WORD 素材.txt”文档，复制相关内容，粘贴到文本框中。将其字体设置为“宋体”，字号设置为“10 号”。
- 在文本前面插入特殊符号：红色的“★”。

知识准备

SmartArt 图形是信息和观点的视觉表现，能够快速、轻松、有效地传达信息。Word 2016 中新增的 SmartArt 图形包括列表、流程、循环、层次结构、关系、矩阵、棱锥图和图片等。SmartArt 图形的格式设置与插入图片的格式设置类似，这里不再赘述。

1. 插入 SmartArt 图形

插入 SmartArt 图形的操作步骤如下：

1）打开 Word 2016 文档窗口，选择“插入”选项卡→“插图”选项组，单击 SmartArt 按钮。

2）弹出“选择 SmartArt 图形”对话框（图 1-27），单击左侧的类别名称，选择合适的类别，然后在右侧“列表”中单击所需的 SmartArt 图形，单击“确定”按钮。

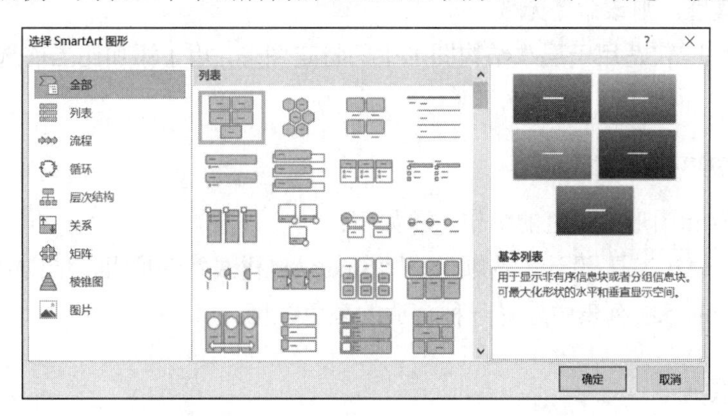

图 1-27　“选择 SmartArt 图形”对话框

3）返回 Word 2016 文档窗口，在插入的 SmartArt 图形中单击文本占位符，输入合适的文字即可（也可在右侧的列表框中输入文字），如图 1-28 所示。

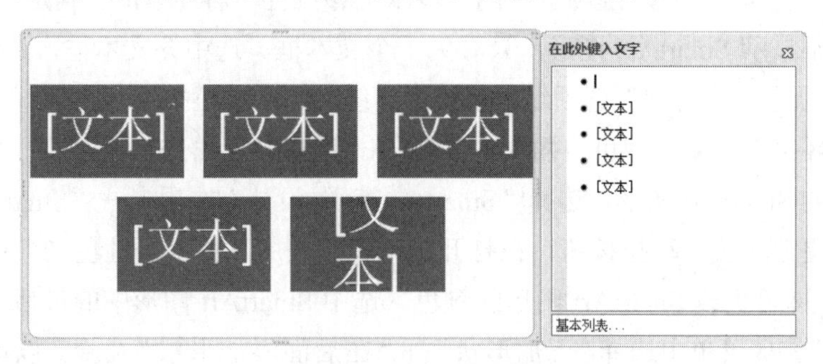

图 1-28　SmartArt 图形

2. 设计 SmartArt 图形样式

默认情况下，Word 2016 中的每种 SmartArt 图形布局均有固定数量的形状。用户可以根据实际工作需要删除或添加形状，具体操作步骤如下：

图 1-29 “添加形状”下拉列表

1）打开 Word 2016 文档窗口，在 SmartArt 图形中选中与新形状相邻或具有层次关系的已有形状。

2）选择“SmartArt 工具-设计”选项卡→“创建图形”选项组，单击“添加形状”下拉按钮，打开下拉列表，如图 1-29 所示。根据需要添加合适级别的新形状即可。

“添加形状”下拉列表中包含 5 个选项，各选项的含义如下。

① 在后面添加形状：在选中形状的右边或下方添加级别相同的形状。

② 在前面添加形状：在选中形状的左边或上方添加级别相同的形状。

③ 在上方添加形状：在选中形状的左边或上方添加更高级别的形状。如果当前选中的形状处于最高级别，则该命令无效。

④ 在下方添加形状：在选中形状的右边或下方添加更低级别的形状。如果当前选中的形状处于最低级别，则该命令无效。

⑤ 添加助理：仅适用于层次结构图形中的特定图形，用于添加比当前选中形状低一级别的形状。

3. 更改 SmartArt 图形的颜色

更改 SmartArt 图形的颜色的操作步骤如下：

选择“SmartArt 工具-设计”选项卡→“SmartArt 样式”选项组，单击“更改颜色”下拉按钮，在打开的下拉列表中选择一种合适的颜色即可。

实施步骤

第 1 步：打开任务 1.4 中保存的“学号”文档，将光标定位到“张静”左侧的第一个回车符处，选择“插入”选项卡→“插图”选项组，单击 SmartArt 按钮，弹出“选择 SmartArt 图形”对话框，选择“流程”选项卡中的“步骤上移流程”后，单击“确定”按钮，此时，在文档中可能不显示 SmartArt 图形，只看见一个文本框。选中该文本框，选择“SmartArt 工具-格式”选项卡→“排列”选项组，单击“环绕文字”下拉按钮，在打开的下拉列表中选择“四周型环绕”命令，即可将插入的 SmartArt 图形显示出来。

选中插入的 SmartArt 图形，选择“SmartArt 工具-设计”选项卡→“SmartArt 样式”选项组，单击“更改颜色”下拉按钮，在打开的下拉列表中选择“个性色 2”中的“渐变范围-个性色 2”，即可更改 SmartArt 图形的颜色。选中 SmartArt 图形中的最后一个文本框，右击，在弹出的快捷菜单中选择“添加形状”→“在后面添加形状”命令，以增加 SmartArt 图形的数量。将 SmartArt 图形拖到合适的位置。

第 2 步：打开任务 1.3 中从 MOOC 平台上下载的“WORD 素材.txt”文档，复制需要的内容，粘贴到 SmartArt 图形左侧的文本框中，将多余的空白文本删除。选中文本，将其字体设置为“宋体”，字号设置为“10 号”。

选中 SmartArt 图形，调整 SmartArt 图形到合适大小。

第 3 步：将光标放置到 SmartArt 图形第一个文本框内容的前面，选择“插入”选项卡→“符号”选项组，单击“符号”下拉按钮，在打开的下拉列表中选择“其他符号”，弹出“符号”对话框。在该对话框的“子集”中选择“其他符号”，即可看到“★”，选中“★”，单击“插入”按钮，即可将“★”插入文本中。

选中“★”，选择“开始”选项卡→“字体”选项组，将其设置成标准色中的“红色”。

复制红色的“★”，将其粘贴到第 2～4 个文本框中。

完成第 3 步后的效果如图 1-30 所示。

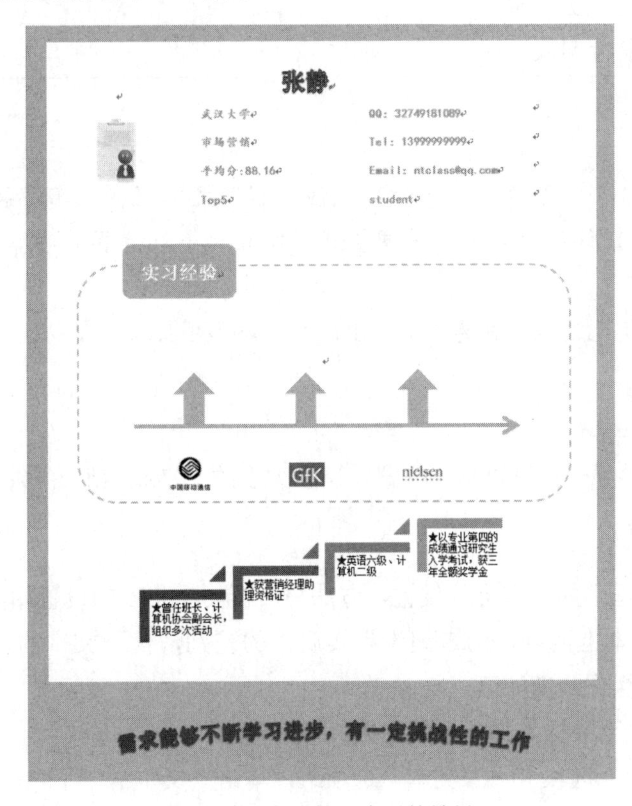

图 1-30　完成第 3 步后的效果

第 4 步：保存“学号”文档。

任务1.6 文本框的应用

学习目标

【技能目标】

- 掌握利用文本框输入对应文字的方法，并添加“项目符号”。

【知识目标】

学会以下知识点：

- 创建和格式化文本框。
- 设置项目符号列表。

任务要求

- 打开任务1.5中保存的“学号”文档，利用文本框在“实习经验”矩形框中输入如图1-1所示的文字，并调整好字体的大小和位置（字体为“楷体”，字号为“小四”）。
- 要求文本框无边框，并为文本框中的文字添加项目符号“✓”。

知识准备

Word 2016提供了一种可以移动位置、调整大小的文字或图形容器，称为文本框。

1. 插入文本框

用户可对文本框中的文字进行设置，方法与新页面中文本的设置相同。文本框分为横排文本框和竖排文本框两种，两者间没有实质性的差别，只是文字的排列方式不同。

插入文本框的操作步骤如下：

1）将光标定位至要插入文本框的位置。

2）选择“插入”选项卡→“文本”选项组，单击“文本框”下拉按钮。

3）在打开的下拉列表中选择“绘制文本框”或者“绘制竖排文本框”命令。

4）在文档中按住鼠标左键拖动，即可绘制一个横排文本框或者一个竖排文本框。

2. 格式化文本框

要对文本框进行格式化，先要选中文本框，这时会出现“绘图工具-格式”选项卡，在此选项卡中可以对文本框的格式进行设置。文本框的格式设置与艺术字和图片的格式设置类似，这里不再赘述。

3. 插入项目符号

插入项目符号的操作步骤如下：

1）在文档中选择要向其添加指定项目符号的文本。

2）选择“开始”选项卡→“段落”选项组，单击“项目符号”下拉按钮。

3）在打开的下拉列表中选择需要的项目符号。

4）若没有合适的项目符号，则选择“定义新项目符号”命令。

5）弹出“定义新项目符号”对话框，在“项目符号字符”选项区域中可以单击“字体”“图片”“符号”按钮。

6）在弹出的“字体”对话框中对文本进行设置，在弹出的“符号”对话框或“图片”对话框中选择合适的项目符号即可。

7）单击“确定”按钮。

实施步骤

第 1 步：打开任务 1.5 中保存的“学号”文档，选择“插入”选项卡→“文本”选项组，单击“文本框”下拉按钮，在打开的下拉列表中选择“绘制文本框”命令，在文档中的第一个箭头上方按住鼠标左键拖动，即可绘制一个横排文本框。

第 2 步：打开任务 1.3 中从 MOOC 平台上下载的“WORD 素材.txt”文档，复制需要的内容，粘贴到刚绘制的文本框中。选择“开始”选项卡→“字体”选项组，将字体设置为“楷体”，字号设置为“小四”。

第 3 步：选中文本框中的文字，选择“开始”选项卡→“段落”选项组，单击“项目符号”下拉按钮，在打开的下拉列表中选择项目符号“√”。

第 4 步：选中文本框，选择“绘图工具-格式”选项卡→“形状样式”选项组，单击“形状轮廓”下拉按钮，在打开的下拉列表中选择“无轮廓”。

第 5 步：重复第 1～4 步，分别在第 2 个和第 3 个箭头上方插入文本框，并输入需要的文字（也可以复制已经设置好的第一个文本框，粘贴到第 2 个和第 3 个箭头上方，再粘贴需要的文字）。完成第 5 步后的效果如图 1-31 所示。

第 6 步：按照同样的方法，在箭头下方插入文本框，并输入相应的内容，设置完成后的效果如图 1-1 所示。

第 7 步：保存“学号”文档。

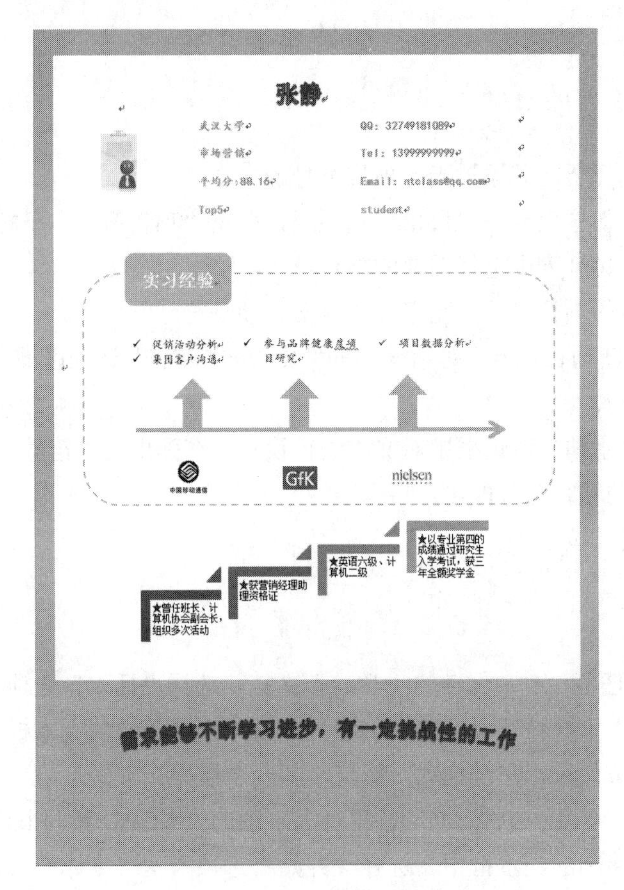

图 1-31　完成第 5 步后的效果

项目 2　邮件合并（制作会议代表证）

利用邮件合并功能批量制作和处理文档是全国计算机等级考试的重要考点，并且是 Word 操作题的重要题型，在历年考试中出现过的题目类型有利用邮件合并制作中秋贺卡、利用邮件合并制作人才交流会邀请函、利用邮件合并制作准考证等。

Office 中的邮件合并功能是指可以在包括所有文档共有内容的主文档中插入数据源变化的信息，即一个邮件合并任务必须要有两个文档，一个是主文档，用来存储所有文件中包含的共同不变的内容；另一个文档是数据源，用来存放变化的信息。

邮件合并的主要应用领域有：利用邮件合并批量打印信封、信件、请柬、工资条、学生成绩单、各类获奖证书、准考证等。从这里可以看出，应用邮件合并的情景都有两个特点，一是要制作大量的文件，如果只制作一两个文件是不需要使用邮件合并功能的；二是制作大量文件的大部分格式或者内容是一样的，只有部分信息是变化的。

下面分任务讲解有关邮件合并的案例。

案例背景：小明是内蒙古师范大学学生会成员，学生会承办了学校 2023 年度学生工作会议，与会代表有 200 余人。老师给小明布置了一个任务，要为每一位与会代表制作一个会议代表证。

像这样的大部分格式相同、只有部分信息不同的任务，利用邮件合并功能完成是最适合的。

制作完成的效果如图 2-1 所示，下面分 5 个任务讲解制作过程。

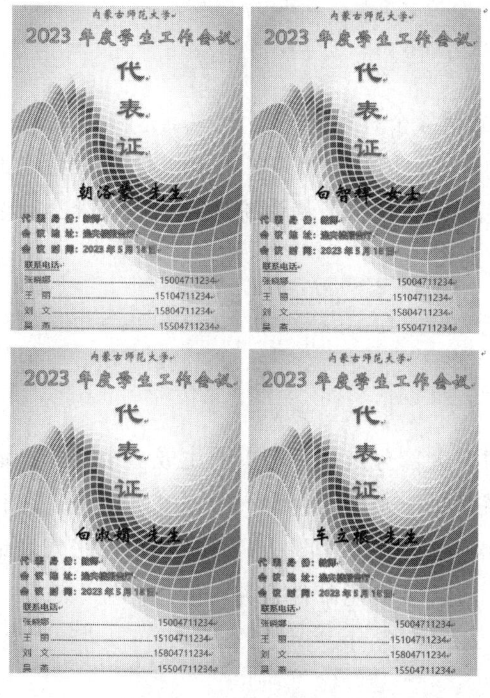

图 2-1　制作完成的效果

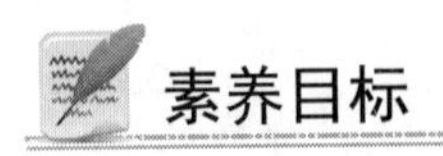

素养目标

通过学习邮件合并功能，培养学生分析和解决问题的能力，让学生明白如何将复杂的问题简单化，在提高工作效率的同时，还能确保信息的准确性和一致性，以达到有效沟通的目的。

通过学习邮件合并功能，让学生体验学以致用的乐趣，增强学习信心。

任务 2.1　设计标签布局

学习目标

【技能目标】

- 掌握设计标签在页面中布局的方法。
- 掌握设计每张页面中标签的数量、标签的尺寸及页边距等内容。

【知识目标】

学会以下知识点：

- 创建标签布局。
- 设计标签布局。

任务要求

- 在 A4 纸上每页显示 4 个标签。
- 具体属性值：上边距和侧边距为 0.2 厘米，标签高度为 14 厘米，标签宽度为 10 厘米，纵向跨度为 14.2 厘米，横向跨度为 10.2 厘米，标签的行数和列数都为 2。
- 将文档保存为“主文档”。

知识准备

1. 标签

使用邮件合并功能时，大部分是每一个页面生成一个文件，这是邮件合并中的信函选项，如制作获奖证书，就是每一个页面包含一个证书。但是，在有些情况下一个页面只显示一个文件比较浪费，如会议代表证（图 2-1），从图中单张代表证的大小可以看出，每一页大概可以放 4 个，这时就需要利用邮件合并中的“标签”选项，标签可以将页面切分成若干个相同大小的区域。

2. 创建与设计标签

创建标签的操作步骤如下：

1）新建一个空白 Word 文档。

2）选择“邮件”选项卡→“开始邮件合并”选项组，单击“开始邮件合并”下拉按钮，在打开的下拉列表中选择“标签”选项。

3）弹出“标签选项”对话框，如图 2-2 所示，单击“新建标签”按钮，弹出“标签详情”对话框，如图 2-3 所示。在“标签详情”对话框中可以对标签的布局进行详细的设置，设置完成后单击“确定”按钮即可。

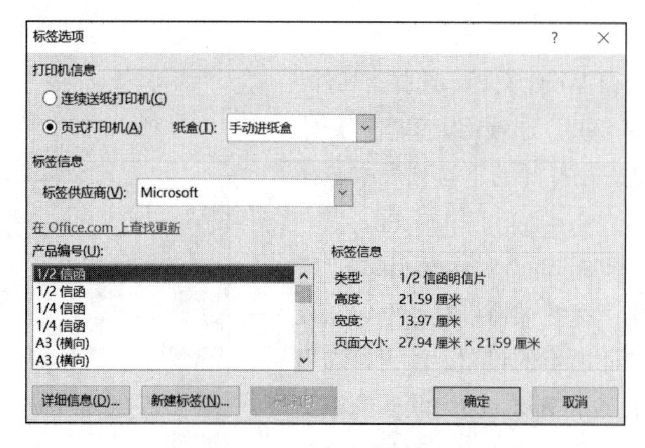

图 2-2　“标签选项”对话框

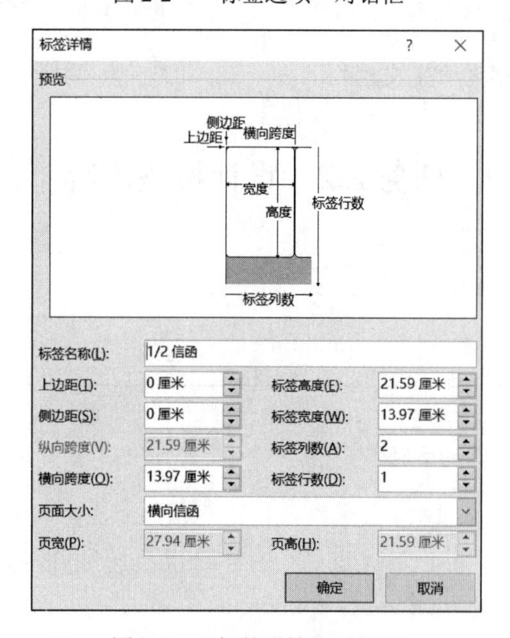

图 2-3　“标签详情”对话框

“标签详情”对话框中各个属性值的含义如下。

1）标签名称：定义新建标签的名称。

2）上边距：第一个标签的顶端和页面顶端的间距。

3）侧边距：最左侧标签的左侧距页面左边的间距。

4）横向跨度：标签的宽度加当前标签和相邻右侧标签之间的间距。

5）纵向跨度：标签的高度加当前标签和相邻下面标签之间的间距。

6）标签行数、列数：一页上标签的行数和列数，即设计一页上显示的标签个数。

7）标签高度、宽度：设置标签的高度和宽度值，即标签的大小。

8）页面大小：设置页面的纸张类型，即 A4 或 B5 等。

实施步骤

第 1 步：新建空白 Word 文档，选择“邮件”选项卡→“开始邮件合并”选项组，单击“开始邮件合并”下拉按钮，在打开的下拉列表中选择“标签”选项。

第 2 步：弹出“标签选项”对话框，单击“新建标签”按钮，弹出“标签详情”对话框，在该对话框中进行如图 2-4 所示的设置。注意，这里需要先设置标签的行数和列数，因为默认的标签行数是 1 行，所以纵向跨度为灰白不可用。设置完成后单击“确定”按钮。

第 3 步：将文件保存为“主文档”。

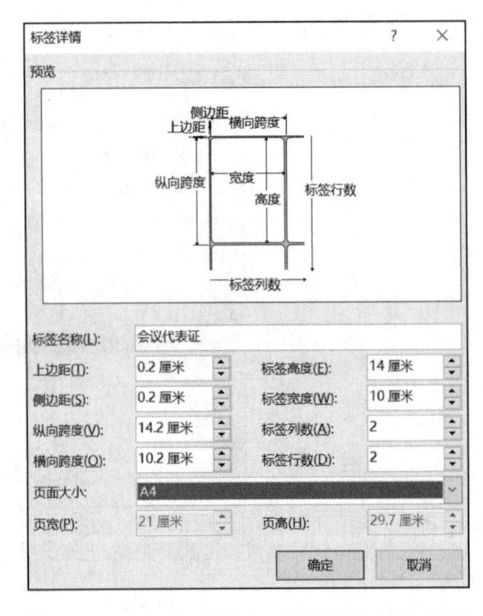

图 2-4 “标签详情”对话框的具体设置

任务 2.2 设计标签内容

学习目标

【技能目标】

- 掌握创建标签内容的方法。

【知识目标】

学会以下知识点：

- 设置格式。
- 应用中文版式。
- 应用制表位。

任务要求

- 打开任务2.1保存的“主文档”，在左上角标签中输入文本“内蒙古师范大学”，将其字体设置为“华文新魏”，字号为“四号”，加粗，文本效果为“填充-蓝色，着色1，阴影”，居中对齐。
- 换行输入“2023年度学生工作会议”，将其字体设置为“华文新魏”，字号为“小一”，加粗，并添加“填充-红色，着色2，轮廓-着色2”的文本效果，居中对齐。
- 换行输入“代表证”，使这3个字位于3行，行间距为“固定值”，磅值为“44磅”，将其字体设置为“隶书”，字号为“小初”，加粗，并添加“填充-蓝色，着色1，阴影”的文本效果。
- 预留一个空白行，用来输入参会者的个人信息。将其字体设置为“华文新魏”，字号为“小一”，加粗，并添加“填充-黑色，文本1，阴影”的文本效果，居中对齐。
- 换行输入“代表身份:”，换行输入“会议地址：逸夫楼报告厅”，换行输入“会议时间：2023年5月18日”。将这3行文本的字体设置为“微软雅黑”，字号为“五号”，并添加“填充-红色，着色2，轮廓-着色2”的文本效果，设置其行间距为“单倍行距”。将“代表身份”“会议地址”“会议时间”文字宽度设置为6字符。
- 换行输入“联系电话”，换行输入“张晓娜 15004711234”，换行输入“王丽 15104711234”，换行输入“刘文 15804711234”，换行输入“吴燕 15504711234”。设置其字体为“微软雅黑”，字号为“五号”，字体颜色为标准色中的“蓝色”，将“联系电话”加粗并添加下划线，将姓名部分的文字宽度设置为3字符。
- 为4行联系人信息添加制表位。制表位位置设置为17字符，对齐方式设置为“左对齐”，前导符设置为“……”。
- 为“代表证”下方所有文本设置左侧缩进2字符。
- 从MOOC平台上下载“背景”图片，插入标签中，并将图片的环绕方式设置为“衬于文字下方”。
- 保存该文档。

知识准备

1. 应用中文版式设置字符宽度

为了排版整齐、美观，有时需要设置所有的字符为统一的宽度，这时就需要使用中文版式。使用中文版式设置字符宽度的操作步骤如下：

1）选中需要设置字符宽度的文字。

2）选择“开始”选项卡→“段落”选项组，单击“中文版式”下拉按钮，在打开的下拉列表（图2-5）中选择“调整宽度”选项。

3）弹出“调整宽度”对话框，在“新文字宽度”文本框中输入需要设置的文字字符数，单击“确定”按钮。

2. 制表位

制表位是指在水平标尺上的位置，指定文字缩进的距离或一栏文字开始之处。制表位的三要素包括制表位位置、对齐方式和前导符。

制表位位置：设置制表位所占的字符宽度。

对齐方式：设置制表位的对齐方式。

前导符：设置前导符的显示格式。

3. 设置制表位

设置制表位的操作步骤如下：

1）单击“开始”选项卡→“段落”选项组，单击右下角的对话框启动器，在弹出的“段落”对话框中单击“制表位”按钮。

2）弹出“制表位”对话框，如图 2-6 所示。

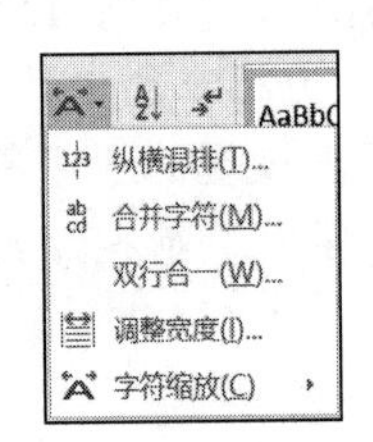

图 2-5　“中文版式”下拉列表

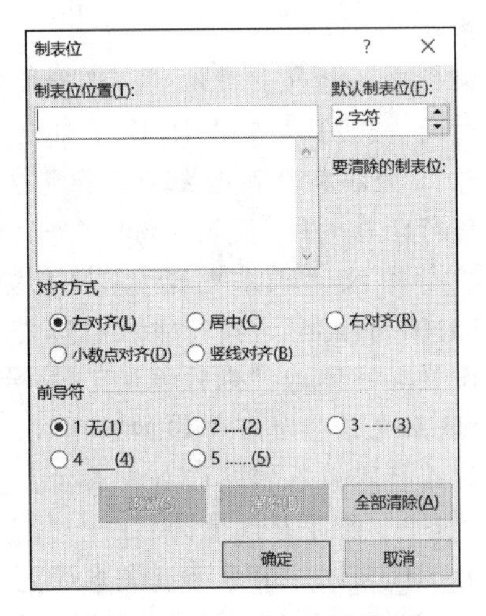

图 2-6　“制表位”对话框

3）设置完成后，单击“确定”按钮即可。

4. 插入制表位

插入制表位的操作步骤如下：将光标定位到需要插入制表位的位置处，按 Ctrl+Tab 组合键即可。

实施步骤

第 1 步：打开任务 2.1 中保存的“主文档”，将光标定位到标签左上角，输入“内蒙古师范大学”。选中该文字，选择“开始”选项卡→“字体”选项组，将字体设置为“华文新魏”，字号为“四号”，加粗，文本效果为“填充-蓝色，着色 1，阴影”。

选中该文字，选择“开始”选项卡→“段落”选项组，单击“居中”按钮，将其居中对齐。

第 2 步：将光标定位到下一行，输入“2023 年度学生工作会议”文字。选中该文字，重复第1步的操作，设置其字体和对齐方式。

第3步：换行输入“代表证”3个字，选中该文字，重复第1步的操作，按任务要求设置其字体格式。将光标分别定位到“代”和“表”后面，按Enter键，使这3个字位于3行。选中这3个字，选择“开始”选项卡→“段落”选项组，单击右下角的对话框启动器，弹出“段落”对话框，选择“缩进和间距”选项卡，在“行距”处选择“固定值”，在“设置值”处输入“44磅”，单击“确定”按钮。

第4步：换行，重复第1步的操作，设置光标所在处的字体和对齐方式。

第5步：换行输入“代表身份：”，换行输入“会议地址：逸夫楼报告厅”，换行输入“会议时间：2023年5月18日”。选中这3行文字，重复第1步的操作，设置其字体格式，并设置其行距为单倍行距。

选中“代表身份”后，按住Ctrl键，分别选中“会议地址”和“会议时间”，选择“开始”选项卡→“段落”选项组，单击“中文版式”下拉按钮，在打开的下拉列表中选择“调整宽度”选项，弹出“调整宽度”对话框，在“新文字宽度”文本框中输入“6字符”。

第6步：换行输入“联系电话”，换行输入“张晓娜 15004711234”，换行输入“王丽 15104711234”，换行输入“刘文 15804711234”，换行输入“吴燕 15504711234”。选中输入的内容，重复第1步的操作，设置其字体的格式。

选中“联系电话”，选择“开始”选项卡→“字体”选项组，分别单击“加粗”和“下划线”按钮，设置其格式。

选中“张晓娜”后，按住Ctrl键分别选中“王丽”“刘文”“吴燕”，选择“开始”选项卡→“段落”选项组，单击“中文版式”下拉按钮，在打开的下拉列表中选择“调整宽度”选项，弹出“调整宽度”对话框，在“新文字宽度”文本框中输入“3字符”，然后单击“确定”按钮。

第7步：选中“张晓娜”后，按住Ctrl键分别选中“王丽”“刘文”“吴燕”，选择“开始”选项卡→“段落”选项组，单击右下角的对话框启动器，在弹出的“段落”对话框中单击“制表位”按钮。弹出“制表位”对话框，在该对话框中进行如图2-7所示的设置。

第8步：将光标分别定位到“张晓娜”“王丽”“刘文”“吴燕”后面，按Ctrl+Tab组合键。

第9步：选中“代表证”下方的所有文本，选择“开始”选项卡→“段落”选项组，单击右下角的对话框启动器，弹出“段落”对话框，选择“缩进和间距”选项卡，在“缩进”选项组的左侧文框中输入“2字符”。

第10步：从MOOC平台上下载“背景”图片，将光标定位到“内蒙古师范大学”前面，选择“插入”选项卡→“插图”选项组，单击“图片”按钮，在弹出的“插入图片”对话框中选择“背景”图片并插入。选中“背景”图片，选择“图片工具-格式”选项卡→“排列”选项组，单击“文字环绕”下拉按钮，在打开的下拉列表中选择“衬于文字下方”选项。

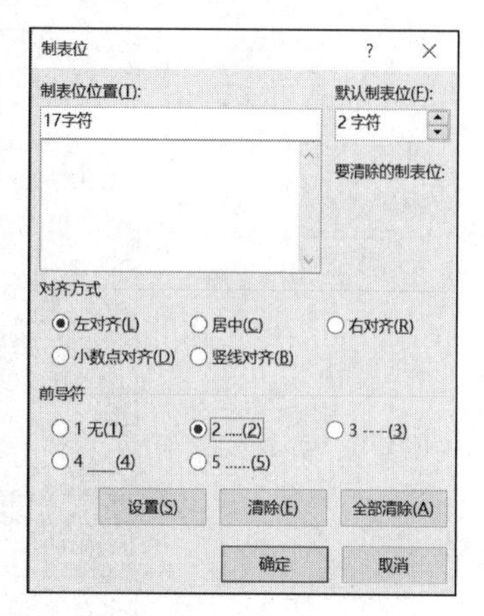

图2-7 “制表位”对话框

至此，就设计完成了一个标签的内容，如图2-8所示。

第 11 步：单击“邮件”选项卡→“编写和插入域”选项组，单击“更新标签”按钮，此时其余 3 个标签的内容和第一个标签的内容完全一样。设置完成后的标签内容如图 2-9 所示。

第 12 步：选择“文件”→“保存”命令，将文档保存。

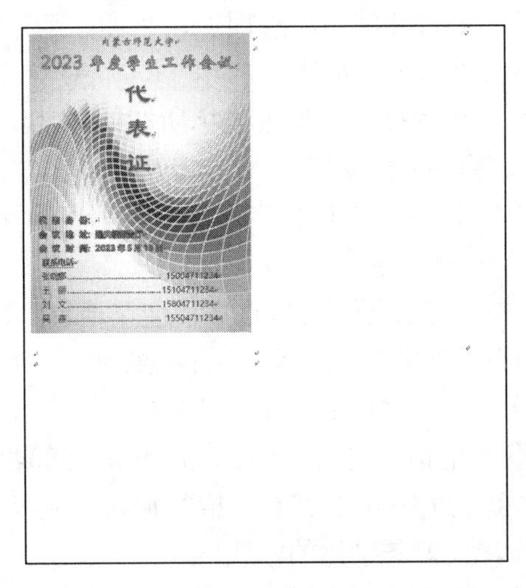

图 2-8　设置完一个标签后的效果

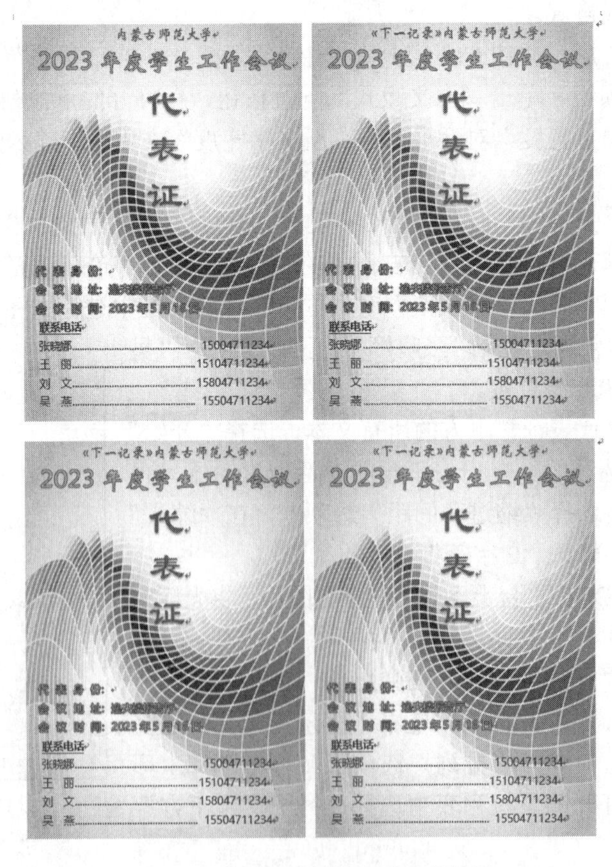

图 2-9　全部标签设置完成后的效果

任务 2.3　插入合并域与规则的使用

学习目标

【技能目标】

- 掌握将参会者信息合并到标签中的操作方法，并根据性别显示“先生”或“女士”。

【知识目标】

学会以下知识点：

- 邮件合并。
- 逻辑判断规则。

任务要求

- 打开任务 2.2 中保存的“主文档”，从 MOOC 平台上下载 “参会者信息.docx”文档，将该文档作为数据源添加到主文档中。
- 在“代表证”下方的空行中插入“邮件”中的“姓名”字段。
- 根据“性别”域，在“姓名”字段后面空一格，输入“先生”或“女士”。
- 将输入的“先生”或“女士”的字体设置为“华文新魏”，字号为“小一”，加粗，并添加“填充-黑色，文本 1，阴影”的文本效果，段前和段后间距为 0.5 行。
- 在“代表身份:”后面插入“邮件”中的“身份”字段。
- 保存文档。

知识准备

1. 添加数据源到主文档中

添加数据源到主文档中的操作步骤如下：

1）选择“邮件”选项卡→“开始邮件合并”选项组，单击“选择收件人”下拉按钮，如图 2-10 所示，在打开的下拉列表中选择需要的方式，大多数情况下选择“使用现有列表”（数据源是已经提前做好的文档）选项。

2）选择“使用现有列表”选项，在弹出的“选取数据源”对话框选择已经做好的数据源文件，单击“打开”按钮，即可将数据源文件添加到主文档中。

3）选择“邮件”选项卡→“编写和插入域”选项组，单击“插入合并域”下拉按钮，在打开的下拉列表中选择需要插入的字段即可。

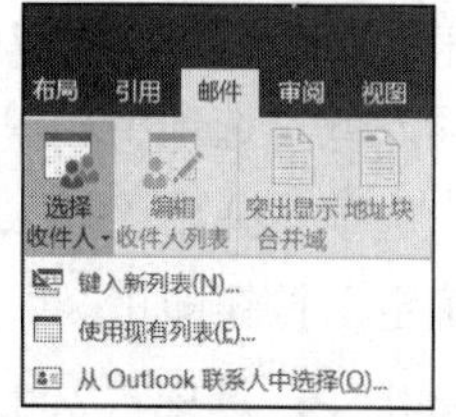

图 2-10　“选择收件人”下拉列表

2. 逻辑判断规则

邮件合并时，有时需要进行逻辑判断。例如，判断一个人是男性还是女性，然后输出“先生”或“女士”，这时就需要使用邮件合并中的逻辑判断规则。使用逻辑判断规则的具体操作步骤如下：

1）导入数据源后，选择“邮件”选项卡→“编写和插入域”选项组，单击“规则”下拉按钮，在打开的下拉列表中选择“如果…那么…否则”选项。

2）弹出“插入 Word 域：IF”对话框，如图 2-11 所示，在该对话框中进行需要的设置，设置完成后单击“确定”按钮即可。

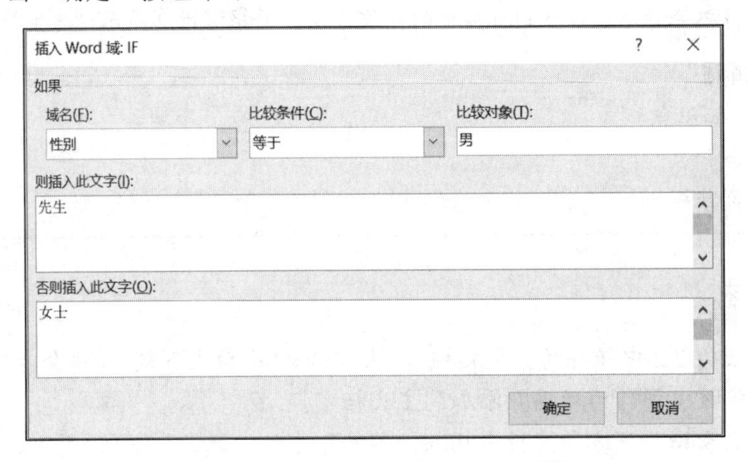

图 2-11 “插入 Word 域：IF”对话框

实施步骤

第 1 步：从 MOOC 平台上下载“参会者信息.docx”文档，打开任务 2.2 中保存的“主文档”，选择“邮件”选项卡→“开始邮件合并”选项组，单击“选择收件人”下拉按钮，如图 2-10 所示，在打开的下拉列表中选择“使用现有列表”选项。弹出“选取数据源”对话框，选择“参会者信息.docx”文档，单击“打开”按钮，即可将数据源添加到主文档中。

第 2 步：将光标定位到“代表证”下方预留空行处，选择“邮件”选项卡→“编写和插入域”选项组，单击“插入合并域”下拉按钮，在打开的下拉列表中选择“姓名”字段。

第 3 步：将光标定位在“《姓名》”后面，输入一个空格，选择“邮件”选项卡→“编写和插入域”选项组，单击“规则”下拉按钮，在打开的下拉列表中选择“如果…那么…否则”选项。弹出“插入 Word 域：IF”对话框，进行图 2-11 所示的设置，设置完成后单击“确定”按钮即可。

第 4 步：选中“女士”两个字，选择“开始”选项卡→“字体”选项组，将字体设置为“华文新魏”，字号为“小一”，加粗，文本效果设置为“填充-黑色，文本 1，阴影”。

选中“《姓名》女士”文字，选择“开始”选项卡→“段落”选项组，单击右下角的对话框启动器，弹出“段落”对话框，选择“缩进和间距”选项卡，在“段前”“段后”文本框中分别输入“0.5 行”，单击“确定”按钮。

第 5 步：将光标定位到“代表身份：”后面，选择“邮件”选项卡→“编写和插入域”选项组，单击“插入合并域”下拉按钮，在打开的下拉列表中选择“身份”字段。

第 6 步：选择“邮件”选项卡→“编写和插入域”选项组，单击“更新标签”按钮，此时其余 3 个标签的内容和第一个标签的内容完全一样，设置完成后的效果如图 2-12 所示。

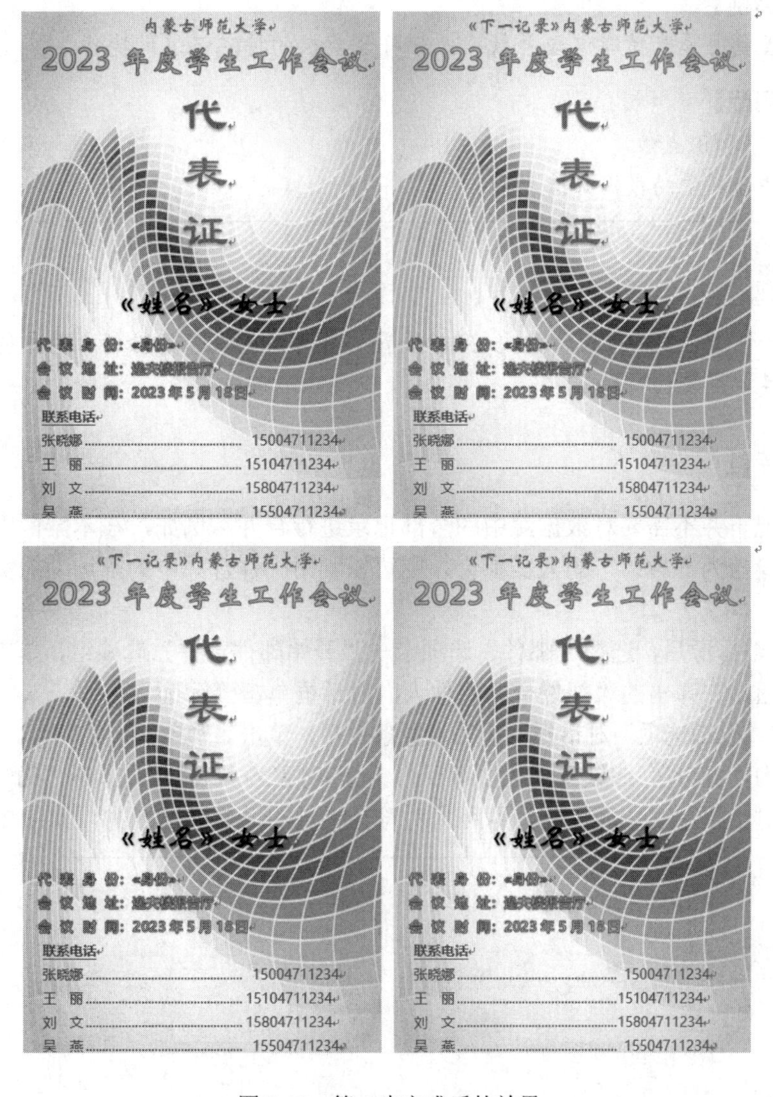

图 2-12　第 6 步完成后的效果

第 7 步：选择“文件”→“保存”命令，将文档保存。

任务 2.4　邮件合并中的数据筛选

学习目标

【技能目标】

- 掌握利用筛选功能仅合并数据源中符合要求的特定记录的操作。

【知识目标】

学会以下知识点：

- 邮件合并中的数据筛选功能。

任务要求

- 打开任务 2.3 保存的“主文档”，设置要求为只有教师身份的人员才能参会。
- 保存“主文档”。

知识准备

有些情况下并不需要对数据源中的全部记录进行合并。例如，在本案例中，如果仅邀请数据源中身份为“教师”的人员参会，则可以利用邮件合并中的筛选功能实现，具体操作步骤如下：

1）导入数据源后，选择“邮件”选项卡→“开始邮件合并”选项组，单击“编辑收件人列表”按钮，在弹出的“邮件合并收件人”对话框单击“筛选”按钮。

2）弹出“查询选项”对话框，按需设置条件后，单击“确定”按钮即可。在本案例中，要筛选的域为“身份”，比较条件为“等于”，比较对象为“教师”，单击“确定”按钮，返回到之前的对话框，确认后关闭，即可只对符合要求的记录进行合并，如图 2-13 所示。

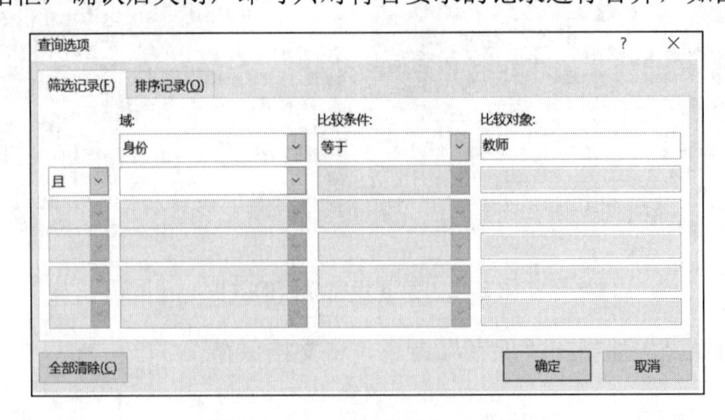

图 2-13　“查询选项”对话框

实施步骤

第1步：打开任务2.3中保存的“主文档”，选择“邮件”选项卡→“开始邮件合并”选项组，单击“编辑收件人列表”按钮，在弹出的“邮件合并收件人”对话框中单击“筛选”按钮。弹出“查询选项”对话框，进行如图2-13所示的设置，设置完成后单击“确定”按钮，返回到之前的对话框，确认后关闭。

第2步：选择“文件”→“保存”命令，将文档保存。

任务2.5　完成并合并

学习目标

【技能目标】

- 掌握完成记录的合并并生成单独标签的方法。

【知识目标】

学会以下知识点：

- 合并记录。

任务要求

- 打开任务2.4保存的“主文档”，完成记录的合并。
- 将完成合并后的单独标签另存为“合并后文档”。

知识准备

合并记录是邮件合并的最后一步，将会生成最后所需的结果文档，具体操作步骤如下：

1）选择“邮件”选项卡→“完成”选项组，单击“完成并合并”下拉按钮，在弹出的下拉列表中选择“编辑单个文档”选项。

2）弹出“合并到新文档”对话框，在“合并记录”区域选择所需的合并方式，单击“确定”按钮即可。

实施步骤

第1步：打开任务2.4中保存的“主文档”，选择“邮件”选项卡→“完成”选项组，单击“完成并合并”下拉按钮，在弹出的下拉列表中选择“编辑单个文档”选项。

第2步：弹出“合并到新文档”对话框，在“合并记录”区域选择“全部”，单击“确定”按钮。完成所有设置后的效果如图 2-14 所示。

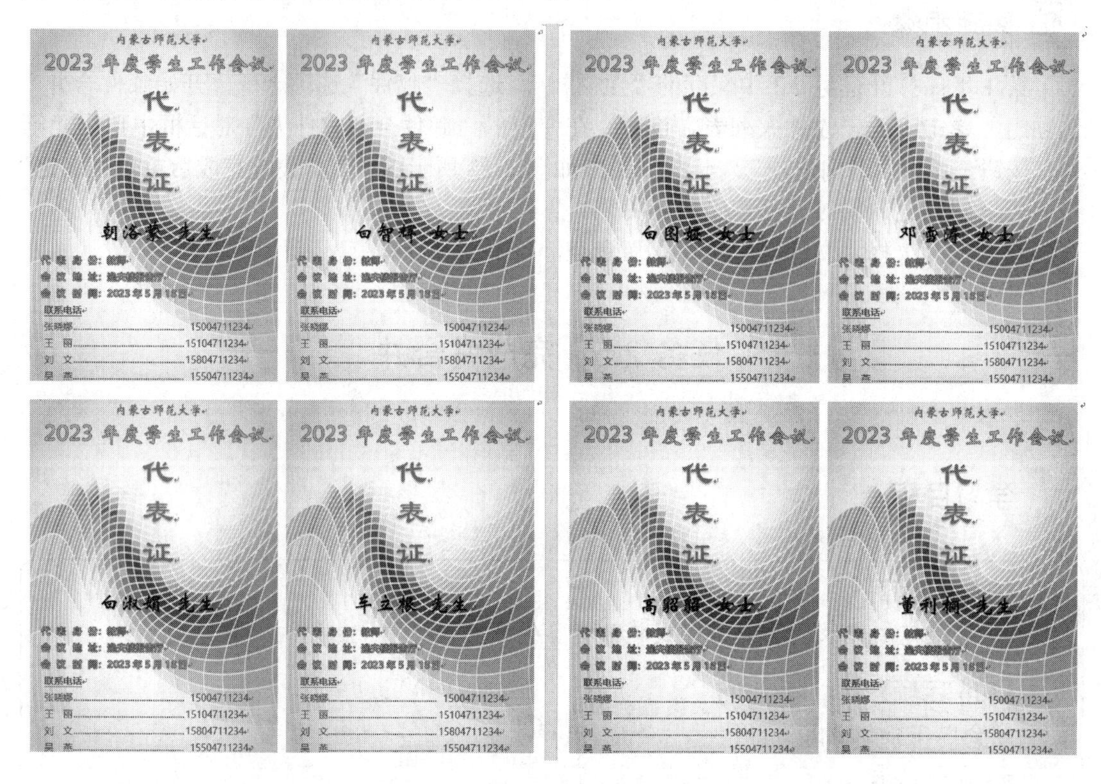

图 2-14　所有步骤完成后的效果

第 3 步：选择“文件”→“保存”命令，将文档保存。

项目 3　长文档编辑与应用（快速排版学位论文）

很多学生都觉得编排长篇的学位论文非常复杂，原因大体有两个：首先，手动在长篇文档中查找同级标题并设置好标题格式本身就很麻烦。试想要在几十页甚至上百页的论文里找出所有同级标题，恐怕没有十几分钟是完不成的。其次，如果论文排好后发现某一级别的标题格式有误，需要修改，那么就需要重复多次同样的操作，整体效率极低。其实，如果事先使用了“格式与样式”及相关功能，这些问题就能迎刃而解。

本项目以《内蒙古师范大学研究生学位论文撰写要求》为例，详细讲解如何快速准确地排版学位论文。本项目先对撰写要求进行梳理，包括内容方面的要求和格式方面的要求，其中，格式方面的要求包括封面的格式、中英文摘要格式、各级标题及正文格式、页眉和页脚格式、目录格式、图表格式及页面设置等。

长文档编辑是全国计算机等级考试里 Word 操作题中的一种重要题型，也是一个难点，对考生来说比较陌生。历年真题中有政府年报、公司战略规划文档、调查报告等长文档编辑这一类型的题目。

素养目标

长文档编辑涉及多个方面的知识和技能，包括文献查找、信息整理、组织结构、文字表达等。通过编辑长文档，可以提高学生的综合素养，培养学生的综合能力。

编辑长文档是一项需要耐心和毅力的工作。在编辑长文档的过程中，学生需要对任务持有认真负责的态度，要按时完成任务，并对任务质量负责，培养学生的责任感和担当精神。

任务 3.1　基本格式设置

学习目标

【技能目标】

- 掌握中英文摘要格式的设置方法。

【知识目标】

学会以下知识点：

- 文字格式化。
- 段落格式化。
- 分页符。

任务要求

- “中文摘要”4个字居中，为三号黑体字，加粗，字间空一格。
- 内容为四号宋体字，首行缩进2字符。
- “关键词”为四号黑体字，加粗。
- 关键词的内容为四号宋体字。
- ABSTRACT 为三号 Times New Roman 字，加粗，居中。
- 英文摘要的内容为四号 Times New Roman 字，首行缩进2字符。
- KEY WORDS 为四号 Times New Roman 字，加粗。
- 英文关键词的内容为四号 Times New Roman 字。
- 英文摘要另起一页。

知识准备

1．文字格式化

对字体的格式化设置，所有操作均在“开始”选项卡→“字体”选项组（图3-1）中完成。

文字的格式化处理，一般包括设置字体、字号、字形、颜色等。

在 Word 2016 的字体高级设置中，用户可以对文本字符间距、字符缩放及字符位置等进行调整。选择“开始”选项卡→“字体”选项组，单击右下角的对话框启动器，弹出“字体”对话框，如图3-2所示。选择“高级”选项卡，在“字符间距”选项组中设置即可。

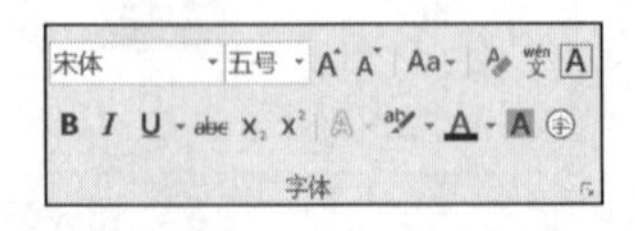

图3-1 “字体”选项组

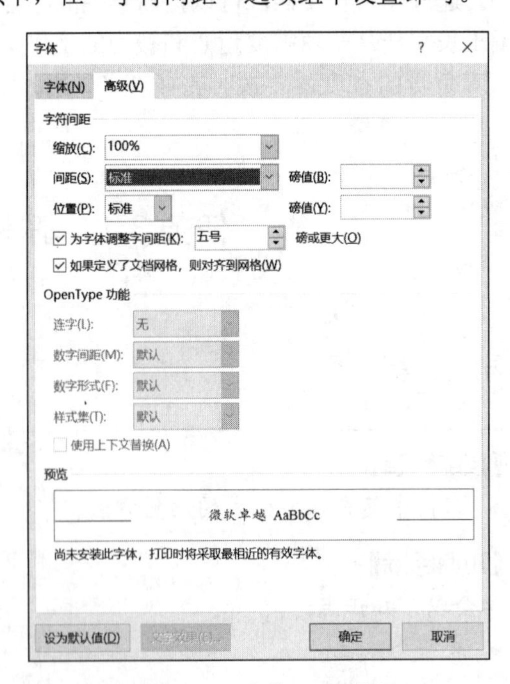

图3-2 “字体”对话框

2. 段落格式化

段落格式应在“开始”选项卡→“段落”选项组（图 3-3）中进行设置。

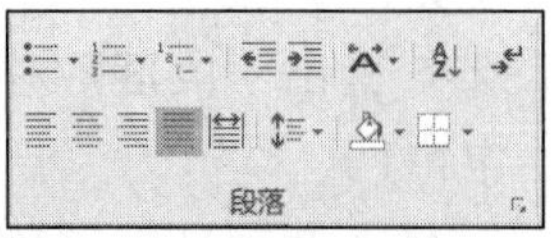

段落格式化包括对齐方式、缩进方式、首行缩进、行距、段前段后等。在段落设置时应该注意，先选择所要修改的段落，然后对其进行设置。

段落

图 3-3　“段落”选项组

“段落”选项组的“下框线”下拉列表中的“边框和底纹”选项常用于为文档设置边框或底纹，可使文档变得更清晰、美观，如图 3-4 和图 3-5 所示。

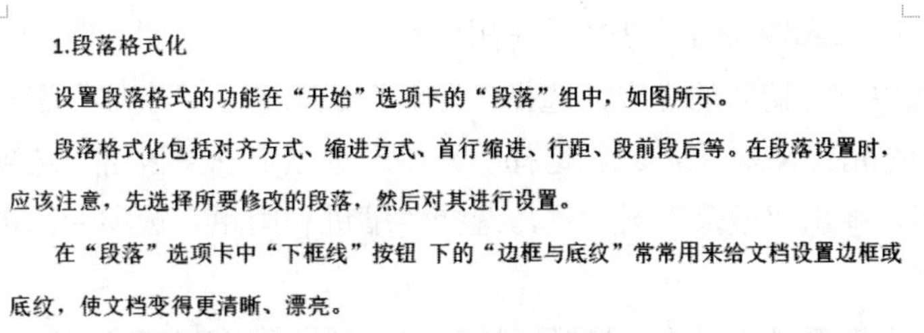

1.段落格式化

设置段落格式的功能在“开始”选项卡的“段落”组中，如图所示。

段落格式化包括对齐方式、缩进方式、首行缩进、行距、段前段后等。在段落设置时，应该注意，先选择所要修改的段落，然后对其进行设置。

在“段落”选项卡中“下框线”按钮 下的“边框与底纹”常常用来给文档设置边框或底纹，使文档变得更清晰、漂亮。

图 3-4　文档无边框的效果

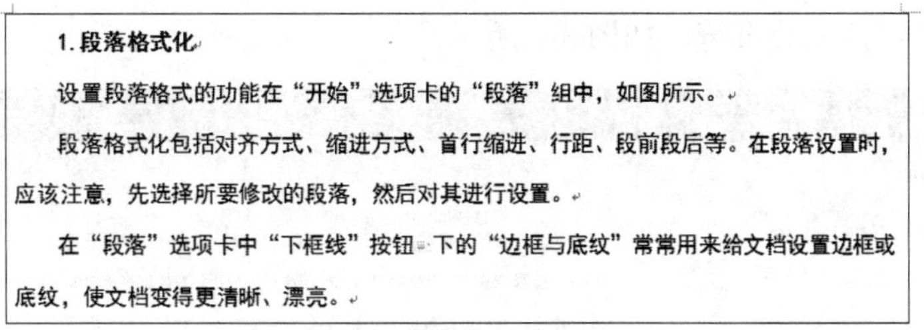

1.段落格式化

设置段落格式的功能在“开始”选项卡的“段落”组中，如图所示。

段落格式化包括对齐方式、缩进方式、首行缩进、行距、段前段后等。在段落设置时，应该注意，先选择所要修改的段落，然后对其进行设置。

在“段落”选项卡中“下框线”按钮 下的“边框与底纹”常常用来给文档设置边框或底纹，使文档变得更清晰、漂亮。

图 3-5　为文档添加边框的效果

3. 分页符

分页符是分页的一种符号，为上一页结束及下一页开始的位置。分页符分为软（自动）分页符和硬（手动）分页符。

在普通视图下，分页符是一条虚线，又称为自动分页符；在页面视图下，分页符是一条黑灰色宽线，鼠标指针指向并单击后，其变成一条黑线。

当文字或图形填满一页时，Word 会插入一个自动分页符；也可以通过插入手动分页符在指定位置强制分页，并开始新的一页。例如，可强制插入分页符以确认章节标题总在新的一页开始。

实施步骤

第 1 步：选中“中文摘要”4 个字，选择“开始”选项卡→“字体”选项组，设置字号为“三号”，字体为“黑体”，加粗，居中，字间空一格。

第 2 步：选中中文摘要的内容，选择“开始”选项卡→“字体”选项组，设置字号为“四号”，字体为“宋体”。选择“开始”选项卡→“段落”选项组，单击右下角的对话框启动器，弹出“段落”对话框，选择“缩进和间距”选项卡，再设置特殊格式为首行缩进 2 字符。

第 3 步：选中“关键词”3 个字，选择“开始”选项卡→“字体”选项组，设置字号为“四号”，字体为“黑体”，加粗。

第 4 步：选中关键词的内容，选择“开始”选项卡→“字体”选项组，设置字号为“四号”，字体为“宋体”。

第 5 步：选中 ABSTRACT，选择“开始”选项卡→“字体”选项组，设置字号为“三号”，字体为 Times New Roman，加粗，居中。

第 6 步：选中英文摘要的内容，选择“开始”选项卡→“字体”选项组，设置字号为“四号”，字体为 Times New Roman。选择“开始”选项卡→“段落”选项组，单击右下角的对话框启动器，弹出“段落”对话框，选择“缩进和间距”选项卡，再设置特殊格式为首行缩进 2 字符。

第 7 步：英文摘要另起一页，将鼠标指针定位到指针 ABSTRACT 之前，选择“布局”选项卡→“页面设置”选项组，单击“分隔符”下拉按钮，在打开的下拉列表中选择“分页符”选项，即可插入分页符，如图 3-6 所示。

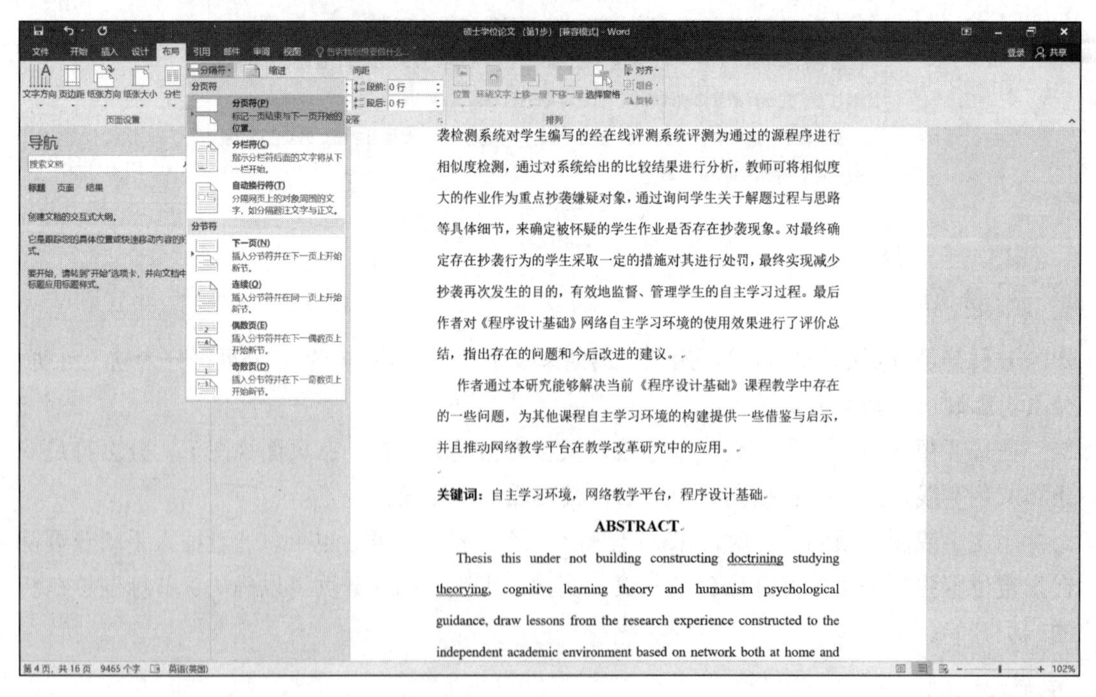

图 3-6 插入分页符

任务 3.2　设置各级标题及正文样式

学习目标

【技能目标】

- 掌握为各级标题应用相应的标题样式的方法。
- 掌握为正文设置正文样式的方法。

【知识目标】

学会以下知识点：

- 创建样式。
- 应用样式。
- 修改样式。

任务要求

- 一级标题为三号黑体，段前和段后的行间距为 1 行。
- 二级标题为小三号黑体，段前和段后的行间距为 0.5 行。
- 三级标题为四号黑体。
- 正文用小四号宋体，首行缩进 2 个字符。

知识准备

样式将修饰某一类段落的一组参数，包括字体类型、字号大小、字体颜色、对齐方式、段落、制表位、边框和底纹、图文框、语言和编号等命名为一个特定的格式名称，这个名称就是样式。概括地说，样式就是格式的集合。

Word 中的样式是一组字符格式或段落格式的特定集合，可以分为字符样式和段落样式两种。字符样式是只包含字符格式和语言种类的样式，用来控制字符的外观；段落样式是同时包含字符、段落、边框与底纹、制表位、语言、图文框、项目列表符号和编号等格式的样式，用于控制段落的外观。在“格式”工具栏的“样式”列表框中，字符样式前面有一个标志“a”，段落样式前面有一个段落标记"　"。常见的段落样式有章节标题、正文、正文缩进、大纲缩进、项目符号、目录、题注、页眉/页脚、脚注和尾注等。

同时，样式也可以分为系统样式和用户自定义样式。系统样式是打开样式表自动显示的样式，可以修改但不可以删除；用户自定义样式是用户根据自己的需要定义的样式，既可以修改也可以删除。

在 Word 文档编排过程中，使用样式格式化文档的文本，可以简化重复设置文本的字体格式和段落格式的工作，节省文档编排时间，加快编辑速度，同时确保文档中格式的一致性。为了帮助用户更好地掌握 Word 样式的使用技巧，运用 Word 的样式方便地设置和修改字体、段落格式，Word 文档中自带了许多内置样式，用于文档的编辑排版工作，如图 3-7 所示。

图 3-7 “样式”选项组

下面详细介绍样式的相关操作。

1. 创建样式

选择“开始”选项卡→“样式”选项组，单击右下角的对话框启动器，在打开的窗格中单击“新建样式”按钮，弹出“根据格式设置创建新样式”对话框（图 3-8），在“格式”选项组中可以设置字体、字号、段落、制表位、图文框等。

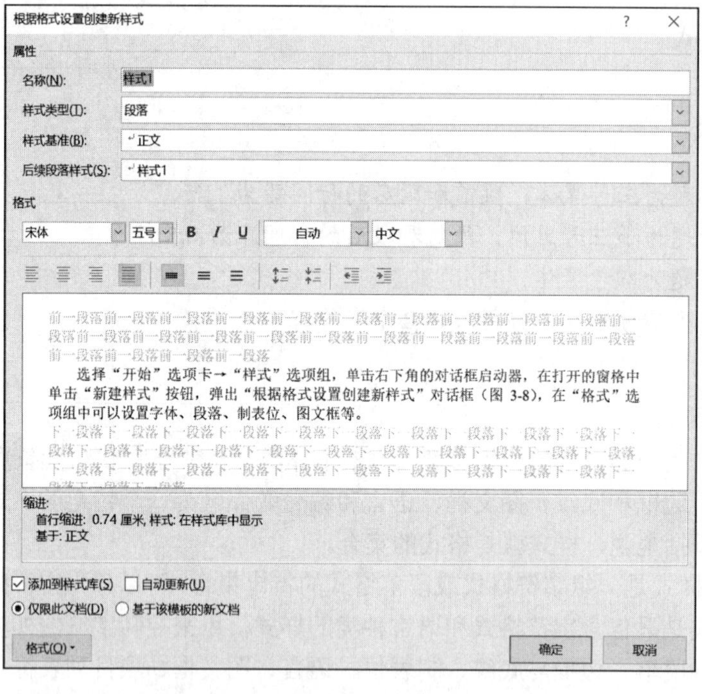

图 3-8 “根据格式设置创建新样式”对话框

在“根据格式设置创建新样式”对话框中有“样式基准”“后续段落样式”等属性，其具体含义如下。

1）样式基准：当前创建的样式以哪个样式为基础来创建。换句话说，当前样式将以“样式基准”中所选的样式为格式设置起点来继续设置当前样式的格式。当要创建的样式与某个已有样式具有相似格式时，将“样式基准”设置为那个样式即可。当修改基础的格式属性时，当前的样式也会随之改变。

2）对后续段落样式：在套用当前样式的段落后按 Enter 键，下一个段落自动套用那个样式。这样可以在按 Enter 键后自动为下一个段落设置样式，无须再手工设置。

3）添加到样式库：若选中该复选框，新建样式将出现在“开始”选项卡→“样式”选项组的样式库中。

4）自动更新：当文档中应用了该样式的文本或段落格式发生改变后，该样式中的格式也随之自动改变。需要注意的是，“正文”样式没有自动更新功能。

5）仅限此文档、基于该模板的新文档：明确样式的应用范围。

2. 修改样式

在样式库或“样式”窗格中选中需要修改的样式，右击，在弹出的快捷菜单中选择“修改”命令，弹出“修改样式”对话框，即可对样式属性进行设置。

当修改样式后，应用该样式的文字和段落均会自动修改。

3. 使用样式

对某段文字应用样式，只需要选中该段文字，在样式库或“样式”窗格中单击样式，即可设置成功。

4. 删除样式

用户有权限删除应用于所有文档的自定义样式。在“样式”窗格中选择要删除的样式，右击，在弹出的快捷菜单中选择“删除”命令即可。

5. 样式复制

在 Word 中，如果想让两个文档的格式一致，就可以将编辑好的文档中的格式应用到另一个文档中。

下面以把文档“1.docx”中的格式应用到文档“2.docx”中为例进行讲解。

1）打开需要被应用格式的文档，这里为“2.docx”。选择“文件”→“选项”命令。

2）弹出“Word 选项”对话框，选择“加载项”选项卡，在“管理”下拉列表中选择“模板”选项，单击“转到”按钮。

3）弹出“模板和加载项”对话框，选择“模板”选项卡，单击“管理器”按钮。

4）弹出“管理器”对话框，选择“样式”选项卡，单击“关闭文件”按钮。

5）继续在“管理器”对话框中单击“打开文件”按钮。

6）弹出“打开”对话框，在“文件类型”下拉列表中选择“Word 文档（*.docx）”选项，选择要打开的文件，这里选择文档“1.docx”，单击“打开”按钮。

7）回到“管理器”对话框中，在“在 1.docx 中”下拉列表中选择需要复制的文本格式，单击“复制”按钮，即可将所选格式复制到文档“2.docx”中，单击“关闭”按钮。

6. 清除样式

对已应用样式或设置格式的文字可以清除样式或格式。选中需要清除样式或格式的文字，选择“开始”选项卡→“样式”选项组，单击“其他”下拉按钮，在打开的下拉列表中选择“清除格式”选项，或选择“样式”窗格中的“全部清除”选项即可。

实施步骤

第 1 步：选择“开始”选项卡→“样式”选项组，单击右下角的对话框启动器，打开“样式”窗格，如图 3-9 所示。

样式

全部清除
标题 1
标题 2
标题 3
参考文献
超链接
普通(网站)
日期
四级标题
样式 标题 3 + 首行缩进: 2
要点
页脚
页码
页眉
正文
正文文本 2
正文文本 3

显示预览
禁用链接样式

选项...

图 3-9 “样式”窗格

第 2 步：将第一个一级标题设置为黑体三号。

第 3 步：在“样式”窗格中单击“标题 1”右侧的按钮，打开下拉列表，选择“更新 标题 1 以匹配所选内容”选项，即可将设置的一级标题的格式赋值给“标题 1”样式（图 3-10）。

第 4 步：选中其他一级标题的内容，应用“样式”窗格中的“标题 1”样式，即可将所有一级标题设置为“标题 1”样式。

第 5 步：将第一个二级标题设置为黑体小三号，在“样式”窗格中单击“标题 2”右侧的按钮，在打开的下拉列表中选择“更新 标题 2 以匹配所选内容”选项，即可将设置的二级标题的格式赋值给“标题 2”样式。选中其他二级标题的内容，应用“样式”窗格中的“标题 2”样式。

第 6 步：将第一个三级标题设置为黑体四号，在“样式”窗格中单击“标题 3”右侧的按钮，在打开的下拉列表中选择“更新 标题 3 以匹配所选内容”选项，即可将设置的三级标题的格式赋值给“标题 3”样式。选择其他三级标题的内容，应用“样式”窗格中的“标题 3”样式。

第 7 步：将第一段正文设置为宋体小四号，首行缩进 2 个字符，在“样式”窗格中单击“正文”右侧的按钮，在打开的下拉列表中选择“更新 正文 以匹配所选内容”选项，即可将设置的第一段正文的格式赋值给所有正文。

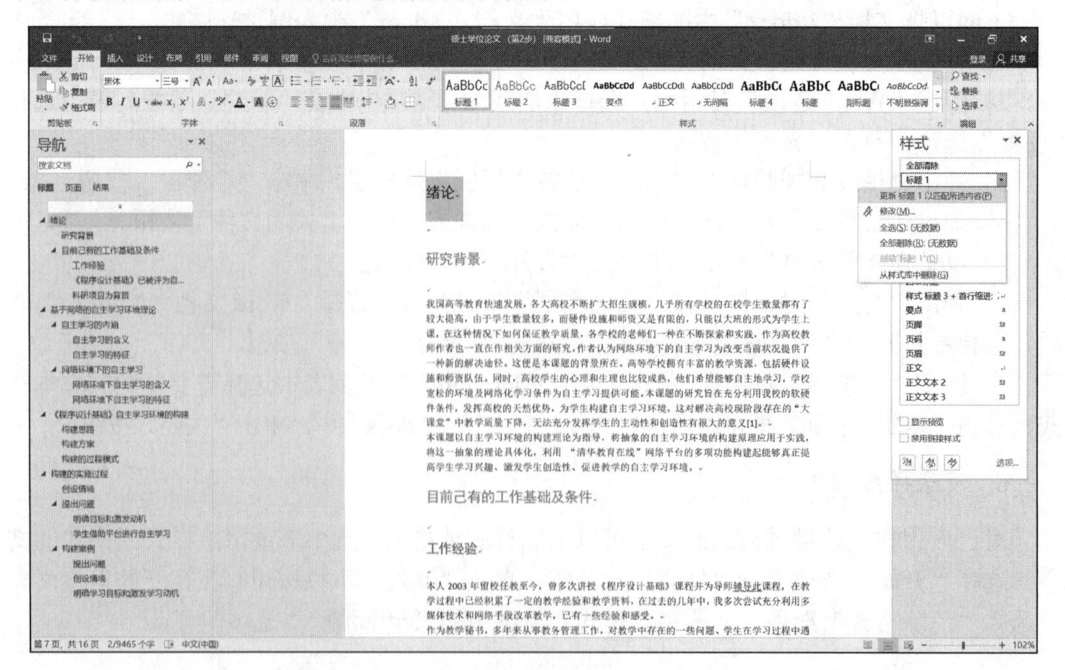

图 3-10 一级标题格式匹配为“标题 1”样式

第 8 步：修改样式。单击“样式”窗格中“标题 1”右侧的按钮，在打开的下拉列表中选择“修改”命令，弹出“修改样式”对话框，如图 3-11（a）所示。

第 9 步：单击“格式”下拉按钮，在打开的下拉列表中选择“段落”选项，弹出“段落”对话框，如图 3-11（b）所示。

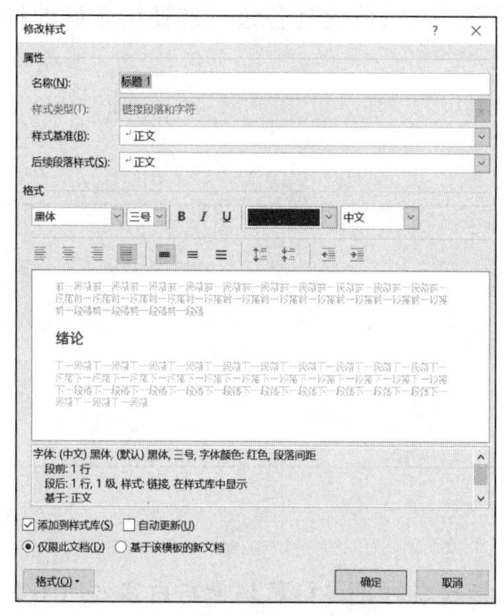

（a）“修改样式”对话框

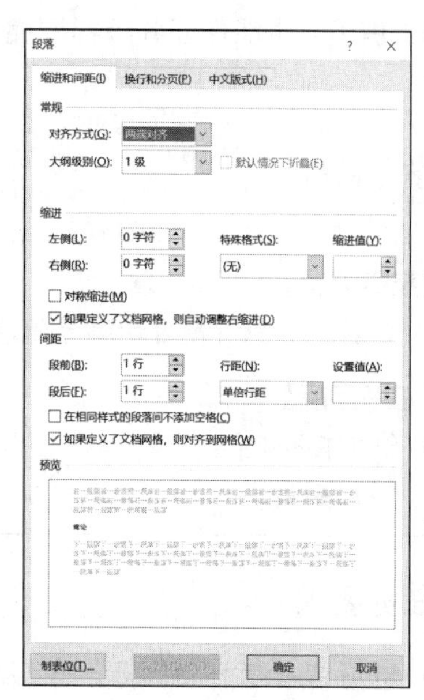

（b）“段落”对话框

图 3-11　为标题设置段前段后间距

第 10 步：在“间距”选项组中分别设置“段前”和“段后”为“1 行”，单击“确定”按钮，返回“修改样式”对话框，再单击“确定”按钮即可。

一旦修改了“标题 1”样式的段落格式，所有应用“标题 1”样式的一级标题段前、段后会自动设置为 1 行，这也体现了应用样式的优势。用同样的方法修改“标题 2”“标题 3”“正文”样式的段落格式。

任务 3.3　设置自动编号

在用 Word 编辑一篇学位论文时，需要给各章节的标题添加序号，一般为多级符号，如“第三章　×××”“3.1　×××”“3.1.2　×××”等。如果使用人工编号，不仅麻烦，而且非常容易出错，尤其是在修改比较频繁时，特别容易出现编号的混乱现象。Word 虽然有自动编号功能，但只能连续使用，不能跨段落，更不能跨章节，如何让 Word 自动给出章节编号乃至多级编号呢？我们可以把 Word 的样式和多级符号结合起来使用，这样就能保证章节的序号连贯。

在编辑文档时，为了便于使用多级符号，必须将不同的标题设置为不同的样式。使用样式可以保证相关的段落格式一致，也便于统一修改，如一级标题、二级标题、三级标题等都定义成各自的样式。以后增加各级标题时，也一定要定义成相应的样式，这样可以保证所有的同级标题样式是统一的。设置各级标题的样式在前面的任务中已经进行了详细的讲解，这里不再赘述。修改论文的结构时，如在第一章前面添加一章，那么原来的第一章的编号自动变为第二章，且每一章下面的二级、三级标题的编号也会自动更新，即不需要手动修改编号，也能保证各级标题编号的正确性，当然前提是各级标题使用正确的标题样式。

学习目标

【技能目标】

- 掌握为各级标题自动编号的基本操作。

【知识目标】

学会以下知识点：

- 多级列表。

任务要求

- 为每级标题自动编号，各层次的章节标题左对齐（标题编号与内容之间不加空格）。
- 标题格式：一级标题为“第 1 章”，二级标题为“1.1”，3 级标题为“1.1.1”。

知识准备

1. 使用项目编号

在使用 Word 2016 编辑文档的过程中，有时需要插入项目编号，以便更清晰地标识出段落之间的层次关系。

（1）先输入编号再输入文档内容

打开 Word 2016 文档页面，选择“开始”选项卡→“段落”选项组，单击“编号”下拉按钮，如图 3-12 所示。

打开下拉列表，选择符合要求的编号类型，即可将第一个编号插入文档中，如图 3-13 所示。

在第一个编号后面输入文本内容，按 Enter 键将自动生成第二个编号。

（2）先输入内容再加编号

打开 Word 2016 文档页面，选中需要插入编号的段落。选择“开始”选项卡→“段落”选项组，单击“编号”下拉按钮，在打开的下拉列表中选中合适的编号即可。

图 3-12　“编号”下拉按钮

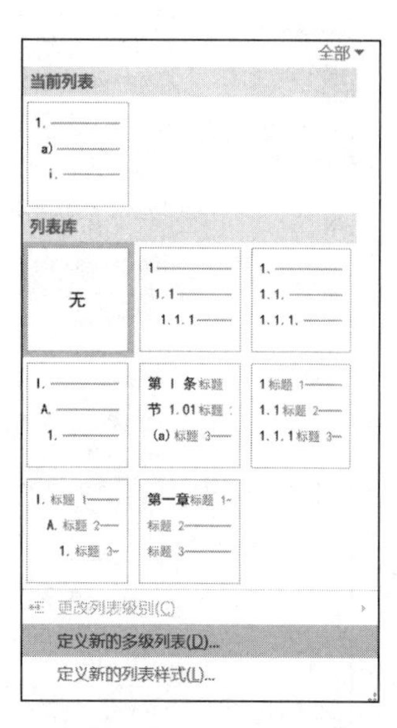

图 3-13　“编号”下拉列表

（3）取消编号

当不再需要自动输入编号时，只需要连着按两次 Enter 键即可。还可以选择“开始”选项卡→“段落”选项组，单击“编号”下拉按钮，在打开的下拉列表中选择“无”选项，取消自动编号。

（4）开启自动输入编号功能

打开 Word 2016 文档页面，选择“文件”菜单，如图 3-14 所示。

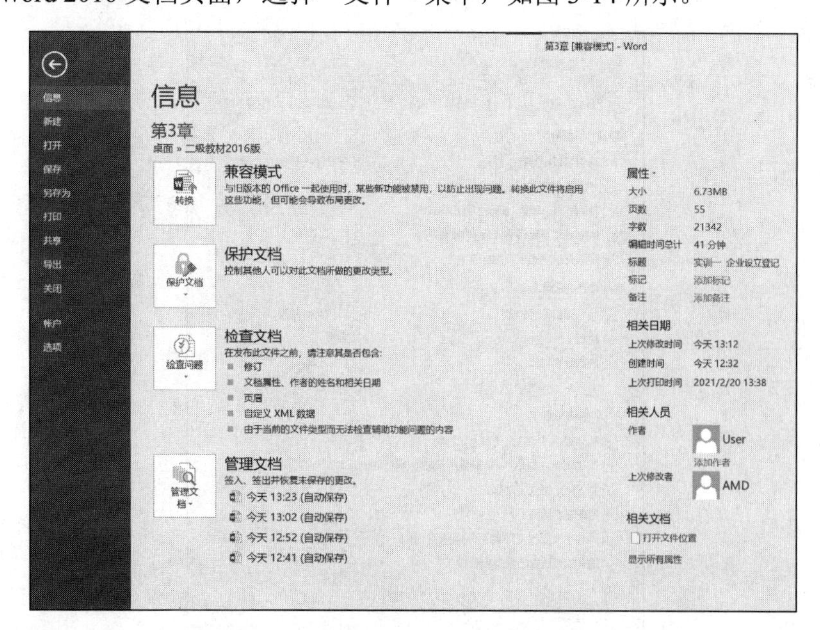

图 3-14　“文件”菜单

选择“选项”命令，弹出“Word 选项”对话框，如图 3-15 所示。

图 3-15 “Word 选项”对话框

选择“校对”选项卡，单击“自动更正选项”按钮，弹出“自动更正”对话框，选择“键入时自动套用格式”选项卡，在“键入时自动应用”选项组中选中“自动编号列表”复选框，单击“确定”按钮，如图 3-16 所示。

在 Word 2016 文档页面输入一个数字，按 Tab 键。在该行输入一些文字，当按 Enter 键时将自动出现下一个编号。

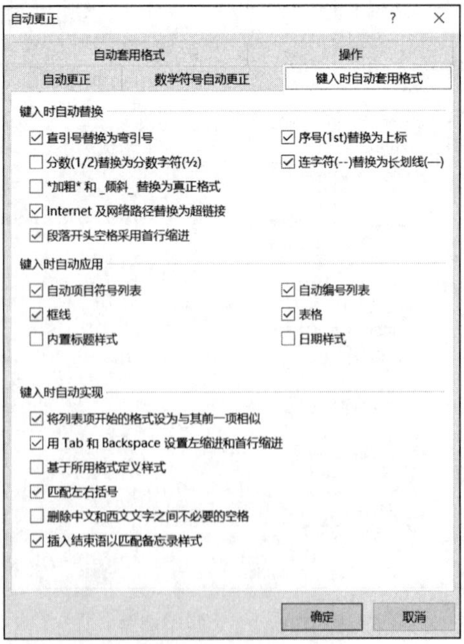

图 3-16 “自动更正”对话框

（5）重新编号

打开 Word 2016 文档页面，将光标定位到想要重新编号的位置。选择“开始”选项卡→“段落”选项组，单击“编号”下拉按钮，在打开的下拉列表中选择“设置编号值”选项，弹出“起始编号”对话框，选中“开始新列表”复选框，在“值设置为”文本框中输入相应的数值，单击“确定”按钮。返回到 Word 2016 文档页面，可以看到编号列表已经重新进行了编号。

2. 使用项目符号

（1）自定义项目符号

项目符号是指放在文本之前起强调效果的符号。在 Word 2016 中，用户可以根据需要自定义项目符号，具体的操作步骤如下。

1）选择“开始”选项卡→“段落”选项组，单击“项目符号”下拉按钮，在打开的下拉列表（图 3-17）中选择“定义新项目符号”选项。

2）弹出“定义新项目符号”对话框，单击“符号”按钮，弹出“符号”对话框，如图 3-18 所示。

3）选择要作为项目符号的符号，单击“确定”按钮，返回到“定义新项目符号”对话框，单击“确定”按钮。

图 3-17　“项目符号”下拉列表

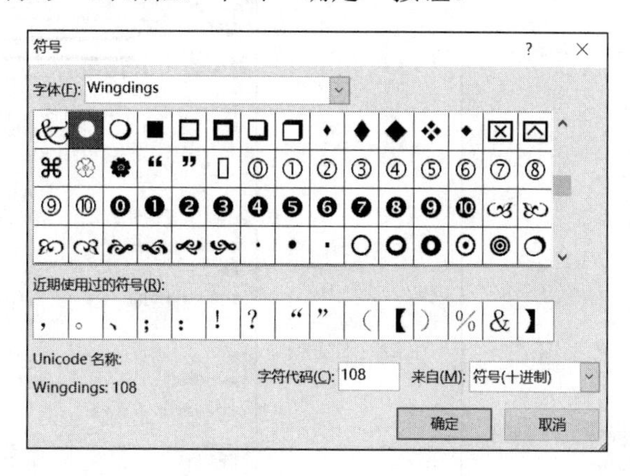

图 3-18　“符号”对话框

（2）输入项目符号

项目符号主要用于区分 Word 2016 文档中不同类别的文本内容，使用圆点、星号等符号表示项目符号，并以段落为单位进行标识。在 Word 2016 中，输入项目符号的操作步骤如下：

打开 Word 2016 文档窗口，选中需要添加项目符号的段落。选择“开始”选项卡→“段落”选项组，单击“项目符号”下拉按钮，在打开的下拉列表中选择合适的项目符号即可。

在当前项目符号所在行输入内容，当按 Enter 键时会自动产生另一个项目符号。如果连续按两次 Enter 键，将取消项目符号输入状态，恢复到 Word 常规输入状态。

3. 使用多级列表

多级列表是指使用不同形式的编号来实现文档的标题或段落的层次，是一种文档内容结构层级管理方法，也是一种文档排版手段。通常经过多级列表编辑后的文档可快速实现自动生成。例如，论文中的各级标题使用多级列表编号后会很容易自动生成整篇论文的目录。设置多级列表的基础是标题样式的设置，只有设置了正确的标题样式才能成功设置多级列表，具体操作方法参照下面的实施步骤。

实施步骤

第 1 步：选择“开始”选项卡→“段落”选项组，单击“多级列表”下拉按钮，在打开的下拉列表（图 3-19）中选取所需的列表样式后，选择“定义新的多级列表”选项，弹出“定义新多级列表”对话框，如图 3-20 所示。

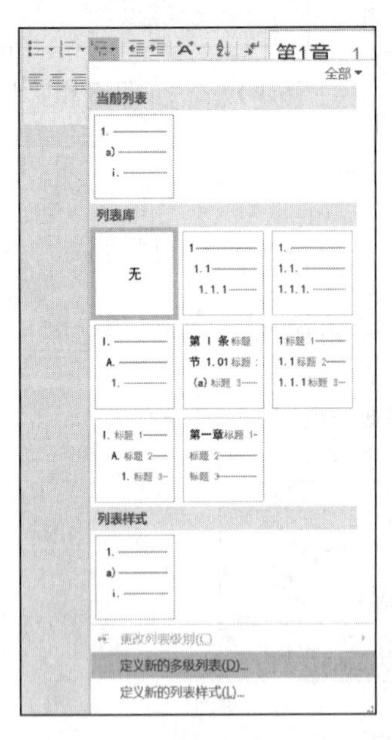

图 3-19 “多级列表”下拉列表

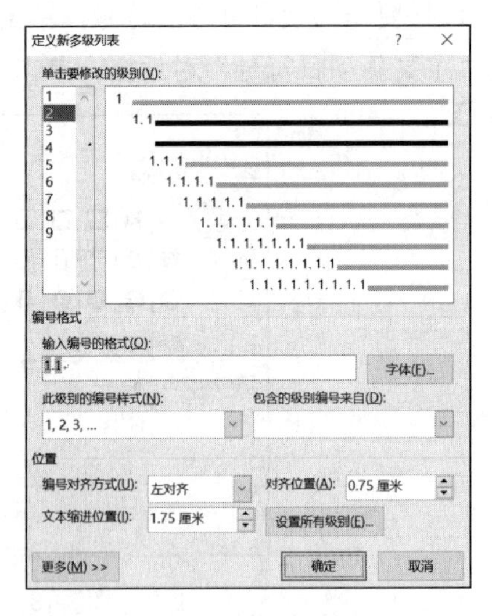

图 3-20 “定义新多级列表”对话框

第 2 步：单击“更多”按钮，展开高级选项，如图 3-21 所示。根据论文要求，将一级编号链接到标题 1 样式，二级编号链接到标题 2 样式，三级编号链接到标题 3 样式上，论文中所有应用该样式的段落将自动添加相应级别的编号，如图 3-22 所示。

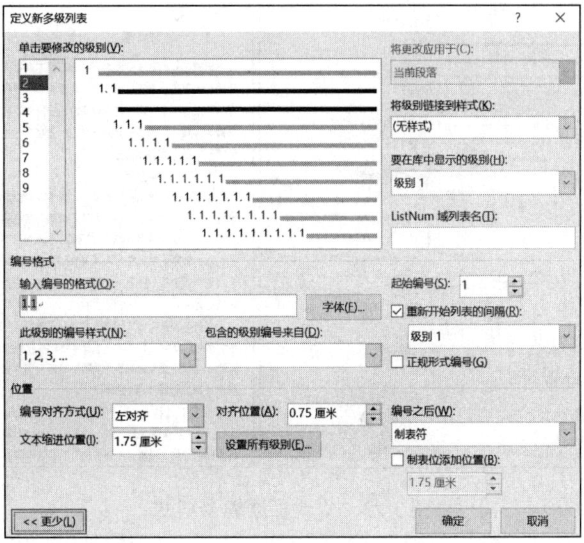

图 3-21　将多级列表链接到标题样式

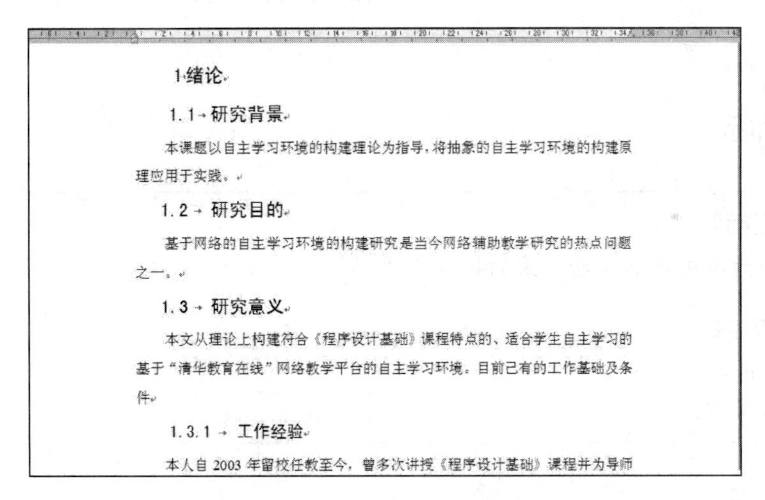

1 绪论

1.1 研究背景

本课题以自主学习环境的构建理论为指导，将抽象的自主学习环境的构建原理应用于实践。

1.2 研究目的

基于网络的自主学习环境的构建研究是当今网络辅助教学研究的热点问题之一。

1.3 研究意义

本文从理论上构建符合《程序设计基础》课程特点的、适合学生自主学习的基于“清华教育在线”网络教学平台的自主学习环境。目前已有的工作基础及条件

1.3.1 工作经验

本人自 2003 年留校任教至今，曾多次讲授《程序设计基础》课程并为导师

图 3-22　插入多级编号后的论文

第 3 步：修改标题编号样式。选择“开始”选项卡→“段落”选项组，单击“多级列表”下拉按钮，在打开的下拉列表中选取所需的列表样式后，选择“定义新的多级列表”选项，弹出“定义新多级列表”对话框。在“单击要修改的级别”列表框中选择“1”，“输入编号的格式”文本框中是当前级别编号的样式，在“输入编号的格式”文本框中编号的左边输入“第”，右边输入“章”，单击“确定”按钮，如图 3-23 所示。

提示：编号格式的修改必须使用“此级别的编号样式”下拉列表中的格式，才能保证标题编号的正确性；如果是用户自己输入的编号，那么该级别的标题编号就会是同一编号，不会递增。

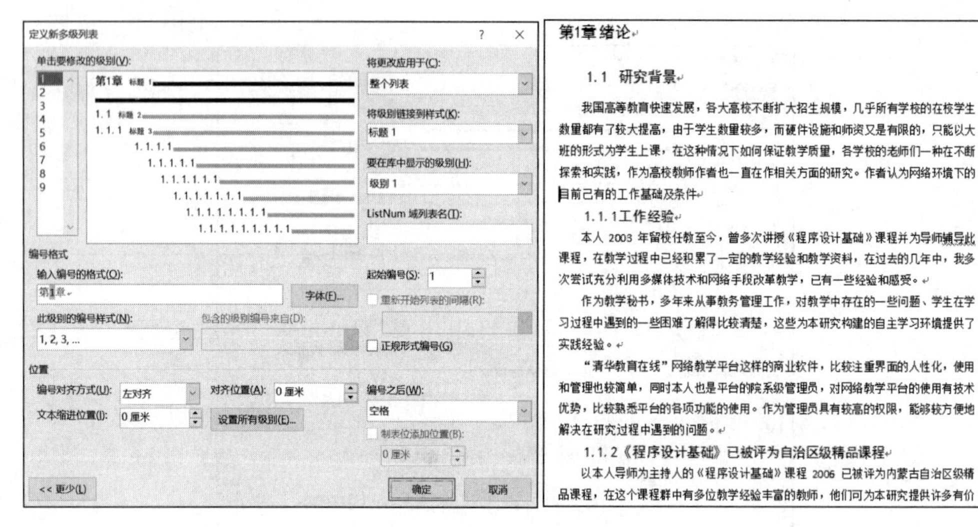

图 3-23 修改标题编号样式

任务 3.4 添加自动目录

学习目标

【技能目标】

- 掌握为论文添加自动目录的操作方法。

【知识目标】

学会以下知识点：

- 插入目录。

任务要求

- 在英文摘要后为目录设置一个单独页，“目录”字体设置为黑体三号，加粗，居中，字间空一格。
- 将“参考文献”及下方的文字都设置为“正文”样式。
- 将“参考文献”字体设置为黑体小三号，加粗，并将其大纲级别设置为1级。
- 插入目录，修改目录内容字体为宋体四号。

知识准备

论文目录部分通常是撰写论文最后要完成的工作，这是因为在没有定稿前，论文目录是不确定的。硕士学位论文目录，能够反映出论文的主要思想和核心内容，以及作者的主要工作及主体框架，一般只要求到三级标题，且目录的繁简程度随正文而定。

自动生成文档的目录，最重要的是要把文档的各级标题样式都设置好。不管有多少个一级、二级、三级标题，只要把标题样式设置好，生成目录时所有的一级、二级、三级标题就都会自动提取出来。

1. 自动生成目录及更新目录

1）标题样式和标题编号设置完毕，即可生成目录。将光标定位到目录存放的位置，选择“引用”选项卡→“目录”选项组，单击“目录”下拉按钮，在打开的下拉列表中选择“自动目录 1”或“自动目录 2”，如图 3-24 所示，即可自动生成目录，效果如图 3-25 所示。

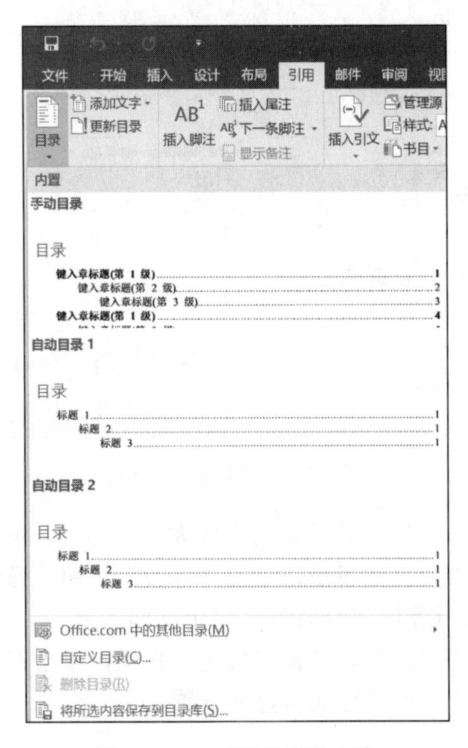

图 3-24　“目录”下拉列表

目录

1　标题 1......1
1.1　文字内容 1......1
2　标题 2......1
2.1　文字内容 2......1
3　标题 3......1
3.1　文字内容 3......1

图 3-25　生成目录样例效果

2）如果论文进行了更新，或者目录结构进行了调整，那么就需要对目录进行更新。右击“目录”，在弹出的快捷菜单中选择“更新域”命令（建议选择“更新整个目录”命令，这样就不会漏掉），单击“确定”按钮，即可更新。

2. 自定义目录格式

如果对系统的默认目录格式不满意，也可以自定义目录格式。选择“引用”选项卡→“目录”选项组，单击“目录”下拉按钮，在打开的下拉列表中选择“自定义目录”选项，弹出“目录”对话框，如图 3-26 所示。在该对话框中有很多目录格式可以设置，如是否显示页码、页码是否右对齐、有无制表符前导符、显示几个级别等。

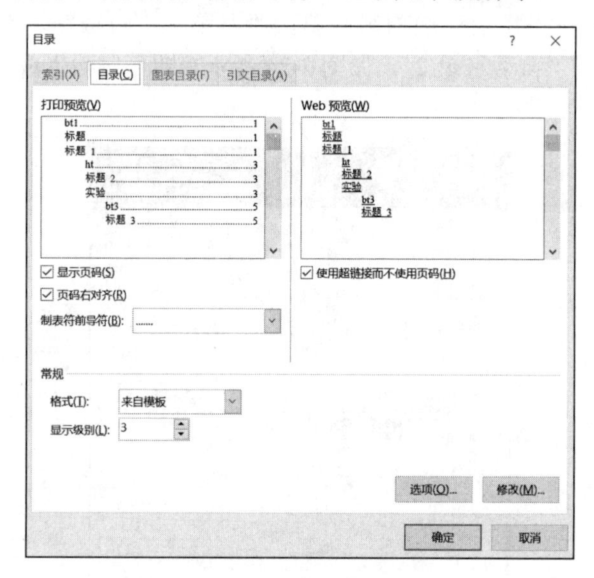

图 3-26　“目录”对话框

同时，在该对话框中还可以设置目录的字体大小与格式。单击“修改”按钮，在弹出的“样式”对话框中选择要修改的目录，单击“修改”按钮，弹出“修改样式”对话框，就能看到相关的字体、间距等格式的调整，自定义修改之后，单击“确定”按钮即可。

当所有的自定义设置完成之后，单击“确定”按钮，就会在刚刚目录的地方出现替换的提示框，单击“是”按钮，即可完成自定义设置。

实施步骤

第 1 步：插入分页符。将光标定位到英文摘要的文末，选择“布局”选项卡→“页面设置”选项组，单击“分隔符”下拉按钮，在打开的下拉列表中选择“分页符”选项，插入新的一页。

第 2 步：输入“目录”，设置字体为黑体三号，加粗，居中，字间加一个空格。

第 3 步：选中参考文献的所有内容，在右侧的“样式”窗格中选择“正文”样式，为参考文献应用正文样式。

第 4 步：选中“参考文献”4 个字，设置字体为黑体小三号，加粗。选择“开始”选项卡→“段落”选项组，单击右下角的对话框启动器（图 3-27），弹出“段落”对话框，在“大纲级别”下拉列表中选择“1 级”，如图 3-28 所示，这时“参考文献”会作为一级标题显示在导航栏里。

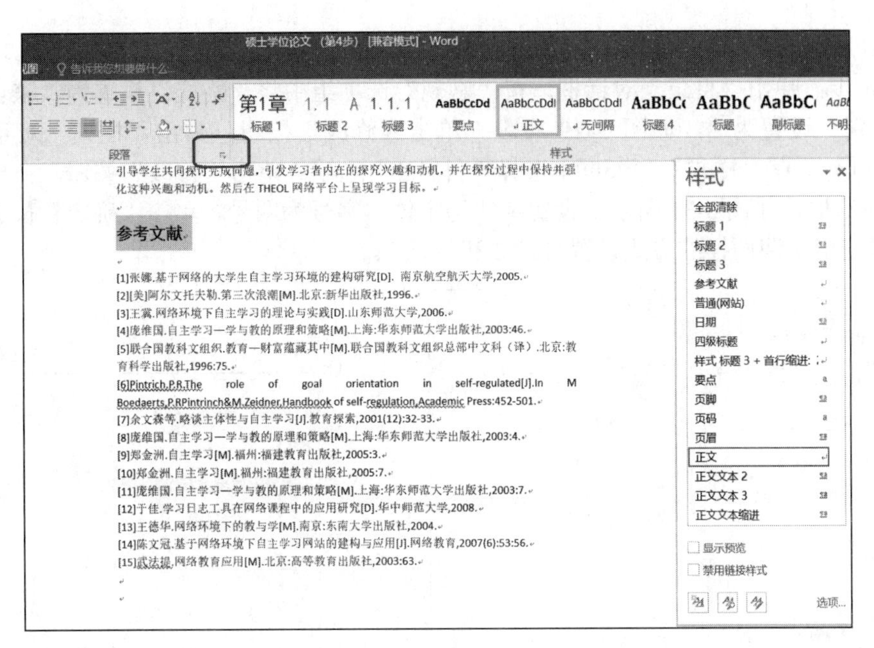

图 3-27　单击对话框启动器

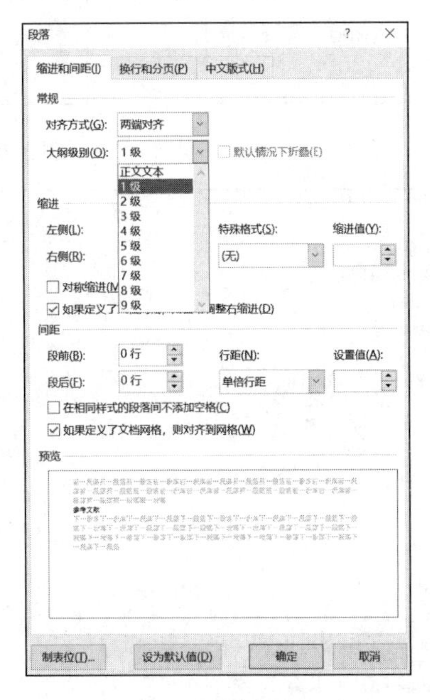

图 3-28　设置大纲级别

为什么不给“参考文献”应用标题 1 样式，而只是设置了大纲级别？设置大纲级别的作用是在后面插入的自动目录中显示参考文献的标题，但是如果应用标题 1 样式，“参考文献”就会添加一级编号，这是因为在任务 3.3 中设置了一级编号链接到标题 1 样式中。因此，为了使“参考文献”成为一级标题同时又没有一级编号的方法就是为“参考文献”设置大纲级别为一级。

第 5 步：将光标定位到要插入目录的位置，选择“引用”选项卡→“目录”选项组，单击“目录”下拉按钮，在打开的下拉列表（图 3-24）中选择“自定义目录”选项。

第 6 步：弹出“目录”对话框，在“常规”选项组中将“格式”设置为“来自模板”，“显示级别”设置为 3，如图 3-29 所示。单击“修改”按钮，弹出“样式”对话框，如图 3-30 所示。在“样式”列表框中选择“目录 1”选项。单击“修改”按钮，弹出“修改样式”对话框，如图 3-31 所示，设置字体为宋体，字号为四号，单击“确定”按钮，目录 1 即设置完毕。用同样的方式设置目录 2 和目录 3。

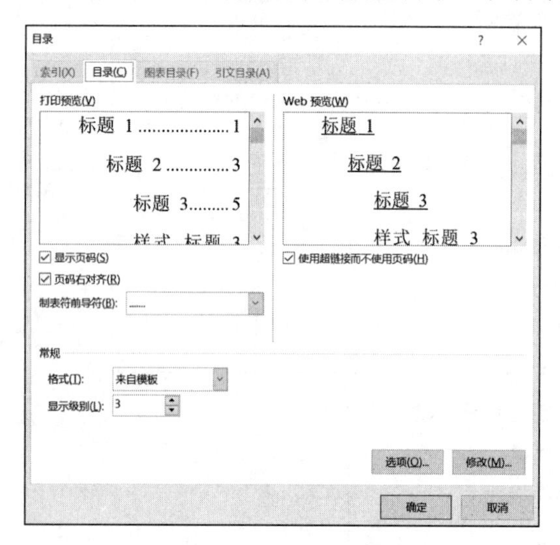

图 3-29 “目录”对话框

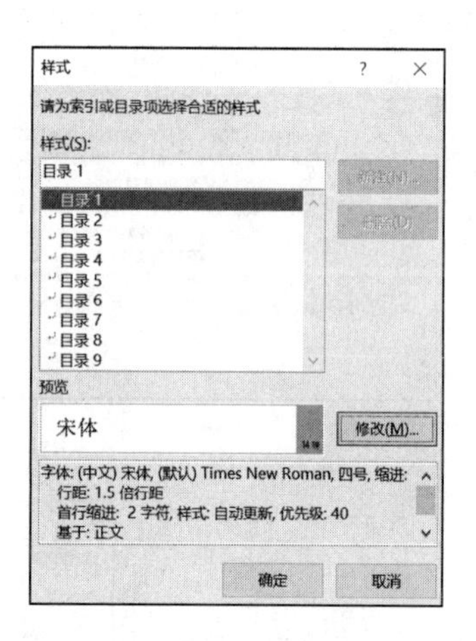

图 3-30 “样式”对话框

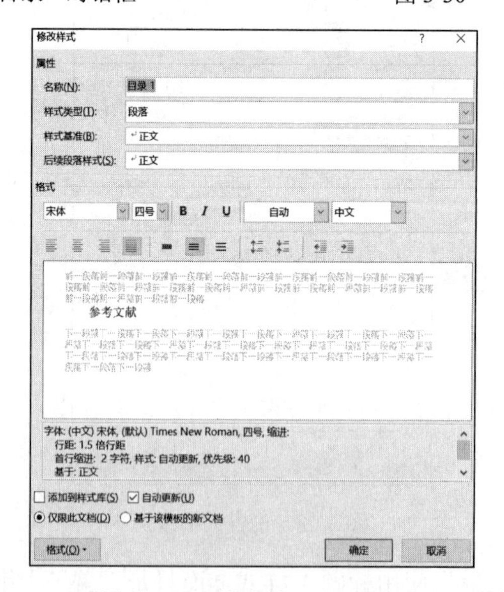

图 3-31 “修改样式”对话框

第 7 步：单击“确定”按钮，就会自动生成目录，效果如图 3-32 所示。

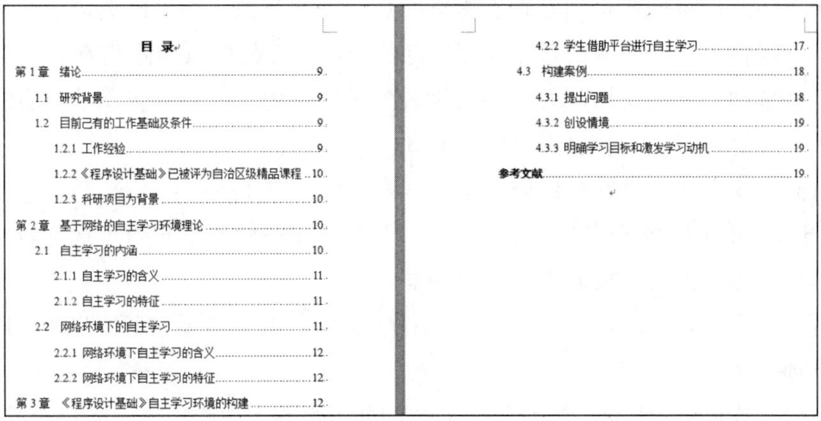

目 录

第 1 章　绪论......9

1.1　研究背景......9

1.2　目前已有的工作基础及条件......9

1.2.1 工作经验......9

1.2.2《程序设计基础》已被评为自治区级精品课程......10

1.2.3 科研项目为背景......10

第 2 章　基于网络的自主学习环境理论......10

2.1　自主学习的内涵......10

2.1.1 自主学习的含义......11

2.1.2 自主学习的特征......11

2.2　网络环境下的自主学习......11

2.2.1 网络环境下自主学习的含义......12

2.2.2 网络环境下自主学习的特征......12

第 3 章　《程序设计基础》自主学习环境的构建......12

4.2.2 学生借助平台进行自主学习......17

4.3　构建案例......18

4.3.1 提出问题......18

4.3.2 创设情境......19

4.3.3 明确学习目标和激发学习动机......19

参考文献......19

图 3-32　生成目录效果

任务 3.5　页 面 设 置

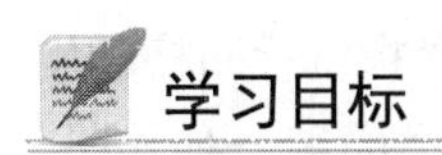

学习目标

【技能目标】

- 掌握双面打印的版心尺寸的设置方法。
- 掌握文档网格的设置方法。

【知识目标】

学会以下知识点：

- 对称页边距。
- 文档网格。

任务要求

- 纸张大小：A4。
- 版心尺寸：奇数页左边距 3 厘米，右边距 2.5 厘米，上边距 2.5 厘米，下边距 2.5 厘米；偶数页左边距 2.5 厘米，右边距 3 厘米，上边距 2.5 厘米，下边距 2.5 厘米。
- 文档网格：每页 31 行，37 列。

知识准备

1. 对称页边距

对称页边距是指设置双面文档的对称页面的页边距，如论文、书籍或杂志中的设置。

在这种情况下，左侧页面的页边距是右侧页面页边距的镜像，即内侧页边距等宽，外侧页边距等宽。一般情况下，内侧页边距（即装订的一侧）比外侧页边距稍宽。

对于需要双面打印的文档，可以将其设置为对称页边距，使纸张正反两面的内外侧均具有同等大小，这样装订后会显得更整齐美观。

在 Word 2016 文档中设置对称页边距的具体操作步骤如下：

1）打开 Word 2016 文档窗口，选择“布局”选项卡→“页面设置”选项组，单击右下角的对话框启动器，弹出“页面设置”对话框。

2）选择“页边距”选项卡，在“页码范围”选项组的“多页”下拉列表中选择“对称页边距”选项。

当选择“对称页边距”和“拼页”选项时，页边距的上边距、下边距将变成内侧边距、外侧边距，纸张方向可以使用“纵向”和“横向”两种类型。在“页边距”选项组设置合适的页边距即可。

2. 文档网格

文档网格是给页面设置的网格线，使文档的显示更清晰，在“页面设置”对话框的“文档网格”选项卡中有 4 种选择，即“无网格”、“只指定行网格”（默认）、“指定行网格和字符网格”、“文字对齐字符网格”。用户可以根据编辑文档的类型选用其中的某一种。

编辑普通文档时，宜选择“无网格”单选按钮，这样能使文档中所有段落样式文字的实际行间距均与其样式中规定的一致；编辑图文混排的长文档时，则应选择“指定行网格和字符网格”单选按钮，否则重新打开文档时会出现图件不在原处的情况。

实施步骤

第 1 步：选择“布局”选项卡→“页面设置”选项组，单击“纸张大小”下拉按钮，在打开的下拉列表中选择 A4 选项。

第 2 步：根据任务要求，奇数页和偶数页的左右边距取值不同，这是因为一般学位论文需要双面打印并且装订，奇数页和偶数页装订一侧的页边距取值应大于不装订一侧的页边距。

选择“布局”选项卡→“页面设置”选项组，单击“页面设置”对话框，选择“页边距”选项卡，在“页码范围”的“多页”下拉列表中选择“对称页边距”选项，原来的左右边距变成了内侧和外侧，内侧边距就是需要装订的一侧，外侧边距就是不需要装订的一侧。按照要求，上下边距分别设置为 2.5 厘米，内侧设置为 3 厘米，外侧设置为 2.5 厘米，如图 3-33 所示。

第 3 步：选择“布局”选项卡→“页面设置”选项组，单击右下角的对话框启动器，弹出“页面设置”对话框，选择“文档网格”选项卡，在“网格”选项组中选中“指定行和字符网格”单选按钮，设置每页为 31 行，每行为 37 个字符，如图 3-34 所示。

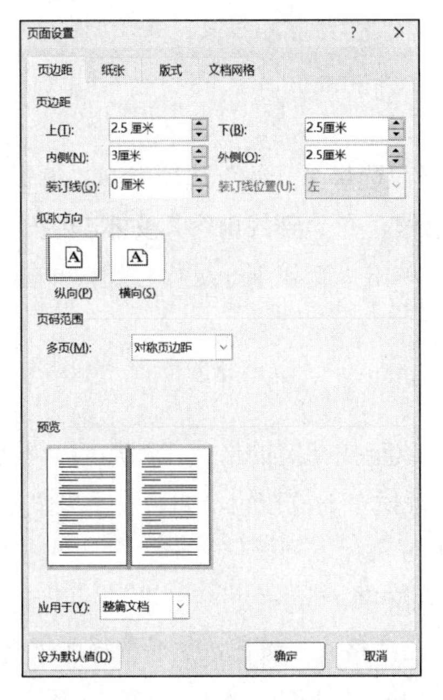

图 3-33　设置对称页边距

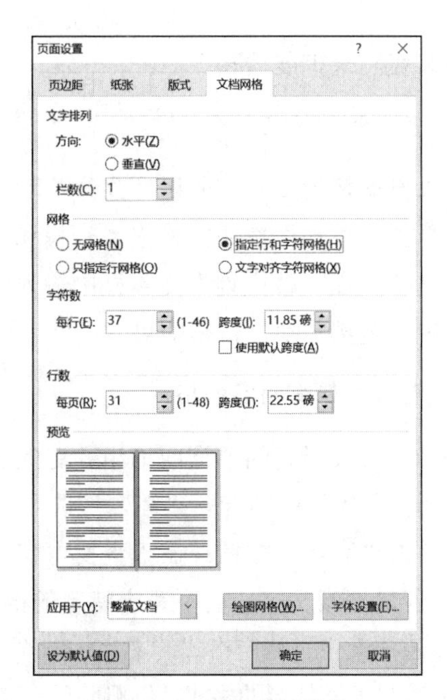

图 3-34　设置文档网格

任务 3.6　高级查找与替换

学习目标

【技能目标】

- 掌握删除论文中多余的空行并更新目录的操作方法。

【知识目标】

学会以下知识点：

- 高级查找与替换。
- 更新目录。

任务要求

- 使用查找和替换功能将文档中的所有空行都删除。
- 更新论文目录。

知识准备

Word 中的查找和替换功能很多人都会使用，一般用它来查找和替换文字。实际上，查找和替换功能还可用于查找和替换格式、段落标记、分页符和其他项目，并且还可以使用通配符和代码来扩展搜索。

1. 查找和替换文字

可以自动替换文字，如将“改善”替换为“进步”。选择“开始”选项卡→“编辑”选项组，单击“替换”按钮，弹出“查找和替换”对话框，在“查找内容”文本框中输入要查找的文字，在“替换为”文本框中输入替换文字，单击“查找下一处”按钮，单击“替换”或者“全部替换”按钮即可。

2. 查找和替换指定的格式

例如，查找指定的单词或词组并更改字体颜色，或查找指定的格式（如加粗）并更改它。选择“开始”选项卡→“编辑”选项组，单击“查找”下拉按钮，如果看不到“格式”按钮，单击“高级”按钮；在“查找内容”文本框中可执行下列操作之一：

1）若只搜索文字，而不考虑特定的格式，则输入文字。

2）若搜索带有特定格式的文字，则输入文字，单击“格式”按钮，然后选择所需格式。

3）若只搜索特定的格式，则删除所有文字，单击“格式”按钮，然后选择所需格式。

4）在“替换为”文本框中输入替换文字，设置格式的方法同上，单击“全部替换”按钮后，单击“关闭”按钮即可。

3. 查找和替换段落标记、分页符和其他项目

在 Word 中，可以方便地搜索和替换特殊字符和文档元素，如分页符和制表符。选择“开始”选项卡→“编辑”选项组，单击“查找”或“替换”按钮，如果看不到“特殊字符”按钮，则单击“高级”按钮。在“查找内容”文本框中，可执行下列操作之一：

1）若从列表中选择项目，单击“特殊字符”按钮，然后单击所需项目。

2）在“查找内容”文本框中直接输入项目的代码。

如果要替换该项，在“替换为”文本框中输入替换内容，单击“查找下一处”、“替换”或“全部替换”按钮。

4. 查找和替换名词、形容词的各种形式或动词的各种时态

可以搜索：名词的单数和复数形式。例如，在将 apple 替换为 orange 的同时，将 apples 替换为 oranges；搜索所有形容词形式，例如，在将 worse 替换为 better 的同时，将 worst 替换为 best；搜索动词词根的所有时态，例如，在将 sit 替换为 stand 的同时，将 sat 替换为 stood。

操作步骤：单击“编辑”选项组中的“查找”或“替换”命令，如果看不到“查找单词的各种形式”复选框，单击“高级”按钮，选中“查找单词的各种形式”复选框，在“查找内容”文本框中输入要查找的文字；如果要替换该文字，在“替换为”文本框中输入替换文字，单击“查找下一处”、“替换”或者“全部替换”按钮。

如果替换文字不明确，单击与所需含义最匹配的单词，例如，saw 可以是名词也可以

是动词，单击 saws 以替换名词；单击 sawing 以替换动词。其他形容词的各种形式或动词的各种时态替换，同学们可以课后自己动手试试。

注意：替换文字时最好使用“替换”按钮，而不要用“全部替换”按钮，这样可以确认每一处替换，以免发生错误；查找和替换文本时，应使用相同的词性和时态，例如，可以搜索 see，并将其替换为 observe（两者都是一般现在时的动词）。

5. 使用通配符查找和替换

例如，可用星号（*）通配符搜索字符串（使用“s*d”将找到 sad 和 started）。单击“编辑”选项组中的“查找”或“替换”命令，如果看不到“使用通配符”复选框，则单击“高级”按钮，选中“使用通配符”复选框。在“查找内容”文本框中输入通配符，执行下列操作之一：①若要从列表中选择通配符，单击“特殊字符”按钮，再单击所需通配符，然后在“查找内容”文本框中输入要查找的其他文字；②在“查找内容”框中直接输入通配符。

如果要替换该项，在“替换为”文本框中输入替换内容，单击“查找下一处”、“替换”或者“全部替换”按钮即可。

实施步骤

空行就是两个相邻的换行中间没有任何内容，如果论文中有大量空行，可以利用高级查找功能和替换功能一次性将所有空行删除。

第 1 步：选择“开始”选项卡→“编辑”选项组，单击“替换”按钮，弹出“查找和替换”对话框，如图 3-35 所示，单击“更多”按钮，在“特殊格式”下拉列表中选择“段落标记”选项，如图 3-36 所示。在“查找内容”文本框中输入两个段落标记，在“替换为”文本框中输入一个段落标记，单击“全部替换”按钮，即可删除论文中的所有空行。

删除空行后，论文每一级标题所在的页码会发生变化，这时就需要更新目录。

第 2 步：将鼠标指针放在目录上，右击，在弹出的快捷菜单中选择“更新域”命令，弹出“更新目录”对话框，选中“更新整个目录”单选按钮，单击“确定”按钮，如图 3-37 所示，即可完成目录更新。

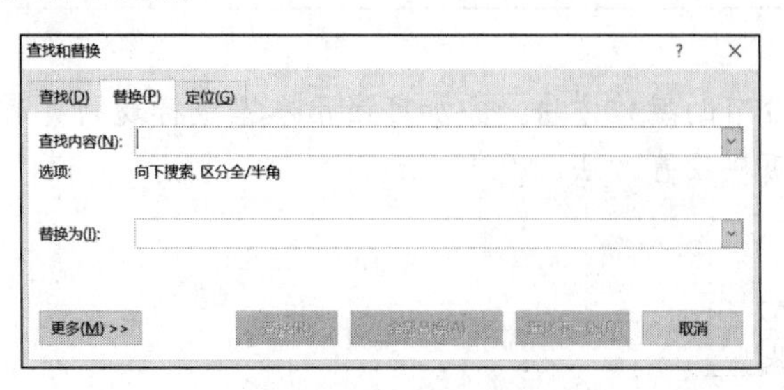

图 3-35　“查找和替换”对话框

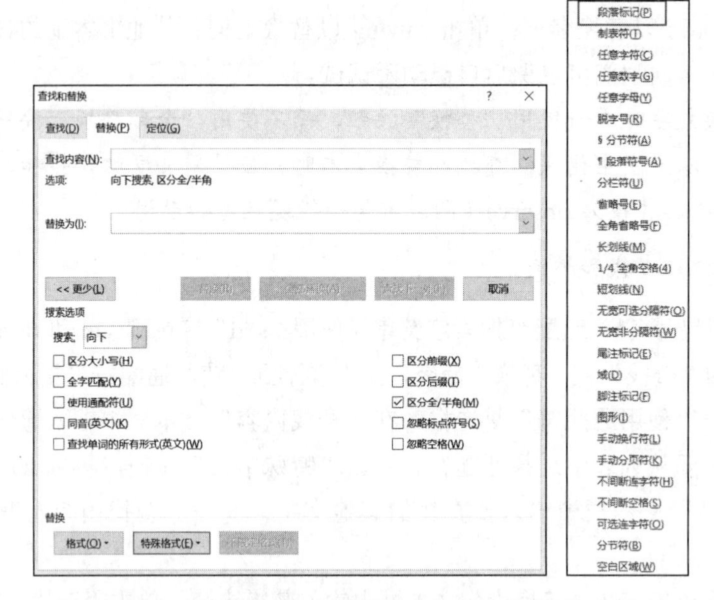

图 3-36　在“特殊格式”下拉列表中选择“段落标记”选项

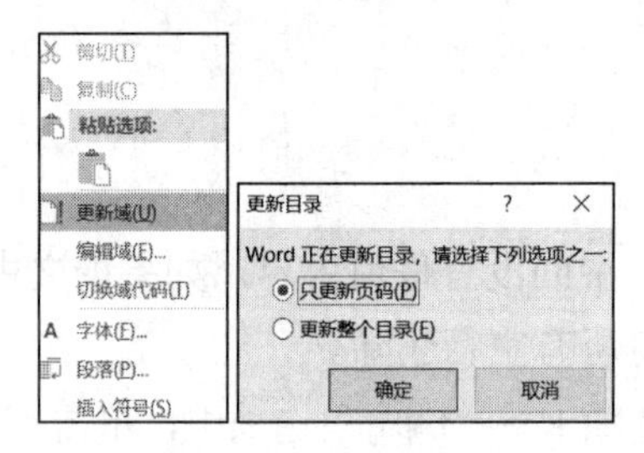

图 3-37　更新目录

任务 3.7　利用分节为论文添加不同的页眉和页脚

学习目标

【技能目标】

- 掌握为论文分节的操作方法，添加可显示本章节标题的页眉。
- 掌握不同的页码设置方法。

【知识目标】

学会以下知识点：

- 添加页眉页脚。
- 应用域。
- 编辑和修改页码格式。

任务要求

- 将论文的封面、中英文摘要、目录、正文都置于单独的节中。
- 论文封面不加页眉，其他部分均加页眉，页眉采用黑体五号字，居中放置。
- 中英文摘要、目录不分奇偶页，统一为“内蒙古师范大学硕士学位论文”。
- 正文的奇偶页页眉内容不同，奇数页为本页内容所属的章的题目，即“第×章××”的形式；偶数页为“内蒙古师范大学硕士学位论文”。
- 页眉下划线为单线，线粗使用默认格式。
- 论文页码位于页面底端居中，一律用阿拉伯数字连续编码，页码由第 1 章的首页作为第 1 页，摘要、目录等不编排页码。

知识准备

在进行 Word 文档排版时，经常需要对同一个文档中的不同部分采用不同的版面设置，如设置不同的页面方向、页边距、页眉和页脚，或重新分栏排版等。如果通过“布局”选项卡→“页面设置”选项组改变其设置，就会引起整个文档所有页面的改变，这时就需要对 Word 文档进行分节。

1. 分节符

分节符是指为表示节的结尾插入的标记。分节符包含节的格式设置元素，如页边距、页面方向、页眉和页脚，以及页码的顺序。

在 Word 中，“节”的概念及插入分节符时，应注意如下问题。

1）默认方式下，Word 将整个文档视为一“节”，故对文档的页面设置是应用于整篇文档的。若需要在一页之内或多页之间采用不同的版面布局，只需要插入分节符，将文档分成几“节”，然后根据需要设置每“节”的格式即可。

2）插入分节符的具体操作步骤如下：

① 单击需要插入分节符的位置。

② 选择“布局”选项卡→“页面设置”选项组，单击“分隔符”下拉按钮。

③ 在打开的下拉列表中选择需要的分节符类型，分别为“下一页”（分节符后的文本从新的一页开始）、“连续”（新节与其前面一节同处于当前页中）、“偶数页”（分节符后面的内容转入下一个偶数页）、“奇数页”（分节符后面的内容转入下一个奇数页）。

3）插入分节符后，如果要使当前“节”的页面设置与其他“节”不同，只需要选择“布局”选项卡→“页面设置”选项组，在“应用于”下拉列表中选择“本节”选项即可。

4）分节后的页面设置可更改的内容有页边距、纸张大小、纸张方向（纵横混合排版）、打印机纸张来源、页面边框、垂直对齐方式、页眉和页脚、分栏、页码编排、行号、脚注和尾注等。

5）显示分节符：选择“开始”→“选项”命令，弹出“Word 选项”对话框，选择“显示”选项卡，选中“段落标记”复选框即可，如图 3-38 所示。如果需隐藏分节符，可取消选中该复选框。

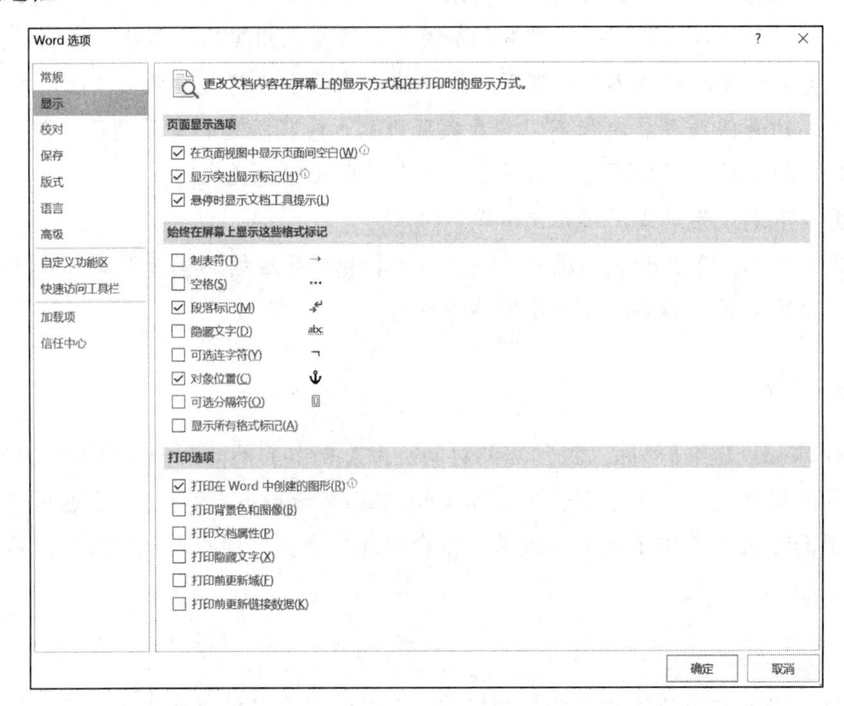

图 3-38 “Word 选项”对话框

2. 设置页眉和页脚

页眉和页脚通常用于显示文档的附加信息，常用来插入时间、日期、页码、单位名称、图标等。其中，页眉在页面的顶部，页脚在页面的底部。

通常，页眉也可以添加文档注释等内容。页眉和页脚也可用作提示信息，特别是其中插入的页码，通过这种方式能够快速定位所要查找的页面，如图 3-39 所示。

可以在 Word 的页眉和页脚中插入文本或图形，也可以显示相应的页码、文档标题或文件名等内容。

页眉和页脚可分为静态页眉和页脚及动态页眉和页脚。

静态页眉和页脚是不会随着文档页数的变化而变化的，而动态页眉和页脚则相反。

（1）插入静态页眉和页脚

1）打开 Word 2016 文档，选择“插入”选项卡→“页眉和页脚”选项组，单击“页眉”下拉按钮，在打开的下拉列表中选择“空白”选项，如图 3-40 所示。

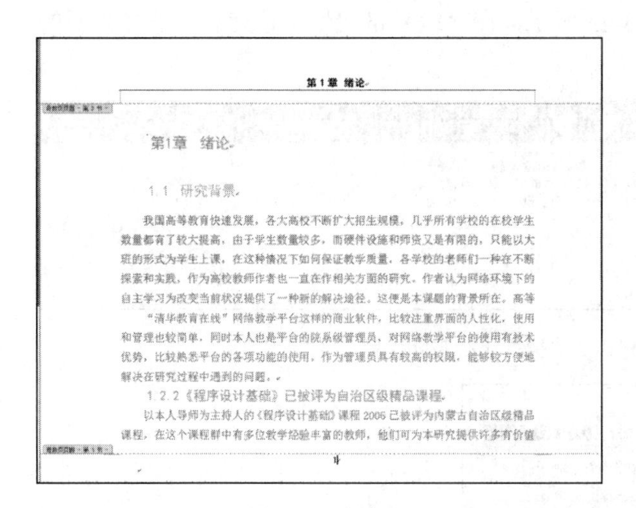

图 3-39　样例

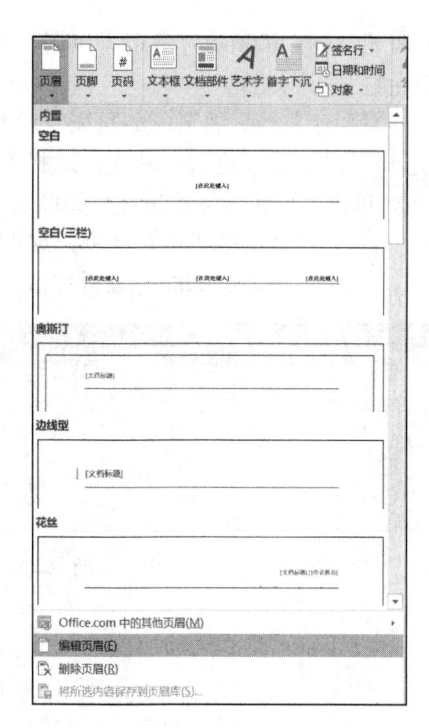

图 3-40　插入页眉

2）此时页眉区域激活，并显示“键入文字”提示文本，如图 3-41 所示，可以输入需要的页眉内容，如“××单位×××××报告”。

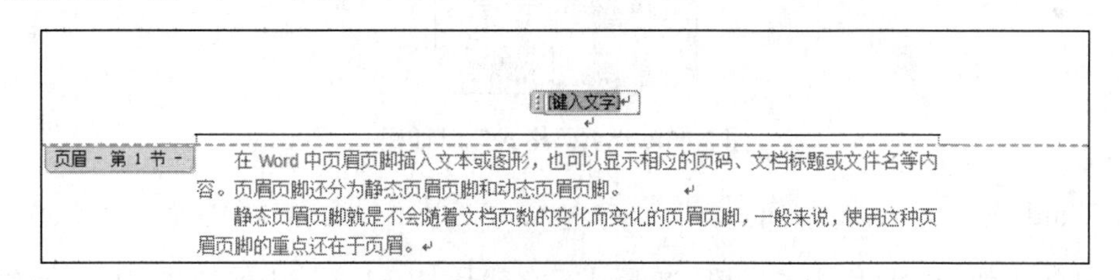

图 3-41　页眉区域激活状态

3）输入页眉内容后，即可对页眉进行设置，如设置页眉的字体、字号及颜色等。

4）在页眉部分按下方向键，切换至页脚区域中，输入需要的页脚内容。例如，输入“第 1 页”，向下拖动窗口右侧的垂直滚动条，可以看到其他页面的页脚仍然显示为“第 1 页”，由此可知，设置的静态页脚内容不会随页数的变化而变化。

经过以上 4 步，就在 Word 文档中插入了静态页眉和页脚。

（2）插入动态页脚

在实际应用中，用户很少向 Word 文档中添加静态页脚，一般页码需要随着 Word 文档页数的变化而变化。因此，需要向 Word 中添加动态页脚，以便让页码自动编号。

1）打开 Word 2016 文档，选择“插入”选项卡→“页眉和页脚”选项组，单击“页脚”下拉按钮，在打开的下拉列表中选择“空白”选项。

2）此时 Word 文档页面下部的页脚区域已经激活，选择“页眉和页脚-设计”选项卡→

“页眉和页脚”选项组，单击“页码”下拉按钮，在打开的下拉列表中选择“页面底端”→“普通数字 2”选项。

3）这时文档页面页脚处页码已经存在，还需要对页码进行设置。首先在“段落”选项组选择页码的显示位置；其次，选择“页眉和页脚工具-设计”选项卡→“页眉和页脚”选项组，单击“页码”下拉按钮，如图 3-42 所示，在打开的下拉列表中选择“设置页码格式”选项。弹出“页码格式”对话框，如图 3-43 所示，在“编号格式”下拉列表中选择需要的格式。至此，动态页脚即可设置完成。

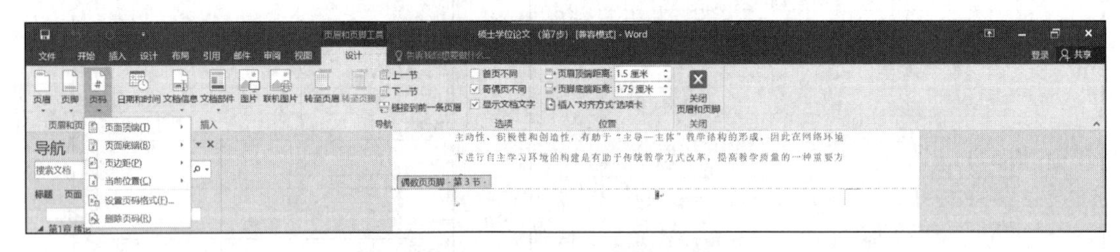

图 3-42　单击“页码”下拉按钮

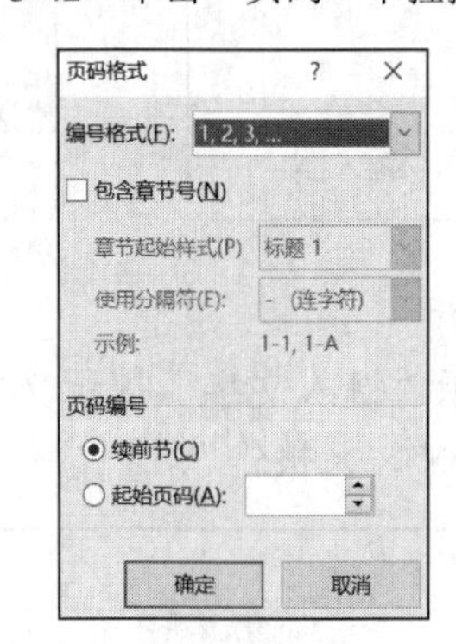

图 3-43　“页码格式”对话框

3. Word 域

Word 域类似于数据库中的字段，实际上，它就是 Word 文档中的一些字段。每个 Word 域都有一个唯一的名字，但有不同的取值。用 Word 排版时，若能熟练使用 Word 域，可增强排版的灵活性，减少许多烦琐的重复操作，提高工作效率。

Word 域是引导 Word 在文档中自动插入文字、图形、页码或其他信息的一组代码，与 Excel 中的函数非常相似。

（1）更新域

当 Word 文档中的域没有显示出最新信息时，用户应采取以下措施进行更新，以获得新域结果。

1）更新单个域：单击需要更新的域或域结果，按 F9 键。

2）更新一篇文档中的所有域：选择“开始”选项卡→“编辑”选项组，单击“选择”下拉按钮，在打开的下拉列表中选择“全选”选项，选中整篇文档，按 F9 键。

3）选择“文件”→“选项”命令，打开“Word 选项”对话框，在左侧窗格切换到“显示”选项卡，在打开的右侧窗格中，选中“打印选项”区域下的“打印前更新域”复选框，即可实现 Word 在每次打印前都自动更新文档中所有域的目的。

（2）显示或隐藏域代码

1）显示或者隐藏指定的域代码：单击需要实现域代码的域或其结果，按Shift+F9组合键。

2）显示或者隐藏文档中所有的域代码：按Alt+F9组合键。

（3）锁定或解除域操作

1）锁定某个域，以防止修改当前的域结果：单击此域，按Ctrl+F11组合键。

2）解除锁定，以便对域进行更改：单击此域，按Ctrl+Shift+F11组合键。

（4）解除域的链接

选择有关域内容，按Ctrl+Shift+F9组合键即可解除域的链接。此时，当前的域结果会变为常规文本（失去域的所有功能），不能再进行更新。用户若需要重新更新信息，必须在文档中插入同样的域才能达到目的。

4. 文档中插入域

（1）使用命令插入域

在Word中，高级复杂的域功能很难用手工控制，如“自动编号”“邮件合并”“题注”“交叉引用”“索引和目录”等。为了方便用户，Word 2016以命令的方式提供了9大类共74种域。

在“插入”选项卡中提供了“域”命令，它适合一般用户使用，Word提供的域都可以使用这种方法插入。将光标放置到准备插入域的位置，选择“插入”选项卡→“文本”选项组，单击“文档部件”下拉按钮，在下拉列表中选择“域”选项，弹出“域”对话框。在“类别”下拉列表中选择希望插入的域的类别，如“编号”“等式和公式”等。选择需要的域所在的类别后，“域名”列表框会显示该类中所有域的名称，选择欲插入的域名（如AutoNum），则“说明”中显示“插入自动编号”，由此可以得知这个域的功能。对AutoNum域来说，只要在“格式”列表框中选中需要的格式，单击“确定”按钮，就可以把特定格式的自动编号插入页面。

也可以选中已经输入的域代码，右击，在弹出的快捷菜单中选择“更新域”、“编辑域”或“切换域代码”命令，对域进行操作。

（2）使用键盘插入

如果用户对域代码比较熟悉，或者需要引用他人设计的域代码，使用键盘直接输入会更加快捷，其操作方法是：首先把光标放置到需要插入域的位置，按Ctrl+F9组合键，插入域特征字符“{}”；接着将光标移动到域特征代码中间，按从左向右的顺序输入域类型、域指令、开关等；最后按F9键更新域，或者按Shift+F9组合键显示域结果。

如果显示的域结果不正确，可以再次按Shift+F9组合键，切换到显示域代码状态，重新对域代码进行修改，直至显示的域结果正确为止。

（3）使用功能命令插入

由于许多域的域指令和开关非常多，采用上述两种方法很难控制和使用。为此，Word 2016把经常用到的一些功能以命令的形式集成在系统中，如“拼音指南”“纵横混排”“带圈文字”等，用户可以像普通Word命令那样使用它们。

实施步骤

第 1 步：将光标定位在封面的最后一段之后，选择“布局”选项卡→“页面设置”选项组，单击“分隔符”下拉按钮，在打开的下拉列表中选择“分节符”→“连续”选项，如图 3-44 所示，这时封面就成为论文的第一节。

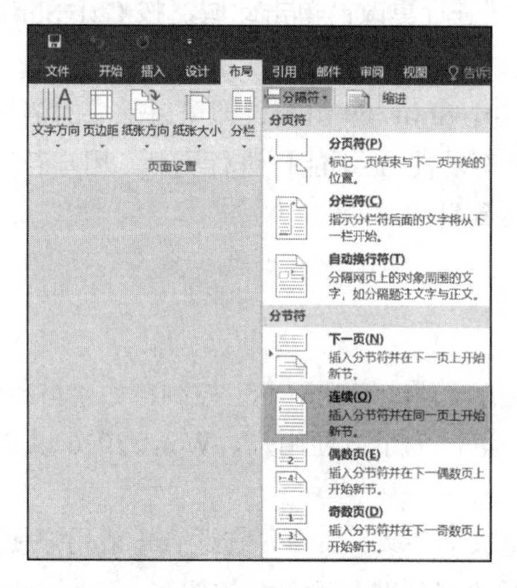

图 3-44 插入“分节符”

第 2 步：将光标定位在目录的最后一段之后，选择“布局”选项卡→“页面设置”选项组，单击“分隔符”下拉按钮，在打开的下拉列表中选择“分节符”→“连续”选项，这时中英文摘要、目录就成为论文的第二节，所有正文成为论文的第三节。

第 3 步：双击摘要的页眉，打开页眉页脚编辑视图，左侧显示的是“奇数页页眉-第 2 节”，右侧显示的是“与上一节相同”，由于第 1 节封面没有页眉，因此要取消“第 2 节页眉”和“第 1 节页眉”的链接。选择“页眉和页脚工具-设计”选项卡→“导航”选项组，单击“链接到前一条页眉”按钮，即可取消链接，如图 3-45 所示。

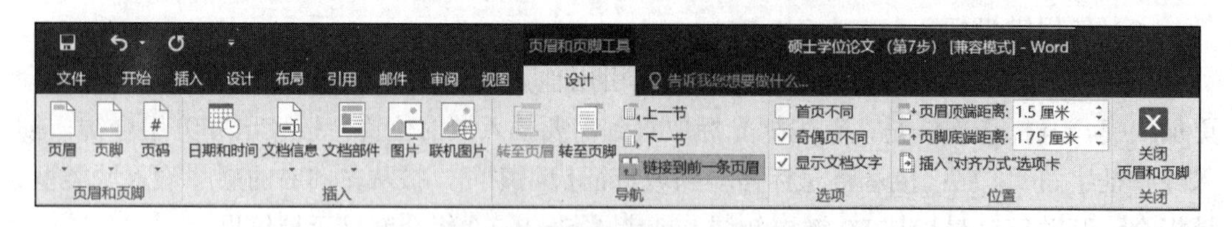

图 3-45 取消“链接到前一条页眉”

第 4 步：在“第 2 节页眉”中输入“内蒙古师范大学硕士学位论文”，设置页眉字体为黑体、五号、居中，这样就可以实现封面没有页眉，如图 3-46（a）所示；摘要页眉为“内蒙古师范大学硕士学位论文”，如图 3-46（b）所示。

（a）封面无页眉

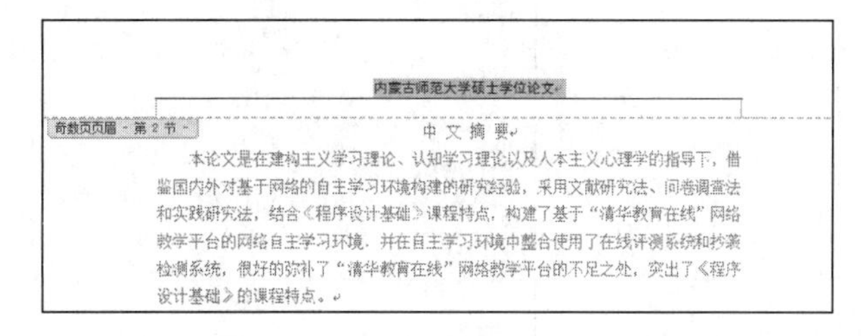

（b）摘要页眉

图 3-46　插入页眉

第 5 步：双击正文的页眉，打开页眉页脚编辑视图，选择“页眉和页脚工具-设计”选项卡→“选项”选项组，选中“奇偶页不同”复选框，如图 3-47 所示，此时页眉分为奇数页页眉和偶数页页眉。

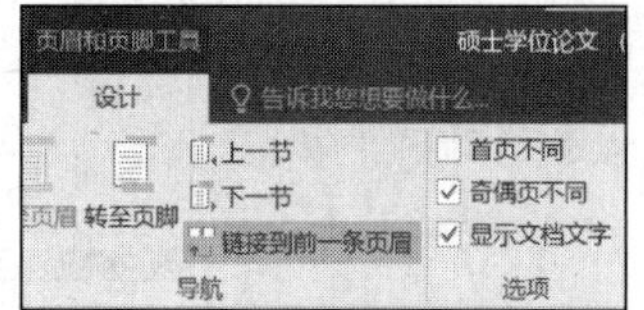

图 3-47　设置各节不同页眉

第 6 步：这时摘要的页眉也分为奇数页页眉和偶数页页眉，且前面添加的页眉只有奇数页页眉有内容，因此要在摘要的偶数页页眉中输入“内蒙古师范大学硕士学位论文”。正文的偶数页页眉和摘要的偶数页页眉一样，都是“内蒙古师范大学硕士学位论文”，不需要再做修改。

第 7 步：双击正文的奇数页页眉，打开页眉页脚编辑视图，将光标定位在正文的奇数页页眉位置，选择“插入”选项卡→“文本”选项组，单击“文档部件”下拉按钮，在打开的下拉列表中选择“域”选项，如图 3-48 所示，弹出“域”对话框。

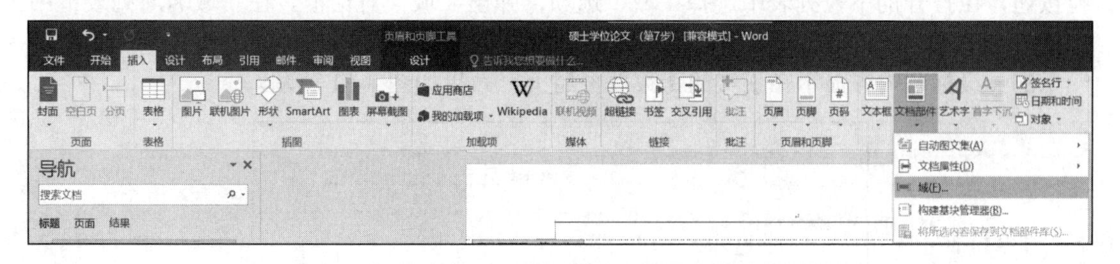

图 3-48　插入域

第 8 步：插入章节编号域。在“域名”列表框中选择 StyleRef，在“样式名”列表框中选择“标题 1”，在“域选项”选项组中选中“插入段落编号”复选框，如图 3-49 所示。单击“确定”按钮，即可将每一章的一级标题编号显示在正文的奇数页页眉上，如图 3-50 所示。

图 3-49　提取对应章节编号

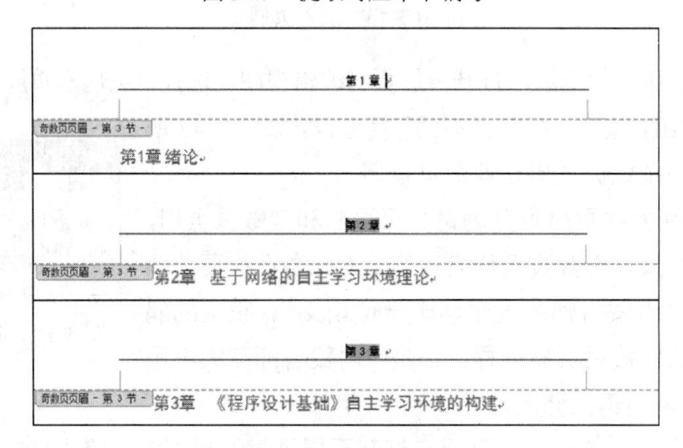

图 3-50　插入章节编号

第 9 步：插入章节名。选择“插入”选项卡→“文本”选项组，单击“文档部件”下拉按钮，在打开的下拉列表中选择“域”选项，弹出“域”对话框。在“域名”列表框中选择 StyleRef，在“样式名”列表框中选择“标题 1，F2”，单击“确定”按钮，即可将每一章的一级标题内容显示在正文的奇数页页眉上，效果如图 3-51 所示。

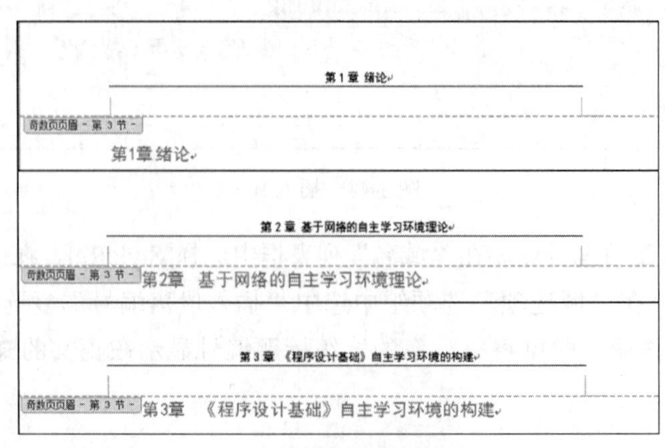

图 3-51　插入章节名称

第 10 步：为页眉添加下划线。双击页眉，打开“样式”窗格，会看到所有页眉默认应用“页眉”样式，如图 3-52 所示。要给页眉添加下划线，只需要修改页眉样式即可。单击“页眉”右侧的下拉按钮，在打开的下拉列表中选择“修改”选项（图 3-53），弹出“修改样式”对话框。单击“格式”下拉按钮，在打开的下拉列表中选择“边框”选项，如图 3-54 所示。弹出“边框和底纹”对话框，单击“下边框”按钮，如图 3-55 所示，即可为所有页眉添加下划线，效果如图 3-56 所示。

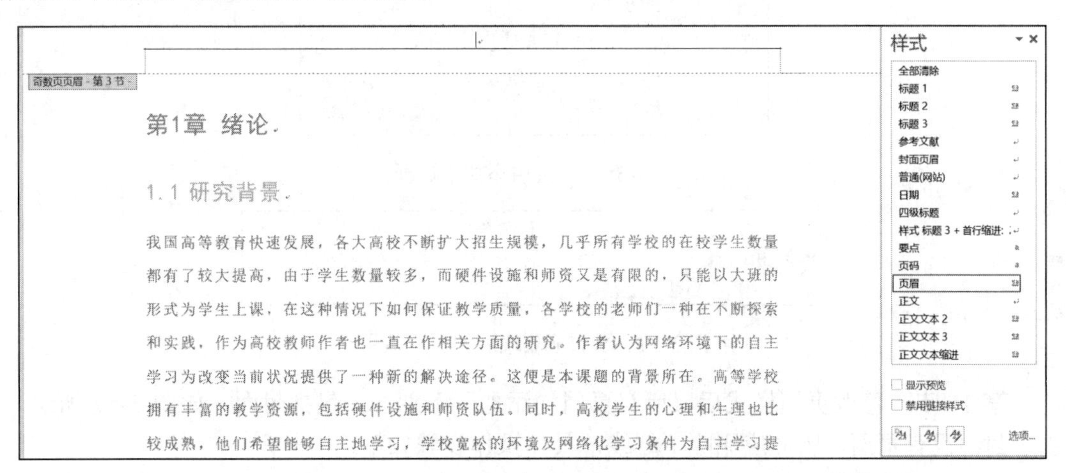

图 3-52　页眉样式

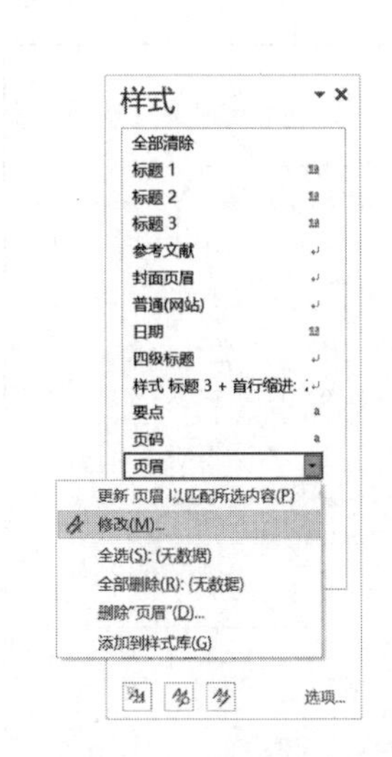

图 3-53　“修改”选项

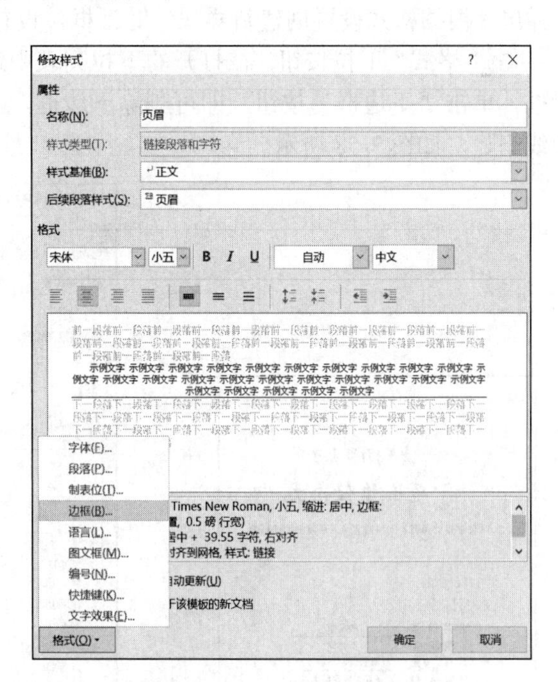

图 3-54　“样式”下拉列表

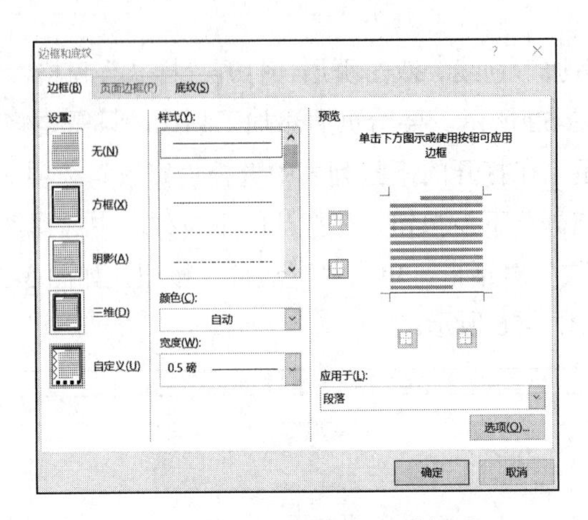

图 3-55　为页眉添加下边框

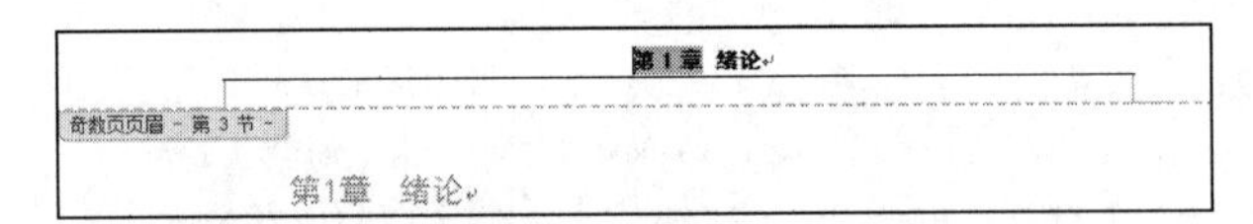

图 3-56　添加下划线后的页眉效果

第 11 步：修改页眉样式后，所有页眉均添加了下划线，包括封面，如图 3-57 所示。由于封面没有页眉，因此应删除下划线，具体操作步骤如下：

双击封面的页眉，进入页眉页脚编辑视图，打开“样式”窗格，单击“新建样式”按钮，弹出“根据格式设置创建新样式”对话框，设置名称为“封面页眉”，样式基准为“页眉”。单击“格式”下拉按钮，在打开的下拉列表中选择“边框”选项，弹出“边框和底纹”对话框，单击“下边框”按钮，即可删除下边框，单击“确定”按钮，即可将封面页眉的下划线删除，如图 3-58 所示。

图 3-57　封面页眉

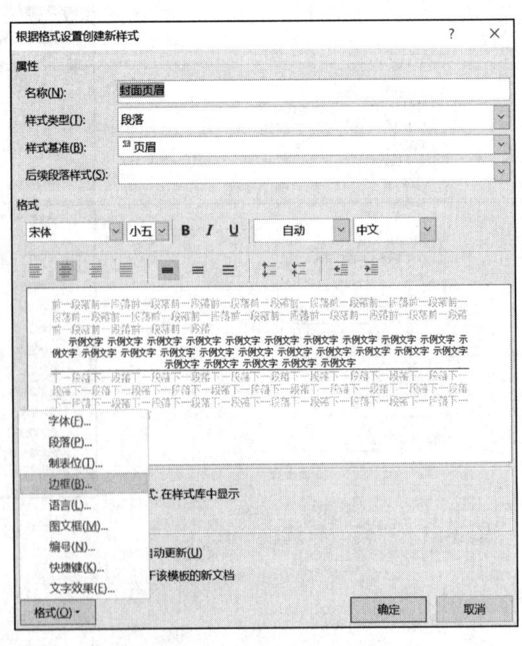

图 3-58　新建“封面页眉”样式

第 12 步：添加页码。双击正文的页脚，打开页眉页脚编辑视图，左侧分别显示的是“奇数页页脚-第 3 节”和“偶数页页脚-第 3 节”，右侧显示的是“与上一节相同”，如图 3-59 所示。由于要求页码由第 1 章的首页开始作为第 1 页，摘要、目录等不编排页码，因此要取消第 3 节的奇数页页脚和第 2 节的奇数页页脚的链接。选择“页眉和页脚工具-设计”选项卡→“导航”选项组，单击“链接到前一条页眉”按钮，就会取消第 3 节的奇数页页脚和第 2 节的奇数页页脚的链接，在正文奇数页页脚右侧不再显示“与上一节相同”。选择“插入”选项卡→“页眉和页脚”选项组，单击“页码”下拉按钮，在打开的下拉列表中选择“页面底端”→“普通数字 2”选项，即可在正文的奇数页页脚居中处插入页码，如图 3-60 所示。

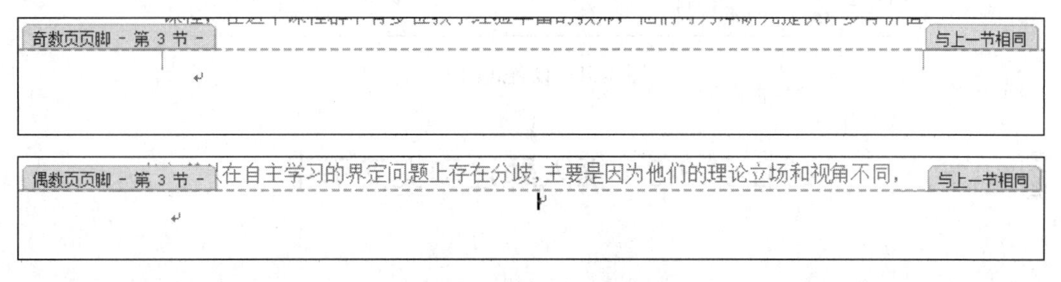

图 3-59　页眉、页脚视图

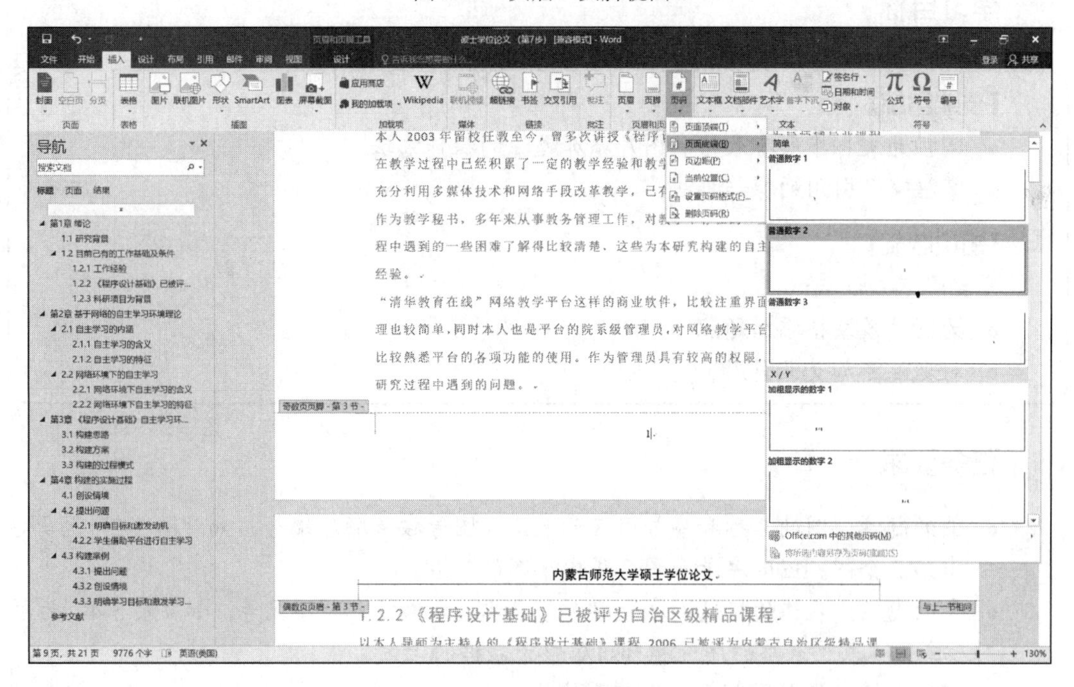

图 3-60　插入页码

第 13 步：可以发现正文的页码是从 9 开始的，这是因为前两节的封面和摘要共占 8 页，显然这与论文的要求不同。选择“插入”选项卡→“页眉和页脚”选项组，单击“页码”下拉按钮，在打开的下拉列表中选择“设置页码格式”选项，弹出“页码格式”对话框，在“页码编号”选项组中选中“起始页码”复选框，设置为从“1”开始，单击“确定”按钮，正文的奇数页页码即可从 1 开始，如图 3-61 所示。采用同样的操作为偶数页页脚插入页码。

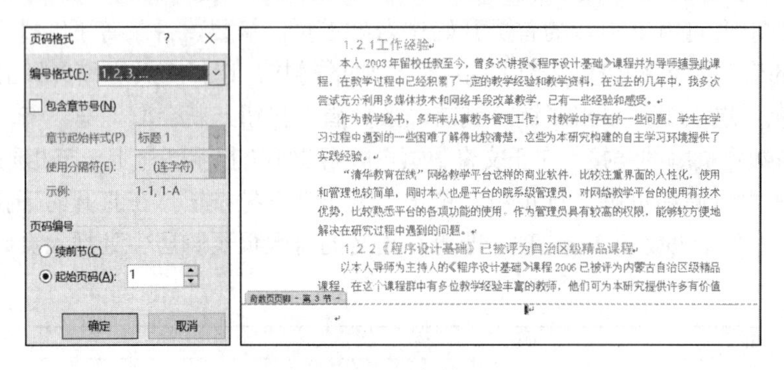

图 3-61　设置起始页码

任务 3.8　插入题注和交叉引用

学习目标

【技能目标】

- 掌握为文档中所有表格和图片添加题注的操作方法。
- 掌握交叉引用的操作方法。

【知识目标】

学会以下知识点：

- 为图片或表格添加题注。
- 对题注添加交叉引用。

任务要求

- 图的题注：图的名称和序号用 5 号宋体。图号按章顺序编号，如“图 3-2”为第 3 章第 2 个图。图的序号和图名居中于图的下方。
- 表的题注：表格的标题和序号用 5 号宋体。表格按章顺序编号，如“表 5-4”为第 5 章第 4 表。表格的序号和标题居中于表格的上方。
- 将手动输入的引用都替换为交叉引用。

知识准备

在撰写学位论文时，为使论文的表述更加完善，经常会涉及图形图像的说明、实验数据的处理和分析及理论依据的引用等工作。这就涉及图、表及公式的制作及引用，下面将具体介绍这些内容。

在论文中，图表和公式应按在章节中出现的顺序分章编号，如图 1-1、表 2-1、式 3-4 等。在插入或删除图、表、公式时，编号的维护就成为一个大问题，如在第 2 章的第 1 个图（即图 2-1）前插入一个图，则原来的图 2-1 变为图 2-2、图 2-2 变为图 2-3 等。更糟糕的是，文档中还有很多对这些编号的引用，如“流程图见图 2-1”。如果图很多，引用也很多，则手工修改这些编号将非常麻烦，而且容易遗漏。同样，表和公式也存在这样的问题。能否让 Word 对图表公式自动编号，在编号改变时自动更新文档中的相应引用呢？答案是肯定的。下面详细介绍具体的做法。

1. 图的题注的设置及引用

在论文中引用图片可以更加形象直观、简明扼要地表达所陈述的内容，使论文图文并茂，更具表现力和说服力。在论文中，图的表达必须具有真实性和科学性，同时要求美观协调。

2. 论文中图的基本要求

论文中使用的图的种类较多，主要有曲线图、点图、直方图、构成图、示意图、照片图、三维图等，也可以用绘图软件来绘制或由其他程序生成。

图形大小应适应版面要求，合理布局，图内如有标注或说明性文字时应清晰可辨，应注意线条类型、粗细，文字的字体、字号等。

3. 图的插入方式

论文中常用到的图片可用.jpg 格式插入，尽量不要采用.bmp 或.tif 等格式（这类格式文件的字节数可能较大），以减小图片所占字节数，从而减小文件的总容量。

在 Word 中插入图片的操作步骤如下：选择“插入”选项卡→“插图”选项组，单击“图片”按钮，如图 3-62 所示，在弹出的“插入图片”对话框中选择所需图片即可。

图 3-62　插入图片

4. 图表的题注

针对图片、表格、公式一类的对象，为它们建立的带有编号的说明段落即称为题注。例如，书本中图片下方的“图 1-1”“图 2-1”等文字就称为题注，其通俗的说法就是插图的编号。

论文中使用的图也应有相应的引出或介绍文，即“如图 1-1 所示”等。每个图均应有图序号和图的名称，图的名称在图序号之后空一字，同时置于图下。

由于论文在撰写过程中需要反复修改，如某些图的插入或删除，这些操作会打乱之前的图序，而使用图的题注方法可以避免图在反复更改中图序号的混乱：插入图片时，在其之后的图序号也会相应地向后排序；反之，删除图片时，在其之后的图序号会相应地向前排序。

Word 中的题注主要是给图片、表格、公式等内容添加自动编号，并且可以基于该 Word 题注形成一个针对性的图片目录或者表格目录。

5. 交叉引用

为插图编号后，还要在正文中设置引用说明，如“如图 1-1 所示”等文字就是插图的引用说明。很显然，引用说明文字和图片是相互对应的，称这一引用关系为交叉引用。

每个图在论文中都有相应的引出或介绍文字，即“……，如图 1-1 所示”。但是，论文中无论文字或图片的更改都可能导致论文中文字引用或介绍部分与图的题注不一致，导致整篇论文混乱，从而加大工作量。为解决这一问题，可以应用交叉引用功能，可使图片在更改序号时，相对应论文中的引用部分也相应更改，保证了论文图片引用的正确性，同时也节省了时间。

只要论文中所有图片使用了题注及交叉引用功能，则无论是在修改论文的结构时还是增删图片时，图片的编号以及论文中引用图片的编号都会自动修改。

实施步骤

第 1 步：选择要添加题注的图片。选择“引用”选项卡→“题注”选项组，单击“插入题注”按钮，弹出“题注”对话框，如图 3-63 所示。

第 2 步：第一次给图添加题注时，如果“标签”下拉列表中没有“图”标签，就需要新建标签。单击“新建标签”按钮，弹出“新建标签”对话框，如图 3-64 所示。在“标签”文本框中输入“图”，单击“确定”按钮，在“题注”对话框的“标签”下拉列表中就添加了“图”标签。

第 3 步：在“标签”下拉列表中选择“图”标签，在“位置”下拉列表中选择“所选项目下方”选项，如图 3-65 所示。

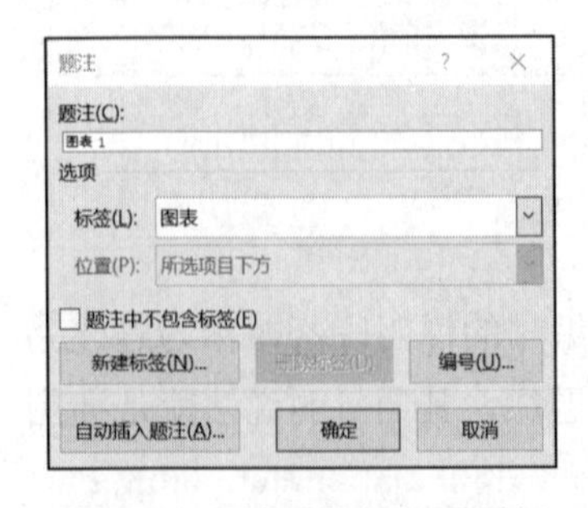

图 3-63 图的“题注”对话框

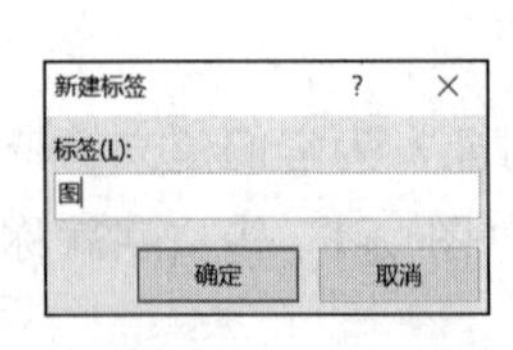

图 3-64 新建标签

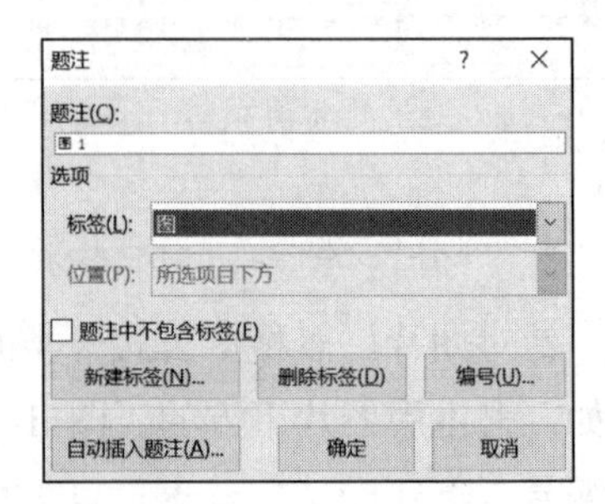

图 3-65 设置标签和位置

第 4 步：单击“编号”按钮，弹出“题注编号”对话框，选中“包含章节号”复选框，这时在图序号中就会包含章的编号，如图 3-66 所示，单击“确定”按钮，效果如图 3-67 所示。

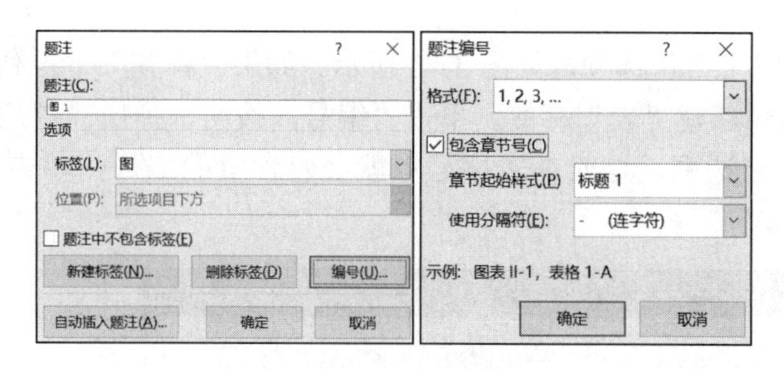

图 3-66　设置题注编号

内蒙古师范大学硕士学位论文

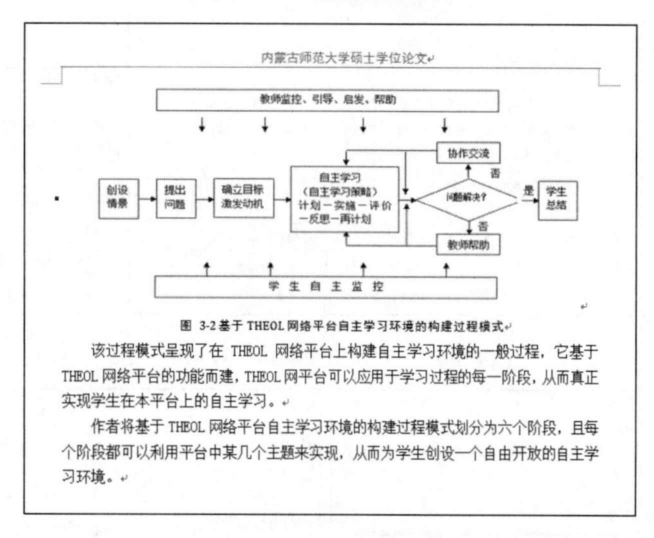

图 3-2 基于 THEOL 网络平台自主学习环境的构建过程模式

该过程模式呈现了在 THEOL 网络平台上构建自主学习环境的一般过程，它基于 THEOL 网络平台的功能而建，THEOL 网平台可以应用于学习过程的每一阶段，从而真正实现学生在本平台上的自主学习。

作者将基于 THEOL 网络平台自主学习环境的构建过程模式划分为六个阶段，且每个阶段都可以利用平台中某几个主题来实现，从而为学生创设一个自由开放的自主学习环境。

图 3-67　菜单法插入题注

第 5 步：也可以使用快捷菜单法为图片插入题注。选择图片并右击，在弹出的快捷菜单中选择“插入题注”命令，如图 3-68 所示，弹出“题注”对话框，题注格式和上面的格式相同，不用修改，单击“确定”按钮即可。

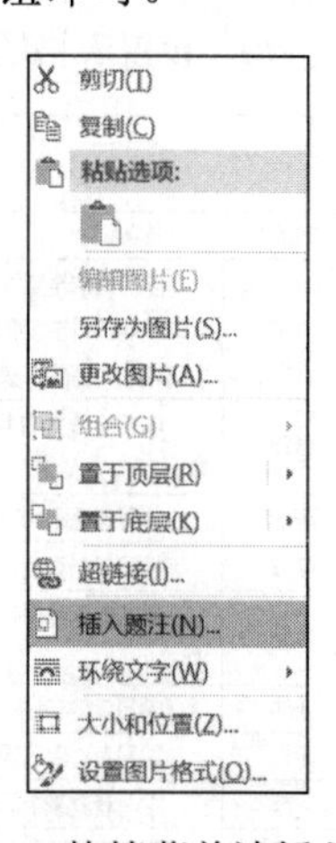

图 3-68　快捷菜单法插入题注

第 6 步：选择“引用”选项卡→“题注”选项组，单击“插入题注”按钮，弹出“题注”对话框，如图 3-69 所示。在“标签”下拉列表中选择“表”标签，在“位置”下拉列表中选择“所选项目上方”选项，如图 3-70 所示。如果“标签”下拉列表中没有“表”标签，可以参照第 2 步新建“表”标签。单击“编号”按钮，弹出“题注编号”对话框，选中“包含章节号”复选框，这时在表序号中就会包含章的编号，单击“确定”按钮，如图 3-71 所示。

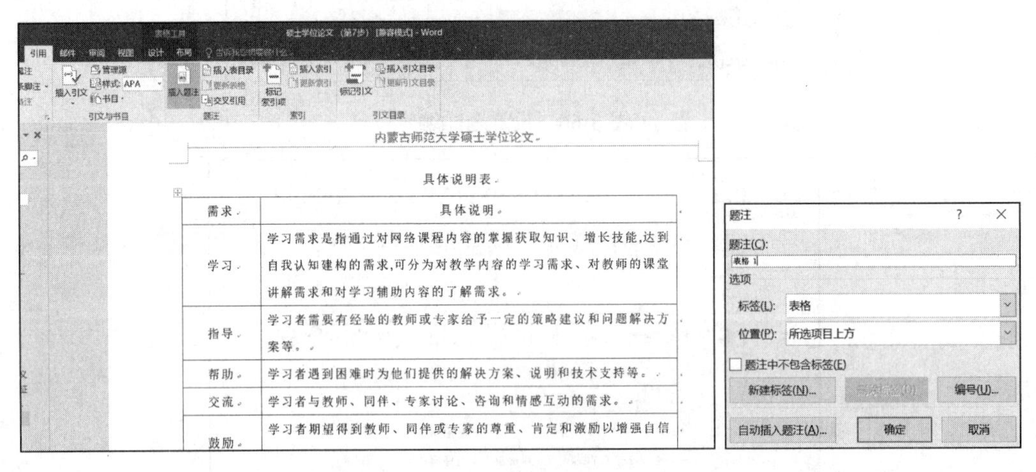

图 3-69　表格的“题注”对话框

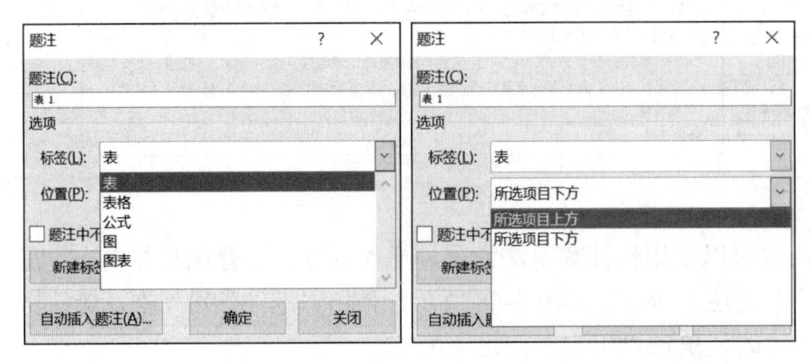

图 3-70　设置表格题注

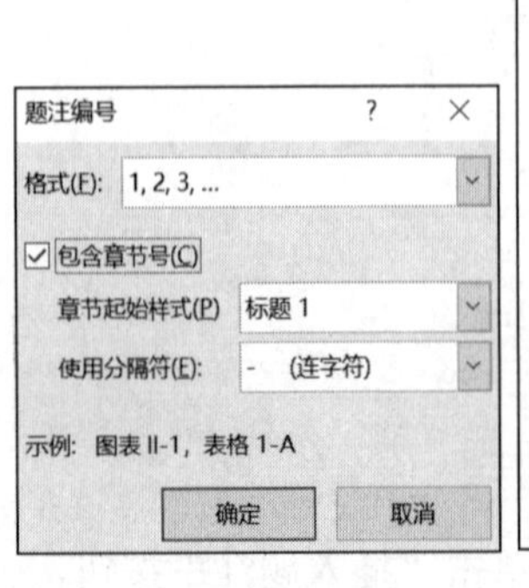

表 3-1 具体说明表

需求	具体说明
学习	学习需求是指通过对网络课程内容的掌握获取知识、增长技能，达到自我认知建构的需求，可分为对教学内容的学习需求、对教师的课堂讲解需求和对学习辅助内容的了解需求。
指导	学习者需要有经验的教师或专家给予一定的策略建议和问题解决方案等。
帮助	学习者遇到困难时为他们提供的解决方案、说明和技术支持等。
交流	学习者与教师、同伴、专家讨论、咨询和情感互动的需求。
鼓励	学习者期望得到教师、同伴或专家的尊重、肯定和激励以增强自信的需求。
活动	学习者参与讨论、项目和课题、解决实际问题的需求。
评价	学习者对自己学习效果的了解、评估和测试以调整学习的需求。
反馈	学习者就某个问题期望得到教师、同伴或专家的反应的需求。
阅读	学习者了解和阅读与课程内容相关的资源以补充知识、开拓视野的需求。
娱乐	学习者在学习之余进行休闲、放松身心、恢复精力的需求。

图 3-71　菜单法插入题注

第 7 步：也可以使用快捷菜单法为表格插入题注。选中需要添加题注的表格并右击，在弹出的快捷菜单中选择“插入题注”命令，如图 3-72 所示。

具体说明表

需求	具体说明
学习	学习需求是指通过对[…]技能,达到自我认知建构的需求,[…]师的课堂讲解需求和对学习辅[…]
指导	学习者需要有经验的[…]的策略建议和问题解决方案等。
帮助	学习者遇到困难时为[…]、说明和技术支持等。
交流	学习者与教师、同伴[…]情感互动的需求。
鼓励	学习者期望得到教师[…]、肯定和激励以增强自信的需求。
活动	学习者参与讨论、项[…]问题的需求。
评价	学习者对自己学习效[…]式以调整学习的需求。
反馈	学习者就某个问题期[…]专家的反应的需求。
阅读	学习者了解和阅读与[…]以补充知识、开拓视野的需求。
娱乐	学习者在学习之余进行休闲、放松身心、恢复精力的需求。

五号　插入　删除
剪切(T)
复制(C)
粘贴选项:
插入(I)
删除表格(T)
平均分布各行(N)
平均分布各列(Y)
边框样式(B)
自动调整(A)
文字方向(X)...
插入题注(C)...
表格属性(R)...
新建批注(M)

图 3-72　快捷菜单法插入题注

第 8 步：将光标定位在所要插入引用的位置，选择“插入”选项卡→“链接”选项组，单击“交叉引用”按钮，如图 3-73（a）所示，或选择“引用”选项卡→“题注”选项组，单击“交叉引用”按钮，如图 3-73（b）所示，弹出“交叉引用”对话框。

（a）正文的交叉引用

（b）图题注的交叉引用

图 3-73　正文与图题注的交叉引用

第 9 步：在“引用类型”下拉列表中选择“图”标签，引用内容默认将“整项题注”全部插入，包括图的标签、编号和图的名称。一般情况下，在论文中引用图的题注时只需要图的标签和编号，因此可以在“引用内容”下拉列表中选择“只有标签和编号”选项。

第 10 步：选择插入所选图片的题注。在“引用哪一个题注”列表框中选择需要插入的题注，单击“插入”按钮即可，如图 3-74 所示。

1）当在某个图片之前插入一个新的图片并使用插入题注的方法为其编号时，后面的所有图片的题注编号可自动更新。

2）若要更新这些图片的交叉引用，可选择该交叉引用或全选文档，按 F9 键更新编号。

第 11 步：为表格添加交叉引用。将光标定位在需要插入引用的位置，选择“插入”选项卡→“链接”选项组，单击“交叉引用”按钮，或选择“引用”选项卡→“题注”选项组，单击“交叉引用”按钮，弹出“交叉引用”对话框，在“引用类型”下拉列表中选择“表”标签，在“引用内容”下拉列表中选择“只有标签和编号”选项，单击“插入”按钮即可，如图 3-75 所示。

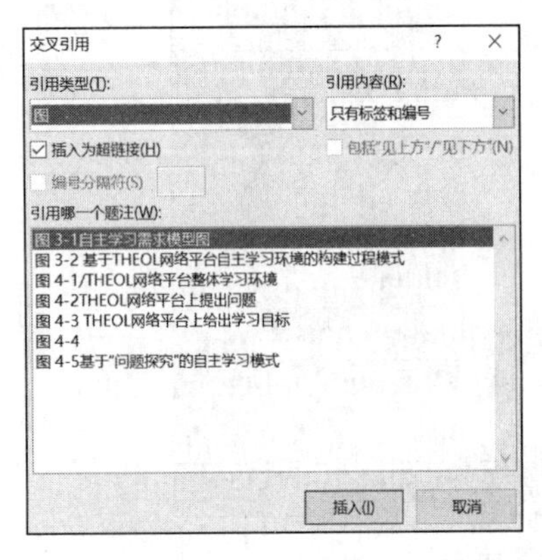

图 3-74　添加图片题注的交叉引用

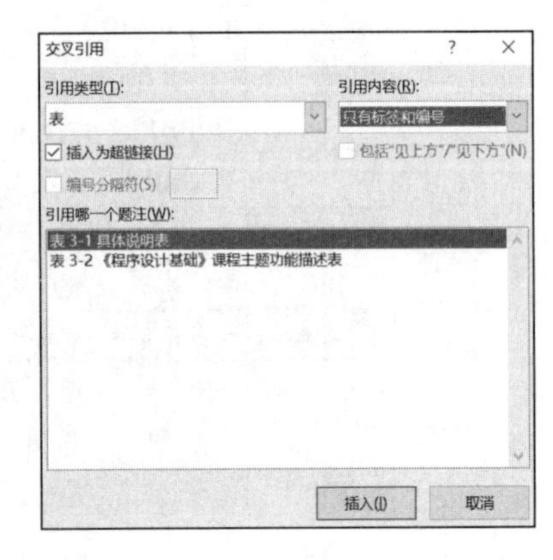

图 3-75　添加表格题注的交叉引用

任务 3.9　插入图表目录

学习目标

【技能目标】

- 掌握为文档创建表格目录和图片目录的操作方法。

【知识目标】

学会以下知识点：

- 创建及更新文档图表目录。

任务要求

- 为论文添加附录：用宋体五号字。
- 附录 1 为图片目录。
- 附录 2 为表格目录。

知识准备

文档编写完，还需要在文档末尾对文中出现的所有图片和表格或者其他内容列一个目录，以方便读者快速定位。如果图片或表格都按照任务 3.8 介绍的方法添加了题注，那么本任务实施起来将非常简单。

将光标放置在需要创建图片或表格目录的位置，选择“引用”选项卡→“题注”选项组，单击“插入表目录”按钮，弹出如图 3-76 所示的“图表目录”对话框。

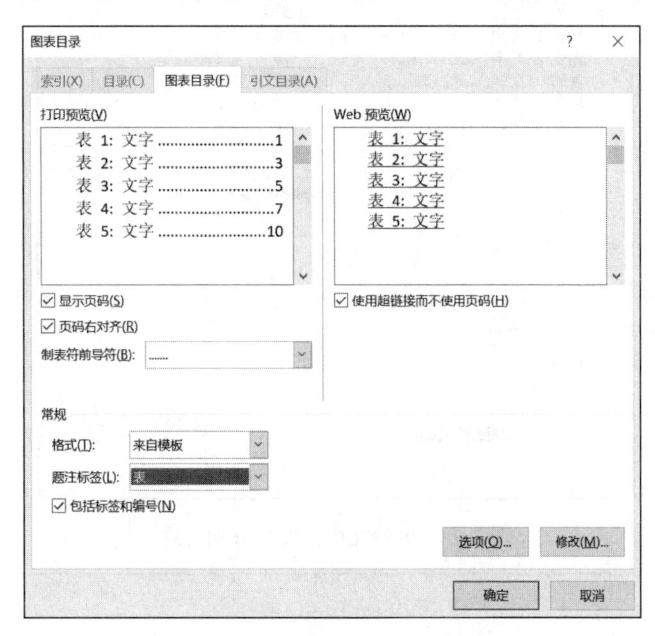

图 3-76　“图表目录”对话框

在“常规”选项组的“题注标签”下拉列表中选择要创建索引的内容对应的题注，如“表”“图”，选择好其他选项，单击“确定”按钮，即可自动生成相应的图片目录或者表格目录。

实施步骤

第 1 步：在创建图表目录之前，必须为要包含在图表目录中的所有图片和表格添加题注。

第 2 步：插入图片目录。将光标定位到参考文献后，插入分页符，添加新的一页，输入“附录 1”，设置字体为宋体，字号为五号。选择“引用”选项卡→“题注”选项组，单击“插入表目录”按钮，如图 3-77 所示。弹出“图表目录”对话框，选择“图表目录”选项卡，在“题注标签”下拉列表中选择“图”标签，单击“确定”按钮，如图 3-78 所示，即可为所有已添加题注的图片自动建立目录，包括图片编号、图片名称及所在页码，效果如图 3-79 所示。

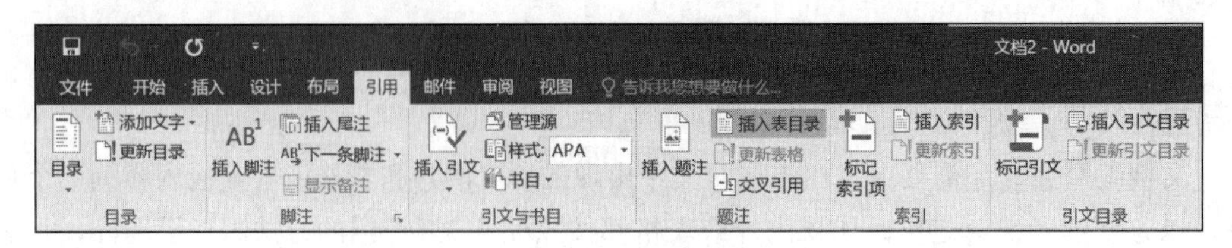

图 3-77　单击“插入表目录”按钮

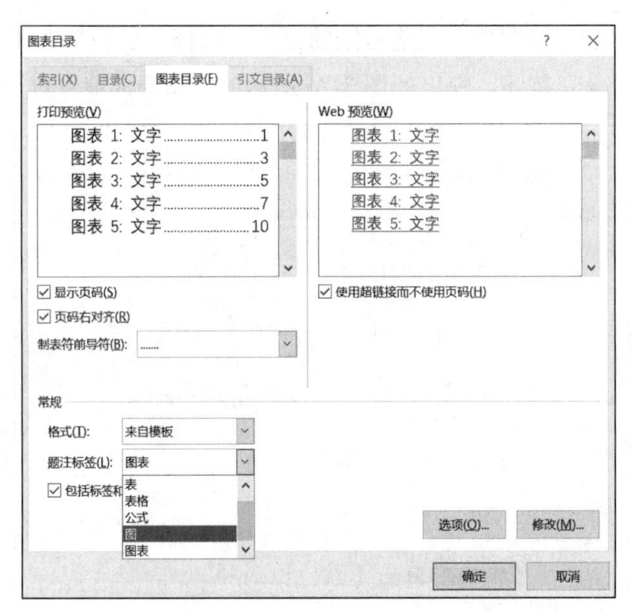

图 3-78　为论文中的图片添加目录

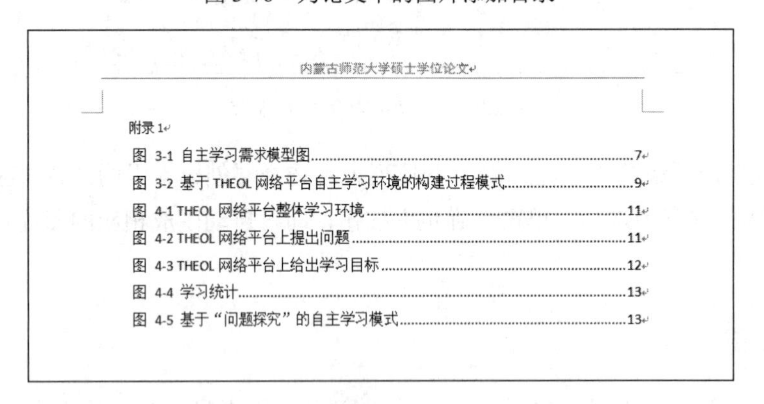

内蒙古师范大学硕士学位论文

附录 1

图 3-79　自动插入图片目录效果

第 3 步：插入表格目录。将光标定位到图片目录后，插入分页符，添加新的一页，输入“附录 2”，设置字体为宋体，字号为五号。选择“引用”选项卡→“题注”选项组，单击“插入表目录”按钮，弹出“图表目录”对话框，选择“图标目录”选项卡，在“题注标签”下拉列表中选择“表”标签，如图 3-80 所示，单击“确定”按钮，即可为所有已添加题注的表格自动建立目录，包括表格编号、表格名称及所在页码，效果如图 3-81 所示。

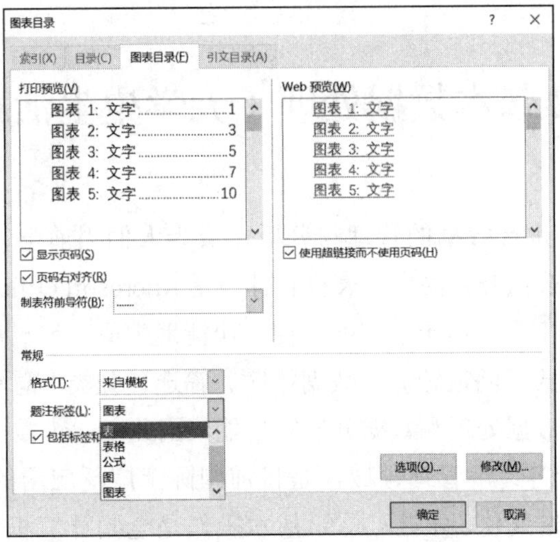

图表目录

索引(X)　目录(C)　图表目录(F)　引文目录(A)

打印预览(V)

图表 1: 文字……1
图表 2: 文字……3
图表 3: 文字……5
图表 4: 文字……7
图表 5: 文字……10

Web 预览(W)

图表 1: 文字
图表 2: 文字
图表 3: 文字
图表 4: 文字
图表 5: 文字

显示页码(S)
页码右对齐(R)
制表符前导符(B):
使用超链接而不使用页码(H)

常规

格式(T): 来自模板
题注标签(L): 图表
包括标签和
表
表格
公式
图
图表

选项(O)...　修改(M)...

确定　取消

图 3-80　为论文中的表格添加目录

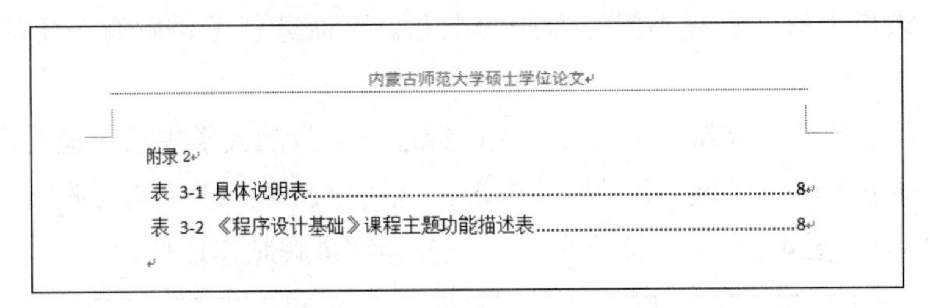

内蒙古师范大学硕士学位论文

附录 2

表 3-1 具体说明表……8

表 3-2《程序设计基础》课程主题功能描述表……8

图 3-81　自动插入表格目录效果

项目 4　Excel 基本数据处理（大学生生活费收支管理）

通过电子表格软件进行数据的管理与分析已成为人们当前学习和工作的必备技能之一。Excel 是 Microsoft 公司开发的电子表格软件，是 Microsoft Office 的重要组成部分，是专业化的电子表格处理工具。由于它能够方便、快捷地生成、编辑表格及表格数据，具有对表格数据进行各种公式、函数计算、数据排序、筛选、分类汇总、生成各种图表及数据透视表与数据透视图等数据处理和数据分析等功能，因此 Excel 被广泛地应用于日常数据处理及财务会计、统计等经济管理领域，是目前国际上广泛应用的电子表格软件。

基础数据的录入、格式化、分类汇总等基本操作是全国计算机等级考试的重要考点，Excel 操作题的基本题型，在历年真题中，体现为对各类别相关数据进行求和、求平均数、求个数、求最大值、求最小值等方法的汇总。下面分任务讲解有关生活费收支管理的案例。

案例背景：小杨是一位新入学的大学生，经过一个月的大学生活，他对自己的花销稀里糊涂。为了能够了解自己每个月的收支情况，他决定在 Excel 中进行收支管理，制作完成的效果如图 4-1～图 4-3 所示。下面分 5 个任务详细讲解制作过程。

2018年10月收支情况

序号	日期	收支摘要	收入金额	支出金额	余额
		上月余额			¥105.00
01	10月1日	父母所给生活费	¥1,500.00		¥1,605.00
02	10月2日	学习用品		¥10.00	¥1,595.00
03	10月3日	日常生活费用		¥62.00	¥1,533.00
04	10月4日	通讯费		¥50.00	¥1,483.00
05	10月5日	日常生活费用		¥41.00	¥1,442.00
06	10月6日	学习用品		¥5.00	¥1,437.00
07	10月7日	勤工助学收入	¥300.00		¥1,737.00
08	10月8日	日常生活费用		¥50.00	¥1,687.00
09	10月9日	服装鞋帽		¥80.00	¥1,607.00
10	10月10日	学习用品		¥6.00	¥1,601.00
11	10月11日	日常生活费用		¥45.00	¥1,556.00
12	10月12日	日常生活费用		¥25.00	¥1,531.00
13	10月13日	学习用品		¥10.00	¥1,521.00
14	10月14日	培训班		¥180.00	¥1,341.00
15	10月15日	日常生活费用		¥82.00	¥1,259.00
16	10月16日	服装鞋帽		¥8.00	¥1,251.00
17	10月17日	日常生活费用		¥30.00	¥1,221.00
18	10月18日	服装鞋帽		¥50.00	¥1,171.00
19	10月19日	日常生活费用		¥25.00	¥1,146.00

10月

图 4-1　格式化效果

2018年10月收支情况

	序号	日期	收支摘要	收入金额	支出金额
7			服装鞋帽 汇总	¥0.00	¥138.00
9			父母所给生活费 汇总	¥1,500.00	¥0.00
11			培训班 汇总	¥0.00	¥180.00
13			勤工助学收入 汇总	¥300.00	¥0.00
29			日常生活费用 汇总	¥0.00	¥672.00
32			通讯费 汇总	¥0.00	¥80.00
41			学习用品 汇总	¥0.00	¥66.00
42			总计	¥1,800.00	¥1,136.00

图 4-2　分类汇总效果

2018年10月收支情况

序号	日期	收支摘要	收入金额	支出金额	余额
		上月余额			¥105.00
01	10月1日	父母所给生活费	¥1,500.00		¥1,605.00
02	10月2日	学习用品		¥10.00	¥1,595.00
03	10月3日	日常生活费用		¥62.00	¥1,533.00
04	10月4日	通讯费		¥50.00	¥1,483.00
05	10月5日	日常生活费用		¥41.00	¥1,442.00
06	10月6日	学习用品		¥5.00	¥1,437.00
07	10月7日	勤工助学收入	¥300.00		¥1,737.00
08	10月8日	日常生活费用		¥50.00	¥1,687.00
09	10月9日	服装鞋帽		¥80.00	¥1,607.00
10	10月10日	学习用品		¥6.00	¥1,601.00
11	10月11日	日常生活费用		¥45.00	¥1,556.00
12	10月12日	日常生活费用		¥25.00	¥1,531.00
13	10月13日	学习用品		¥10.00	¥1,521.00
14	10月14日	培训班		¥180.00	¥1,341.00
15	10月15日	日常生活费用		¥82.00	¥1,259.00
16	10月16日	服装鞋帽		¥8.00	¥1,251.00
17	10月17日	日常生活费用		¥30.00	¥1,221.00
18	10月18日	服装鞋帽		¥50.00	¥1,171.00
19	10月19日	日常生活费用		¥25.00	¥1,146.00
20	10月20日	通讯费		¥30.00	¥1,116.00
21	10月21日	学习用品		¥15.00	¥1,101.00
22	10月22日	日常生活费用		¥50.00	¥1,051.00
23	10月23日	日常生活费用		¥62.00	¥989.00
24	10月24日	学习用品		¥6.00	¥983.00

图 4-3　打印预览效果

素养目标

学生通过实际操作可以掌握 Excel 数据统计和分析的基本技能，提高他们的数据处理和分析能力，培养解决实际问题的科学精神和创新思维。

任务 4.1　录入基础数据

学习目标

【技能目标】

- 掌握各种数据的录入方法。
- 掌握设置数据有效性的方法。

【知识目标】

学会以下知识点：

- 序列类型的数据有效性控制。

任务要求

- 更改工作表名称：Sheet1 改为“10 月”。
- 更改工作表标签颜色：标签“10 月”修改为红色。
- 输入标题和数据：A3 单元格为文本 01，B3 单元格输入日期 2018/10/1，通过自动填充完成 A、B 两列的输入。
- 采用下拉列表完成“收支摘要”栏的输入及出错警告。
- 完成其他数据的输入。

知识准备

通过数据有效性的设置，可以限定输入内容并实现下拉列表输入。具体操作如下。

图 4-4 “数据工具”选项组

1）选中填充的区域，选择“数据”选项卡→“数据工具”选项组，单击“数据验证”按钮，如图 4-4 所示，弹出“数据验证”对话框。选择“设置”选项卡，在“允许”下拉列表中选择“序列”选项，在“来源”文本框中依次输入所需内容，中间用西文逗号“,”隔开，如图 4-5 所示。

2）选择“出错警告”选项卡，在“样式”下拉列表中选择“警告”选项，在“错误信息”文本框中输入警告的内容，如图 4-6 所示。

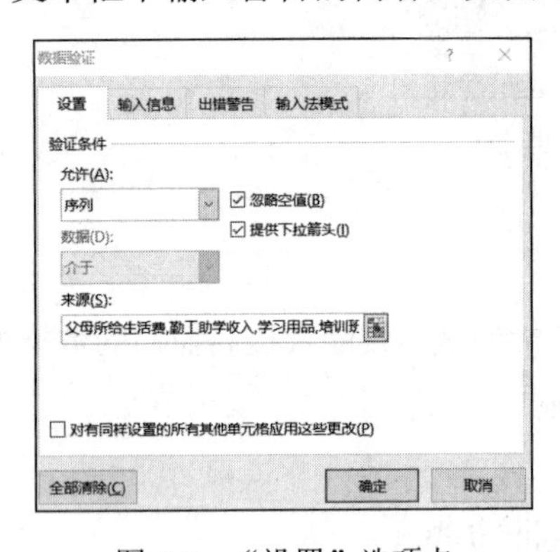

图 4-5 “设置”选项卡

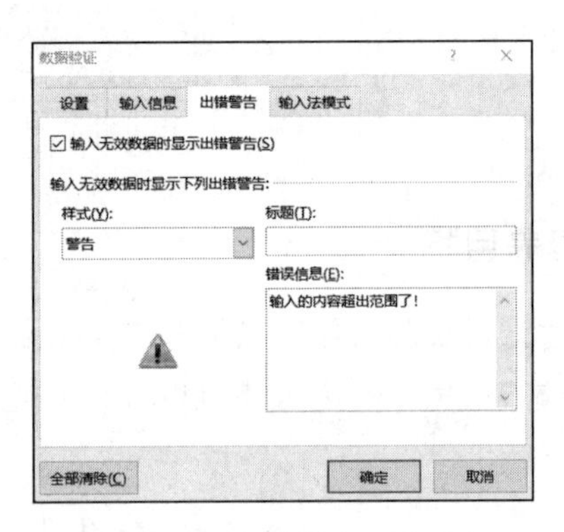

图 4-6 “出错警告”选项卡

实施步骤

第 1 步：启动 Excel，默认创建的是一个包含 Sheet1 工作表的 Excel 空白工作簿。双击 Sheet 标签，使其处于编辑状态，输入新的工作表名称“10 月”，按 Enter 键确认。

第 2 步：在标签“10 月”上右击，在弹出的快捷菜单中选择“工作表标签颜色”→“红色”命令。

第 3 步：

1）在 A1 单元格中双击，使其进入编辑状态，输入表格大标题“2018 年 10 月收支情况”。

2）自 A2 单元格开始，从左到右依次输入列标题：“序号”“日期”“收支摘要”“收入金额”“支出金额”。

3）在 A3 单元格中输入文本型数值 01。输入西文单撇号“‘”，将其指定为文本格式，才可以正确显示数字前面的 0。

4）在 B3 单元格中输入日期“2018/10/1”，用斜杠分隔年月日。

5）在 D3 单元格中输入“1500”。

6）选中 B3 单元格右下角的自动填充柄，拖曳至 B33 单元格。

7）单击 A3 单元格，其中已输入了第一个序号，双击填充柄，序号将自动填充到相邻列一个数据所在行。

8）单击快速访问工具栏中的“保存”按钮，以“大学生收支基础数据”为文件名进行保存。

第 4 步：对“收支摘要”列设置数据的有效性，以达到通过下拉列表方式选择“收支摘要”内容的目的。

1）选中填充区域 C3:C33，选择“数据”选项卡→“数据工具”选项组，单击“数据验证”按钮，弹出“数据验证”对话框。选择“设置”选项卡，在“允许”下拉列表选择“序列”选项，在“来源”文本框中依次输入“父母所给生活费，勤工助学收入，学习用品，培训班，日常生活费用，通讯费，服装鞋帽，其他费用”，中间用西文逗号“,”隔开。

2）选择“出错警告”选项卡，在“样式”下拉列表中选择“警告”选项，在“错误信息”文本框中输入“输入的内容超出范围了！”。

3）设置完毕后，单击“确定”按钮，关闭对话框。

4）单击 C3 单元格，右侧出现一个下拉箭头，单击该下拉箭头，在打开的下拉列表中选择“父母所给生活费”选项。用同样的方法输入其他行的摘要内容。

第 5 步：依次分别输入收入和支出列的其他金额，适当调整 B 列和 C 列的宽度，以使数据显示完整。完成后的效果如图 4-7 所示。

	A	B	C	D	E
1	2018年10月收支情况				
2	序号	日期	收支摘要	收入金额	支出金额
3	01	2018/10/1	父母所给生活费	1500	
4	02	2018/10/2	学习用品		10
5	03	2018/10/3	日常生活费用		62
6	04	2018/10/4	通讯费		50
7	05	2018/10/5	日常生活费用		41
8	06	2018/10/6	学习用品		5
9	07	2018/10/7	勤工助学收入	300	
10	08	2018/10/8	日常生活费用		50
11	09	2018/10/9	服装鞋帽		80
12	10	2018/10/10	学习用品		6
13	11	2018/10/11	日常生活费用		45
14	12	2018/10/12	日常生活费用		25
15	13	2018/10/13	学习用品		10
16	14	2018/10/14	培训班		180
17	15	2018/10/15	日常生活费用		82
18	16	2018/10/16	服装鞋帽		8
19	17	2018/10/17	日常生活费用		30
20	18	2018/10/18	服装鞋帽		50
21	19	2018/10/19	日常生活费用		25
22	20	2018/10/20	通讯费		30
23	21	2018/10/21	学习用品		15
24	22	2018/10/22	日常生活费用		50
25	23	2018/10/23	日常生活费用		62
26	24	2018/10/24	学习用品		6
27	25	2018/10/25	日常生活费用		45
28	26	2018/10/26	日常生活费用		32
29	27	2018/10/27	学习用品		8
30	28	2018/10/28	日常生活费用		48
31	29	2018/10/29	日常生活费用		28
32	30	2018/10/30	学习用品		6
33	31	2018/10/31	日常生活费用		47
34					
35					

10月

图 4-7　录入 10 月基础数据效果

任务 4.2 格式化数据

学习目标

【技能目标】

- 掌握数字格式设置等方面的格式化数据基本操作。

【知识目标】

学会以下知识点：

- 工作表的格式设置与美化。
- 设置简单条件格式，标出最大值或突出显示满足某一条件的数据。
- 套用表格格式与表的应用。

任务要求

- 大标题在 A1:F1 单元格区域跨列居中。
- A1:F1 单元格区域套用单元格“标题 1”样式。
- 将 A1 单元格的标题内容改为取消加粗，仿宋，字号为 20 磅。
- 设置 B3:B33 单元格区域日期为短日期格式，设置 D3:F33 单元格区域为货币格式。
- 将消费超过 70 元的支出用加粗倾斜、蓝色字体标出，本月最高消费金额用“浅红色填充”。
- 设置 A2:E33 单元格区域为“表样式中等深浅 7”。
- 插入行列，扩展表的内容，在右侧增加一列“余额”，在表的下面插入“合计行”。
- 调整行高、列宽。
- 插入及隐藏行列。

知识准备

1. 工作表的格式与美化

在工作表中输入数据时一般以默认的格式显示，为了使工作表更加美观并具有自己的个性，用户可以对工作表进行格式调整与美化。

（1）基本格式设置

Excel 有一个“设置单元格格式”对话框，专门用于设置单元格的格式。选中需要格式化数字所在的单元格或单元格区域后，选择“开始”选项卡→“数字”选项组，单击右下角的对话框启动器，弹出“设置单元格格式”对话框；或者右击，在弹出的快捷菜单中选择“设置单元格格式”命令，弹出“设置单元格格式”对话框，如图 4-8 所示。该对话框包含 6 个选项卡，用户可以根据需要选择相应的选项卡进行设置，设置完成后，单击“确定”按钮即可。

图 4-8　“设置单元格格式”对话框

（2）样式的使用

选中要设置样式的单元格或单元格区域，选择“开始”选项卡→“样式”选项组，单击“条件格式”、“套用表格格式”或单击右下角“其他”下拉按钮，在打开的下拉列表中选择自己需要的样式即可。

2. 条件格式

设置条件格式的具体操作步骤如下：

利用条件格式功能，可将收支中的一些特殊消费突出显示。选择“开始”选项卡→“样式”选项组，单击“条件格式”下拉按钮，在打开的下拉列表中包括“突出显示单元格规则”“项目选取规则”等选项，如图 4-9 所示。例如，在“突出显示单元格规则”级联菜单中选择“大于”选项，弹出“大于”对话框，如图 4-10 所示，设置大于值，在“设置为”下拉列表中选择格式。

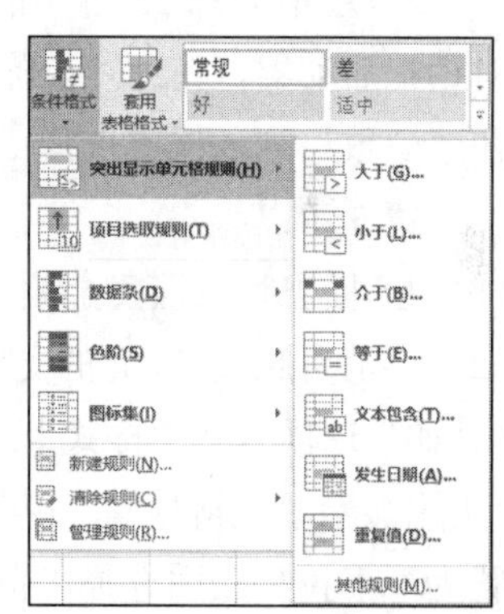

图 4-9　“条件格式”下拉列表

3. 套用表格格式

套用表格格式的具体操作步骤如下：

选择“开始”选项卡→“样式”选项组（图 4-11），单击“套用表格格式”下拉按钮，在打开的下拉列表中选择样式即可。

图 4-10　“大于”对话框

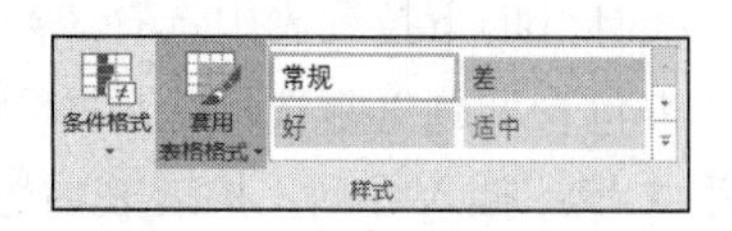

图 4-11　“样式”选项组

实施步骤

第 1 步：选中 A1:F1 单元格区域（因为在后面操作中 F 列还会有数据输入，所以标题需要横跨该列），选择“开始”选项卡→“对齐方式”选项组，单击右下角的对话框启动器，弹出“设置单元格格式”对话框。选择“对齐”选项卡，在“水平对齐”下拉列表中选择“跨列居中”选项，单击“确定”按钮即可。

第 2 步：套用单元格。保持 A1:F1 单元格区域被选中，选择“开始”选项卡→“样式”选项组，单击“样式”选项组右下角的“其他”下拉按钮，在打开的样式列表中的“标题”样式中选择“标题 1”样式。

第 3 步：修改字体、字号。选中 A1 单元格，选择“开始”选项卡→“字体”选项组，将 A1 单元格的标题内容改为取消加粗，仿宋，字号为 20 磅。

第 4 步：设置日期及货币的数字格式。

1）选中 B3:B33 单元格区域，选择“开始”选项卡→“数字”选项组，单击右下角的对话框启动器，弹出“设置单元格格式”对话框，在“分类”列表框中选择“日期”选项，在“类型”列表框中选择一个短日期类型“3 月 14 日”，单击“确定”按钮。

2）选中 D3:F33 单元格区域，选择“开始”选项卡→“数字”选项组，单击右下角的对话框启动器，弹出“设置单元格格式”对话框，在“分类”列表框中选择“货币”选项，在“负数”列表框中选择一个货币类型“¥-1234.10”，单击“确定”按钮。

第 5 步：

1）标出特殊消费金额：利用条件格式功能，可将收支中的一些特殊消费突出显示。例如，将消费超过 70 元的支出用加粗倾斜、蓝色字体标出。选中 E3:E33 单元格区域，选择“开始”选项卡→“样式”选项组，单击“条件格式”下拉按钮，在打开的下拉列表中选择“突出显示单元格规则”→“大于”选项，弹出“大于”对话框，设置大于值为 70，在“设置为”下拉列表中选择“自定义格式”选项，弹出“设置单元格格式”对话框，设置加粗倾斜、蓝色。

2）将本月最高消费金额用“浅红色填充”：选择“开始”选项卡→“样式”选项组，单击“条件格式”下拉按钮，在打开的下拉列表中选择“项目选取规则”→“前 10 项”选项，弹出“前 10 项”对话框，将数值调为 1，在“设置为”下拉列表中选择“浅红色填充”选项。

第 6 步：套用表格格式。选中 A2:E33 单元格区域，所选区域应包括列标题行，且不能包含合并的单元格。选择“开始”选项卡→“样式”选项组，单击“套用表格格式”下拉按钮，在打开的下拉列表中选择“表样式中等深浅 7”样式，弹出“套用表格式”对话框，选中“表包含标题”复选框，单击“确定”按钮。

第 7 步：插入行列，扩展表内容。套用自动表格样式后，所选区域自动被定义为一个表，标题行自动显示筛选箭头。默认情况下，在表区域右侧和下方增加数据，表区域将自动向右、向下扩展。

1）在右侧增加一列“余额”：在 F2 单元格中输入列标题“余额”，按 Enter 键，表格将自动向右扩展一列；在序号 01 所在的第 3 行的行标题上右击，在弹出的快捷菜单中选择“插入”命令，在列标题下增加一行；在 C3 单元格中输入“上月余额”，会弹出警告对话框（这是因为之前对该列进行了数据有效性控制），单击“是”按钮即可；在 F3 单元格中输入上月余额“105”。

2）在表下方插入“合计行”：在表中任意位置单击，选择“表格工具-设计”选项卡→“表格样式选项”选项组，单击“汇总行”按钮，表区域下方自动扩展出一个汇总行。设置汇总方式：单击 D35 单元格，出现下拉箭头，在下拉列表中选择“求和”命令。“收入金额”与“支出金额”列汇总方式为求和，“余额”列汇总方式为“无”。

第 8 步：调整行高、列宽。

1）加大标题行行高：向下拖动第 1 行行标下方的边线，适当加大第 1 行的行高。

2）统一调整其他行高：选中第 2～34 行，选择“开始”选项卡→“单元格”选项组，单击“格式”按钮，在打开的下拉列表中选择“行高”选项，弹出“行高”对话框，在“行高”文本框中输入“20”，单击“确定”按钮。

3）自动调整列宽。分别在 D 列和 E 列列标的右边线上双击，调整合适的宽度，以完整显示汇总行数据。

第 9 步：插入及隐藏行列。在 A 列列标上右击，在弹出的快捷菜单中选择“插入”命令，在左侧插入一列。用同样的方法在序号行上方插入一行，右击，在弹出的快捷菜单中选择“隐藏”命令，将其隐藏。

完成后的效果如图 4-12 所示。

2018年10月收支情况

序号	日期	收支摘要	收入金额	支出金额	余额
		上月余额			¥105.00
01	10月1日	父母所给生活费	¥1,500.00		¥1,605.00
02	10月2日	学习用品		¥10.00	¥1,595.00
03	10月3日	日常生活费用		¥62.00	¥1,533.00
04	10月4日	通讯费		¥50.00	¥1,483.00
05	10月5日	日常生活费用		¥41.00	¥1,442.00
06	10月6日	学习用品		¥5.00	¥1,437.00
07	10月7日	勤工助学收入	¥300.00		¥1,737.00
08	10月8日	日常生活费用		¥50.00	¥1,687.00
09	10月9日	服装鞋帽		¥80.00	¥1,607.00
10	10月10日	学习用品		¥6.00	¥1,601.00
11	10月11日	日常生活费用		¥45.00	¥1,556.00
12	10月12日	日常生活费用		¥25.00	¥1,531.00
13	10月13日	学习用品		¥10.00	¥1,521.00
14	10月14日	培训班		¥180.00	¥1,341.00
15	10月15日	日常生活费用		¥82.00	¥1,259.00
16	10月16日	服装鞋帽		¥8.00	¥1,251.00
17	10月17日	日常生活费用		¥30.00	¥1,221.00
18	10月18日	服装鞋帽		¥50.00	¥1,171.00
19	10月19日	日常生活费用		¥25.00	¥1,146.00

10月

图 4-12　格式化 10 月数据效果

任务 4.3　进行数据的统计计算

学习目标

【技能目标】

- 掌握求和、简单四则运算等基本公式的应用。
- 掌握排序、筛选和分类汇总的操作方法。

【知识目标】

学会以下知识点：

- 基本公式的引用和填充。
- 数据的排序。
- 对数据进行分类汇总。

任务要求

- 运用公式“当日收支余额=上日余额+当日收入−当日支出”，计算每日的收支余额。
- 复制一个表格以保留原始数据，副本标签名称为“10 月分析”。
- 在副本“10 月分析”工作表中筛选出 70 元及以上的日常生活费支出，再消除筛选结果。
- 在副本“10 月分析”工作表中，对 F 列的支出金额按从大到小进行排序。
- 将表转换为普通区域，删除不需要汇总的行列（“余额”列、“上月余额”行、“汇总”行），对“收支摘要”进行排序，以“收支摘要”选项作为分组依据，对收入金额和支出金额求和，进行分类汇总，只显示汇总项（显示 2 级标题）。
- 选择只显示了二级汇总数据的 D3:F43 单元格区域，通过“定位条件”选项，在新的工作表 B3 中粘贴，被隐藏的数据不会被复制。
- 整理汇总数据，将工作表重命名为“10 月汇总”。
- 将“10 月分析”与“10 月汇总”两个表隐藏起来。

知识准备

1. 公式的引用位置

引用位置表明了公式中用到的数据是在工作表的哪些单元格或单元格区域。通过引用位置，可以在一个公式中使用工作表内不同区域的数据，也可以在几个公式中使用同一个单元格中的数据，还可以引用同一个工作簿上其他工作表中的数据。

（1）输入单元格地址

单元格地址的输入有如下两种方法。

1）使用鼠标选中单元格或单元格区域，单元格地址自动输入到公式中。

2）使用键盘在公式中直接输入单元格或单元格区域的地址。

例如，在A1单元格中已输入数值20，在B1单元格中已输入15，在C1单元格中输入公式“=A1*B1+5”，具体操作步骤如下：

① 选中C1单元格；

② 输入等号“=”，单击A1单元格；

③ 输入运算符“*”，单击B1单元格；

④ 输入运算符“+”和数值“5”；

⑤ 按Enter键或者单击编辑栏上的“确认”按钮。

（2）相对地址引用

相对地址是使用单元格的行号或列号表示单元格地址的方法，如A1:B2、C1:C6等。引用相对地址的操作称为相对引用，相对引用是指把一个含有单元格地址的公式复制到一个新的位置时，公式中的单元格地址会随着变化。

2. 公式自动填充

在一个单元格中输入公式后，如果相邻的单元格中需要进行同类型的计算（如数据行合计），则可以利用公式的自动填充功能，其操作步骤如下：

1）选中公式所在的单元格，移动鼠标指针到单元格右下角变成黑十字形，即填充柄；

2）按住鼠标左键，拖动填充柄经过目标区域；

3）当到达目标区域后，松开鼠标左键，公式自动填充完毕。

3. 数据排序

工作表中的数据输入完成后，表中数据的顺序是按输入数据的先后次序排列的。若要使数据按照用户要求指定的顺序排列，就要对数据进行排序。可以通过“数据”选项卡→“排序与筛选”选项组的排序命令或快捷菜单中的排序命令操作。

（1）简单数据排序

只按照某一列数据为排序依据进行的排序称为简单排序。例如，从本课程的MOOC平台上下载文件“数据源”工作簿并打开，对其中的“学生成绩表”按总分降序排序，操作步骤如下：

将光标定位在“总分”所在列的任意单元格，选择“数据”选项卡→“排序与筛选”选项组，单击“降序”按钮，如图4-13所示，或右击，在弹出的快捷菜单中选择“排序”→“降序”命令，即可实现按总分从高到低的排序功能。

图4-13 排序按钮

（2）复杂数据排序

有些情况下简单排序不能满足要求，需要按照多个排序依据进行排序，此时可采用自定义排序。例如，对“学生成绩表”按平均分降序排序，平均分相同的按数学降序排序，操作步骤如下：

1）将光标定位在数据区域的任意一个单元格中。

2）选择“数据”选项卡→“排序与筛选”选项组，单击“排序”按钮，或右击，在弹出的快捷菜单中选择“排序”→“自定义排序”命令，弹出“排序”对话框，如图 4-14 所示。

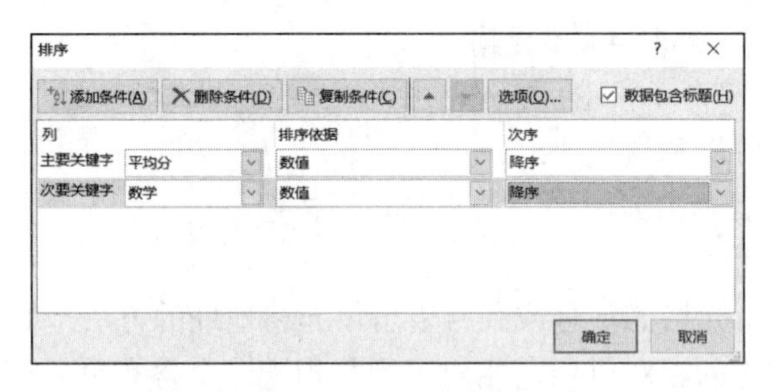

图 4-14　“排序”对话框

3）分别在“主要关键字”“排序依据”“次序”下拉列表中选择“平均分”“数值”“降序”。单击“添加条件”按钮，在弹出的排序条件中依次选择“数学”“数值”“降序”，单击“确定”按钮。此刻，已经按要求完成排序操作。同理，可以继续添加排序条件，直到符合用户的所有排序要求。

4. 分类汇总与分级显示

（1）分类汇总的概念

分类汇总是指按某个字段分类，把该字段值相同的记录放在一起，再对这些记录的其他数值字段进行求和、求平均值、计数等汇总运算。操作时，要求先按分类汇总的依据排序，然后进行分类汇总计算。分类汇总的结果将插入并显示在字段相同值记录行的下边，同时自动在数据底部插入一个总计行。

（2）分类汇总的操作步骤

分类汇总的具体操作步骤如下：

1）对数据清单中的记录按需分类汇总的字段排序。

2）在数据清单中选中任一个单元格。

3）选择“数据”选项卡→“分级显示”选项组，单击“分类汇总”按钮，弹出“分类汇总”对话框，如图 4-15 所示。

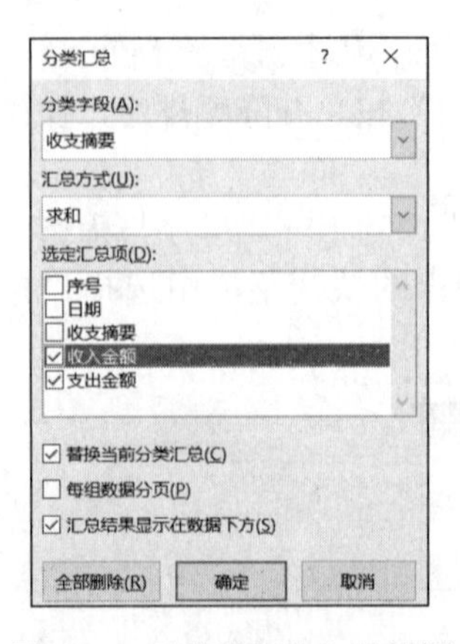

图 4-15　“分类汇总”对话框

4）在“分类字段”下拉列表中选择进行分类的字段（所选字段必须与排序字段相同）。

5）在“汇总方式”下拉列表中选择用于计算分类汇总的方式，如求和、求平均值等。

6）在“选定汇总项”列表框中选择要进行汇总的数值字

段（可以是一个或多个）。选中“替换当前分类汇总”复选框，则替换已经存在的汇总。

7）不选中“汇总结果显示在数据下方”复选框，则汇总数据显示在上方。

8）选中“每组数据分页”复选框，则添加分页符，将每组数据分页。

9）单击“确定”按钮，完成汇总操作，工作表将出现分类汇总的数据清单。

如果需要恢复原样，单击“全部删除”按钮即可。

若想对一批数据以不同的汇总方式进行多个汇总，只需要设置“分类汇总”对话框的相应内容后，并取消选中“替换当前分类汇总”复选框，即可叠加多种分类汇总，实现二级分类汇总及三级分类汇总等。

（3）分级显示

分类汇总的结果可以形成分级显示，最多可分 8 级。使用分级显示可以快速显示摘要行或摘要列，或者显示每组的明细数据。

例如，在“学生成绩表”里按“性别”字段进行分类，对“英语”“语文”“数学”成绩进行平均值的分类汇总。左上方 1 2 3 表示分级的级数与级别，数字越大，级别越小；− 表示可以收缩下一级明细，单击 − ，即变为 + ， + 表示可展开下一级明细。

单击不同的分级显示符号，将显示不同的级别。

实施步骤

这里需要注意，每日的收支余额是通过上日的余额加上本日的收入，再减去本日的支出计算得出的，用公式表示为“当日收支余额=上日余额+当日收入−当日支出”。在 Excel 中，公式中的相对引用可以准确地完成该公式的构建和复制。

第 1 步：

1）选中 G5 单元格，输入西文等号“=”，表示正在输入公式。

2）单击“上月余额”所在的 G4 单元格，该单元格地址被引用到等号“=”之后。

3）继续输入西文加号“+”。

4）选中“收入金额”所在的 E5 单元格，输入“−”，选中“支出金额”所在的 F5 单元格（也可以直接在 G5 单元格中输入公式“=G4+E5−F5”），按 Enter 键确定，单元格中自动显示计算结果（公式将会在编辑栏中显示）。

提示： 由于套用了表样式，“收入金额”“支出金额”列分别被自动以标题名称表示，公式中将会引用结构化名称而不是单元格地址，如图 4-16 所示。

图 4-16　构建相对引用公式计算余额

5）拖动 G5 单元格右下角的填充柄，向下填充公式至 G35 单元格。

第 2 步：复制一个表格，以保留原始数据。

至此，10 月的收支情况表制作完成。在此基础上，还需要进行一些查询、分析操作，如排序、筛选、分类汇总等。为了避免不慎破坏原始数据，在进行统计分析之前，先复制一个工作表，这类操作可以在副本表格中进行。

1）按住 Ctrl 键，拖动工作表“10 月”至右侧；

2）修改副本标签名称为“10 月分析”。

后续操作都将在工作表“10 月分析”中完成。

第 3 步：筛选出 70 元及以上的日常生活费支出。

1）筛选出日常生活费支出。单击“收支摘要”右侧的筛选箭头，在打开的下拉列表中取消选中“全选”复选框，选择“日常生活费用”选项，这时就完成了对“日常生活费用”的筛选。

2）进一步筛选出支出不小于 70 元的数据。单击“支出金额”右侧的筛选箭头，在打开的下拉列表中选择“数字筛选”下的“大于或等于”选项，弹出“自定义自动筛选方式”对话框，在“大于或等于”文本框输入“70”，单击“确定”按钮。这时，就筛选出小杨在 10 月 15 日日常生活费用的支出超出了 70 元。

3）消除筛选结果。在数据区域中任意位置单击，选择“开始”选项卡→“编辑”选项组，单击“排序和筛选”下拉按钮，在打开的下拉列表中选择“清除”选项。

第 4 步：按支出大小排序。有些数据行可能不需要参与排序，如本项目中的“余额”行和“收入金额”行等。那么，在进行排序前，需要对数据进行一些简单处理。

1）隐藏不参与排序的行。在筛选状态下，单击“支出金额”右侧的筛选箭头，打开筛选列表，取消选中“搜索”中的“空白”复选框。这样就没有了“支出金额”行，包括“余额”“收入金额”行等均被隐藏起来，隐藏的行或列将不参与排序。

2）选中 F 列的任意单元格，选择“开始”选项卡→“编辑”选项组，单击“排序和筛选”下拉按钮，在打开的下拉列表中选择“降序”选项，将按从大到小对 F 列的支出金额进行排序。

3）恢复原始数据顺序。单击“序号”右侧的筛选箭头，在打开的下拉列表中选择“升序”选项，可按序号重新进行升序排列。继续单击“支出金额”右侧的筛选箭头，在打开的下拉列表中选择“从支出金额中清除筛选”选项，将重新显示隐藏的行。

第 5 步：按费用类型进行汇总并将汇总结果复制到新工作表中。

分类汇总是经常用到的分析统计方法，但是定义为表的数据区域是不可以实现分类汇总的。另外，分类汇总时，“余额”列、“上月余额”行是没意义的数据。因此，在分类汇总前需要先对原始数据进行整理。

1）将表转换为普通区域。在数据区域中任意位置处单击，选择“表格工具-设计”选项卡→“工具”选项组，单击“转化为区域”按钮，在弹出的对话框中单击“是”按钮。

2）删除不需要汇总的行和列。分别删除第 G 行的“余额”列、第 4 行的“上月余额”

行及第 36 行的“汇总”行。

3）按费用类型排序。分类汇总前必须先对汇总的依据进行排序，对“收支摘要”进行排序。单击“收支摘要”行数据区域的任意位置，选择“开始”选项卡→“编辑”选项组，单击“排序和筛选”下拉按钮，在打开的下拉列表中选择“升序”选项，按照升序排列。

4）进行分类汇总。保证当前单元格在数据区域中，选择“数据”选项卡→“分级显示”选项组，单击“分类汇总”按钮，弹出“分类汇总”对话框，在“分类字段”下拉列表中选择“收支摘要”选项作为分组依据，在“汇总方式”下拉列表中选择“求和”选项，在“选定汇总项”列表框中选中“收入金额”和“支出金额”两个求和项，单击“确定”按钮，如图 4-17 所示。

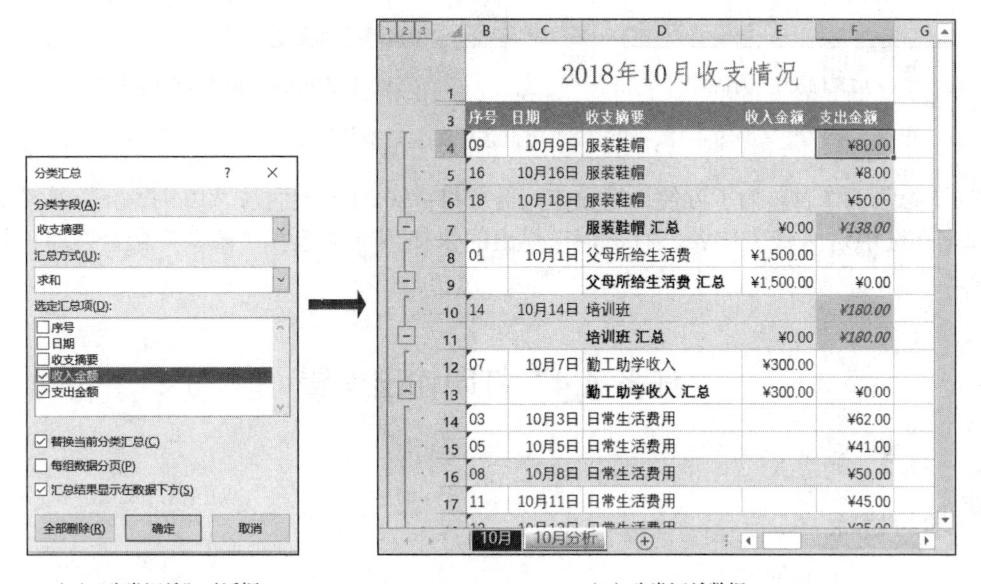

（a）“分类汇总”对话框　　　　（b）分类汇总数据

图 4-17　对数据进行分类汇总

5）只显示汇总项。在左侧的分级符号区域中单击上分的数字按钮 2，列表中只显示汇总数据，其他明细被隐藏。

6）按照下面的方法可以复制显示内容：

① 选择只显示了二级汇总数据的 D3:F43 单元格区域；

② 选择“开始”选项卡→“编辑”选项组，单击“查找和选择”下拉按钮；

③ 在打开的下拉列表中选择“定位条件”选项，弹出“定位条件”对话框，选中“可见单元格”单选按钮，单击“确定”按钮；

④ 按 Ctrl+C 组合键，复制已经选中的可见单元格内容，在新的工作表 B3 中粘贴，被隐藏的数据不会被复制。

7）整理汇总数据。将新的工作表重命名为“10 月汇总”，并进行适当的格式化，如图 4-18 所示。

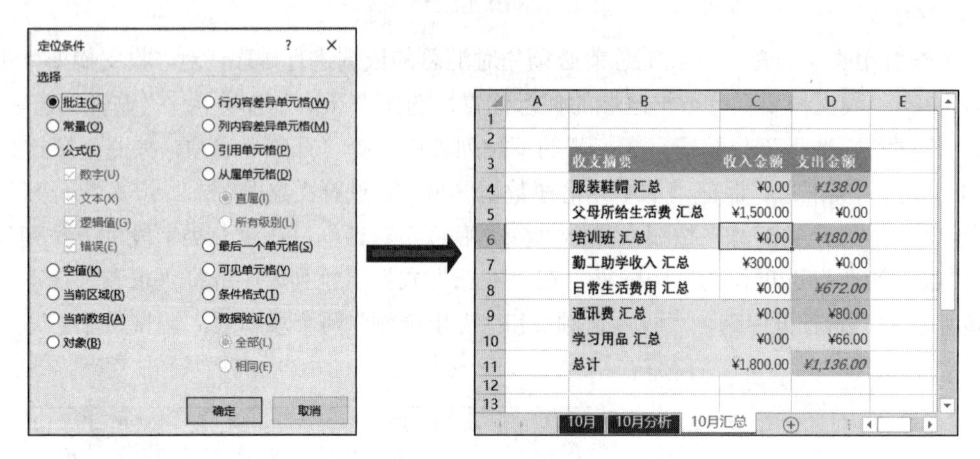

（a）“定位条件”对话框　　　　（b）只复制显示数据并进行格式化

图 4-18　通过设置定位条件实现复制数据的限定

8）隐藏工作表。为了方便后续操作，需要将“10 月分析”与“10 月总汇”两个表隐藏起来。选中这两张工作表，右击，在弹出的快捷菜单中选择“隐藏”命令，即可将表隐藏。

任务 4.4　打印输出设置

学习目标

【技能目标】

- 掌握打印标题与打印区域设置的方法。

【知识目标】

学会以下知识点：

- 页面布局中对页面的设置。
- PDF/XPS 格式的发布。

任务要求

- 打印时不显示灰色的网格线。
- 将工作表数据区域 B1:G36 设置为打印区域。
- 设置纸张方向为“横向”，纸张大小为 A4，并将表格水平居中，每页页脚中间显示页码。
- 设置表格第 3 行为重复打印标题。
- 将表格以彩色方式输出为同名的 PDF 文件。

知识准备

1. 页面设置

在“页面设置”对话框（图 4-19）中可以对纸张的页面方向、页边距、居中方式、页眉/页脚、重复打印表头等进行设置。

图 4-19　“页面设置”对话框

2. 将工作簿发布为 PDF/XPS 格式

PDF 格式（可移植文档格式）可以保留文档格式并允许文件共享，他人无法轻易更改文件中的数据及格式。PDF 支持各种平台，要查看 PDF 文件，必须在计算机上安装 PDF 阅读器。

XPS 格式（XML 纸张的一种规格）是一种平台独立技术，该技术也可以保留文档格式并支持文件共享，他人无法轻易更改文件中的数据。XPS 可以嵌入文件中的所有字体，并使这些字体能按预期显示，而不必考虑接收者的计算机中是否安装了该字体。与 PDF 格式相比，XPS 格式能够在接收者的计算机上呈现更加精确的图像和颜色。

1）打开需要发布为 PDF/XPS 格式的工作簿，选择“文件”→“导出”命令，在“导出”区域下单击“创建 PDF/XPS 文档”命令，弹出“发布为 PDF 或 XPS”对话框。

2）指定保存位置，输入文件名。

3）在“保存类型”下拉列表中选择“PDF（*.pdf）”或者“XPS 文档（*.xps）”格式。

4）单击“发布”按钮。

提示： 选择“文件”→“另存为”命令，弹出“另存为”对话框，在“保存类型”下拉列表中选择“PDF（*.pdf）”或者“XPS 文档（*.xps）”格式，也可将当前工作表保存为 PDF/XPS 文档格式。

实施步骤

第 1 步：不显示网格线。默认情况下，Excel 工作表显示有浅灰色的网格线，但这些网格线只用于显示而不会被打印出来。可以将 Excel 工作表设置为不显示网格线，以便工作表中的数据显示更加清晰。单击工作表标签“10 月”，选择“视图”选项卡→“显示”选项组，取消选中“网格线”复选框。

第 2 步：只打印指定区域。数据区域以外可能还录入了一些说明性的数据和文字，但不希望被打印出来，此时就可以设定只打印工作表中的部分区域。

1）选中工作表“10 月”的数据区域 B1:G36。

2）选择“页面布局”选项卡→“页面设置”选项组，单击“打印区域”下拉按钮，在打开的下拉列表中选择“设置打印区域”选项。

第 3 步：设置纸张和页码。

1）纸张方向。选择“页面布局”选项卡→“页面设置”选项组，单击“纸张方向”下拉按钮，在打开的下拉列表中选择“横向”选项。

2）纸张大小。选择“页面布局”选项卡→“页面设置”选项组，单击“纸张大小”下拉按钮，在打开的下拉列表中选择“A4（21 厘米×29.7 厘米）”选项。

3）水平居中。选择“页面布局”选项卡→“页面设置”选项组，单击“页面距”下拉按钮，在打开的下拉列表中选择“自定义边距”选项，弹出“页面设置”对话框，选择“页边距”选项卡，在“居中方式”选项组中选中“水平”复选框。

4）在页脚中间添加页码。选择“页眉/页脚”选项卡，单击“自定义页脚”按钮，弹出“页脚”对话框，单击“中”文本框定位光标，单击“插入页码”按钮，单击“确定”按钮，关闭对话框。

第 4 步：重复打印标题。

重新设置了纸张大小和纸张方向之后，“10 月”工作表的长超过了 1 页，为了在第 2 页能够看到标题行，需要在每一页上都重复打印标题。

1）选择“页面布局”选项卡→“页面设置”选项组，单击“打印标题”按钮，弹出“页面设置”对话框。

2）在“工作表”选项卡中单击“顶端标题行”右侧的压缩对话框按钮，选择要重复打印的第 3 行后按 Enter 键返回。

3）选择“页面布局”选项卡→“页面设置”选项组，单击“打印标题”按钮，弹出“页面设置”对话框，在“工作表”选项卡的“打印”选项组中取消选中“单色打印”复选框，这样才可以进行彩色打印，单击“确定”按钮。

第 5 步：输出 PDF 格式。

1）选择“文件”→“导出”命令，选择“创建 PDF/XPS 文档”选项，单击“创建 PDF/XPS 文档”按钮，弹出“发布为 PDF 或 XPS”对话框，选择保存类型为“PDF（*pdf）”，文件名为“大学生收支管理”，单击“发布”按钮。

2）在 PDF 阅读器中即可打开该文档进行浏览，打印效果如图 4-20 所示。

2018年10月收支情况

序号	日期	收支摘要	收入金额	支出金额	余额
		上月余额			¥105.00
01	10月1日	父母所给生活费	¥1,500.00		¥1,605.00
02	10月2日	学习用品		¥10.00	¥1,595.00
03	10月3日	日常生活费用		¥62.00	¥1,533.00
04	10月4日	通讯费		¥50.00	¥1,483.00
05	10月5日	日常生活费用		¥41.00	¥1,442.00
06	10月6日	学习用品		¥5.00	¥1,437.00
07	10月7日	勤工助学收入	¥300.00		¥1,737.00
08	10月8日	日常生活费用		¥50.00	¥1,687.00
09	10月9日	服装鞋帽		¥80.00	¥1,607.00
10	10月10日	学习用品		¥6.00	¥1,601.00
11	10月11日	日常生活费用		¥45.00	¥1,556.00
12	10月12日	日常生活费用		¥25.00	¥1,531.00
13	10月13日	学习用品		¥10.00	¥1,521.00
14	10月14日	培训班		¥180.00	¥1,341.00
15	10月15日	日常生活费用		¥82.00	¥1,259.00
16	10月16日	服装鞋帽		¥8.00	¥1,251.00
17	10月17日	日常生活费用		¥30.00	¥1,221.00
18	10月18日	服装鞋帽		¥50.00	¥1,171.00
19	10月19日	日常生活费用		¥25.00	¥1,146.00
20	10月20日	通讯费		¥30.00	¥1,116.00
21	10月21日	学习用品		¥15.00	¥1,101.00
22	10月22日	日常生活费用		¥50.00	¥1,051.00
23	10月23日	日常生活费用		¥62.00	¥989.00
24	10月24日	学习用品		¥6.00	¥983.00

图 4-20　打印效果

任务 4.5　创建工作表模板

学习目标

【技能目标】

- 掌握创建并调用工作簿模板的方法。

【知识目标】

学会以下知识点：

- 引用单元格。

任务要求

- 创建名称为“收支记录”的模板。
- 依据“收支记录”模板，创建 11 月工作表。

知识准备

在工作表的计算操作中，如果需要用到同一工作簿文件中其他工作表中的数据，可在公式中引用其他工作表中的单元格，引用格式为“〈工作表标签〉!〈单元格地址〉”；如果需要用到其他工作簿文件中的工作表，引用格式为“[工作簿名]工作表标签!〈单元格地址〉”。

实施步骤

第 1 步：在“11 月”工作表中，除了“收支金额”这样每月不同的数据需要重新输入外，其他的如格式化、余额公式等完全可以套用“10 月”工作表的成果。

这一步为创建流水账模板。模板中只需要包含每类文件中都应出现的共用文本即可，同时保留格式和公式。

1）“10 月”工作表为打开状态。

2）选择“文件”→“另存为”命令，弹出“另存为”对话框。

3）在“文件名”文本框中输入模板名称“收支记录”。

4）在“保存类型”下拉列表中选择“Excel 模板”选项。需要特别注意，模板文件的保存位置不可以改动。

5）单击“保存”按钮，新建模板将会自动存放在 Excel 的模板文件夹中以供调用，如图 4-21 所示。

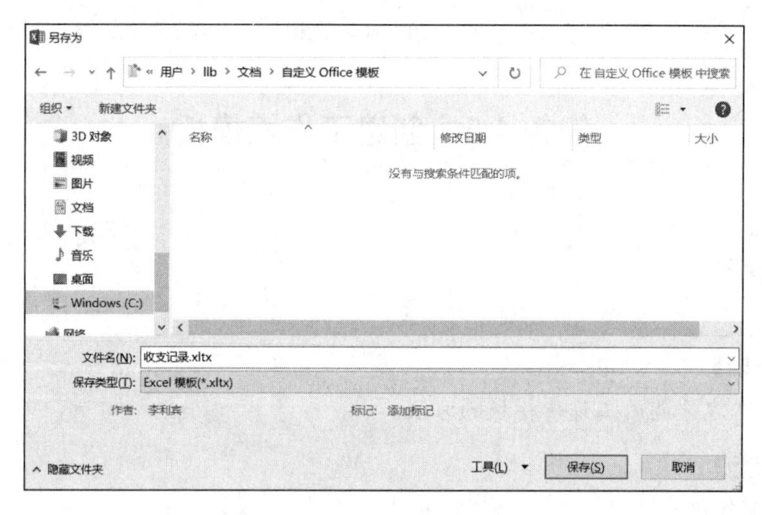

图 4-21 “另存为”对话框

6）调整工作表数据。将工作表名修改为“#月”，取消表标签颜色；将 B1 单元格中大标题的月份修改为“#月”，删除 C5:F35 单元格区域中的数据。这部分内容每个月可能是不同的。

7）在表标签“#月”处右击，在弹出的快捷菜单中选择“取消隐藏”命令，将已隐藏的工作表“10 月分析”和“10 月汇总”显示出来并进行删除。存在隐藏工作表可能会影响模板的调研。

8）单击快速访问工具栏中的“保存”按钮，对修改后的模板文件进行原名、原位置保存。

9）关闭该模板文档。

第 2 步：依据模板创建“11 月”工作表。

1）打开案例文档“大学生收支基础数据.xlsx”。

2）在表标签“10 月”上右击，在弹出的快捷菜单中选择“插入”命令，弹出“插入”对话框，如图 4-22 所示。

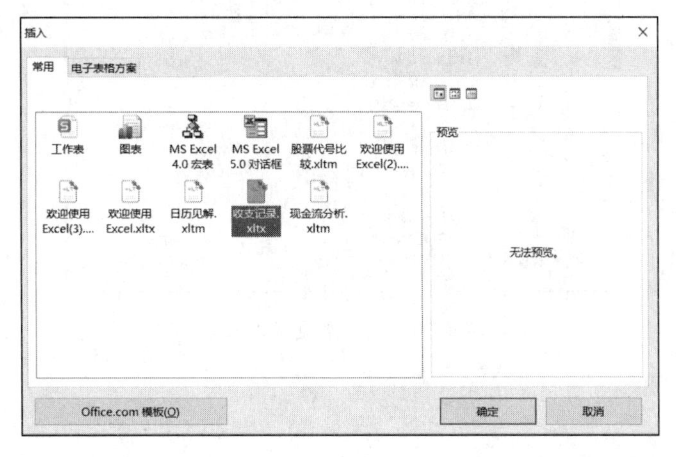

图 4-22 “插入”对话框

3）从“常用”列表框中选择新建模板“收支记录.xltx”。如果自建模板没有显示，可以复制在这个窗口。

4）单击“确定”按钮，从模板基础上创建的工作表即可插入“10 月”工作表之前。

5）分别将新插入的工作表标签名称和标题中的月份“#月”改为“11 月”，拖动工作表“11 月”至“10 月”的右侧。

6）余额引用：选中工作表“11 月”中的 G4 单元格，输入等号“=”后，选中工作表“10 月”中的 G35 单元格，按 Enter 键确认，将 10 月余额引用到 11 月中，如图 4-23 所示。

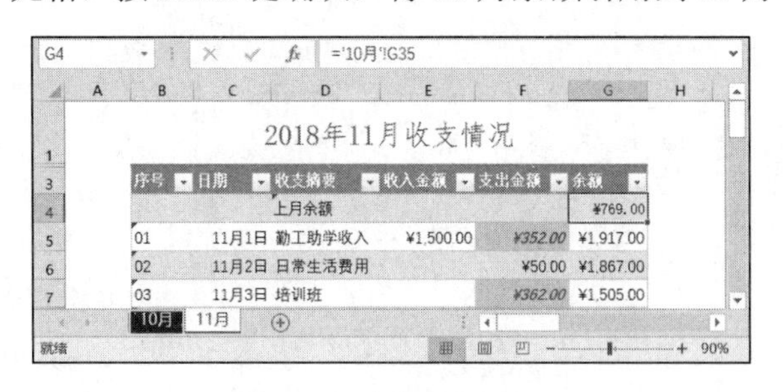

图 4-23 余额引用示意

7）输入 11 月的新数据后，保存文档，效果如图 4-24 所示。

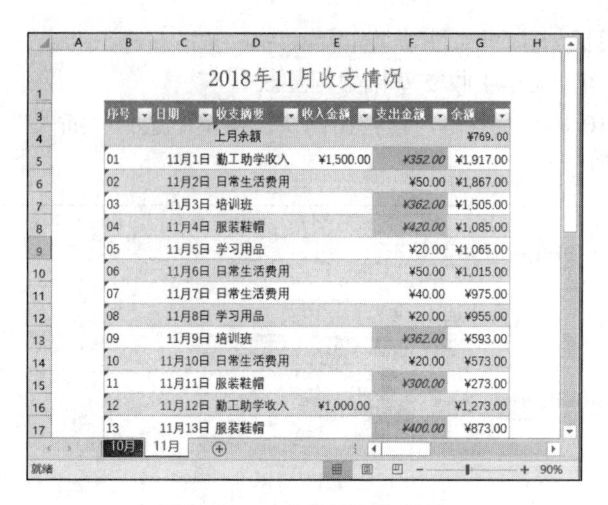

2018年11月收支情况

序号	日期	收支摘要	收入金额	支出金额	余额
		上月余额			¥769.00
01	11月1日	勤工助学收入	¥1,500.00	¥352.00	¥1,917.00
02	11月2日	日常生活费用		¥50.00	¥1,867.00
03	11月3日	培训班		¥362.00	¥1,505.00
04	11月4日	服装鞋帽		¥420.00	¥1,085.00
05	11月5日	学习用品		¥20.00	¥1,065.00
06	11月6日	日常生活费用		¥50.00	¥1,015.00
07	11月7日	日常生活费用		¥40.00	¥975.00
08	11月8日	学习用品		¥20.00	¥955.00
09	11月9日	培训班		¥362.00	¥593.00
10	11月10日	日常生活费用		¥20.00	¥573.00
11	11月11日	服装鞋帽		¥300.00	¥273.00
12	11月12日	勤工助学收入	¥1,000.00		¥1,273.00
13	11月13日	服装鞋帽		¥400.00	¥873.00

图 4-24　11 月数据录入效果

项目 5　Excel 数据分析（学生成绩管理）

在现今信息时代，生活节奏的加快使得人们越来越向信息化、数字化发展。随着高等院校的扩招，学生数量急剧增加，有关学生的各种信息量也成倍增长，尤其是学生的考试成绩数据。面对数量庞大的学生成绩数据，需要及时、准确地统计出每个人的总分、平均分，每个班级的平均分、年级的平均分，每个人在班级、年级中的排名，用好 Excel 就能轻松完成这些巨量、繁杂的工作。

本项目利用 Excel 2016 来完成一份学生成绩表的制作，并利用它分析、统计一些数据，其中使用了一些对日常工作很有帮助的汇总、统计、分析数据的技巧和方法。所有这些操作都是全国计算机等级考试中关于 Excel 中的必考操作，在历年真题中，学生成绩管理的题型经常出现，下面分任务讲解有关学生成绩管理的案例。

案例背景：王老师是计算机学院的辅导员，负责管理学生的成绩。他希望通过 Excel 完成如下工作：按班级记录每位学生的各科成绩，计算每个人的总分、班级和年级的平均分，每个人在班级、年级中的排名位置，为每位学生生成一份成绩通知单并发给家长。

为了实现这一目的，王老师使用了许多 Excel 的功能，如跨工作簿的工作表移动和复制，求和、求平均值、计算排名等函数的运用，将格式、公式或内容批量填充到同组工作表中，多关键字排序、按自定义顺序排序的应用，包含计算条件的高级筛选、多重分类汇总的叠加、利用图表比较各班平均分等。制作完成的效果如图 5-1 所示。

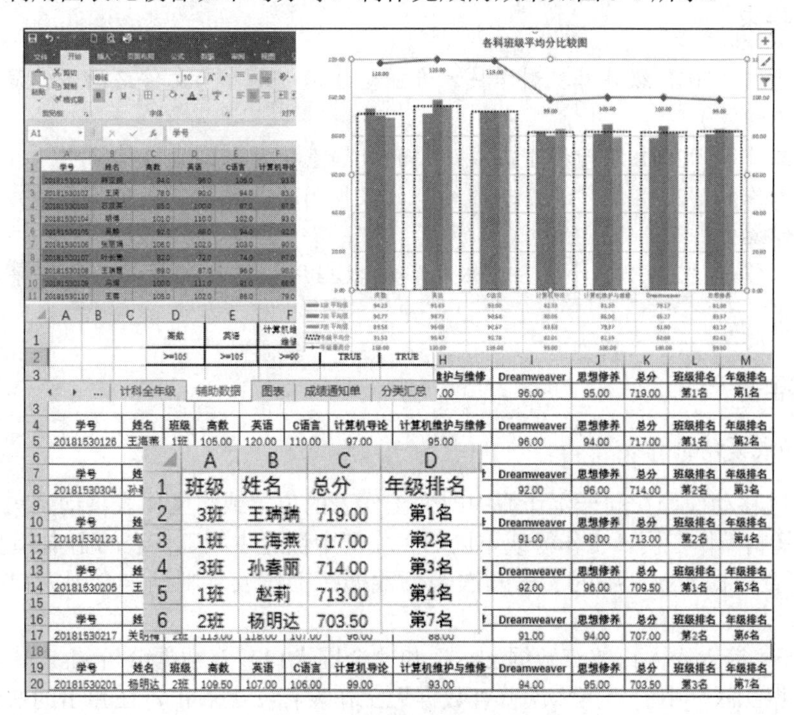

图 5-1　学生成绩表效果

素养目标

学生通过对成绩的统计和分析，可以了解到自己的学习成绩对社会、家庭和个人的影响，从而增强他们的社会责任感。培养学生运用科学的方法分析和解决实际问题的思维和方法，培养学生利用数据分析创新地解决实际问题的思维和能力。

任务 5.1　汇 集 数 据

学习目标

【技能目标】

- 掌握把分散在多个工作簿中的数据汇集到一个工作簿的方法。

【知识目标】

学会以下知识点：

- 直接复制数据。
- 跨工作簿复制工作表。
- 获取外部数据。

任务要求

- 新建以“2018 级计算机科学技术专业全年级成绩”为文件名的工作簿（以下简称主工作簿）。
- 把工作簿“2018 级计科 1 班成绩”的数据直接复制到主工作簿中。
- 把工作簿“2018 级计科 2 班成绩”的数据用跨工作簿复制工作表的方法复制到主工作簿中。
- 把工作簿“2018 级计科 3 班成绩”的数据用获取外部数据的方法导入到主工作簿中。

知识准备

1. 移动或复制工作表

可以通过移动操作在同一工作簿中改变工作表的位置或将工作表移动到另一个工作簿中，或通过复制操作在同一工作簿或不同的工作簿中快速生成工作表的副本。这里要将“第六次人口普查数据.xlsx”中的“第六次普查数据”工作表复制到“全国人口普查数据分析.xlsx”中。

1）打开“第六次人口普查数据.xlsx”和“全国人口普查数据分析.xlsx”，在“第六次人口普查数据.xlsx”中的“第六次普查数据”工作表标签上右击，在弹出的快捷菜单中选择“移动或复制”命令；或者选择“开始”选项卡→“单元格”选项组，单击“格式”下拉按钮，在打开的下拉列表中选择“移动或复制工作表”命令，弹出如图 5-2 所示的“移动或复制工作表”对话框。

2）从“工作簿”下拉列表中选择要移动或复制的目标工作簿文件名。要想将工作表移动或复制到另一个工作簿中，必须先将该工作簿打开，否则“工作簿”下拉列表中看不到相应的文件名。

3）在“下列选定工作表之前”列表框中指定工作表要插入的位置。

4）如果要复制工作表，需要选中“建立副本”复选框，否则将会移动工作表。

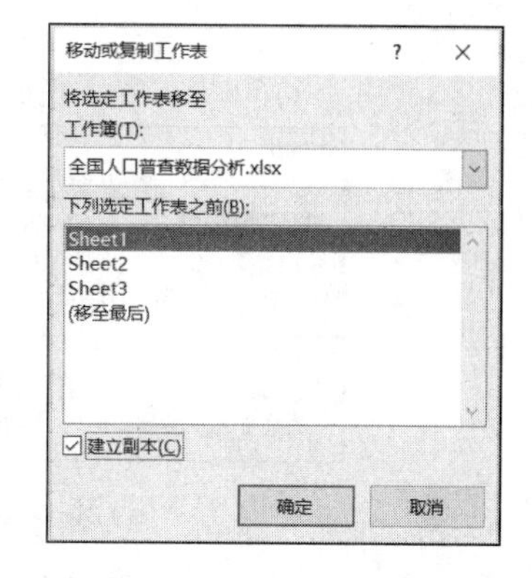

图 5-2　“移动或复制工作表”对话框

5）单击“确定”按钮，所选工作表将被移动或复制到新的位置。如果是移动或复制到另一个工作簿，则自动切换到新工作簿的窗口。

可以通过鼠标快速在同一工作簿中移动或复制工作表：用鼠标直接拖动工作表标签可移动工作表，拖动的同时按住 Ctrl 键可复制工作表。

2. 获取外部数据

可以通过获取外部数据来导入另一工作簿中的数据到当前工作簿中。这里要将“第五次人口普查数据.xlsx”中的“第五次普查数据”工作表导入“全国人口普查数据分析.xlsx”中。

1）打开“全国人口普查数据分析.xlsx”，单击 Sheet1 表的标签，选择“数据”选项卡→“获取外部数据”选项组，单击“现有连接”按钮，弹出“现有连接”对话框，如图 5-3（a）所示。

2）单击“浏览更多”按钮，弹出“选取数据源”对话框，如图 5-3（b）所示，从中选择工作簿“第五次人口普查数据.xlsx”作为数据源，单击“打开”按钮，弹出“选择表格”对话框，如图 5-4（a）所示，从列表框中选择工作表“第五次普查数据”，单击“确定”按钮，弹出“导入数据”对话框，如图 5-4（b）所示。

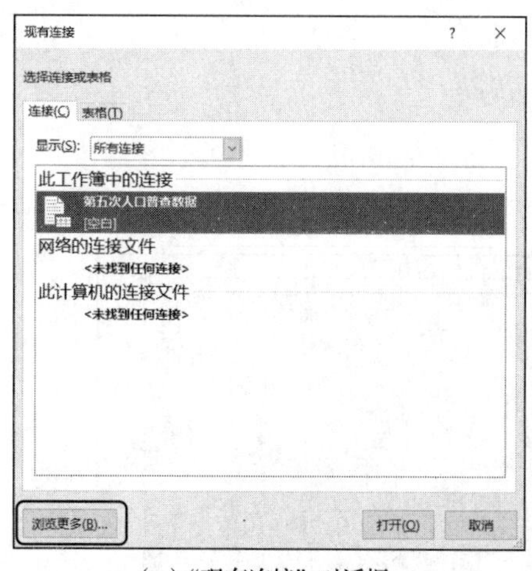

（a）“现有连接”对话框

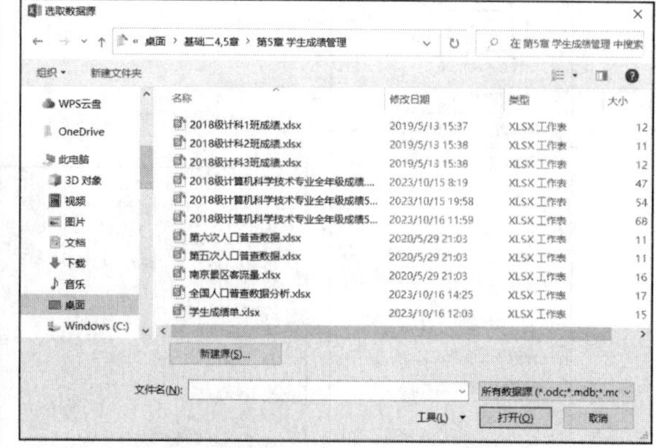

（b）“选取数据源”对话框

图 5-3　“现有连接”及“选取数据源”对话框

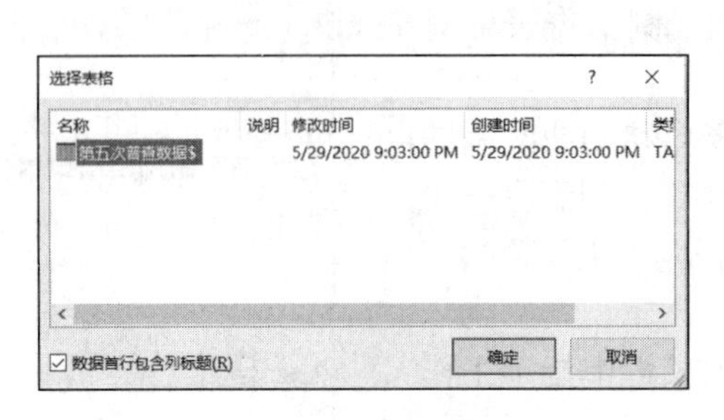

（a）“选择表格”对话框

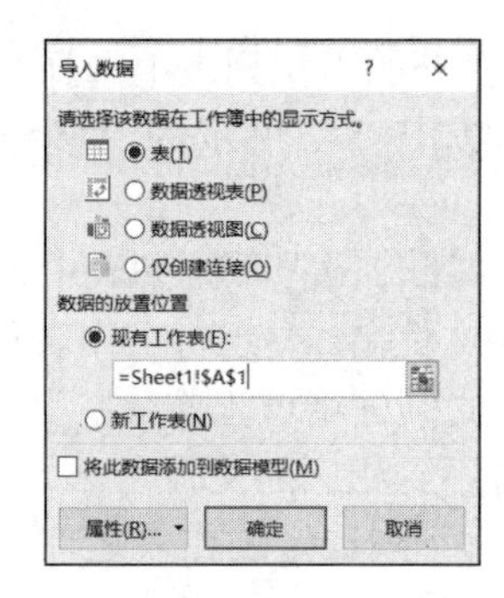

（b）“导入数据”对话框

图 5-4　“选择表格”及“导入数据”对话框

3）在“数据的放置位置”选项组中选中“现有工作表”单选按钮，通过右侧的压缩对话框按钮选择工作表 Sheet1 的 A1 单元格，单击“确定”按钮，“第五次普查数据”工作表的数据即以表的形式自工作表 Sheet1 的 A1 单元格开始导入，并保持与源数据表的连接关系。

实施步骤

第 1 步：新建一个空白工作簿，以“2018 级计算机科学技术专业全年级成绩”为文件名进行保存，并且将 Sheet1 重命名为“计科 1 班”。

第 2 步：

1）打开案例工作簿“2018 级计科 1 班成绩”，选中数据区域 A3:I33（可先单击数据区域的任一单元格，再按 Ctrl+A 组合键选中 A3:I33），按 Ctrl+C 组合键进行复制。

2）切换回工作簿“2018 级计算机科学技术专业全年级成绩”，在工作表“计科 1 班”的 A1 单元格中右击，在弹出的快捷菜单中选择“粘贴选项：”→“值”命令，只复制不带格式的源数据，如图 5-5 所示。

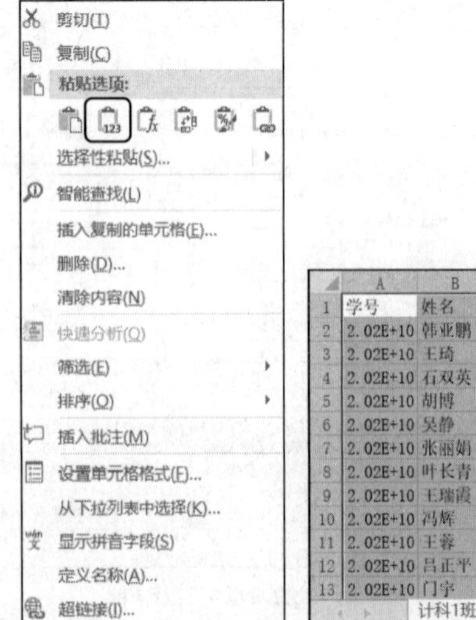

	A	B	C	D	E	F	G	H	I
1	学号	姓名	高数	英语	C语言	计算机导	计算机维	Dreamwea	思想修养
2	2.02E+10	韩亚鹏	94	96	105	93	90	90	75
3	2.02E+10	王琦	78	90	94	83	91	93	94
4	2.02E+10	石双英	85	100	97	87	78	89	93
5	2.02E+10	胡博	101	110	102	93	94	92	86
6	2.02E+10	吴静	92	88	94	92	91	86	86
7	2.02E+10	张丽娟	106	102	103	90	87	95	93
8	2.02E+10	叶长青	82	72	74	87	57	90	72
9	2.02E+10	王瑞霞	89	87	96	98	67	71	75
10	2.02E+10	冯辉	100	111	91	68	93	64	60
11	2.02E+10	王蓉	105	102	86	79	70	93	88
12	2.02E+10	吕正平	115	83	99	91	89	82	94
13	2.02E+10	门宇	75	97	104	85	76	94	84

计科1班

图 5-5　按“值”粘贴“计科 1 班”成绩

3）关闭“2018 级计科 1 班成绩”工作簿，保存主工作簿。

第 3 步：

1）打开案例工作簿“2018 级计科 2 班成绩”，在表标签“计科 2 班”上右击，在弹出的快捷菜单中选择“移动或复制”命令，弹出“移动或复制工作表”对话框。

2）在“工作簿”下拉列表中选择“2018 级计算机科学技术专业全年级成绩.xlsx”选项，在“下列选定工作表之前”列表框中选择“(移至最后)”选项，选中“建立副本”复选框，单击“确定”按钮，工作表“计科 2 班”被复制到“计科 1 班”之后，如图 5-6 所示。

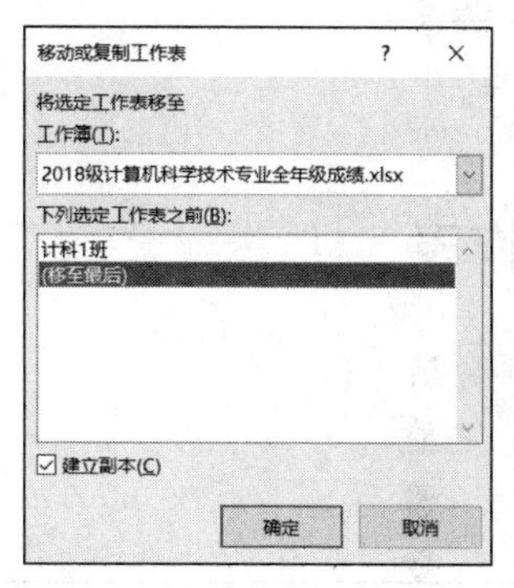

	A	B	C	D	E	F	G	H	I
1	学号	姓名	高数	英语	C语言	计算机导论	计算机维护与维修	Dreamweaver	思想修养
2	20181530201	杨明达	109.5	107	106	99	93	94	95
3	20181530202	高伟国	86	107	89	88	92	88	89
4	20181530203	郭蛇	93	99	92	86	86	75	92
5	20181530204	赵希杰	95.5	92	96	84	95	91	92
6	20181530205	王琪	103.5	115	112	95	96	92	96
7	20181530206	王绍吉	100.5	103	104	88	89	87	90
8	20181530207	郭宁	86	111	117	64	77	96	72
9	20181530208	李一凡	94	96	103	85	99	86	73
10	20181530209	刘慧	58	91	90	71	63	82	78
11	20181530210	安心	62	100	77	78	55	86	78
12	20181530211	毛雨桐	90	97	80	72	87	87	60
13	20181530212	杨康	94	103	105	87	99	83	88

计科1班　计科2班

图 5-6　复制“计科 2 班”成绩

3）关闭工作簿“2018 级计科 2 班成绩”，保存主工作簿。

第 4 步：

1）在主工作簿中选择“数据”选项卡→“获取外部数据”选项组，单击“现有连接”按钮，弹出“现有连接”对话框。

2）单击“浏览更多”按钮，弹出“选取数据源”对话框，从中选择案例工作簿“2018 级计科 3 班成绩”作为数据源，单击“打开”按钮，弹出“选择表格”对话框，从列表框中选择工作表“计科 3 班”，单击“确定”按钮，弹出“导入数据”对话框，如图 5-7 所示。

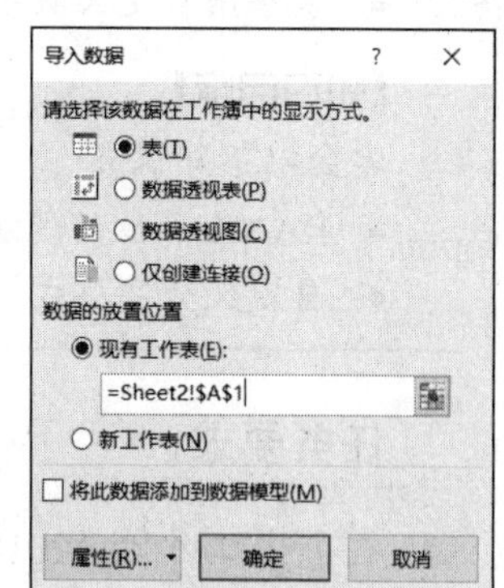

图 5-7　“导入数据”对话框

3）在“数据的放置位置”选项组中选中“新工作表”单选按钮，单击“确定”按钮，计科 3 班的数据即以表的形式导入到新建的工作表 Sheet2 中，并保持与源数据表的链接关系。

4）为了后续操作方便，需要取消外部链接。在表区域中单击，选择“表格工具-设计”选项卡→“工具”选项组，单击“转换为区域”按钮，在弹出的提示对话框中单击“确定”按钮。

5）将工作表 Sheet2 重命名为“计科 3 班”，并移动到“计科 2 班”之后。

6）取消导入表中自带的格式。选中工作表“计科 3 班”中的数据区域 A1:I31，选择“开始”选项卡→“编辑”选项组，单击“清除”下拉按钮，在打开的下拉列表中选择“清除格式”选项，清除“计科 3 班”的格式，效果如图 5-8 所示。

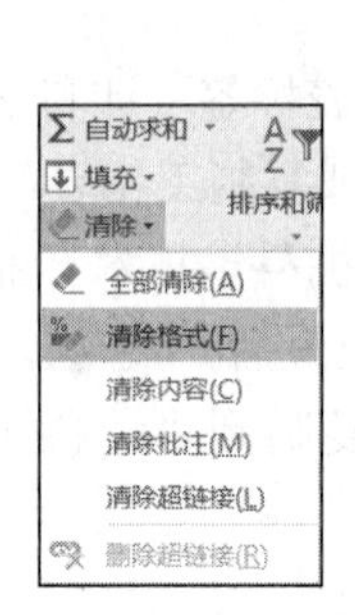

学号	姓名	高数	英语	C语言
20181530301	李娇	99	98	101
20181530302	郭磊	88	95	94
20181530303	白燕	84	100	97
20181530304	孙春丽	109	112	112
20181530305	史晓龙	91.5	89	94
20181530306	李学敏	101	94	99
20181530307	李荣	94	118	93
20181530308	李爱萍	81	91	88
20181530309	刘伟	89	81	108
20181530310	陈婷	95	97	58
20181530311	王雪	92.5	104	112
20181530312	孙阳	68	108	64
20181530313	郑佳佳	112	70	79
20181530314	安广帅	98	97	119
20181530315	邢洋	94.5	85.5	90.5
20181530316	王瑞瑞	112	120	104
20181530317	韩芳芳	85	116	69

计科1班 计科2班 计科3班

图 5-8 清除“计科 3 班”格式后的效果

任务 5.2 完善及格式化工作表

学习目标

【技能目标】

- 掌握计算总和和平均值的方法。
- 掌握按总分计算个人班级排名并以“第 N 名”方式显示的操作方法。
- 掌握通过条件格式设置偶数行填充浅绿色的操作方法。
- 掌握用自定义数字格式标出特殊数值的操作方法。

【知识目标】

学会以下知识点:

- RANK 函数的用法。
- 自定义数字格式。

任务要求

- 计算工作簿“2018 级计算机科学技术专业全年级成绩”的“计科 1 班”工作表中每个人的总分和班级平均分。
- 按总分计算每个人在班级中的排名并以“第 N 名”方式显示。
- 通过条件格式设置偶数行填充浅绿色，使得表格美观，便于阅读。
- 所有单科成绩中，高数、英语、C 语言 3 科满分均为 120 分，高于或等于 114 分为优秀，低于 72 分为不及格；其他 4 科满分均为 100 分，高于或等于 95 分为优秀，低于 60 分为不及格。所有单科成绩均保留一位小数。优秀成绩用红色字体显示，不及格成绩用黄色字体显示。

- 将成绩表的数据区域 A1:K32 中的字号统一设为 10 磅，将第一行中列标题居中对齐、文字加粗，A 列中的“学号”与 B 列中的“姓名”居中对齐，所有行的行高设置为 17，适当加大“学号”“姓名”“总分”“班级排名”列宽，为整个数据区域 A1:K32 添加与前述偶数行填充颜色相同的浅绿色边框，包括内边框和外边框。

知识准备

1. RANK 函数

语法格式：RANK(number,ref,[order])。

功能：求一个数值在一组数值中的排名。

参数说明：

1）number：必需的参数，为想要找到排名的数字。

2）ref：必需的参数，排名的一组数值区域。ref 中的非数值型值将被忽略。

3）order：可选参数，是一个数字，指明数字排名的方式。如果 order 为 0 或省略，则对数字的排名是基于 ref 按照降序（由大到小）排列的列表；如果 order 不为 0，则对数字的排名是基于 ref 按照升序（由小到大）排列的列表。

例如，对图 5-9 中各景区的平均客流量以降序方式进行排名，具体操作步骤如下。

	A	B	C	D	E	F	G	H
1	2005-2009年景区客流量（万）							
2	景区	2005年	2006年	2007年	2008年	2009年	平均客流量	排名
3	中山陵	177	181	211	220	218	201.4	
4	玄武湖	132	145	138	166	154	147	
5	莫愁湖	59	67	56	88	91	72.2	
6	夫子庙	215	212	233	253	265	235.6	
7	栖霞山	47	41	45	51	49	46.6	

图 5-9　南京各景区客流量

打开案例文件“南京景区客流量”，单击“客流量排名”表标签，在 H3 单元格输入公式“=RANK(G3,$G$3:$G$7)”，其中第 1 个参数 G3 是指要排名的数值，第 2 个参数是排名的区域，这里使用的是绝对引用，在选中 G3:G7 单元格区域后，按 F4 键可变为绝对引用；第 3 个参数可忽略，表示降序，按 Enter 键后则可得出排名结果为 2。RANK 函数各参数设置如图 5-10 所示。将公式复制到 H4:H7 单元格区域，即可得到其他景区的平均客流量排名，结果如图 5-11 所示。

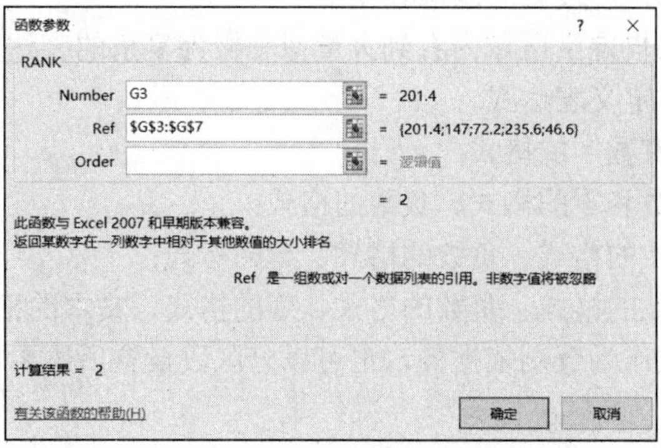

函数参数

RANK

Number　G3　= 201.4

Ref　$G$3:$G$7　= {201.4;147;72.2;235.6;46.6}

Order　= 逻辑值

= 2

此函数与 Excel 2007 和早期版本兼容。

返回某数字在一列数字中相对于其他数值的大小排名

Ref　是一组数或对一个数据列表的引用。非数字值将被忽略

计算结果 = 2

有关该函数的帮助(H)　确定　取消

图 5-10　RANK 函数参数设置

	A	B	C	D	E	F	G	H
1	2005-2009年景区客流量（万）							
2	景区	2005年	2006年	2007年	2008年	2009年	平均客流量	排名
3	中山陵	177	181	211	220	218	201.4	2
4	玄武湖	132	145	138	166	154	147	3
5	莫愁湖	59	67	56	88	91	72.2	4
6	夫子庙	215	212	233	253	265	235.6	1
7	栖霞山	47	41	45	51	49	46.6	5

图 5-11　南京各景区平均客流量排名结果

2. 自定义数字格式

自定义数字格式并不会改变数值本身，只改变数值的显示方式。设置自定义数字格式的方法是：按 Ctrl+1 组合键，弹出“设置单元格格式”对话框，选择“数字”选项卡，在“分类”列表框选择“自定义”选项，如图 5-12 所示，在“类型”文本框中输入格式化代码，单击“确定”按钮，即可完成设置。

图 5-12　自定义数字格式

（1）具体形式

自定义数字格式是一串字符串，称为格式化代码。代码最多由 4 节组成，每节之间用英文分号隔开。每节都是一段独立的格式化指令。

尽管我们常常能在自定义区域内看到大量似乎极为复杂的表达式，但实际上微软只允许了以下 4 种结构的自定义表达式。

① 只有一节：所有数字的格式；

② 只有两节：正数和零的格式、负数的格式；

③ 只有三节：正数的格式、负数的格式、零的格式；

④ 四节全有：正数的格式、负数的格式、零的格式、文本的格式。

除了上述用正负数作为分割依据外，也可以分区段设置所需要的条件，如下格式代码也是允许的：

① 大于条件值、小于条件值、等于条件值、文本；

② 条件值 1、条件值 2、不满足条件值 1 也不满足条件值 2、文本；

③ 条件值 1、其他情况；

④ 条件值 1、条件值 2、其他情况。

（2）几种常用字符的含义

1）“#”（数字占位符）：只显示有意义的零而不显示无意义的零。小数点后数字的位数如大于占位符的数量，则按占位符的位数四舍五入；小数点后数字的位数如不大于占位符的数量，则按照原数值显示。小数点左侧的数字按原数值显示。例如，代码##.###，123.4567 显示为 123.457，1.23 显示为 1.23。

2）“0”（数字占位符）：如果小数点后的位数大于占位符，则按照占位符的数量四舍五入显示；如果小数点后的位数小于占位符的数量，则用 0 在右侧补足，单元格按照小数点进行对齐。小数点左侧数字位数如果超过占位符的数量，则按原数值显示；如果少于占位符的数量，则用 0 在左侧补足。例如，代码 00.000，123.4567 显示为 123.457，1.23 显示为 01.230。

3）“,”（千位分隔符）：“,” 不能单独使用，要和上面介绍的数字占位符组合使用。如果 “,” 出现在数字占位符中间，则在原数字占位符基础上多了一个 “,” 进行分隔；如果 “,” 后为空，则把原来的数字在之前显示的基础上除以 1000（即缩小 1000 倍），有几个 “,” 就除以几次 1000。例如，代码为“#,###”时，12000 显示为 12,000；代码为“#,###”时，12000 显示为 12，12000000 显示为 12,000。

4）“!”（转义字符）：如果想显示的内容恰好是有特定含义的字符，如本节提到的这些符号，只要在符号前面加上 “!” 即可。例如，代码为 “0!.0” 时，12345 显示为 1234.5，相当于把原数值缩小 10 倍显示。

（3）条件格式化显示

条件格式化显示只限于最多使用 3 个条件，其中，2 个条件是明确的，第 3 个条件是“所有的其他”。条件部分要放到英文方括号中，必须进行简单的比较。例如，代码 “[>85]"优秀"；[>=60]"及格"；"不及格"” 表示大于 85 的数字显示为 “优秀”，小于等于 85 并且大于等于 60 的数字显示为 “及格”，小于 60 的数字显示为 “不及格”。

（4）颜色代码

颜色代码即用指定的颜色显示字符，格式为英文方括号里加颜色代码，如 “[红色]” 指定显示红色，支持红色、黑色、白色、黄色、绿色、蓝色、青色和洋红。例如，代码 “[蓝色];[红色];[黄色];[绿色]”，显示结果为正数时显示为蓝色，负数时显示为红色，零时显示为黄色，文本时则显示为绿色。

实施步骤

第 1 步：

1）打开案例工作簿 “2018 级计算机科学技术专业全年级成绩”，单击 “计科 1 班” 工作表（以下操作均在 “计科 1 班” 工作表中进行），在 J1 单元格中输入列标题 “总分”，单击 J2 单元格进行计算。选择 “开始” 选项卡→ “编辑” 组，单击 “自动求和” 按钮，Excel 会自动选中 J2 单元格左侧的 C2:I2 单元格区域，此时按 Enter 确认即可。双击 J2 单元格右下角的填充柄，自动填充到J3:J31单元格区域。按Ctrl+1组合键，弹出“设置单元格格式”对话框，选中“数字”选项卡，选择“数值”、保留两位小数，单击“确定”按钮。选择“开始”选项卡→“字体”选项组，单击“加粗”按钮，使“总分”列的数字加粗显示。

2）在B32单元格中输入行标题“班级平均分”，选中C32单元格，选择“开始”选项卡→“编辑”选项组，单击“自动求和”下拉按钮，从打开的下拉列表中选择“平均值”选项，如图5-13所示，Excel会自动选中C32右侧的黑色小三角上方的C2:C31单元格区域，此时按Enter确认即可。拖曳C32单元格右下角的填充柄至J32单元格，自动填充D32:J32单元格区域。并将“班级平均分”行的数字格式设为“数值”，保留两位小数，加粗显示。

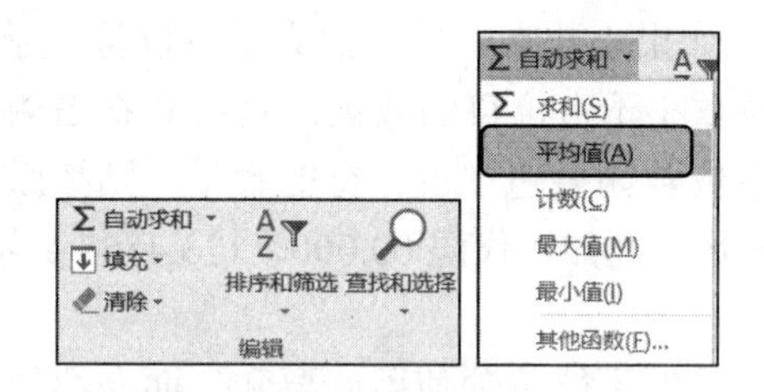

图5-13 计算班级平均分

第2步：在K1单元格中输入列标题“班级排名”，在K2单元格中利用RANK函数计算排名。单击“插入函数”（编辑栏左边）按钮，弹出“插入函数”对话框，在“搜索函数”文本框中输入RANK，单击“转到”按钮，搜到RANK函数后单击“确认”按钮，弹出“函数参数”对话框，在Number参数里选中J2单元格，在Ref参数里选中J2:J31单元格区域，按F4键，单击“确定”按钮，如图5-14所示。使用字符串连接符“&”连接“第”和“名”，最终得到K2单元格中的公式是="第"&RANK(J2,$J$2:$J$31)&"名"，然后进行填充，填充完成后，使排名居中显示。注意，公式中的双引号是英文双引号。

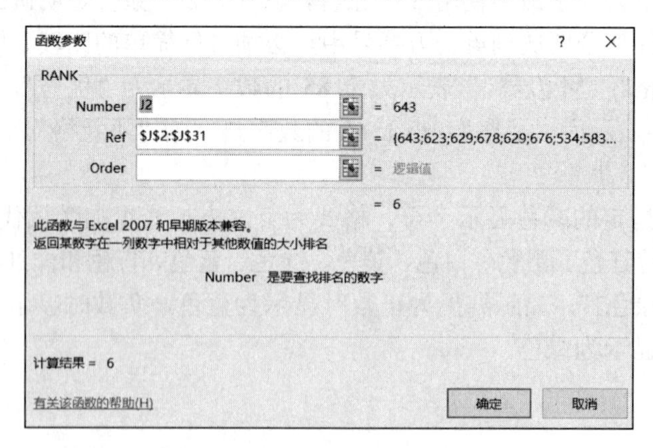

图5-14 利用RANK函数计算班级排名

第3步：

1）按Ctrl+A组合键，选中数据列表A1:K32单元格区域。

2）选择“开始”选项卡→“样式”组，单击“条件格式”下拉按钮，打开下拉列表，如图5-15（a）所示。

3）选择“新建规则”选项，弹出“新建格式规则”对话框。

4）在“选择规则类型”列表框中选择“使用公式确定要设置格式的单元格”选项。

5）在“为符合此公式的值设置格式”文本框中输入公式“=MOD(ROW( ),2)=0”，如图 5-15（b）所示，ROW 函数用于获取光标所在行的行号，MOD 函数用于获取两数相除的余数，ROW 函数除以 2 的余数等于 0，说明当前行是偶数行。

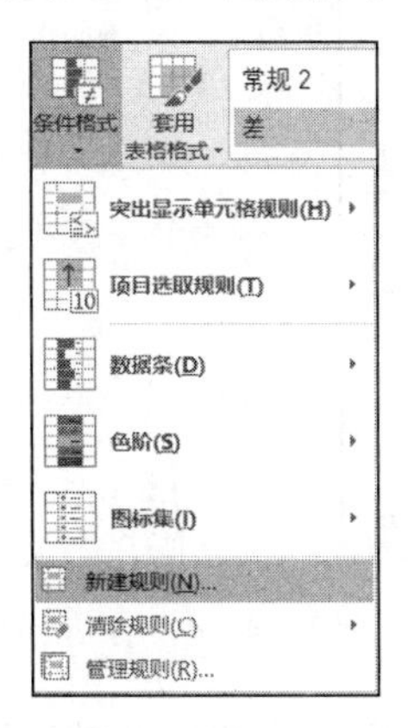

（a）“条件格式”下拉列表

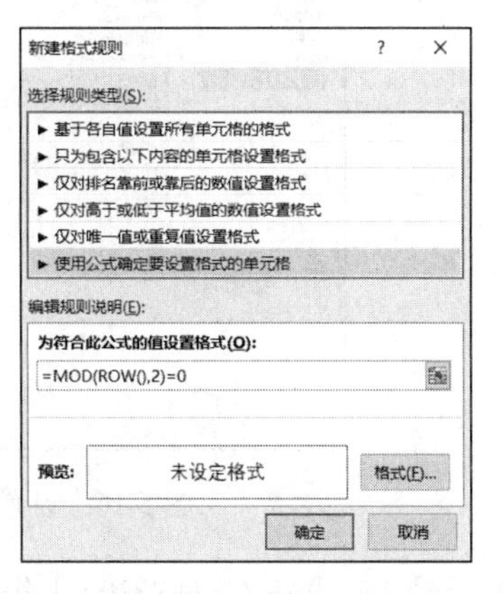

（b）“新建格式规则”对话框

图 5-15　通过条件格式设置偶数行的格式

6）单击“格式”按钮，弹出“设置单元格格式”对话框。

7）选择“填充”选项卡，在“背景色”区域中选择浅绿色。

8）依次单击“确定”按钮，当前所选区域将会隔行以浅绿色进行填充。

第 4 步：

1）选择高数、英语、C 语言 3 科成绩所在的 C2:E31 单元格区域，右击，在弹出的快捷菜单中选择“设置单元格格式”命令，弹出“设置单元格格式”对话框。

2）选择“数字”选项卡，在“分类”列表框中选择“自定义”选项，在“类型”文本框中输入数字格式代码“ [红色][>=114]0.0_ ;[黄色][<72]0.0_ ;0.0_”。注意，代码中的每个下划线“_”之后需要加一个西文空格，其作用是使数字右侧留有一个空格。设置完毕，如图 5-16 所示，单击“确定”按钮。

3）用同样的方法再选择另外 4 科成绩进行设置，数字格式代码为“[红色][>=95]0.0_;[黄色][<60]0.0_;0.0_”。设置完后单击“确定”按钮，完成数字格式的自定义设置。

第 5 步：

1）将成绩表的 A1:K32 单元格区域中的字号统一设置为 10 磅。

2）将列标题居中对齐、文字加粗。

3）选中列标 A，拖曳至列标 B，选中 A、B 两列，选择“开始”选项卡→“对齐方式”选项组，单击“居中”按钮，将 A 列中的“学号”与 B 列中的“姓名”居中对齐。

图 5-16 设置自定义数字格式

4）先选中行号 1，再按 Ctrl+Shift+↓组合键快速选中 1～32 行，右击，在弹出的快捷菜单中选择“行高”命令，在弹出的“行高”对话框将行高设置为 17。

5）选中 A、B、J、K 列，双击 K 列列标的右边线，将“学生”“姓名”“总分”“班级排名”的列宽自动调整到合适的宽度，使内容可以正常显示。

6）先选中任一数据单元格，再按 Ctrl+A 组合键，选中 A1:K32 单元格区域，添加与前述偶数行填充颜色相同的浅绿色边框，包括内边框和外边框。

任务 5.3 填充成组工作表

学习目标

【技能目标】

- 掌握仅将格式填充到其他工作表的操作方法。
- 掌握将公式填充到其他工作表的操作方法。

【知识目标】

学会以下知识点：

- 填充成组工作表。

任务要求

- 仅将“计科1班”工作表的格式填充到其他班的成绩表中。
- 将“计科1班”工作表中“总分”和“班级排名”所在的J、K两列中的公式及标题行内容填充到其他班的成绩表中。

知识准备

在一张工作表中输入的公式、设置的格式，可以通过填充成组工作表的方式应用于其他工作表，以便快速生成一组基本结构相同的表格。填充成组工作表的具体方法在下面的实施步骤中有详细讲解，这里不再赘述。

实施步骤

第1步：

1）单击工作表标签“计科1班”，按住Shift键不放，再单击工作表标签“计科3班”，这样就同时选中3张工作表，组成了工作组。

2）在工作表“计科1班”中单击左上角的全选按钮，选中全表，选择“开始”选项卡→“编辑”选项组，单击“填充”下拉按钮，在打开的下拉列表中选择“成组工作表”选项，弹出“填充成组工作表”对话框，从“填充”区域中选中“格式”单选按钮，如图5-17所示，单击“确定”按钮。

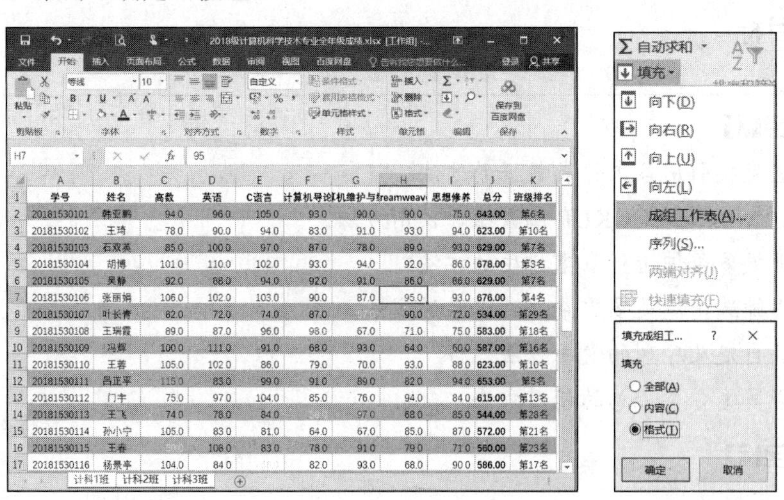

图5-17　将格式通过“填充成组工作表”对话框填充到其他表中

3）右击工作表标签“计科2班”，在弹出的快捷菜单中选择“取消组合工作表”命令，在解开工作组的同时可以看到“计科2班”的格式已被复制。

有时行高信息可能没有填充到其他工作表，这时只需要重新在工作表“计科1班”中同时选中1～32整行后再次进行格式填充即可。

第 2 步：

1）在工作表“计科 1 班”中选中“总分”和“班级排名”所在的 J、K 两列，这两列中的公式及标题行内容会被填充到同组工作表中。

2）在工作表标签“计科 1 班”上右击，在弹出的快捷菜单中选择“选定全部工作表”命令。

3）选择“开始”选项卡→“编辑”选项组，单击“填充”下拉按钮，在打开的下拉列表中选择“成组工作表”命令，弹出“填充成组工作表”对话框，从“填充”区域中选中“全部”单选按钮，单击“确定”按钮。

4）重新选中工作表“计科 1 班”中平均分所在的第 32 行并重复步骤 3），再次填充全部内容。

5）切换到其他工作表，查看是否已应用相同的表格内容及格式。

任务 5.4 Excel 数据分析与处理

在工作表中输入基础数据后，需要对这些数据进行组织、整理、排列、分析，以便从中获取更加有价值的信息。为了实现这一目的，Excel 提供了丰富的数据处理功能，可以对大量无序的原始表格数据资料进行深入的处理与分析。

学习目标

【技能目标】

- 掌握直接引用各工作表数据的方法。
- 掌握 MID 与 LOOKUP 函数组合使用方法。
- 掌握按多条件进行多重排序的方法。
- 掌握筛选出满足多重条件的记录的方法。
- 掌握自定义序列的使用方法。
- 掌握多重分类汇总的使用方法。

【知识目标】

学会以下知识点：

- 对数据进行排序。
- 筛选满足条件的数据。
- 分类汇总与分级显示。

任务要求

- 将 3 个班级的数据汇总到“计科全年级”工作表中。
- 在 L1 单元格中输入列标题“年级排名”，在 L2:L91 单元格区域内依总分计算每个人在年级里的排名，并以第 N 名的形式显示。
- 学号中的 8、9 位代表班级，01 对应 1 班、02 对应 2 班，03 对应 3 班。在“姓名”与“高数”列之间插入一个“班级”列，使用函数进行班级的填充。
- 按总分、高数、C 语言进行多重排序：总分高的排名在前，在总分相同的情况下，依次按高数、C 语言成绩的高低进行排序。
- 学院要求筛选出重点培养对象，筛选条件是：高数和英语成绩不低于 105 分，计算机维护与维修成绩不低于 90 分，并且 C 语言成绩和总分要求超过年级平均分。筛选结果放到“重点培养对象”工作表中，且只显示“班级”“姓名”“总分”“年级排名”这 4 列数据。
- 格式化“计科全年级”工作表：将数据区域的字号统一设置为 10 磅；将第 1 行的列标题居中对齐、文字加粗，其余数据区域居中对齐，所有成绩设置为保留两位小数。
- 自定义序列以备排序：将“1 班、2 班、3 班”定义为序列，不仅可以实现自动填充输入，还可以作为排序依据。
- 将“计科全年级”工作表复制到新工作表“分类汇总”中，在新工作表中分类汇总出各班的各科平均分、各科最高分和最低分。

知识准备

对数据进行排序、分类汇总与分级显示的方法已在项目 4 任务 4.3 的“知识准备”中详细讲解，下文主要介绍数据的筛选。

数据筛选是指将工作表中符合要求的数据显示出来，对于其他不符合要求的数据，系统会自动隐藏，这样可以快速寻找和使用工作表中用户所需的数据。Excel 中数据筛选功能包括自动筛选、自定义筛选及高级筛选 3 种方式。这里对案例工作簿“学生成绩表”进行筛选，以便介绍这 3 种筛选的操作方法。

1. 自动筛选

使用自动筛选功能筛选案例文件“学生成绩表”的“第一学期期末成绩”工作表中“成绩分类”为“优”的学生，其操作步骤如下：

1）选中数据区域的任意一个单元格。

2）选择“数据”选项卡→“排序和筛选”选项组，单击“筛选”按钮，此时标题行的各数据列标记（字段名）右侧均显示一个下三角按钮，如图 5-18 所示。

	A	B	C	D	E	F	G	H	I	J	K	L	M
1	学号	姓名	班级	语文	数学	英语	生物	地理	历史	政治	总分	平均分	成绩分类
2	120101	曾令煊	1班	97.5	106	108	98	99	99	96	703.5	100.5	优
3	120102	谢如康	1班	110	95	98	99	93	93	92	680.0	97.1	优
4	120205	王清华	2班	103.5	105	105	93	93	90	86	675.5	96.5	优
5	120201	刘鹏举	2班	93.5	107	96	100	93	92	93	674.5	96.4	优
6	120106	张桂花	1班	90	111	116	72	95	93	95	672.0	96.0	优
7	120304	倪冬声	3班	95	97	102	93	95	92	88	662.0	94.6	良
8	120306	吉祥	3班	101	94	99	90	87	95	93	659.0	94.1	良
9	120301	符合	3班	99	98	101	95	91	95	78	657.0	93.9	良
10	120104	杜学江	1班	102	116	113	78	88	86	73	656.0	93.7	良
11	120206	李北大	2班	100.5	103	104	88	89	78	90	652.5	93.2	良
12	120103	齐飞扬	1班	95	85	99	98	92	92	88	649.0	92.7	良
13	120204	刘康锋	2班	95.5	92	96	84	95	91	92	645.5	92.2	良
14	120202	孙玉敏	2班	86	107	89	88	92	88	89	639.0	91.3	中
15	120105	苏解放	1班	88	98	101	89	73	95	91	635.0	90.7	中
16	120305	包宏伟	3班	91.5	89	94	92	91	86	86	629.5	89.9	中
17	120303	闫朝霞	3班	84	100	97	87	78	89	93	628.0	89.7	中
18	120203	陈万地	2班	93	99	92	86	86	73	92	621.0	88.7	中
19	120302	李娜娜	3班	78	95	94	82	90	93	84	616.0	88.0	中

图 5-18　单击“筛选”按钮后的工作表

3）单击“成绩分类”右侧的下三角按钮，打开如图 5-19 所示的下拉列表。

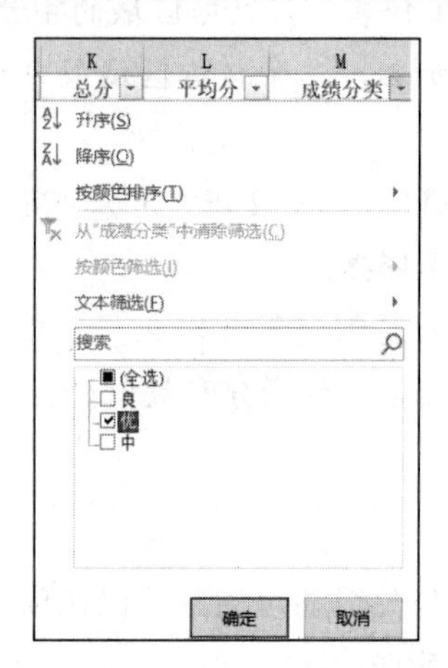

图 5-19　筛选下拉列表

4）取消选中“全选”复选框，选中“优”复选框，单击“确定”按钮，其筛选结果如图 5-20 所示。

	A	B	C	D	E	F	G	H	I	J	K	L	M
1	学号	姓名	班级	语文	数学	英语	生物	地理	历史	政治	总分	平均分	成绩分类
2	120101	曾令煊	1班	97.5	106	108	98	99	99	96	703.5	100.5	优
3	120102	谢如康	1班	110	95	98	99	93	93	92	680.0	97.1	优
4	120205	王清华	2班	103.5	105	105	93	93	90	86	675.5	96.5	优
5	120201	刘鹏举	2班	93.5	107	96	100	93	92	93	674.5	96.4	优
6	120106	张桂花	1班	90	111	116	72	95	93	95	672.0	96.0	优

图 5-20　“成绩分类”为“优”的筛选结果

此时，所有“成绩分类”不是“优”的记录全部自动隐藏。若要将隐藏的其他学生的数据显示出来，可在图 5-19 中选中“全选”复选框。

2. 自定义筛选

在实际应用中，有些筛选的条件值不是表中已有的数据，因此需要在弹出对话框后由用户提供相应的信息后再筛选。例如，将“学生成绩表”中“总分”前 3 名的学生筛选出来。

选中数据区域的任意一个单元格，选择“数据”选项卡→“排序和筛选”选项组，单击“筛选”按钮后，单击“总分”右侧的下三角按钮，在打开的下拉列表中选择“数字筛选”→“前 10 项”选项，如图 5-21 所示，弹出如图 5-22 所示的“自动筛选前 10 个”对话框，选择“最大”、3、“项”即可。

例如，在“第一学期期末成绩”中选择“英语”大于等于 60 且小于 90 的学生，其操作步骤如下：

选中数据区域的任意一个单元格，选择“数据”选项卡→“排序和筛选”选项组，单击“筛选”按钮后，单击“英语”右侧的下三角按钮，在打开的下拉列表中选择“数字筛选”→“自定义筛选”或“介于”选项，弹出“自定义自动筛选方式”对话框，如图 5-23 所示，分别选择“大于或等于”、60、“与”、“小于”、90，单击“确定”按钮即可。

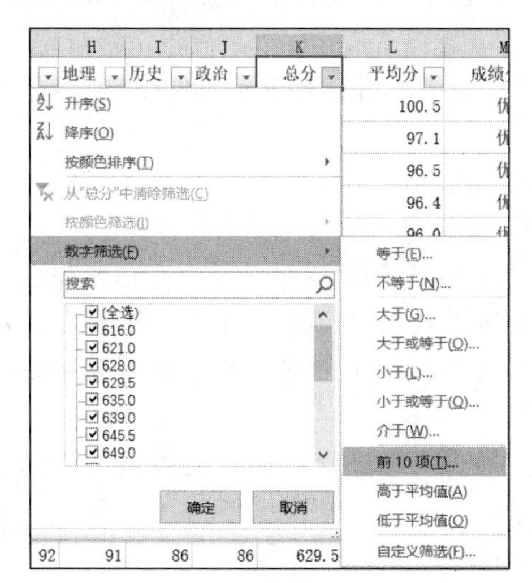

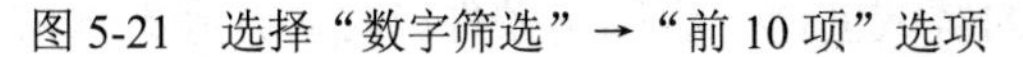

图 5-21　选择“数字筛选”→“前 10 项”选项

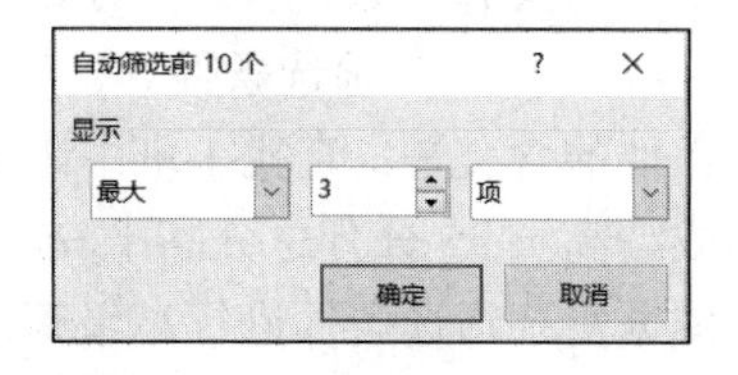

图 5-22　“自动筛选前 10 个”对话框

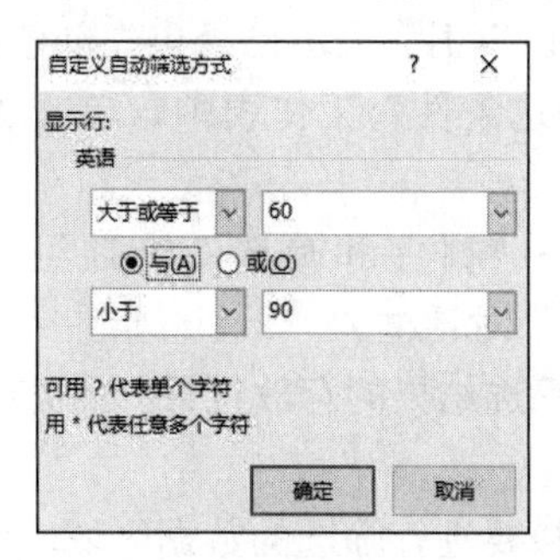

图 5-23　“自定义自动筛选方式”对话框

另外，还可以将背景颜色、字体颜色、字体、字号等作为筛选条件，只要选择“按颜色筛选”→“按字体颜色筛选”或“按单元格颜色筛选”选项即可。

3. 高级筛选

高级筛选与自动筛选的最主要的区别在于可以实现“关系或”条件的筛选。一般情况下，自动筛选可以实现同时满足多个条件，即“关系与”的筛选。例如，在一张学生成绩表中，筛选班级为1班，英语成绩高于100分并且总分也高于610分的记录，高级筛选和自动筛选均能实现；但如果要筛选出班级为1班、英语成绩高于100分或者总分高于610分的记录，则需要通过高级筛选单独构建筛选条件来实现。

通过构建复杂条件可以实现高级筛选。所构建的复杂条件需要放置在单独的区域中，可以为该条件区域命名以便引用。在高级筛选的复杂条件中，可以像在公式中那样使用下列运算符比较两个值：=（等号）、>（大于号）、<（小于号）、>=（大于等于号）、<=（小于等于号）、<>（不等号）。

（1）创建复杂筛选条件

构建复杂筛选条件的原则：条件区域中必须有列标题，且与包含在数据列表中的列标题一致；表示“与（and）”的多个条件应位于同一行中，意味着只有这些条件同时满足的数据才会被筛选出来；表示“或（or）”的多个条件应位于不同的行中，意味着只要满足其中的一个条件就会被筛选出来。

1）在要进行筛选的数据区域外，或者在新的工作表中单击放置筛选条件的条件区域左上角的单元格。

2）输入作为条件的列标题。

3）在相应列标题下输入筛选条件。

	A	B	C	D
1	班级	语文	数学	总分
2	1班	>90		>640
3	2班		>95	>650
4				

图 5-24　复杂筛选条件

例如，打开案例文件“学生成绩单”，插入一个空白工作表，重命名为“筛选条件”。在新插入的“筛选条件”工作表中，从A1单元格开始在A1:D3单元格区域中创建如图5-24所示的复杂筛选条件。

以上条件的含义是：查找1班中语文成绩高于90分且总分高于640分的学生，以及2班中数学成绩高于95分且总分高于650分的学生。

（2）依据复杂筛选条件进行高级筛选

1）打开要进行筛选的工作簿，首先在单独的区域创建一组筛选条件。此处打开案例文件“学生成绩单”，在“筛选条件”工作表中已经事先创建好了上面的筛选条件。

2）筛选结果计划放在“筛选条件”工作表中，单击“筛选条件”工作表中的A6单元格。

3）选择“数据”选项卡→“排序和筛选”选项组，单击“高级”按钮，弹出如图5-25（a）所示的“高级筛选”对话框。

4）在“方式”区域下设置筛选结果的存放位置，此处选中“将筛选结果复制到其他位置”单选按钮。

5）在“列表区域”框中选择要进行筛选的数据区域，单击“第一学期期末成绩”工作表，选中A1:M19单元格区域。

6）在“条件区域”框中选择筛选条件所在的区域，此处在“筛选条件”工作表中选中A1:D3单元格区域。

7）指定筛选结果存放位置，在“复制到”框中，单击“筛选条件”工作表 A6 单元格，筛选结果将从该单元格开始向右向下填充。

上述设置如图 5-25（b）所示。

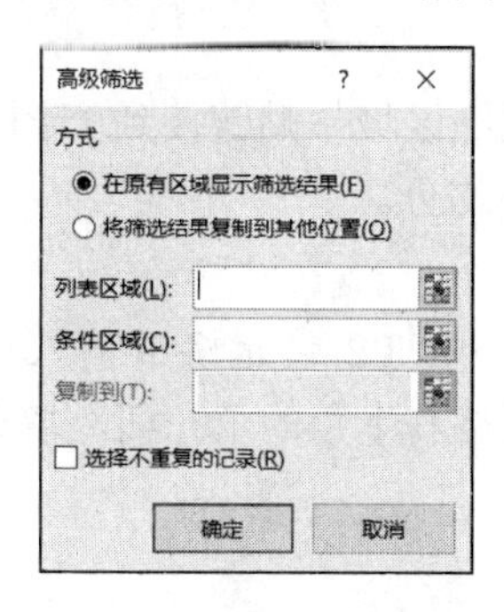

（a）“高级筛选”对话框

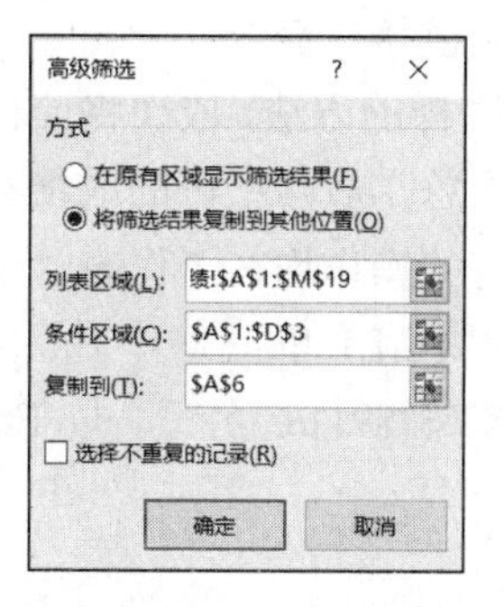

（b）“高级筛选”对话框的参数设置

图 5-25　“高级筛选”对话框及其设置

8）单击“确定”按钮，符合筛选条件的数据行将显示在数据列表的指定位置，筛选结果如图 5-26 所示。

	A	B	C	D	E	F	G	H	I	J	K	L	M
1	班级	语文	数学	总分									
2	1班	>90		>640									
3	2班		>95	>650									
4													
5													
6	学号	姓名	班级	语文	数学	英语	生物	地理	历史	政治	总分	平均分	成绩分类
7	120101	曾令煊	1班	97.5	106	108	98	99	99	96	703.5	100.5	优
8	120102	谢如康	1班	110	95	98	99	93	93	92	680.0	97.1	优
9	120104	杜学江	1班	102	116	113	78	88	86	73	656.0	93.7	良
10	120103	齐飞扬	1班	95	85	99	98	92	92	88	649.0	92.7	良
11	120205	王清华	2班	103.5	105	105	93	93	90	86	675.5	96.5	优
12	120201	刘鹏举	2班	93.5	107	96	100	93	92	93	674.5	96.4	优
13	120206	李北大	2班	100.5	103	104	88	89	78	90	652.5	93.2	良

图 5-26　高级筛选结果

4. 取消筛选

要取消筛选，恢复筛选前的数据，如果是用自动筛选得出的结果，则选择“排序和筛选”选项组，单击“清除”按钮后，显示所有筛选之前的数据，但保留所有列标志中的“自动筛选”按钮，此时再次单击“筛选”按钮即可恢复数据原样；如果是用高级筛选筛选得出的结果，则无法恢复。

实施步骤

为了便于对全年级成绩进行统计分析，需要将各班成绩汇总在一起。将多个结构相同的工作表合并为一个，可以直接复制，也可以利用合并计算的功能进行汇总。这里采用直接复制引用的方式，并保留与源数据的链接关系。

第 1 步：

1）单击工作表标签“计科 3 班”右边的“新工作表”按钮，插入一张空白工作表，并命名为“计科全年级”。

2）选中工作表“计科 1 班”中除平均分之外的 A1:K31 单元格区域，按 Ctrl+C 组合键进行复制。

3）在工作表“计科全年级”的 A1 单元格中右击，在弹出的快捷菜单中选择“粘贴选项”→“粘贴链接”命令。

4）采用同样的方法，依次将计科 2 班和计科 3 班的成绩区域粘贴链接到“计科全年级”工作表中。注意，后两个班的成绩不需要粘贴标题行和平均分。

后续所有的操作均在工作表“计科全年级”中进行。

第 2 步：在 L1 单元格中输入列标题“年级排名”，在 L2 单元格中输入“="第"&RANK(J2,$J$2:$J$91)&"名"”，按 Enter 键，双击 L2 单元格右下角的填充柄，填充到 L 列的最后一行。

第 3 步：

1）在列标 C 上右击，在弹出的快捷菜单中选择“插入”命令，插入一列，在 C1 单元格中输入列标题“班级”。

2）在 C2 单元格中输入公式“=LOOKUP(MID(A2,8,2),{"01","02","03"},{"1 班","2 班","3 班"})”。其中，MID 函数用于从学号中截取第 8、9 位数字，LOOKUP 函数用于在{"01","02","03"}里查找 MID 函数截取的数字，找到后返回{"1 班","2 班","3 班"}中相应位置的元素，即把学号中的第 8、9 位数字转换为相应的班级。双击 C2 单元格右下角的填充柄，填充上所有人的班级。

第 4 步：

1）选中数据区域的任意单元格，选择“数据”选项卡→“排序和筛选”选项组，单击“排序”按钮，弹出“排序”对话框。

2）在“主要关键字”行中指定排序列为“总分”“降序”。

3）单击“添加条件”按钮，在第一“次要关键字”行中指定排序列为“高数”“降序”。

4）再次单击“添加条件”按钮，在第二“次要关键字”行中指定排序列为“C 语言”“降序”。设置结果如图 5-27 所示。

5）单击“确定”按钮，关闭对话框，同时成绩表将按指定的条件进行重新排序。

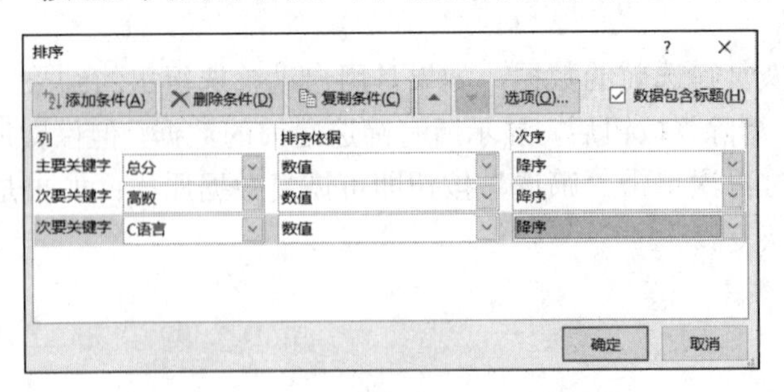

图 5-27 “排序”对话框的参数设置

第 5 步：

1）按照题目要求创建筛选条件，插入一个新的工作表“辅助数据”，在 D1:H2 单元格区域中输入构建的条件（表 5-1）。

表 5-1　构建的条件

高数	英语	计算机维护与维修	C 语言平均值	总分平均值
>=105	>=105	>=90	=计科全年级!F2>AVERAGE(计科全年级!$F$2:$F$91)	=计科全年级!K2>AVERAGE(计科全年级!$K$2:$K$91)

2）插入一个新的空白工作表，将其重命名为“重点培养对象”，用于放置筛选结果。在该表的 A1:D1 单元格区域中分别输入筛选结果包含的列标题：“班级”“姓名”“总分”“年级排名”。

3）选中“重点培养对象”工作表的两行以下任何空白单元格，这里选中 A4 单元格，用以激活显示筛选结果的工作表。

4）选择“数据”选项卡→“排序和筛选”选项组，单击“高级”按钮，弹出“高级筛选”对话框，在该对话框设置筛选条件。在“方式”区域下设置筛选结果的存放位置，这里选中“将筛选结果复制到其他位置”单选按钮。在“列表区域”框中选择要进行筛选的数据区域，这里选中“计科全年级”工作表中的 A1:M91 单元格区域；在“条件区域”框中选择筛选条件所在的区域，这里选中“辅助数据”工作表中的 D1:H2 单元格区域；在“复制到”框中选择“重点培养对象”工作表中的 A1:D1 单元格区域，筛选结果将从该区域开始向下填充，如图 5-28（a）所示。设置完毕后单击“确定”按钮，符合筛选条件的数据行将显示在数据列表的指定位置，筛选结果如图 5-28（b）所示。

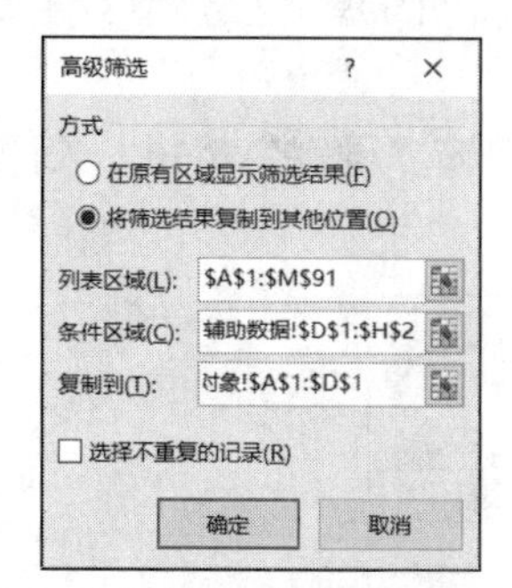

（a）“高级筛选”对话框的参数设置

	A	B	C	D
1	班级	姓名	总分	年级排名
2	3班	王瑞瑞	719.00	第1名
3	1班	王海燕	717.00	第2名
4	3班	孙春丽	714.00	第3名
5	1班	赵莉	713.00	第4名
6	2班	杨明达	703.50	第7名

（b）高级筛选结果

图 5-28　“高级筛选”对话框的参数及筛选结果

第 6 步：单击“计科全年级”数据区域任一单元格，按 Ctrl+A 组合键，选中全部数据，设置字号为 10 磅。单击行号“1”，选中第 1 行的列标题，选择“开始”选项卡→“对齐方式”选项组，单击“居中”按钮，使列标题居中对齐；选择“开始”选项卡→“字体”选项组，单击“加粗”按钮，使文字加粗，其余数据区域居中对齐。选中所有的成绩，选择“开始”选项卡→“数字”选项组，单击右下角的对话框启动器，弹出“设置单元格格式”对话框。选择“数字”选项卡，在“分类”列表框中选择“数值”选项，单击“确定”按钮，使得所有数字保留两位小数。

第 7 步：

1）选择“文件”→“选项”命令，弹出“Excel 选项”对话框。

2）选择“高级”选项卡，在“常规”区域中单击“编辑自定义列表”按钮，如

图 5-29 所示，弹出“自定义序列”对话框。

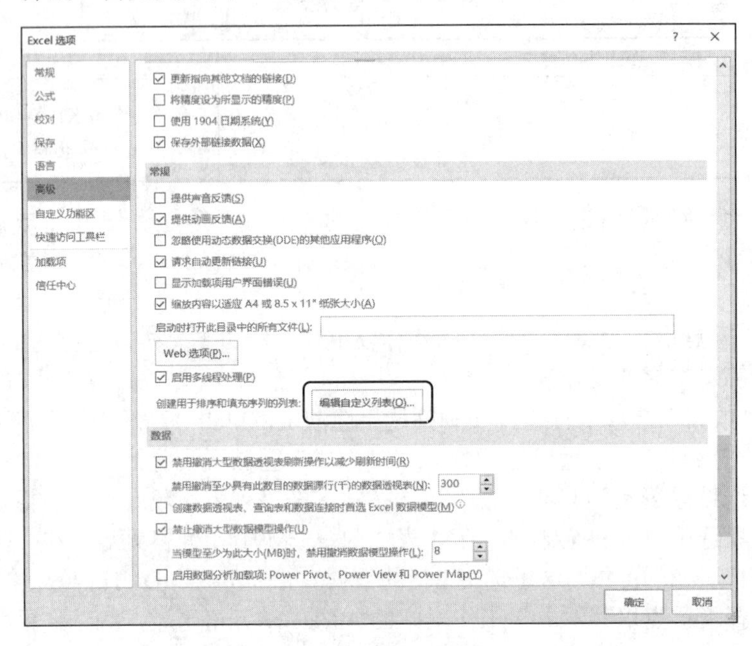

图 5-29　单击“编辑自定义列表”按钮

3）在右侧的“输入序列”文本框中依次输入班级名称“1 班”“2 班”“3 班”，每个条目输入完成后按 Enter 键。

4）全部条目输入完毕后，单击“添加”按钮，最后单击“确定”按钮，关闭对话框，如图 5-30 所示。

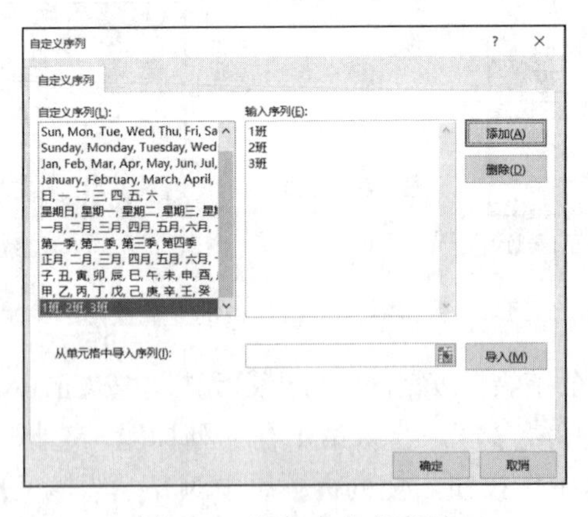

图 5-30　添加自定义序列

第 8 步：

1）单击工作表“计科全年级”左上角的“全选”按钮，按 Ctrl+C 组合键，进行整表复制。

2）插入一个空白工作表，重命名为“分类汇总”，在该表的 A1 单元格中右击，在弹出的快捷菜单中选择“选择性粘贴”→“值和源格式”命令。

3）按班级进行排序。选择“数据”选项卡→“排序和筛选”选项组，单击“排序”按钮，弹出“排序”对话框，指定主要关键字为“班级”；打开“次序”下拉列表，选择“自定义序列”选项，在弹出的“自定义序列”对话框中选择已经定义好的班级序列，即 1 班、2 班、3 班，依次单击“确定”按钮。

4）按班级汇总各科平均分。选择“数据”选项卡→“分级显示”选项组，单击“分类汇总”按钮，弹出“分类汇总”对话框，设置“分类字段”为“班级”，“汇总方式”为“平均值”，选择各科目，同时取消选中其他汇总项，如图 5-31 所示，单击“确定”按钮，数据列表按班级汇总各科平均分。

5）多重分类汇总。再次弹出“分类汇总”对话框，保持分类字段和汇总项不变，将“汇总方式”设置为“最大值”，同时必须取消选中“替换当前分类汇总”复选框，单击“确定”按钮。

6）重复步骤 5)，继续增加对“最小值”的汇总，结果如图 5-32 所示。

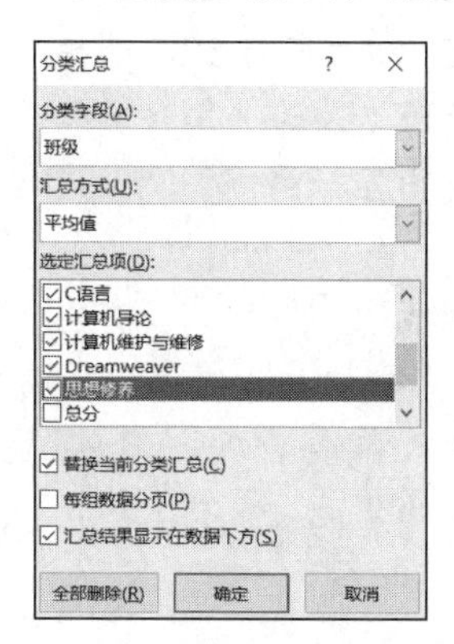

图 5-31　按班级汇总各科平均分

	A	B	C	D	E	F	G	H	I	J
1	学号	姓名	班级	高数	英语	C语言	计算机导论	计算机维护与维修	Dreamweaver	思想修养
32			1班 最小值	50.00	54.00	54.00	54.00	57.00	56.00	60.00
33			1班 最大值	118.00	120.00	112.00	99.00	97.00	96.00	98.00
34			1班 平均值	94.23	91.63	93.00	82.33	81.20	79.17	81.00
65			2班 最小值	58.00	55.00	60.00	57.00	55.00	54.00	60.00
66			2班 最大值	116.00	118.00	117.00	99.00	100.00	100.00	98.00
67			2班 平均值	90.77	98.73	92.68	80.05	86.00	85.27	83.57
98			3班 最小值	58.00	59.00	58.00	55.00	56.00	60.00	60.00
99			3班 最大值	112.00	120.00	119.00	98.00	97.00	99.00	99.00
100			3班 平均值	89.58	96.05	92.67	83.63	79.37	81.80	83.27
101			年级最低分	50.00	54.00	54.00	54.00	55.00	54.00	60.00
102			年级最高分	118.00	120.00	119.00	99.00	100.00	100.00	99.00
103			年级平均分	91.53	95.47	92.78	82.01	82.19	82.08	82.61

图 5-32　多重分类汇总结果

任务 5.5　在 Excel 中创建图表

图表以图形形式来显示数值型数据系列，使人更容易理解大量数据及不同数据系列之间的关系。Excel 提供了多种类型的图表以供选择。图表是分析数据的常用手段，在 Excel 中，除了将数据以各种图表的形式显示外，还可以插入或绘制各种图片、图形，使工作表集数据、文字、图形于一体。

学习目标

【技能目标】

- 掌握用柱形图比较数据的方法。
- 掌握设置次坐标轴最大值的方法。
- 掌握添加数据系列的方法。
- 掌握将图表中某一系列更换图表类型的方法。
- 掌握将图表移动到独立的表中的方法。

【知识目标】

学会以下知识点：

- 创建图表。
- 修饰与编辑图表。

任务要求

- 使工作表“分类汇总”的数据列表只显示各班平均分和年级的平均分、最大值及最小值数据，将 C101、C102、C103 单元格中的行标题内容依次更改为“年级最低分”“年级最高分”“年级平均分”，这样的描述更加容易阅读和理解。
- 用簇状柱形图比较各班同一科目的平均分。
- 将图表大小调整为高 13cm、宽 21cm，设置“图表布局”为“布局 5”，选择“图表样式”为“样式 26”。删除垂直坐标轴标题，将图表标题更改为“各科班级平均分比较图”，并适当调整其字体、字号。将年级平均分突出显示。
- 设置次坐标轴最大值为 120。
- 将各科最高分作为新系列添加到图表中。
- 将最高分系列用“带数据标记的折线图”表示，并设置“数据标记”为“内置”里的“菱形”，大小为 12，在下方显示“数据标签”。
- 将图表移动到独立的表中，表的名称为“图表”。

知识准备

1. 创建图表

（1）图表的四大构成

图表主要由可视化对象（数据点）、辅助信息、背景内容、重点标示等四大部分组成。可视化对象是图表的主体，辅助信息用来帮助可视化对象更精准地呈现，背景内容用于提高整张图表的能见度，重点标示明确指出关键信息。

1）可视化对象：条形图中的矩形、折线图中的线条、点图中的数据标记等。

2）辅助信息：主要刻度、次要刻度、网格线、图例、坐标轴线等。

3）背景内容：能让图表与媒介之间产生对比效果的背景色、图表外框。

4）重点标示：标题、副标题、标注文字框、重点标示图形等。

（2）图表与表格的关系

一般人对于图表与表格之间的关系的认识是模糊的，他们不清楚相同的数据何时要以图表或者表格方式呈现。也就是说，用户几乎全凭感觉进行选择。实际上，区分两者应用时机的最佳比喻就是：希望“看树”还是“见林”。当演示者必须让观众知道每个精确数值时，应采用表格；当希望显现出整个数据的趋势、轮廓、走向、全貌时，应采用图表。

（3）创建图表

Excel 中图表的存放形式有两种，一种是嵌入式图表，它和创建图表的数据源放在同一个工作表中；另一种是独立图表，它是一张独立的图表工作表。

创建图表的操作步骤如下：

1）在工作表中输入并排列要绘制在图表中的数据。

提示：对于创建图表所依据的数据，应按照行或列的形式组织，并在数据左侧和上方分别设置行标题和列标题。行标题和列标题最好是文本，这样 Excel 会自动根据所选数据区域确定在图表中绘制数据的最佳方式。某些图表类型（如饼图和气泡图）则需要特定的数据排列方式。

2）选中用于创建图表的数据所在的单元格区域，可以选中不相邻的多个单元格区域。如果只选一个单元格，则 Excel 会自动将紧邻该单元格且包含数据的所有单元格绘制到图表中。

3）选择“插入”选项卡→“图表”选项组，单击某一图表类型，然后在打开的下拉列表中选择要使用的图表子类型。如果单击右下角的对话框启动器，则弹出“插入图表”对话框，选择“所有图标类型”，如图 5-33 所示，从中选择合适的图表类型后单击“确定”按钮，相应图表即可插入当前工作表中。

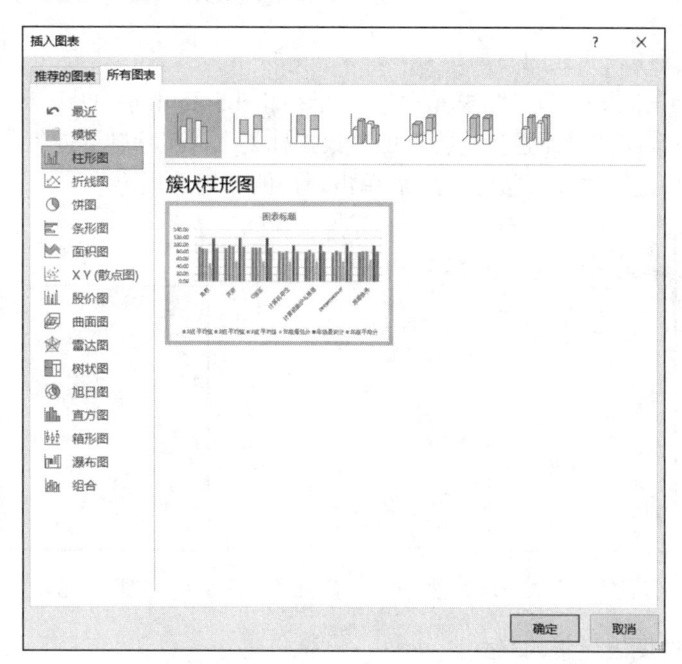

图 5-33　“插入图表”对话框

4）移动图表位置。图表是以对象方式嵌入工作表中的，将光标指向空白的图表区，当光标变为十字箭头时，按住鼠标左键不放并拖动，即可移动图表的位置。

5）改变图表大小。将光标指向图表外边框上四边或四角的尺寸控点上，当光标变为双向箭头时，拖动鼠标即可改变图表大小。

2. 修饰与编辑图表

创建好基本图表后，可以根据需要进一步对图表进行修改，使其更加美观，显示的信息更加丰富。

（1）更改图表的布局和样式

创建好图表后，可以为图表应用预定义布局和样式，以快速更改它的外观。Excel 提供了多种预定义布局和样式，必要时还可以根据需要手动更改各个图表元素的布局和格式。

1）应用预定义图表布局。

① 单击要使用预定义图表布局的图表中的任意位置。

② 选择“图表工具-设计”选项卡→“图表布局”选项组，单击“快速布局”下拉按钮，在打开的下拉列表中选择预定义布局类型，如图 5-34 所示。

2）应用预定义图表样式。

① 单击要使用预定义图表样式的图表中的任意位置。

② 选择“图表工具-设计”选项卡→“图表样式”选项组，单击右下角的“其他”按钮，可查看更多的预定义图表样式，单击要使用的图表样式。

选择样式时要考虑打印输出的效果。如果打印机不是彩色打印，那么需要慎重选择颜色搭配。

（2）手动更改图表元素的布局

1）单击图表左侧上方的“图表元素”按钮，如图 5-35 所示。

2）选择需更改的图表元素复选框，如“数据标签”、“坐标轴”或“图例”等，点击所选图表元素相对应的图表元素按钮，然后单击所需的布局选项。

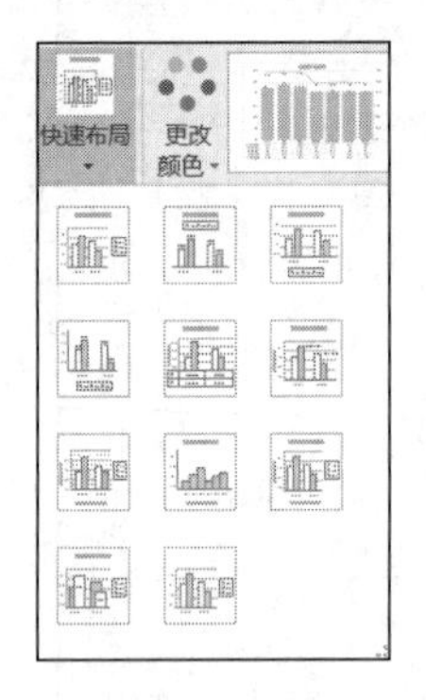

图 5-34 预定义图表布局类型

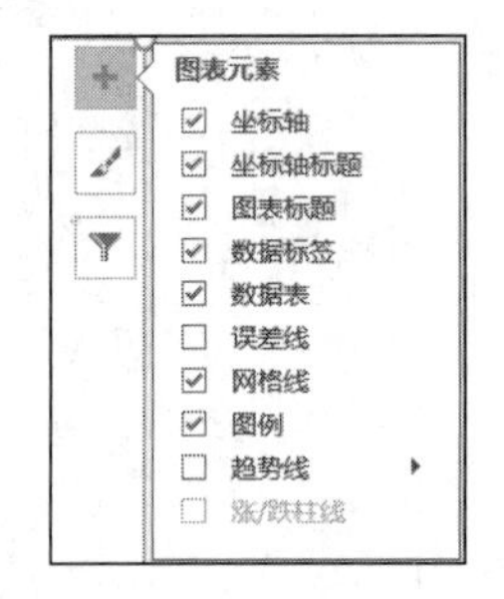

图 5-35 “图表元素”列表

（3）手动更改图表元素的格式

1）单击要更改其样式的图表元素。

2）在“图表工具-格式”选项卡（图 5-36）上根据需要进行下列格式设置。

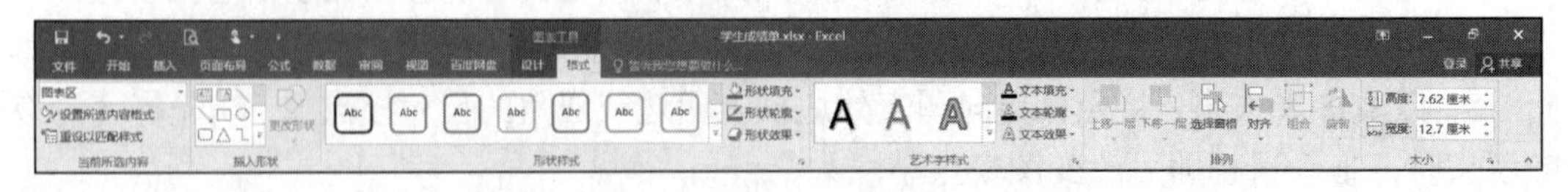

图 5-36 “图表工具-格式”选项卡

① 设置形状样式：在“形状样式”选项组中选择需要的样式，或者单击“形状填充”、“形状轮廓”或“形状效果”下拉按钮，按照需要设置相应的格式。

② 设置艺术字效果：如果选中的是文本或数值，可在“艺术字样式”选项组中选择相

应的艺术字样式，还可以单击“文本填充”、“文本轮廓”或“文本效果”下拉按钮，按照需要设置相应效果。

③ 设置元素全部格式：在“当前所选内容”选项组中单击“设置所选内容格式”按钮，将会弹出与当前所选元素相适应的设置格式对话框，类似图 5-37 所示，从中设置相应的格式后，单击“关闭”按钮。

图 5-37 “设置数据系列格式”对话框

（4）更改图表类型

已创建的图表可以根据需要改变图表类型，但要注意，改变后的图表类型要支持基于的数据列表，否则 Excel 可能会报错。

1）单击要更改其类型的图表或者图表中的某一数据系列。

2）选择“图表工具-设计”选项卡→“类型”选项组，单击“更改图表类型”按钮，弹出“更改图表类型”对话框。

3）选择新的图表类型后，单击“确定”按钮。

（5）添加标题

为了使图表更易于理解，可以给图表添加图表标题和坐标轴标题，还可以将图表标题和坐标轴标题链接到数据表所在单元格中的相应文本。当对工作表中的文本进行更改时，图表中链接的标题将自动更新。

1）添加图表标题。

① 单击要为其添加标题的图表中的任意位置。

② 单击图表右上角的“图表元素”按钮，选中“图表标题”复选框，单击“图表标题”右箭头按钮。

③ 在打开的列表中选择“居中覆盖标题”或“图表上方”选项。如果已选择了包含图表标题的预定义布局，那么“图表标题”文本框已显示在图表上方居中的位置。

④ 在“图表标题”文本框中输入标题文字。

⑤ 设置标题格式。在图表标题上双击，弹出“设置图表标题格式”对话框，按照需要设置格式。选择“开始”选项卡→“字体”选项组，可以设置标题文本的字体、字号、颜色等。

2）添加坐标轴标题。

① 单击要为其添加坐标轴标题的图表中的任意位置。

② 单击图表右上角的“图表元素”按钮，选中“坐标轴标题”复选框，单击“坐标轴标题”右箭头按钮。

③ 在打开的列表中按照需要设置是否显示横纵坐标轴标题，以及标题的显示方式。

④ 在“坐标轴标题”文本框中输入表明坐标轴含义的文本。

⑤ 按照需要设置标题文本格式，方法与设置图表标题相同。

注意： 如果转换到不支持坐标轴标题的其他图表类型（如饼图），则不再显示坐标轴标题。在转换回支持坐标轴标题的图表类型时将重新显示坐标轴标题。

3）将标题链接到工作表单元格。

① 单击图表中要链接到工作表单元格的图表标题或坐标轴标题。

② 在工作表上的编辑栏中单击，输入等号“=”。

③ 选择工作表中包含有链接文本的单元格，按 Enter 键确认。

④ 此时，更改数据表中的标题，图表中的标题将会同步变化。

（6）添加数据标签

想要快速标识图表中的数据系列，可以向图表的数据点添加数据标签。默认情况下，数据标签链接到工作表中的数据值，在工作表中对这些数据值进行更改时图表中的数据标签会自动更新。

1）在图表中选择要添加数据标签的数据系列，如果单击图表区的空白位置，可向所有数据系列的所有数据点添加数据标签。

注意：选择的图表元素不同，数据标签添加的范围就会不同。例如，如果选中了整个图表，数据标签将应用到所有数据系列；如果选中了单个数据点，则数据标签将只应用于选中的数据系列或数据点。

2）单击图表右上角的“图表元素”按钮，选中“数据标签”复选框，单击“数据标签”右箭头按钮。在如图 5-38 所示的列表中选择相应的显示选项（其中可用的数据标签选项因选用的图表类型不同而不同）。

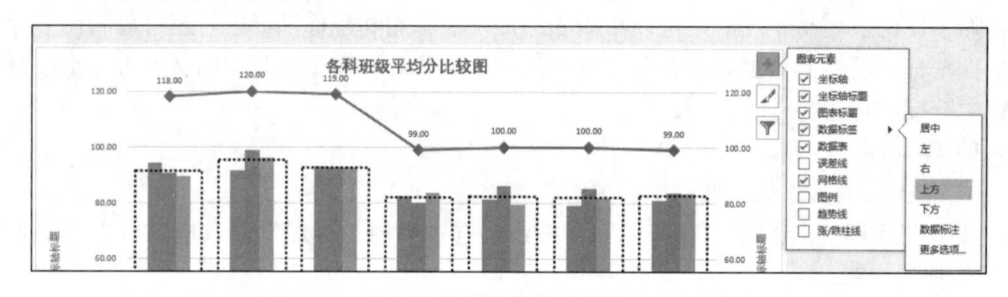

图 5-38 设置数据标签的显示位置在“上方”

（7）设置图例和坐标轴

1）设置图例。创建图表时会自动显示图例，在图表创建完成后可以隐藏图例或更改图例的位置和格式。

① 单击要进行图例设置的图表。

② 单击图表右上角的“图表元素”按钮，选中“图例”复选框，单击“图例”右箭头按钮，打开列表。

③ 选择“无”选项可隐藏图例，选择其他选项则可改变图例的显示位置。

④ 选择“更多选项”选项，弹出“设置图例格式”对话框，如图 5-39 所示，按照需要对格式进行设置后，单击“关闭”按钮。

⑤ 选中图表中的图例，通过“开始”选项卡→“字体”选项组可改变图例文字的字体、字号、颜色等。

⑥ 如果要修改图例项的文本内容，可返回数据表中进行修改，图表中的图例将会自动更新。

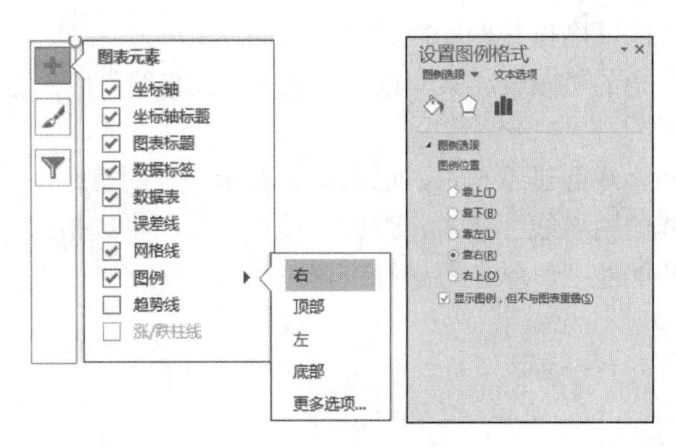

图 5-39　设置图例位置及格式

2）设置坐标轴。在创建图表时，一般会为大多数图表类型显示主要的横、纵坐标轴，当创建三维图表时，则会显示竖坐标轴。可以根据需要对坐标轴的格式进行设置，如调整坐标轴刻度间隔、更改坐标轴上的标签等。

① 单击要设置坐标轴的图表。

② 单击图表右上角的“图表元素”按钮，选中“坐标轴”复选框，单击“坐标轴”右箭头，打开列表。

③ 根据需要分别设置横、纵坐标轴的显示与否，以及坐标轴的显示方式。

④ 若要指定详细的坐标轴显示和刻度选项，可从“主要横坐标轴”、“主要纵坐标轴”或“竖坐标轴”（当所选图表为三维图表时显示该项）子菜单中选择“其他主要横坐标轴选项”、“其他主要纵坐标轴选项”或“其他竖坐标轴选项”，弹出“设置坐标轴格式”对话框，如图 5-40 所示。

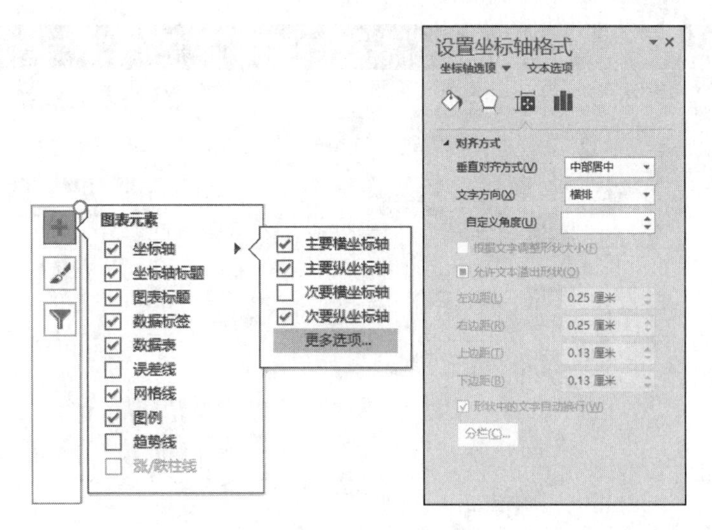

图 5-40　设置坐标轴格式

⑤ 在该对话框中可以对坐标轴上的刻度类型及间隔、标签位置及间隔、坐标轴的颜色及粗细等格式进行详细的设置。

3）显示或隐藏网格线。为了使图表更易于理解，可以在图表的绘图区显示或隐藏从横坐标轴和纵坐标轴延伸出的水平和垂直图表网格线。

① 单击要显示或隐藏网格线的图表。

② 单击图表右上角的“图表元素”按钮，选中“网格线”复选框，单击“网格线”右箭头按钮，打开列表。

③ 设置横、纵网格线的显示与否，以及是否显示次要网格线。

④ 在要设置格式的网格线上双击，弹出“设置主要网格线格式”对话框。

⑤ 对指定网格线的线型、颜色等进行设置。

实施步骤

第 1 步：

1）在左侧的分级显示区域中单击分组符号中的第 2 级，即可使数据列表中只显示各班平均分和年级的平均分、最大值及最小值数据。

2）直接将 C101、C102、C103 单元格中的行标题内容依次更改为“年级最低分”“年级最高分”“年级平均分”。

第 2 步：这里需要比较的是同一科目各班平均分的高低，如对各班的高数平均分进行比较，不同科目的平均分没有比较意义。因此，图表的水平坐标轴应为科目而不是班级。

1）选中列标题区域 C1:J1 作为图表的水平轴标签。

2）按住 Ctrl 键不放，依次选中各班平均分所在区域和年级平均分所在区域。

因为数据列表中有隐藏的行，所以需要选择不连续的数据区域作为图表的数据源。否则，当分类汇总的显示级别发生变化时，图表就会没有意义。

3）选择“插入”选项卡→“图表”选项组，单击“插入柱形图或条形图”下拉按钮，在打开的下拉列表中选择“二维柱形图”下的“簇状柱形图”选项，如图 5-41 所示。

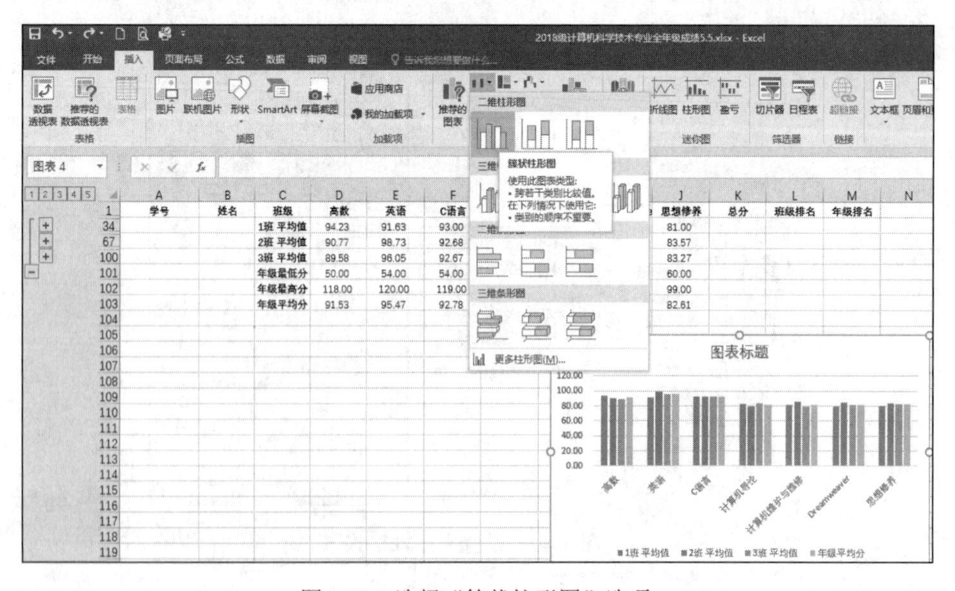

图 5-41 选择“簇状柱形图”选项

第 3 步：

1）选择“图表工具-格式”选项卡→“大小”选项组，将图表区大小调整为高 13cm、宽 21cm。

2）选择“图表工具-设计”选项卡→“图表布局”选项组，单击“快速布局”下拉按钮，在打开的下拉列表中选择“布局 5”选项。

3）删除垂直轴标题文本框“坐标轴标题”；将图表标题更改为“各科班级平均分比较图”，并适当调整其字体、字号。

4）在绘图区中的“年级平均分”系列上右击，在弹出的快捷菜单中选择“设置数据系列格式”命令，如图 5-42 所示，弹出“设置数据系列格式”对话框。

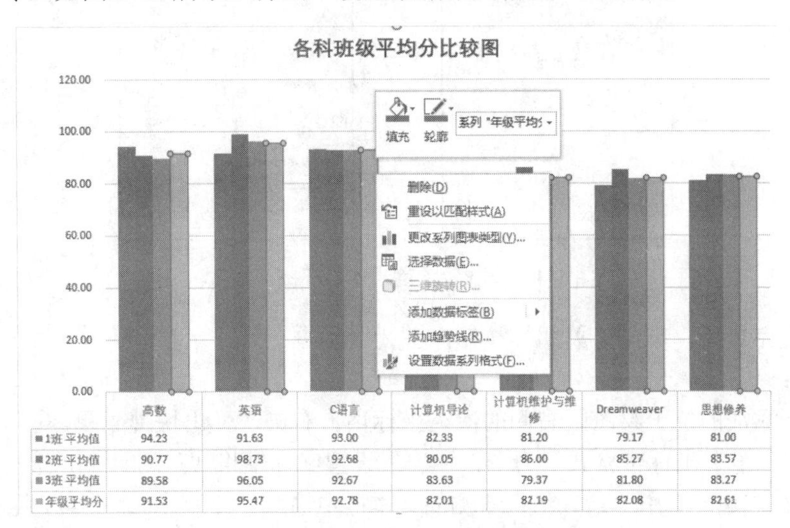

	高数	英语	C语言	计算机导论	计算机维护与维修	Dreamweaver	思想修养
1班 平均值	94.23	91.63	93.00	82.33	81.20	79.17	81.00
2班 平均值	90.77	98.73	92.68	80.05	86.00	85.27	83.57
3班 平均值	89.58	96.05	92.67	83.63	79.37	81.80	83.27
年级平均分	91.53	95.47	92.78	82.01	82.19	82.08	82.61

图 5-42　选择“设置数据系列格式”命令

5）选择“系列选项”选项卡，在“分类间距”区域中将水平分类轴上的各科目间距加大到 285%，如图 5-43（a）所示。

6）在“系列绘制在”区域中选中“次坐标轴”单选按钮，同时将“分类间距”调整为 25%，这样就将“年级平均分”系列指定到次坐标轴显示并缩小其间距，如图 5-43（b）所示。

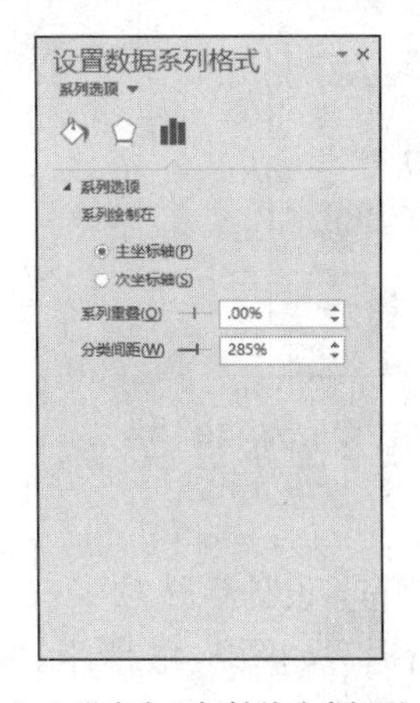

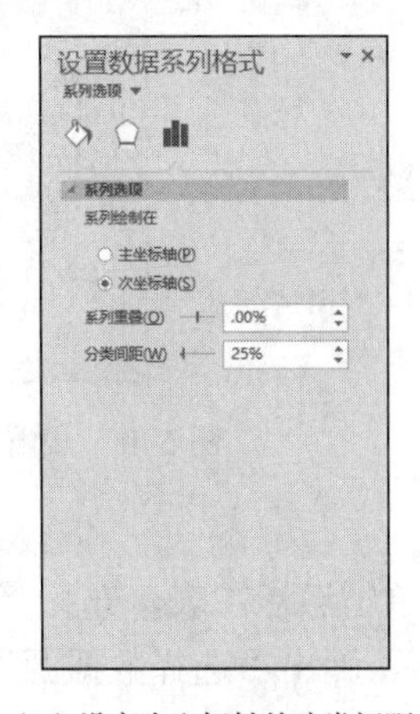

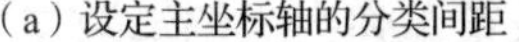

（a）设定主坐标轴的分类间距　　（b）设定次坐标轴的分类间距

图 5-43　设定主、次坐标轴的分类间距

7）继续在同一对话框中设置“年级平均分”系列的填充颜色为“无填充”，边框颜色为黑色“实线”，宽度“2 磅”、短划线类型“圆点”、联接类型“斜接”，如图 5-44 所示。

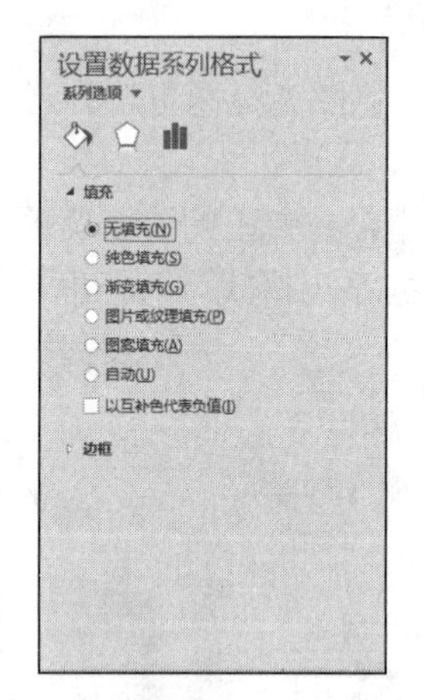

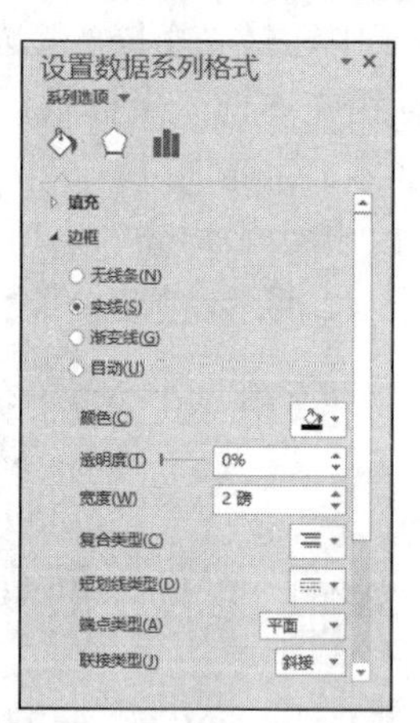

图 5-44 设置“年级平均分”系列格式

8）设置完毕后，单击“关闭”按钮，关闭对话框。

第 4 步：

1）在新添加的位于绘图区右侧的次纵坐标轴上右击，弹出快捷菜单。

2）选择“设置坐标轴格式”命令，弹出“设置坐标轴格式”对话框，选择“坐标轴选项”选项，在“边界”中“最大值”右侧的文本框中输入“120”，如图 5-45 所示。

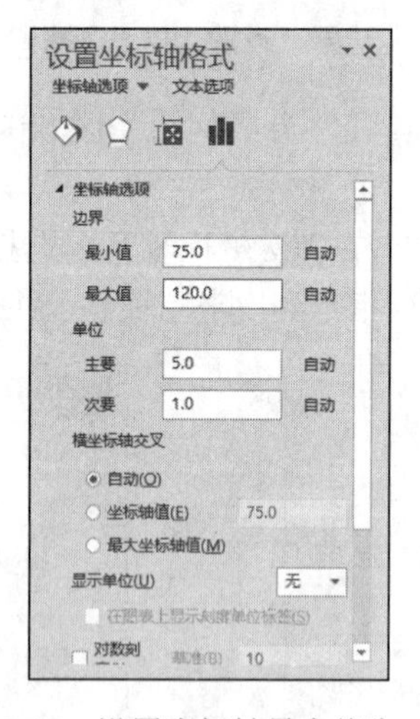

图 5-45 设置坐标轴最大值为 120

第 5 步：

1）在图表区中单击激活图表，选择“图表工具-设计”选项卡→“数据”选项组，单击“选择数据”按钮，弹出“选择数据源”对话框，如图 5-46 所示。

2）单击“图例项（系列）”下的“添加”按钮，弹出“编辑数据系列”对话框。

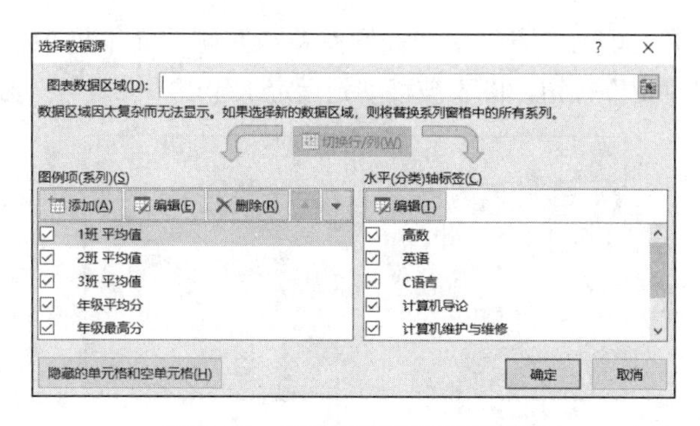

图 5-46 “选择数据源”对话框

3）在“系列名称”中选择行标题 C102，在“系列值”中选择年级最高分区域 D102:J102。

4）单击“确定”按钮，返回“选择数据源”对话框。

5）在右侧的“水平（分类）轴标签”下单击“编辑”按钮，弹出“轴标签”对话框。在“轴标签区域”中选择列标题区域 D1:J1。

6）连续单击“确定”按钮，图表中就会增加新的最高分系列。

第 6 步：

1）在绘图区中选中新增的“年级最高分”系列，选择“图表工具-设计”选项卡→“类型”选项组，单击“更改图表类型”按钮，弹出“更改图表类型”对话框。

2）在“为您的数据系列选择图表类型和轴”栏目中“年级最高分”右侧选择“带数据标记的折线图”，单击“确定”按钮。

3）选中新添加的折线图，选择“图表工具-格式”选项卡→“当前所选内容”选项组，单击“设置所选内容格式”按钮，弹出“设置数据系列格式”对话框，选择“填充与线条”→“标记”→“数据标记选项”选项卡，选择“内置”里的“菱形”选项，大小为 12。

4）保证新添加的折线图仍处于选中状态，单击图表左侧上方的“图表元素”按钮，选中“数据标签”复选框，打开右侧箭头列表，选择“下方”选项，如图 5-47 所示。

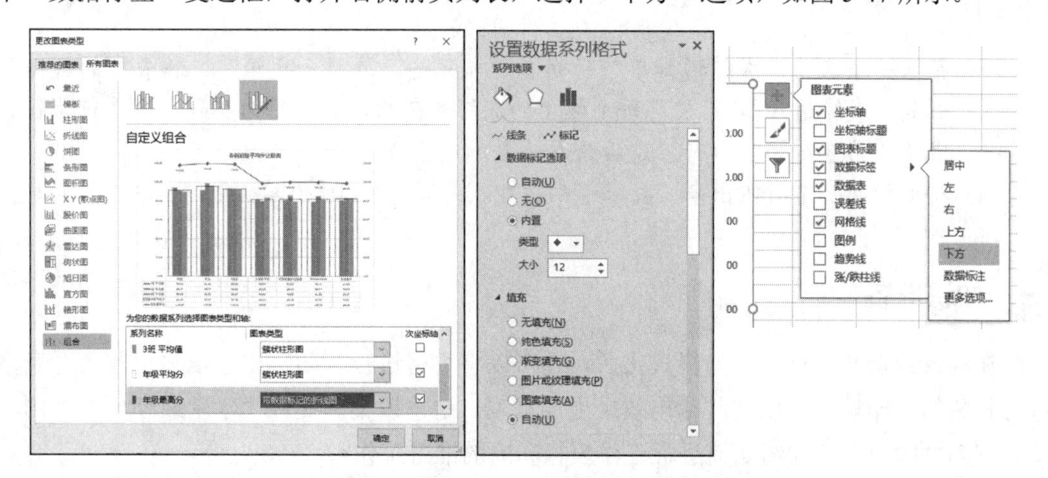

图 5-47 更改“最高分”系列的图表类型并设置其格式

第 7 步：选中整个图表，右击，在弹出的快捷菜单中选择“移动图表”选项，弹出“移动图表”对话框，选中“新工作表”单选按钮，并在右侧的文本框中输入名称“图表”，如图 5-48 所示，单击“确定”按钮，图表被移动到指定工作表“图表”中独立存放。

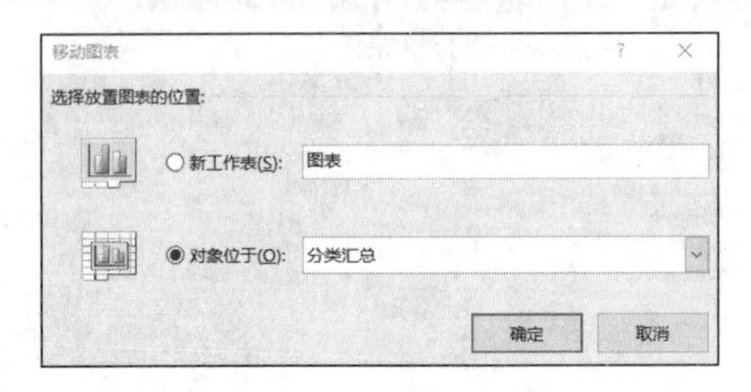

图 5-48 通过“移动图表”对话框将图表移动到独立的表中

任务 5.6 工作表的打印输出

学习目标

【技能目标】

- 掌握排序的使用技巧。
- 掌握打印工作表的方法。

【知识目标】

学会以下知识点：

- 工作表的打印输出。

任务要求

- 插入一个名为“成绩通知单”的新工作表，将“计科全年级”工作表中的数据复制到“成绩通知单”，使得每个学生的成绩占 3 行，第 1 行为标题，第 2 行为各科成绩，第 3 行为空白行。最后给成绩表加边框线。
- 将成绩通知单打印出来，要求横向打印，每页打印 10 个学生成绩。

知识准备

在输入数据并进行了适当格式化后，还可以将表格进行打印输出。在输出前应对表格进行相关的打印设置，以使其输出效果更加美观。这里以案例文件“学生成绩单”为例，按照下列打印要求，介绍如何进行工作表打印前的准备工作。

打印要求：横向并水平居中打印在 B5 纸上，设置表格第 1 行为重复打印标题，工作表数据区域 B1:M19 设为打印区域。

1. 页面设置

页面设置包括对页边距、页眉页脚、纸张大小及方向等项目的设置，其基本操作步骤如下：

1）打开要进行页面设置的表格，此处打开案例文件“学生成绩单”。

2）在如图5-49所示的“页面布局”选项卡“页面设置”选项组中进行各项页面设置。

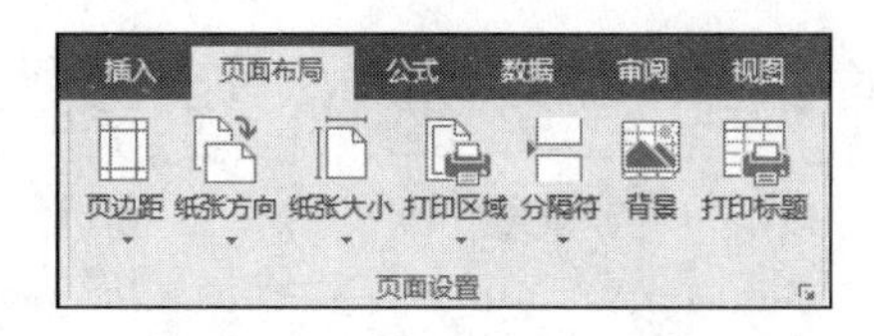

图5-49 “页面布局”选项卡“页面设置”选项组

页边距：单击“页边距”下拉按钮，可在打开的下拉列表中选择一个预置样式。选择“自定义页边距”选项，弹出“页面设置”对话框，在“页边距”选择卡中按照需要进行上、下、左、右页边距的设置。在“居中方式”选项组中可设置表格在整个页面的水平或垂直方向上居中打印，此处选中“水平”单选按钮，如图5-50所示。

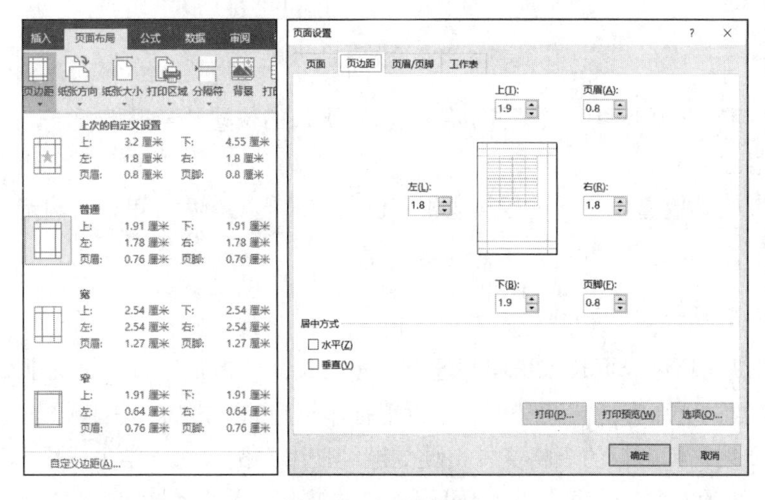

图5-50 设置页边距

纸张方向：单击“纸张方向”下拉按钮，在打开的下拉列表中设定横向或纵向打印，此处选择“横向”选项。

纸张大小：单击“纸张大小”下拉按钮，在打开的下拉列表中选择与实际纸张相符的纸张大小。选择“其他纸张大小”选项，弹出“页面设置”对话框，在“页面”选项卡的“纸张大小”下拉列表中选择合适的纸张，此处选择“B5（18.2厘米×25.7厘米）”选项。

打印区域：可以设定只打印工作表中的一部分，设定区域以外的内容将不会被打印输出。首先选中某个工作表区域，单击“打印区域”下拉按钮，在打开的下拉列表中选择“设定打印区域”选项。此处，将B1:M19单元格区域设定为打印区域。

3）设置页眉页脚。选择“页面布局”选项卡→“页面设置”选项组，单击右下角的对话框启动器，弹出“页面设置”对话框，选择“页眉/页脚”选项卡，从“页眉”或“页脚”下拉列表中选择系统预置的页眉/页脚内容，单击“自定义页眉”或“自定义页脚”按钮，弹出相应的对话框，即可自行设置页眉或页脚内容，如图 5-51 所示。

图 5-51 设置页眉/页脚

在“页边距”选项卡中可以设置页眉/页脚距页边的位置。一般情况下，该距离应比相应的上下页边距要小。

4）还可以在其他选项卡下进行其他相应设置，设置完毕后，单击“确定”按钮，关闭对话框即可。

2. 设置打印标题

当工作表纵向超过一页长或横向超过一页宽时，需要指定在每一页上都重复打印标题行或列，以使数据更加容易阅读和识别。设置打印标题的基本操作步骤如下：

1）打开要设置标题行的表格文件，此处继续使用案例文件“学生成绩单”。

2）选择“页面布局”选项卡→“页面设置”选项组，单击“打印标题”按钮，弹出“页面设置”对话框，选择“工作表”选择卡。

3）单击“顶端标题行”框右端的压缩对话框按钮，从工作表中选择要重复打印的标题行行号，可以连续选择多行，如可以指定第 1～3 行为重复标题。此处选择案例工作簿的第 1 行为重复标题行，按 Enter 键返回对话框，如图 5-52 所示。

4）用同样的方法在“左端标题列”框中设置重复的标题列。另外，还可以直接在“顶端标题行”或“左端标题列”框中输入行列的绝对引用地址。例如，在“左端标题列”框中输入“$A:$C”，表示要重复打印工作表 A、B、C 3 列。

5）设置完毕后，单击“打印预览”按钮，当表格超宽超长时，即可在预览状态下看到在除首页外的其他页上重复显示的标题行或列。

设置重复打印的标题行或列只在打印输出时才能看到，正常编辑状态下的表格中不会在第 2 页上显示重复的标题行列。

页面设置
页面　页边距　页眉/页脚　工作表
打印区域(A): $A$1:$M$19
打印标题
顶端标题行(R): $1:$1
左端标题列(C): $A:$C
打印
网格线(G)
单色打印(B)
草稿品质(Q)
行号列标(L)
批注(M): (无)
错误单元格打印为(E): 显示值
打印顺序
先列后行(D)
先行后列(V)
打印(P)...　打印预览(W)　选项(O)...
确定　取消

图 5-52　设置打印标题

3. 设置打印范围并打印

1）打开准备打印的表格文件，此处继续使用案例文件“学生成绩单”。

2）选择“文件”→“打印”命令，进入如图 5-53 所示的打印预览窗口。

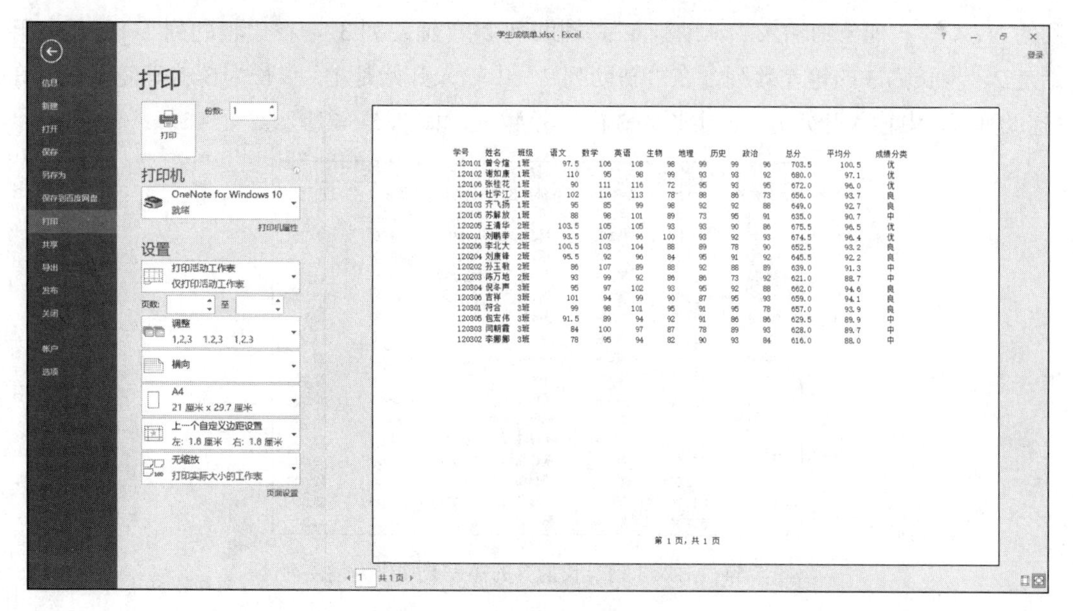

图 5-53　打印预览窗口

3）单击打印“份数”右侧的微调按钮，指定打印份数。

4）在“打印机”下拉列表中选择打印机。打印机需要事先连接到计算机上并正确安装驱动程序后才能在此处进行选择。

5）在中间的“设置”区域从上到下依次进行以下各项打印设置：

① 单击“打印活动工作表”下拉按钮，在打开的下拉列表中选择打印范围：可以只打印当前活动的那张工作表，也可以打印当前工作簿文件中的所有工作表；如果进入预览前在工作表中选择了某个区域，那么还可以只打印选中区域。

② 单击“无缩放”下拉按钮，在打开的下拉列表可以设置缩放整个工作表以适应打印纸张的大小。选择“自定义缩放选项”选项，可以按比例缩放打印工作表。

6）单击“打印预览”窗口底部的“下一页”或“上一页”按钮，可以查看工作表的不同页面或不同工作表。

7）设置完毕，单击左上角的“打印”按钮进行打印输出。如果暂不需要打印，只要单击其他选项卡即可切换回工作表编辑窗口。

实施步骤

如果需要数据每隔一行或几行就插入一个空白行，应如何操作呢？在需要空白行的地方一一插入行？当然可以，但如果数据列表比较长，这样操作就比较麻烦。其实，用辅助列排序就可以快速实现这一目的。

第 1 步：

1）插入一个空白工作表，将其重命名为“成绩通知单”，复制“计科全年级”工作表中的数据到“成绩通知单”，选择粘贴“值和源格式”命令。在“成绩通知单”数据列表右侧的 N、O、P 列分别输入“辅助列 1”“辅助列 2”“辅助列 3”，在“辅助列 1”中输入开始是 2、步长为 3 的等差数列，在“辅助列 2”中输入开始是 1、步长为 3 的等差数列，在“辅助列 3”中输入开始是 3、步长为 3 的等差数列，如图 5-54 所示。

J	K	L	M	N	O	P
思想修养	总分	班级排名	年级排名	辅助列1	辅助列2	辅助列3
95.00	719.00	第1名	第1名	2.00	1.00	3.00
94.00	717.00	第1名	第2名	5.00	4.00	6.00
96.00	714.00	第2名	第3名	8.00	7.00	9.00
98.00	713.00	第2名	第4名	11.00	10.00	12.00
96.00	709.50	第1名	第5名	14.00	13.00	15.00
94.00	707.00	第2名	第6名	17.00	16.00	18.00
95.00	703.50	第3名	第7名	20.00	19.00	21.00
89.00	680.50	第4名	第8名	23.00	22.00	24.00
92.00	680.50	第4名	第8名	26.00	25.00	27.00
86.00	678.00	第3名	第10名	29.00	28.00	30.00
93.00	676.00	第4名	第11名	32.00	31.00	33.00
97.00	671.00	第3名	第12名	35.00	34.00	36.00
82.00	670.00	第6名	第13名	38.00	37.00	39.00
88.00	662.00	第7名	第14名	41.00	40.00	42.00
90.00	661.50	第8名	第15名	44.00	43.00	45.00
93.00	659.00	第4名	第16名	47.00	46.00	48.00

图 5-54　插入 3 列步长为 3 的等差数列作为辅助列

2）将“辅助列 2”中的数据复制到“辅助列 1”下方区域中，同时将标题行 A1:M1 复制到序列左侧空白区域，再将“辅助列 3”中的数据复制到“辅助列 1”下方空白区域。

3）对“辅助列 1”按升序排列，最后将多余的第一行和辅助列内容删除，即可达到预期的效果。

4）给成绩表加边框线。

① 选择“开始”选项卡→“编辑”选项组，单击“查找和替换”下拉按钮，在打开的下拉列表中选择“定位条件”选项。

② 弹出“定位条件”对话框，选中“常量”单选按钮，单击“确定”按钮，即可选中不包含空白行的数据列表，如图 5-55 所示。

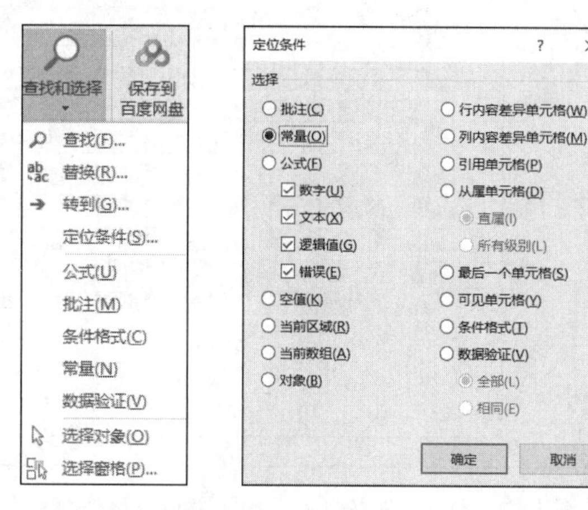

图 5-55　通过“定位条件”选中不包含空白行的数据

③ 选择“开始”选项卡→“字体”选项组，单击“下框线”下拉按钮，在打开的下拉列表中选择“所有框线”选项，为刚才选中的数据区域添加边框，如图 5-56 所示。

	A	B	C	D	E	F	G	H	I	J	K	L	M
1	学号	姓名	班级	高数	英语	C语言	计算机导论	计算机维护与维修	Dreamweaver	思想修养	总分	班级排名	年级排名
2	20181530316	王瑞瑞	3班	112.00	120.00	104.00	95.00	97.00	96.00	95.00	719.00	第1名	第1名
3													
4	学号	姓名	班级	高数	英语	C语言	计算机导论	计算机维护与维修	Dreamweaver	思想修养	总分	班级排名	年级排名
5	20181530126	王海燕	1班	105.00	120.00	110.00	97.00	95.00	96.00	94.00	717.00	第1名	第2名
6													
7	学号	姓名	班级	高数	英语	C语言	计算机导论	计算机维护与维修	Dreamweaver	思想修养	总分	班级排名	年级排名
8	20181530304	孙春丽	3班	109.00	112.00	112.00	98.00	95.00	92.00	96.00	714.00	第2名	第3名
9													
10	学号	姓名	班级	高数	英语	C语言	计算机导论	计算机维护与维修	Dreamweaver	思想修养	总分	班级排名	年级排名
11	20181530123	赵莉	1班	108.00	116.00	108.00	97.00	95.00	91.00	98.00	713.00	第2名	第4名
12													
13	学号	姓名	班级	高数	英语	C语言	计算机导论	计算机维护与维修	Dreamweaver	思想修养	总分	班级排名	年级排名
14	20181530205	王琪	2班	103.50	115.00	112.00	95.00	96.00	92.00	96.00	709.50	第1名	第5名
15													
16	学号	姓名	班级	高数	英语	C语言	计算机导论	计算机维护与维修	Dreamweaver	思想修养	总分	班级排名	年级排名
17	20181530217	关明梅	2班	113.00	118.00	107.00	96.00	88.00	91.00	94.00	707.00	第2名	第6名

图 5-56　为不包含空白行的数据区域添加边框

第 2 步：将成绩通知单打印出来，要求每页打印 10 个成绩条。

1）选择“页面布局”选项卡→“页面设置”选项组，单击“纸张方向”下拉按钮，在打开的下拉列表中选择“横向”选项。

2）选择“页面布局”选项卡→“页面设置”选项组，单击右下角的对话框启动器，弹出“页面设置”对话框。在“页边距”选项卡中的“居中方式”中选中“水平”复选框，单击“确定”按钮。

3）选择“文件”→“打印”命令，进入打印预览窗口，单击“无缩放”下拉按钮，在打开的下拉列表中选择“将所有列调整为一页”选项。

4）单击右下角的“显示边距”按钮，使之呈按下状态，直接在预览视图中拖动上下边距线调整页边距，以达到一页中只显示 10 个成绩条，如图 5-57 所示。

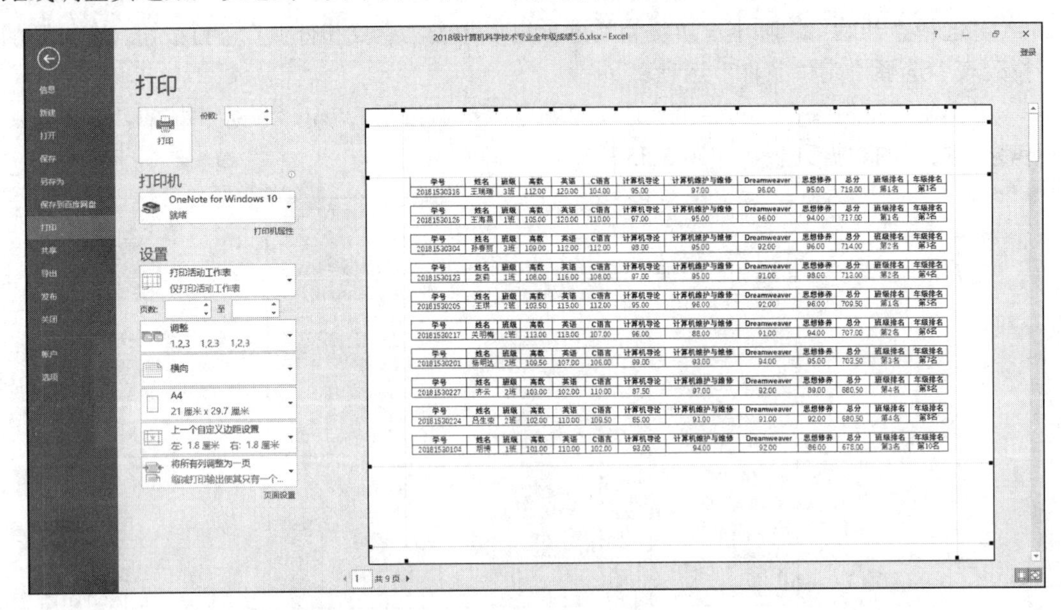

图 5-57　将所有列缩小在一页上并调整页边距

5）指定打印机后单击“打印”按钮，即可打印输出。

项目 6　Excel 函数及数据图表（勤工助学部商品销售情况统计）

本项目将利用 Excel 2016 来完成一份商品销售情况的统计与分析，其中使用了数据透视表这一强大的分析工具。数据透视表综合了数据排序、筛选、分类汇总、图表等多种数据分析方法的优势，能够灵活地采用多种手段展示、汇总、分析数据，还可以代替 Excel 函数或公式轻松解决很多复杂的问题。

商品销售情况统计是全国计算机等级考试中比较难的一种 Excel 操作题型，在历年的真题中，有销售订单明细表、差旅报销管理表、商品销售情况统计表等类似的题型。下面分任务讲解有关商品销售情况统计的案例。

案例背景：小武是内蒙古师范大学学生会勤工俭学部部长，想对 2019 年度勤工俭学部经营的学生超市的销售业绩进行汇总，掌握一年来的销售情况、利润多少，及时调整销售策略，以确保学生超市正常发展。

小武利用 Excel 的数据透视表这一分析工具的强大功能实现了对商品销售情况的统计与分析，制作完成的效果如图 6-1 所示，下面分 6 个任务讲解制作过程。

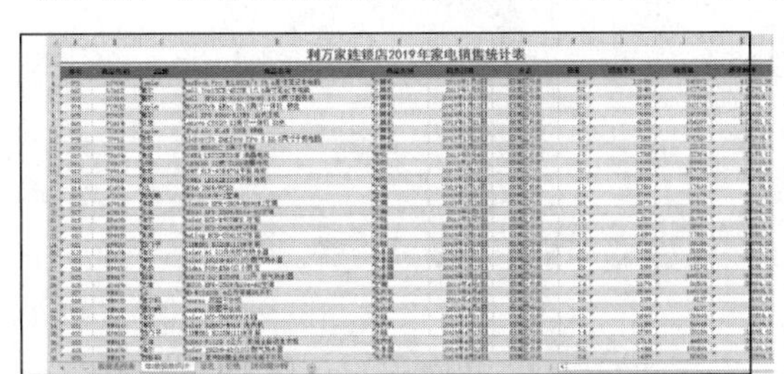

各分店各类商品全年销售额汇总　单位：万元

商品类别	旧城区分店	新城区分店	西城区分店	东城区分店	迷你图
计算机	539.1	557.4	646.9	307.9	
电视	68.2	119.9	139.4	78.2	
空调	72.1	104.6	70.6	62.1	
冰箱	67.3	72.3	68.7	18.2	
热水器	108.6	47.2	96.3	49.0	
洗衣机	56.1	27.7	43.4	18.2	
合计	911.3	929.2	1065.3	533.6	

分店	（全部）			
季度	销售额（万元）	进货成本（万元）	毛利（元）	毛利率%
AO史密斯	**44.6**	**36.1**	**85008.8**	**19.06%**
第一季	21.0	17.0	40211.44	19.15%
第三季	17.2	13.9	33325.2	19.32%
第四季	6.4	5.2	11472.16	18.07%
Apple	**1096.6**	**927.9**	**1686958.04**	**15.38%**
第一季	344.5	292.9	516371.44	14.99%
第二季	339.7	285.2	544133.4	16.02%
第三季	223.0	188.1	348676.88	15.64%
第四季	189.4	161.6	277776.32	14.60%
LG	**61.7**	**52.0**	**97065.3**	**15.72%**
第二季	26.8	22.3	44453.78	16.61%
第三季	23.4	20.3	30541.5	13.80%
第四季	11.6	9.4	22070.02	19.65%
TCL	**144.5**	**124.6**	**199611.46**	**13.81%**
第一季	26.7	23.1	36201.98	13.54%
第二季	67.0	57.7	92920.34	13.86%
第三季	5.5	4.8	7238.1	13.12%
第四季	45.3	38.9	63251.04	13.98%
艾美特	**0.9**	**0.8**	**1236.9**	**13.62%**

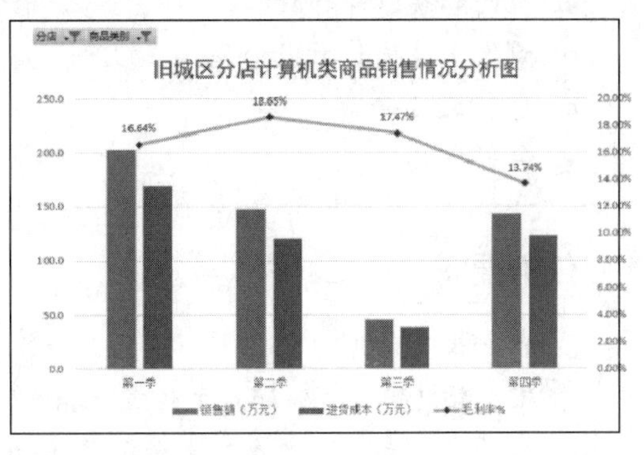

图 6-1　商品销售情况统计效果

素养目标

公式和函数以及图表功能是 Excel 的核心功能，能够帮助用户快速进行数据的统计、分析和结果展示，从而科学有效地解决实际问题。

学习本项目内容主要培养学生运用数据统计和分析结果解决实际问题的科学精神，利用数据图表快速洞察实际业务问题的效率意识，以及通过数据统计和分析从多个角度观察实际问题的创新意识。

任务 6.1 整理基础数据

商品销售表的统计过程中需要很多基础数据，如商品名称、商品的销售价格等。如果要计算商品成本，还需要引入进货价格。这些基础数据已事先存放在相关的文档中备用。所有数据均通过商品代码发生关系，商品代码是区分每个商品的唯一标识。

学习目标

【技能目标】

- 掌握自网页导入数据的方法。
- 掌握通过条件格式查找重复项的方法。
- 掌握按颜色排序的方法。
- 掌握删除重复项的方法。
- 掌握分列显示的方法。
- 掌握将数据区域定义为名称的方法。
- 掌握合并计算的方法。

【知识目标】

学会以下知识点:

- 自网站获取外部数据。
- 删除重复项与数据分列。
- 自定义名称。
- 合并计算。

任务要求

- 将案例文件夹中的网页“商品名称表.htm”中的数据导入案例文档“利万家连锁店家电销售统计表”的新工作表“品名”中，导入后删除工作簿与网页的连接。
- 工作表“品名”中存在大量重复商品，需要找出并删除重复项。
- 将工作表“品名”B 列的“商品名称”中的品牌和商品名称分两列显示。
- 把 A、B、C 3 列的列宽调整到合适列宽，并将数据列表按“商品代码”升序排列。
- 将工作表“品名”中的数据区域 A1:C151 定义为“品名”。
- 打开案例文档“价格表.xlsx”，插入一个空白工作表，并重命名为“价格”。将工作表“单价”和“进价”中的数据合并到“价格”表中。

- 将“价格”工作表移动到主工作簿中，并将数据区域 A1:C152 定义为“价格”。

知识准备

1. 从互联网上获取数据

各类网站上有大量已编辑好的表格数据，可以将其导入 Excel 工作表中用于统计分析。可以通过“数据”选项卡的“获取外部数据”选项组来导入网页中的数据到当前工作簿中。

1）在当前工作簿中选择“数据”选项卡→“获取外部数据”选项组，单击“自网站”按钮，弹出“新建 Web 查询”对话框，如图 6-2 所示。

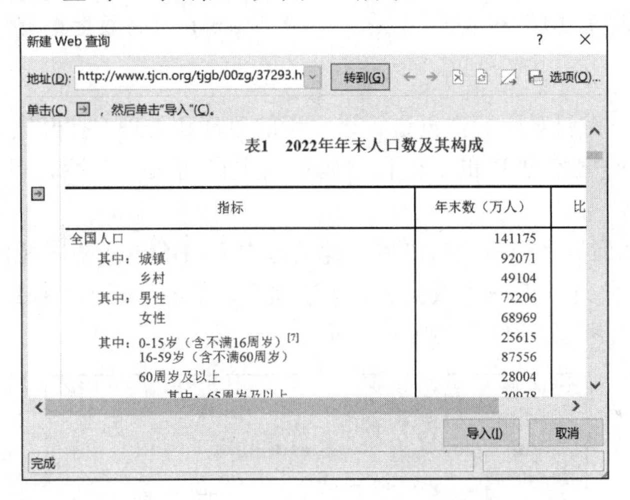

图 6-2　“新建 Web 查询”对话框

2）在“地址”文本框中输入网站地址，也可以通过百度等搜索引擎查找所需的数据，打开相应的网站。此处将“http://www.tjcn.org/tjgb/00zg/37293.html”输入到地址栏。

3）单击“转到”按钮，进入相应的网页。

4）每个可选表格的左上角均显示一个箭头，单击要选择的表格旁边的箭头，使之变为选中状态。此处单击“表 1”左侧的箭头进行导入。

5）单击“导入”按钮，弹出“导入数据”对话框，确定数据放置的位置。此处选择从“现有工作表”的 A1 单元格开始放置导入数据。

6）单击“确定”按钮，网站上的数据自动导入工作表，对导入内容进行适当的修改后进行保存。

2. 删除重复项与数据分列

（1）删除重复项

有时原始数据中会包含一些重复信息，在做进一步统计分析之前有必要把这些重复数据删除，其操作步骤如下：

1）选择“数据”选项卡→“数据工具”选项组，单击“删除重复项”按钮，弹出“删除重复项”对话框，如图 6-3 所示。

2）选中“数据包含标题”复选框，选择一个或多个包含重复值的列。

3）单击“确定”按钮，将直接删除发现的所有重复值，弹出如图 6-4 所示的消息框。

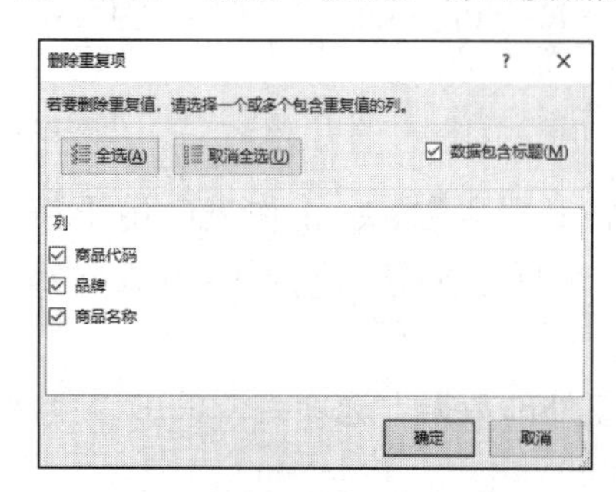

图 6-3 “删除重复项”对话框

图 6-4 删除重复值后弹出的消息框

（2）数据分列

大多数情况下，需要对原始数据进行进一步的整理和处理。打开案例文件“员工信息”工作簿，利用 Sheet1 工作表中的身份证号码把出生日期填入 C 列，可以通过分列功能来实现。

1）选中需要分列显示的单元格区域，此处选中 B2:B5 单元格区域。

2）选择“数据”选项卡→“数据工具”选项组，单击“分列”按钮，弹出“文本分列向导-第 1 步，共 3 步”对话框，如图 6-5 所示。

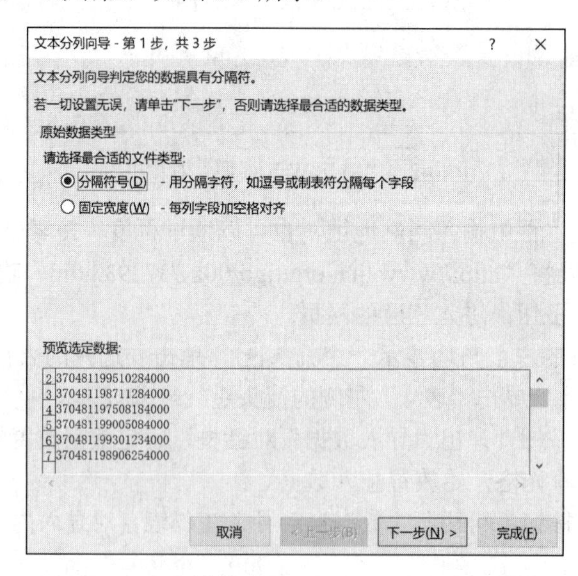

图 6-5 “文本分列向导-第 1 步，共 3 步”对话框

3）指定原始数据的分隔类型，此处选中“固定宽度”单选按钮，单击“下一步”按钮，弹出“文本分列向导-第 2 步，共 3 步”对话框，如图 6-6 所示。

4）关于分列线的操作方法如下：要建立分列线，则在要建立分列处单击；要清除分列线，则双击分列线；要移动分列线位置，则按住分列线并拖至指定位置。此处在第 6、7 位之间单击，在第 14、15 位之间单击，插入两条分列线。

5）单击“下一步”按钮，弹出“文本分列向导-第 3 步，共 3 步”对话框，第 1 列的“列数据格式”设置为“不导入此列（跳过）”，第 2 列的“列数据格式”设置为“日期”，第 3 列的“列数据格式”设置为“不导入此列（跳过）”，在“目标区域”文本框中单击 C2 单元格，如图 6-7 所示。

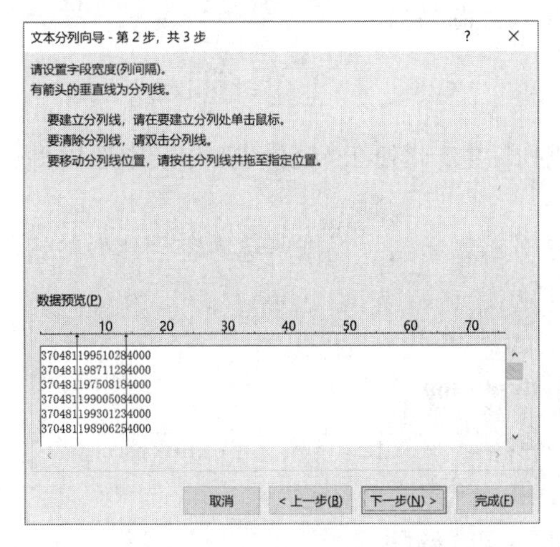

图 6-6　“文本分列向导-第 2 步，共 3 步”对话框

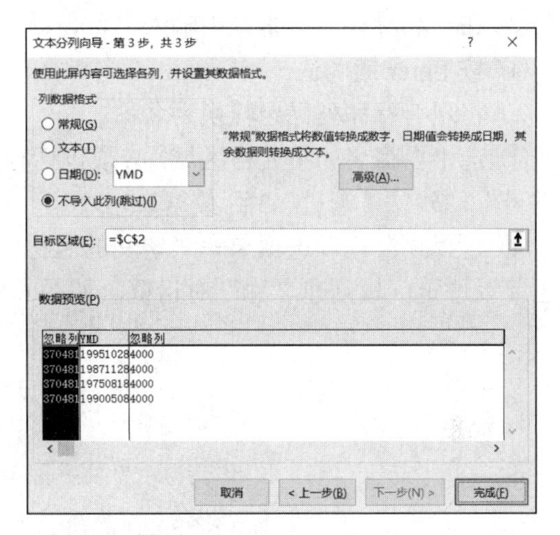

图 6-7　“文本分列向导-第 3 步，共 3 步”对话框

6）单击“完成”按钮，身份证中的出生日期被分列到相邻列中。

3. 名称的定义与引用

为单元格或区域指定一个名称是实现绝对引用的方法之一。可以在公式中使用定义的名称以实现绝对引用。可以定义为名称的对象包括常量、单元格或单元格区域、公式。

（1）了解名称的语法规则

创建和编辑名称时，需要遵循以下语法规则。

1）唯一性原则：名称在其适用范围内必须始终唯一，不可重复。

2）有效字符：名称中的第一个字符必须是字母、下划线（_）或反斜杠（\），名称中的其余字符可以是字母、数字、句点和下划线，但是名称中不能使用大小写字母 C、c、R 或 r。

3）不能与单元格地址相同：如名称不能取 A1、C2 等。

4）不能使用空格：在名称中不允许使用空格。如果名称中需要使用分隔符，可选用下划线（_）和句点（.）作为单词分隔符。

5）名称长度有限制：一个名称最多可以包含 255 个西文字符。

6）不区分大小写：名称可以包含大写字母和小写字母，但是 Excel 在名称中不区分大写和小写字母。例如，如果已创建了名称 class，就不允许在同一工作簿中再创建另一个名称 CLASS，因为 Excel 认为它们是同一名称，违反了唯一性原则。

（2）为单元格或单元格区域定义名称

下面以案例文件“计算机类图书 12 月份销售情况统计”工作簿为例，介绍如何进行各种名称的命名。

1）快速定义名称。

① 打开工作簿，选中要命名的单元格或单元格区域。此处打开案例文件夹中“计算机类图书 12 月份销售情况统计表”，在“销量”工作表中选中整个数据列表区域 B3:D16。

② 在编辑栏左侧的“名称框”中单击，原单元格地址被反白选中。

③ 在“名称框”文本框中输入名称，此处输入“图书销量”。

④ 按 Enter 键确认。

2）将现有行和列标题转换为名称。

① 选中要命名的单元格区域，必须包括行或列标题。此处在“销量”工作表中选中“图书编号”“书名”“销量”3 列数据 B3:D16。

② 选择“公式”选项卡→“定义的名称”选项组，单击“根据所选内容创建”按钮，弹出“以选定区域创建名称”对话框，如图 6-8 所示。

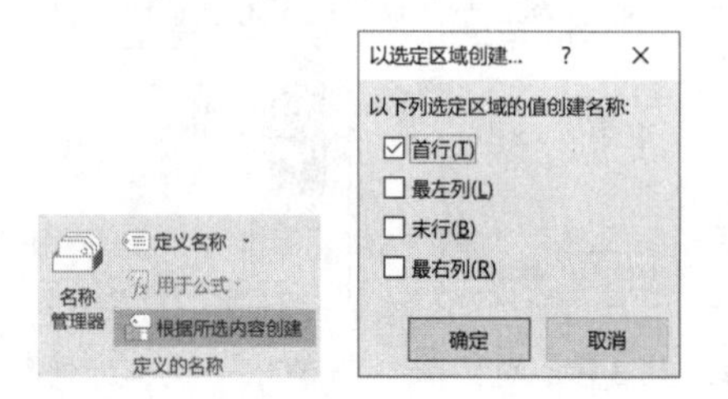

图 6-8　通过“定义的名称”选项组弹出“以选定区域创建名称”对话框

③ 在该对话框中，通过选中“首行”、“最左列”、“末行”或“最右列”复选框来指定包含标题的位置。此处选中“首行”复选框同时取消选中其他复选框。

④ 单击“确定”按钮，完成名称的创建。通过该方式创建的名称仅引用相应标题下包含值的单元格，并且不包括现有行和列标题，如图 6-9 所示。

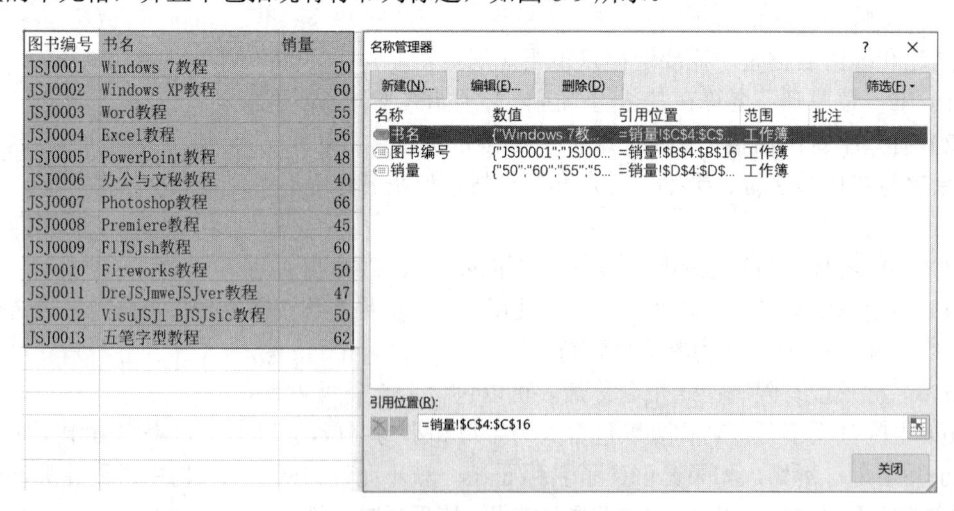

图 6-9　将现有行和列标题转换为名称

3）使用“新建名称”对话框定义名称。

① 仍旧保持在工作簿“计算机类图书 12 月份销售情况统计表”中，选择“公式”选项卡→“定义的名称”选项组，单击“定义名称”按钮，弹出如图 6-10（a）所示的“新建

名称”对话框。

② 在“名称”文本框中输入用于引用的名称，此处输入“圆周率”，用于将圆周率这一常量定义为名称。

③ 设置名称的适用范围。在“范围”下拉列表中选择“工作簿”或工作表的名称，可以指定该名称只在某个工作表中有效还是在工作簿中的所有工作表中均有效。此处选择“工作簿”。

④ 可以在“备注”文本框中输入最多255个字符，作为对该名称的说明性批注。

⑤ 在“引用位置”文本框中显示当前选中的单元格或单元格区域。如果需要修改命名对象，可选择下列操作之一：

a. 在“引用位置”文本框中单击，然后在工作表中重新选中单元格或单元格区域。

b. 若要为一个常量命名，则输入等号“=”，然后输入常量值。

c. 若要为一个公式命名，则输入等号“=”，然后输入公式。

此处输入“=3.14159”，设置完成的对话框如图6-10（b）所示。

⑥ 单击“确定”按钮，完成命名并返回工作表。

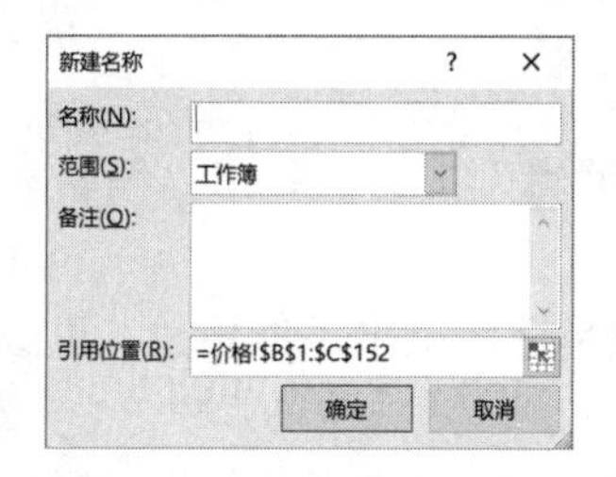

（a）“新建名称”对话框

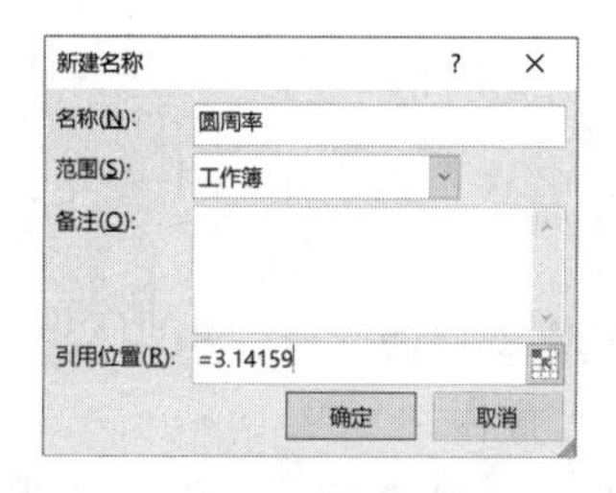

（b）参数设置

图6-10　在“新建名称”对话框中定义名称

（3）引用名称

名称可直接用来快速选中已命名的单元格区域，更重要的是可以在公式中引用名称以实现精确引用。

1）通过“名称框”引用。

① 单击“名称框”右侧的下拉按钮，打开“名称”下拉列表，其中显示所有已被命名的单元格名称，但不包括常量和公式的名称。

② 选择某一名称，该名称引用的单元格或单元格区域将会被选中。如果是在输入公式的过程中，则该名称将出现在公式中。

2）在公式中引用。

① 单击要输入公式的单元格。

② 选择“公式”选项卡→“定义的名称”选项组，单击“用于公式”下拉按钮，打开下拉列表。

③ 选择需要引用的名称，该名称出现在当前单元格的公式中。

④ 按Enter键确认输入。

（4）更改或删除名称

如果更改了某个已定义的名称，则工作簿中所有已引用该名称的位置均自动随之更新。

1）选择“公式”选项卡→“定义的名称”选项组，单击“名称管理器”按钮，弹出如图 6-11 所示的“名称管理器”对话框。

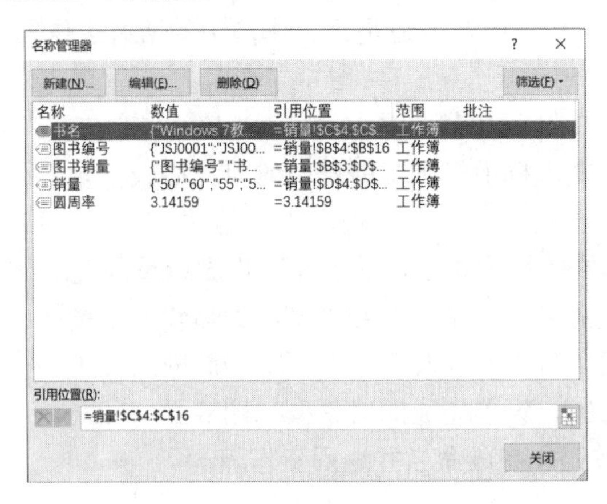

图 6-11　“名称管理器”对话框

2）在“名称”列表中单击要更改的名称，单击“编辑”按钮，弹出“编辑名称”对话框。

3）按照需要修改名称、引用位置、备注说明等，但是适用范围不能更改，更改完成后单击“确定”按钮。

4）如果需要删除某一名称，则从列表中单击该名称，单击“删除”按钮，弹出提示对话框，单击“确定”按钮，即可完成删除操作。如果工作簿中的公式已引用的某个名称被删除，则可能导致公式出错。

5）单击“关闭”按钮，关闭“名称管理器”对话框。

4. 合并计算

一个公司可能有很多的销售地区或者分公司，每个分公司具有各自的销售报表和会计报表，为了对整个公司的情况进行全面的了解，需要将这些分散的数据进行合并，从而得到一份完整的销售统计报表或者会计报表。Excel 提供了合并计算功能，可以轻松完成这些汇总工作。

Excel 提供了两种合并计算数据的方法：一是通过位置（适用于源区域有相同位置的数据汇总）；二是通过分类（适用于源区域没有相同布局的数据汇总）。

（1）通过位置合并计算数据

如果所有源区域中的数据按同样的顺序和位置排列，则可以通过位置进行合并计算。例如，如果用户的数据来自同一模板创建的一系列工作表，则通过位置合并计算数据。在下例中，“一分公司”“二分公司”“三分公司”分别放在不同的工作表中，要把相关的数据统计到一个工作表中，具体操作步骤如下：

1）打开案例文件夹下的“合并计算示例”，单击“一分公司”工作表标签。

2）选择“视图”选项卡→“窗口”选项组，单击“新建窗口”按钮，如图 6-12 所示，新建一个工作簿窗口。

3）再单击 2 次“新建窗口”按钮，共新建 3 个工作簿窗口，连同步骤 1）打开的工作簿一共有 4 个工作簿窗口。

4）选择“视图”选项卡→“窗口”选项组，单击“全部重排”按钮，弹出如图 6-13 所示的“重排窗口”对话框。

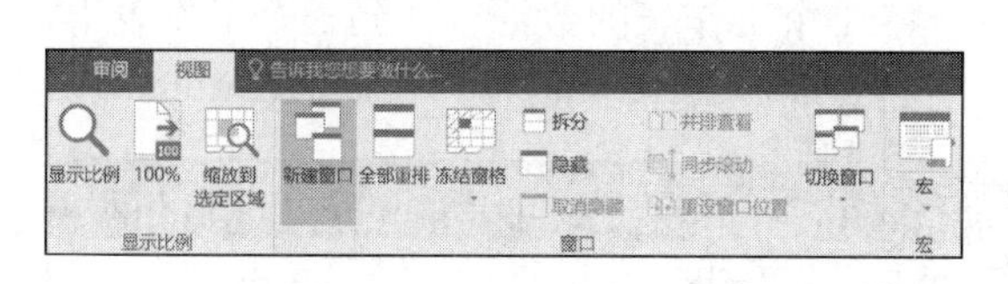

图 6-12　单击“新建窗口”按钮

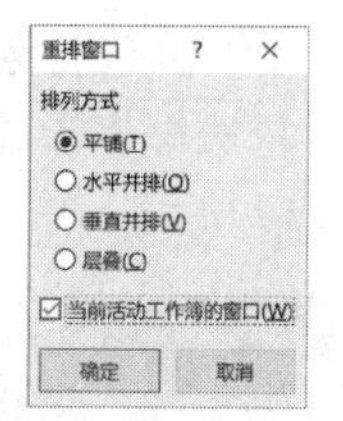

图 6-13　“重排窗口”对话框

5）选中“平铺”单选按钮及“当前活动工作簿的窗口”复选框，单击“确定”按钮，即可同时显示当前的工作簿窗口，分别切换显示不同的工作表。

6）单击合并计算数据目标区域左上角的单元格。此处单击“位置合并计算”工作表标签，并选中 A2 单元格。

7）选择“数据”选项卡→“数据工具”选项组，单击“合并计算”按钮，弹出如图 6-14 所示的“合并计算”对话框。

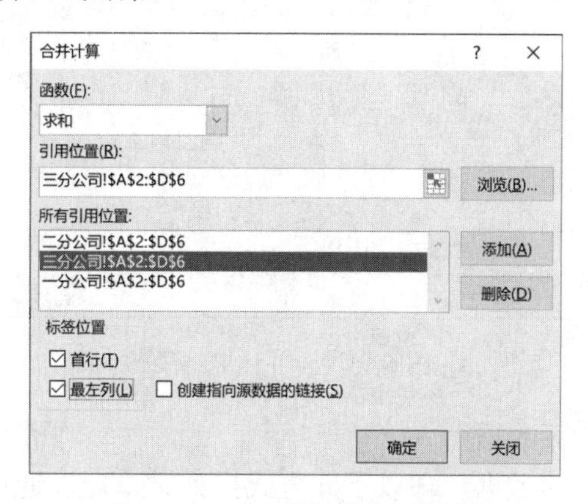

图 6-14　“合并计算”对话框

① 函数：有求和、均值、计数等 11 种，常用的为求和、求平均值等。

② 引用位置：需要合并计算的数据源位置。用户可以直接在文本框中输入引用的数据区域，也可以单击“压缩对话框”按钮，到某一张表的合适位置选择数据，之后单击“添加”按钮。

③ 所有引用位置：在“引用位置”中被输入或被选中的数据区域以列表形式出现。若选择错误或不当，可以在选中某个区域的前提下单击“删除”按钮，将其从区域列表中删除。

④ 标签位置：标题行的位置。一般情况下在首行输入标题，在最左列输入说明，因此标签位置应选中“首行”和“最左列”复选框。

8）在“函数”下拉列表中确定合并汇总计算的方法，此处选择“求和”选项；在“引用位置”文本框中指定要加入合并计算的源区域，此处在“一分公司”工作表中选中相应的 A2:D6 单元格区域；单击“添加”按钮，将选中的单元格区域添加到“所有引用位置”文本框中。

9）重复步骤 8）的操作，将“二分公司”和“三分公司”的数据依次添加到“所有引用位置”文本框中。

10）在“标签位置”选项组中选中指示标签在源区域位置的复选框，此处选中“首行”和“最左列”复选框。单击“确定”按钮，将 3 个工作表的数据合并到一个工作表中，如图 6-15 所示。

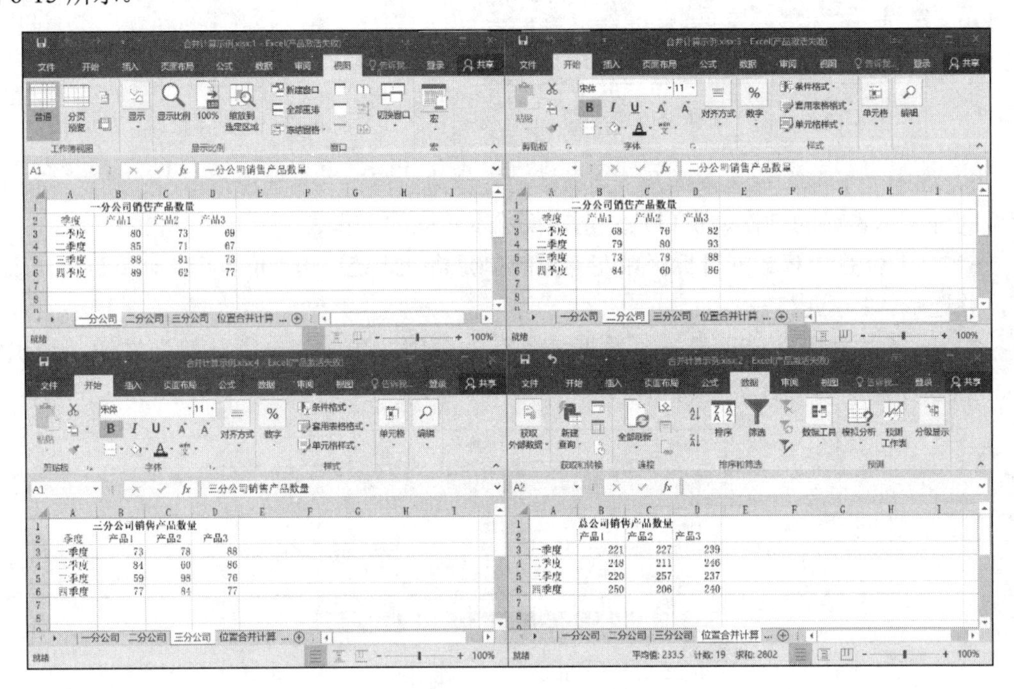

一分公司销售产品数量

季度	产品1	产品2	产品3
一季度	80	73	69
二季度	85	71	67
三季度	88	81	73
四季度	89	62	77

二分公司销售产品数量

季度	产品1	产品2	产品3
一季度	68	76	82
二季度	79	80	93
三季度	73	78	88
四季度	84	60	86

三分公司销售产品数量

季度	产品1	产品2	产品3
一季度	73	78	88
二季度	84	60	86
三季度	59	98	76
四季度	77	84	77

总公司销售产品数量

	产品1	产品2	产品3
一季度	221	227	239
二季度	248	211	246
三季度	220	257	237
四季度	250	206	240

图 6-15 合并计算结果

（2）通过分类合并计算数据

当源区域中包含相似的数据，却以不同方式排列时，可以通过分类来合并计算数据。例如，以案例文件夹下的“合并计算示例”的“分类合并计算”工作表中的数据为例，求各部门的平均年龄及工资，具体操作步骤如下：

1）打开案例文件夹下的“合并计算示例”，单击“分类合并计算”工作表标签。

2）单击合并计算数据目标区域左上角的单元格，此处单击 C17 单元格。

3）选择“数据”选项卡→“数据工具”选项组，单击“合并计算”按钮，弹出如图 6-16 所示的“合并计算”对话框。

4）在“函数”下拉列表中选择“平均值”函数。

5）在“引用位置”文本框中选中或输入需要进行合并计算的源区域，此处选中 D2:F13 区域。

6）在“标签位置”选项组中选中指示标签在源区域位置的复选框，此处选中“首行”和“最左列”复选框。

7）单击“确定”按钮，合并计算结果如图 6-17 所示。

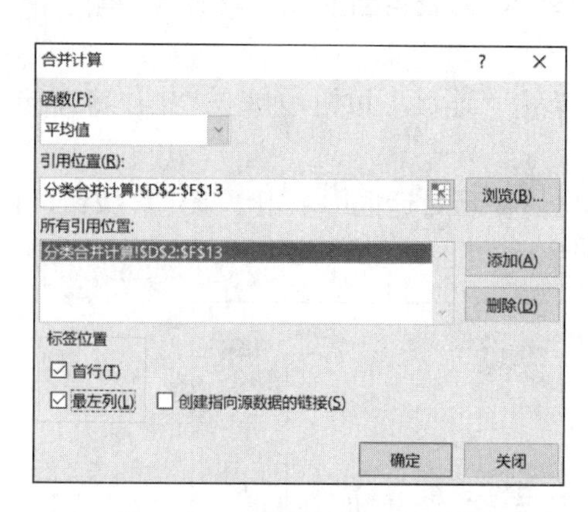

图 6-16　“合并计算”对话框

序号	姓名	部门	年龄	工资
1001	常京丽	人事部	28	4900
1002	张植楠	财务部	24	5600
1003	贾湖尹	采购部	24	5000
1004	张伟	销售部	25	6000
1005	李阿才	人事部	31	3000
1006	诚俊	销售部	35	4500
1007	贾锐	采购部	32	4500
1008	司方方	销售部	19	2600
1009	胡继红	销售部	30	3000
1010	范玮	财务部	24	3200
1011	袁晓坤	人事部	26	4800

各部门的平均年龄及工资

部门	年龄	工资
人事部	28.33333	4233.333
财务部	24	4400
采购部	28	4750
销售部	27.25	4025

图 6-17　按照分类进行合并计算的结果

实施步骤

第 1 步：

1）双击案例文件夹中的“商品名称表.htm”，在浏览器中打开该网页，复制地址栏中的网址。

2）打开案例文档“利万家连锁店家电销售统计表”，插入一个空白工作表，双击表标签，输入“品名”。

3）单击工作表“品名”中的 A1 单元格，定位光标。

4）选择“数据”选项卡→“获取外部数据”选项组，单击“自网站”按钮，弹出“新建 Web 查询”窗口。

5）将步骤 1）中复制的网址粘贴到“地址”文本框中，单击“转到”按钮，打开“商品名称表.htm”的内容。

6）在浏览窗口中单击“商品代码”左侧的箭头，使其变为选中标志，同时商品名称列表被选中，如图 6-18 所示。

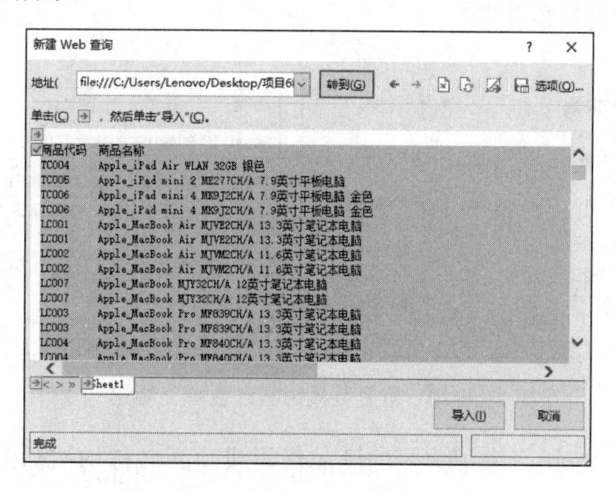

图 6-18　“新建 Web 查询”对话框

7）单击“导入”按钮，弹出“导入数据”对话框。

8）保持默认的起始位置不变，单击“确定”按钮，列表自当前工作表的A1单元格开始导入。

9）选择“数据”选项卡→“连接”选项组，单击“连接”按钮，弹出“工作簿连接”对话框。

10）选择“连接”，单击“删除”按钮，在弹出的提示对话框中单击“确定”按钮，将新导入的数据表与源数据的连接切断，如图6-19所示。

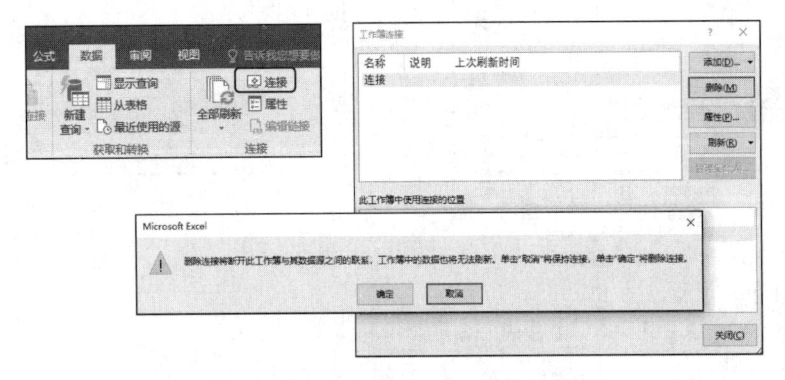

图6-19 删除导入数据与外部数据源的连接

11）单击“关闭”按钮，关闭“工作簿连接”对话框。

第2步：数据列表中存在大量重复商品，需要找出并删除重复项。

1）选中“品名”工作表中的A、B两列数据。

2）选择“开始”选项卡→“样式”选项组，单击“条件格式”下拉按钮。

3）在打开的下拉列表中选择“突出显示单元格规则”→“重复值”选项，弹出“重复值”对话框。

4）将重复值的格式设置为“浅红色填充”，如图6-20所示。

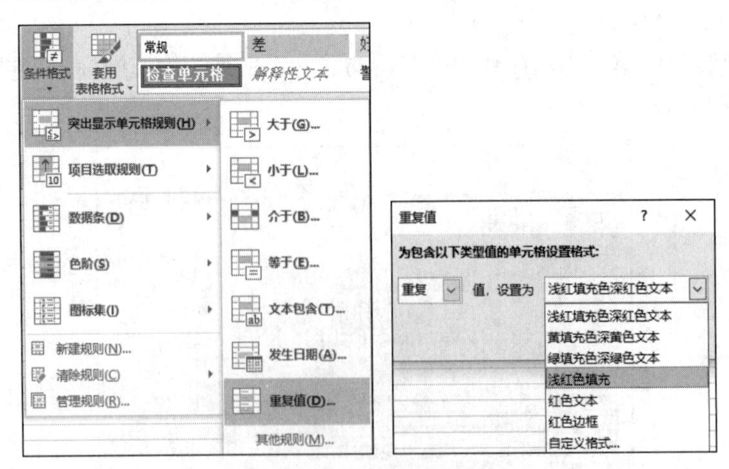

图6-20 重复数据用浅红色填充标出

5）单击“确定”按钮，表中重复的商品代码或商品名称均被标出。

第 3 步：

1）仍然保持选中“品名”工作表中的 A、B 两列数据。

2）选择“数据”选项卡→“排序和筛选”选项组，单击“排序”按钮，弹出“排序”对话框。

3）选中“数据包含标题”复选框。

4）指定“商品名称”为主要关键字，排序依据为“单元格颜色”，次序为刚才标出重复值使用的浅红色且选择“在顶端”，如图 6-21 所示。

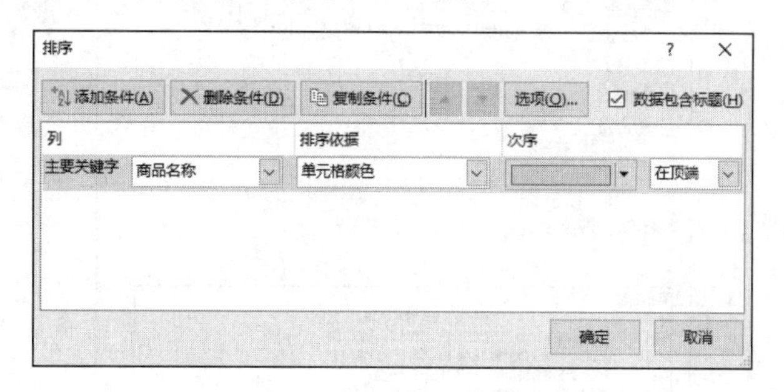

图 6-21　根据单元格颜色排序

5）单击“确定”按钮，所有用浅红色填充的重复单元格将排列在数据列的上方。

第 4 步：

1）在“商品名称”列中单击定位。

2）选择“数据”选项卡→“数据工具”选项组，单击“删除重复项”按钮，弹出“删除重复项”对话框，如图 6-22 所示。

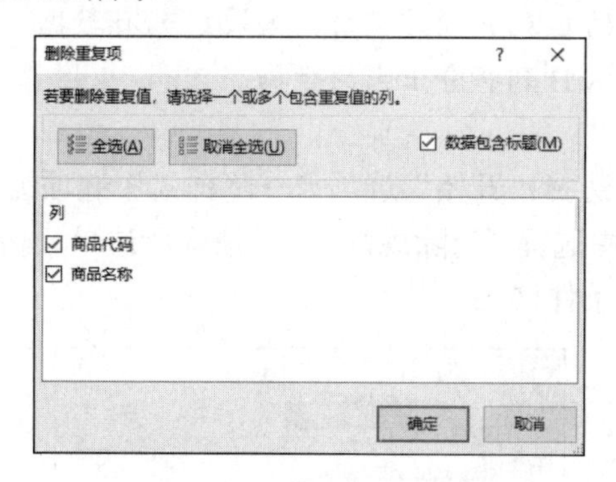

图 6-22　“删除重复项”对话框

3）选中“数据包含标题”复选框。

4）在列表中分别选中“商品代码”和“商品名称”复选框。

5）单击“确定”按钮，弹出提示删除的对话框。

6）继续单击“确定”按钮，将列表中的重复项删除。

第 5 步：商品名称里的西文下划线“_”左边的文本代表了商品的品牌。

1）将 B1 单元格中的列标题改为“品牌_商品名称”，选中 B1:B151 单元格区域。

2）选择“数据”选项卡→“数据工具”选项组，单击“分列”按钮，弹出“文本分列向导-第 1 步，共 3 步”对话框。

3）指定原始数据的文件类型为“分隔符号”项，单击“下一步”按钮，弹出“文本分列向导-第 2 步，共 3 步”对话框。

4）选中“其他”复选框，在其右侧的文本框中输入西文下划线“_”，如图 6-23 所示，单击“下一步”按钮，弹出“文本分列向导-第 3 步，共 3 步”对话框。

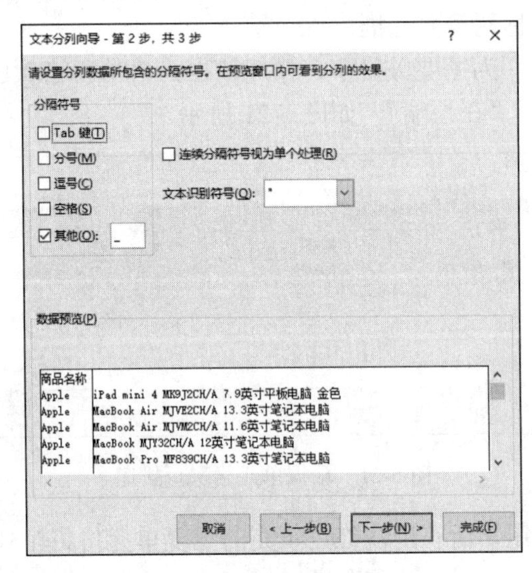

图 6-23　设置数据分列显示

5）“文本分列向导-第 3 步，共 3 步”对话框用于设置各列的数据格式，此处保持默认的“常规”数据格式，单击“完成”按钮，指定的列数据被分拆到相邻列中。

注意：案例工作表中的 C 列必须是空白，如果 C 列有数据，需要先在 B、C 两列之间插入一个新列，用来存放从 B 列拆分出来的数据。

第 6 步：

1）选中 B 列数据，选择“开始”选项卡→“样式”选项组，单击“条件格式”下拉按钮，在打开的下拉列表中选择“清除规则”→“清除所选单元格的规则”选项，如图 6-24 所示，从而删除品牌列的条件格式。

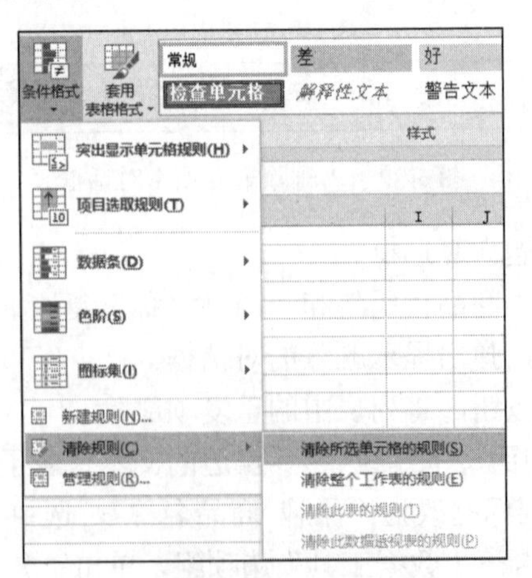

图 6-24　清除“浅红色填充”的条件格式

2）同时选中 A、B、C 3 个整列，双击其中一列列标的右边线，自动调整到合适列宽。

3）在 A 列任一单元格上右击，在弹出的快捷菜单中选择“排序”→“升序”命令，将数据列表按“商品代码”升序排列。

第 7 步：导入的外部数据列表被 Excel 自动定义为名称“sheet001”，且其应用范围只在当前工作表中，不适合后续引用，需要将其删除。

1）选择“公式”选项卡→“定义的名称”选项组，单击“名称管理器”按钮，弹出“名称管理器”对话框。

2）在名称列表中选择 sheet001，单击“删除”按钮，如图 6-25 所示。

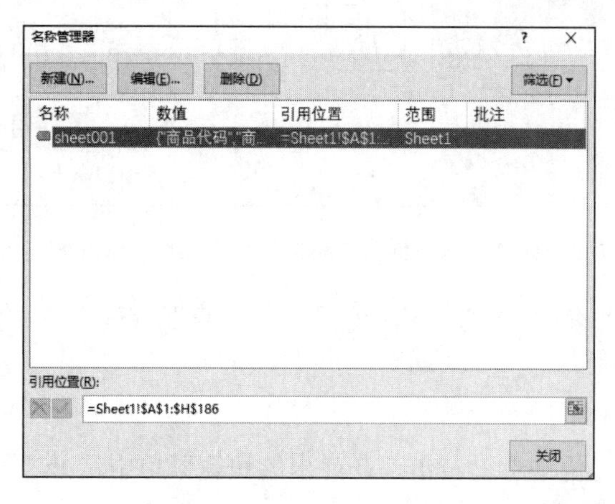

图 6-25　删除导入外部数据时 Excel 自动定义的名称

3）弹出一个提示框，单击“确定”按钮，删除所选名称。

4）单击“关闭”按钮，完成名称定义的修改。

5）重新选中工作表“品名”中的数据区域 A1:C151（单击任一数据单元格，按 Ctrl+A 组合键），在“名称框”文本框中输入文本“品名”，按 Enter 键。

6）保存案例文档“利万家连锁店家电销售统计表.xlsx”，并保持其处于打开状态。

第 8 步：

1）打开案例文档“价格表.xlsx”，单击“插入工作表”按钮，插入一个空白工作表，并重命名为“价格”。

2）单击新工作表“价格”的 A1 单元格以定位光标。

3）选择“数据”选项卡→“数据工具”选项组，单击“合并计算”按钮，弹出“合并计算”对话框。

4）在“函数”下拉列表中选择“求和”函数。

5）在“引用位置”文本框中选中工作表“单价”中的 A1:B152 单元格区域，单击“添加”按钮。

6）继续在工作表“进价”中选中 A1:B152 单元格区域，单击“添加”按钮。

7）在“标签位置”选项组中选中“首行”和“最左列”复选框。

8）单击“确定”按钮，完成数据合并，如图 6-26 所示。

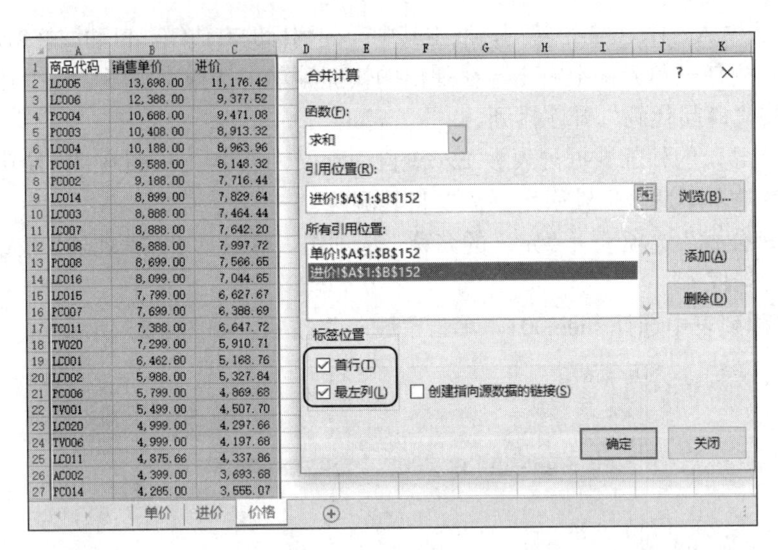

图 6-26 通过“合并计算”对话框将“单价”和“进价”合并到“价格”工作表中

9）在“价格”工作表的 A1 单元格中输入文本“商品代码”，同时调整 A、B、C 3 列的列宽。

第 9 步：

1）在工作表标签“价格”上右击，在弹出的快捷菜单中选择“移动或复制”命令，弹出“移动或复制工作表”对话框。

2）在“工作簿”下拉列表中选择前述案例文档“利万家连锁店家电销售统计表.xlsx”。

3）在“下列选定工作表之前”列表框中选择“(移至最后)”选项。

4）取消选中“建立副本”复选框，单击“确定”按钮，如图 6-27 所示。

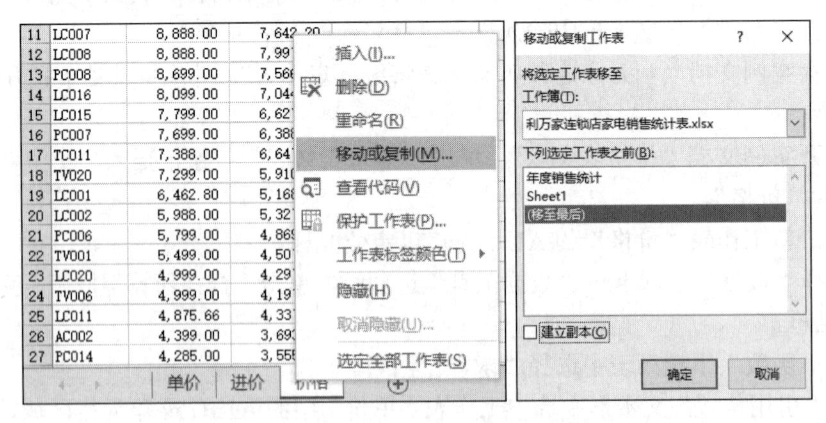

图 6-27 将“价格”工作表移动到主工作簿的最后

5）在移动后的“价格”工作表中选中 A1:C152 单元格区域，在“名称框”文本框中输入文本“价格”，按 Enter 键确认。

6）保存案例文档“利万家连锁店家电销售统计表.xlsx”，关闭案例文档“价格表.xlsx”。

任务6.2 Excel公式与函数

学习目标

【技能目标】
- 掌握将数据区域创建为“表”的方法。
- 掌握运用VLOOKUP函数获取其他工作表中数据的方法。
- 掌握IF函数的嵌套方法。
- 掌握公式的使用方法。

【知识目标】
学会以下知识点:
- 使用公式的基本方法。
- 公式的引用位置。
- 使用函数的基本方法。
- Excel中常用函数。
- 错误值。

任务要求

- 将“年度销售汇总”工作表数据列表区域A3:L384创建为“表”，同时套用一个表格格式，并将“表名称”更改为“销售列表”。
- 通过VLOOKUP函数从“品名”工作表和“价格”工作表中获取品名和单价。
- 通过商品代码获取商品类别。
- 利用公式计算进货成本和销售额，其中，销售额=销量×销售单价，进货成本=销量×进价。
- 将A1单元格中的表标题在A1:K1单元格区域内“合并后居中”，套用单元格样式“标题1”，并调整其字体、字号；将“销售单价”“销售额”“进货成本”3列中的金额数据设置为不带货币符号、保留两位小数的会计专用数字格式；调整D列的列宽；将“品牌”“商品类别”列的数据居中对齐。
- 以下操作均在案例文档“利万家连锁店家电销售统计表.xlsx”中进行。

知识准备

1. 使用公式的基本方法

公式是一种数据形式，它可以像数值、文字及日期一样存放在表格中，使用公式有助于分析工作表中的数据。公式中可以进行加、减、乘、除、乘方等算术运算，字符的连接运算及比较运算。

（1）公式的表达形式

公式由常量、变量、运算符、函数、单元格引用位置及名称等组成。公式必须以等号“=”开头，系统将“=”号后面的字符串识别为公式。例如：

=123+2*3.14　　常量运算
=A2*36+B3　　引用单元格地址
=SQRT(A1+C2)　使用函数

（2）公式中的运算符

运算符用来对公式中的各元素进行运算操作。Excel 的运算符包括算术运算符、比较运算符、文本运算符和引用运算符 4 种类型。

1）算术运算符：用来完成基本的数学运算，如加法、减法、乘法等。算术运算符包括+（加）、-（减）、*（乘）、/（除）、%（百分比）、^（乘方）等。

2）比较运算符：用来对两个数值进行比较，产生的结果为逻辑值 True（真）或 False（假）。比较运算符包括=（等于）、>（大于）、<（小于）、>=（大于等于）、<=（小于等于）、<>（不等于）等。

3）文本运算符：“&”用来将多个文本连接成一个组合文本。例如，“Hua”&“wei”的结果为“Huawei”。

4）引用运算符：用来对单元格区域进行合并运算。引用运算符为“:”（冒号），也称区域运算符，生成对两个引用之间所有单元格的引用。例如，SUM(B1:D5)表示对以 B1 和 D5 为对角线单元格的矩形区域内共 15 个单元格的数值进行求和。引用运算符又包括以下两种情况。

① 联合运算符“,”（逗号）：表示将多个引用合并为一个引用，如 SUM(B5,B15,D5,D15)。

② 交集运算符“ ”（空格）：表示引用两个表格区域交叉（重叠）部分单元格中的数值。

（3）运算符的运算顺序

如果公式中同时用到了多个运算符，Excel 将按下面的顺序进行运算：

1）公式中运算符的优先级从高到低依次为:（冒号）、,（逗号）、 （空格）、-（负号，如-1）、%（百分比）、^（乘方）、*和/（乘和除）、+和-（加和减）、&（连接符）、比较运算符。

2）如果公式中包含了相同优先级的运算符，如公式中同时包含了乘法和除法运算符，Excel 将从左到右进行计算。

3）如果要修改计算的顺序，应把公式需要首先计算的部分括在圆括号内。

（4）输入与编辑公式

1）输入公式。

① 选中需要输入公式的单元格。

② 在所选单元格中输入等号“=”。如果单击“插入函数”按钮，将自动插入一个等号。

③ 输入公式内容。如果计算中用到单元格中的数据，可单击所需引用的单元格，如果输入错误，在未输入新的运算符之前，再单击正确的单元格即可；也可使用手工方法引用

单元格，即在光标处输入单元格的名称。

④ 公式输入完后，按 Enter 键，Excel 自动计算并将计算结果显示在单元格中，公式内容显示在编辑栏中。

⑤ 按 Ctrl+`（位于数字键左端）组合键，可使单元格在显示公式内容与公式结果之间进行切换。

从上述步骤可知，公式的最前面必须是等号“=”，后面是计算内容。例如，要在 G4 单元格中建立一个公式来计算 E4+F4 的值，则在 G4 单元格中输入“=E4+F4”。输入公式后按 Enter 键确认，结果将显示在 G4 单元格中。需要注意的是，在公式中输入的运算符必须都是英文的半角字符。

2）编辑公式。双击公式所在的单元格，进入编辑状态，单元格及编辑栏中均会显示出公式。在单元格或编辑栏中均可对公式进行修改，修改完毕后按 Enter 键确认即可。

如果要删除公式，只需要单击公式单元格，按 Delete 键即可。

2. 引用单元格

在公式中很少输入常量，最常用到的是单元格引用。可以在公式中引用一个单元格、一个单元格区域、引用另一个工作表或工作簿中的单元格或单元格区域。

（1）输入单元格地址

单元格地址的输入有以下两种方法：

1）选中单元格或单元格区域，单元格地址自动输入到公式中。

2）在公式中直接输入单元格或单元格区域地址。

例如，在 A1 单元格中已输入数值 20，在 B1 单元格中已输入 15，在 C1 单元格中输入公式“=A1*B1+5”，其操作步骤如下：

① 选中 C1 单元格；

② 输入等号“=”，单击 A1 单元格；

③ 输入运算符“*”，单击 B1 单元格；

④ 输入运算符“+”和数值“5”；

⑤ 按 Enter 键，或者单击编辑栏左侧的“输入”按钮。

（2）相对引用

相对引用与公式所在的单元格位置相关，引用的单元格地址不是固定地址，而是相对于公式所在单元格的相对位置。相对引用地址表示为“列标行号”，如 A1。默认情况下，在公式中对单元格的引用都是相对引用。例如，在 B1 单元格中输入公式“=A1”，表示在 B1 单元格中引用紧邻它左侧的那个单元格中的值，当沿 B 列向下拖动复制该公式到 B2 单元格时，紧邻它左侧的那个单元格就变成了 A2，于是 B2 单元格中的公式也就变成了“=A2”。

（3）绝对引用

绝对引用与公式所在的单元格位置无关。在复制公式时，如果不希望引用的位置发生变化，那么就要用到绝对引用。绝对引用是在引用的单元格地址前插入符号“$”，表示为“$列标$行号”。例如，如果希望在 B 列中总是引用 A1 单元格中的值，那么在 B1 单元格中输入“=$A$1”，此时再向下拖动复制公式时，公式就总是“=$A$1”。

（4）混合引用

当需要固定引用行而允许列变化时，可在行号前加符号“$”。例如，在 B1 单元格中输入公式“=A$1”，此时向下拖动复制公式到 B2 单元格时，公式还是“=A$1”；向右拖动复制公式到 C1 单元格时，公式就变为“=B$1”。

当需要固定引用列而允许行变化时，可在列标前加符号“$”。例如，在 B1 单元格中输入公式“=$A1”此时向下拖动复制公式到 B2 单元格时，公式变为“=$A2”；向右拖动复制公式到 C1 单元格时，公式还是“=$A1”。

（5）引用不同工作表中的单元格

在工作表的计算操作中，如果需要用到同一工作簿文件中其他工作表中的数据，可在公式中引用其他工作表中的单元格，其引用格式为“〈工作表标签〉!〈单元格地址〉”；若需要用到其他工作簿文件中的工作表时，引用格式为“[工作簿名]工作表标签!〈单元格地址〉”。

（6）公式自动填充

在一个单元格中输入公式后，如果相邻的单元格中需要进行同类型的计算（如数据行合计），则可以利用公式的自动填充功能，其操作步骤如下：

1）选中公式所在的单元格，移动鼠标指针到单元格的右下角（填充柄），待其变成黑十字形。

2）按住鼠标左键，拖动“填充柄”经过目标区域。

3）当到达目标区域后，松开鼠标左键，公式自动填充完毕。

3. 使用函数的基本方法

函数是按照特定语法进行计算的一种表达式，使用函数进行计算，在简化公式的同时也提高了工作效率。

函数使用被称为参数的特定数值，按照被称为语法的特定顺序进行计算。例如，SUM 函数对单元格或单元格区域执行相加运算、RANK 函数求一个数值在指定数值列表中的排位等。

参数可以是常量、单元格地址、数组、已定义的名称、公式、函数等，给定的参数必须能够产生有效的值。

函数通常表示为“函数名([参数 1],[参数 2],…)”，括号中的参数可以有多个，中间用逗号分隔。其中，方括号“[]”中的参数是可选参数，而没有方括号“[]”的参数是必需的，有的函数可以没有参数。

对于比较简单的函数，可采用直接输入的方法输入。对于较复杂的函数，可采用以下两种方法输入。

（1）通过“函数库”选项组输入

1）在要输入函数的单元格中单击。

2）选择“公式”选项卡→“函数库”选项组，单击某一函数类别。

3）在打开的函数列表中选择需要的函数，弹出“函数参数”对话框，它显示了该函数的函数名、函数的每个参数，以及参数的描述和函数的功能，如图 6-28 所示。

4）按照对话框中的提示输入或选择参数。

5）输入完毕，单击“确定”按钮。

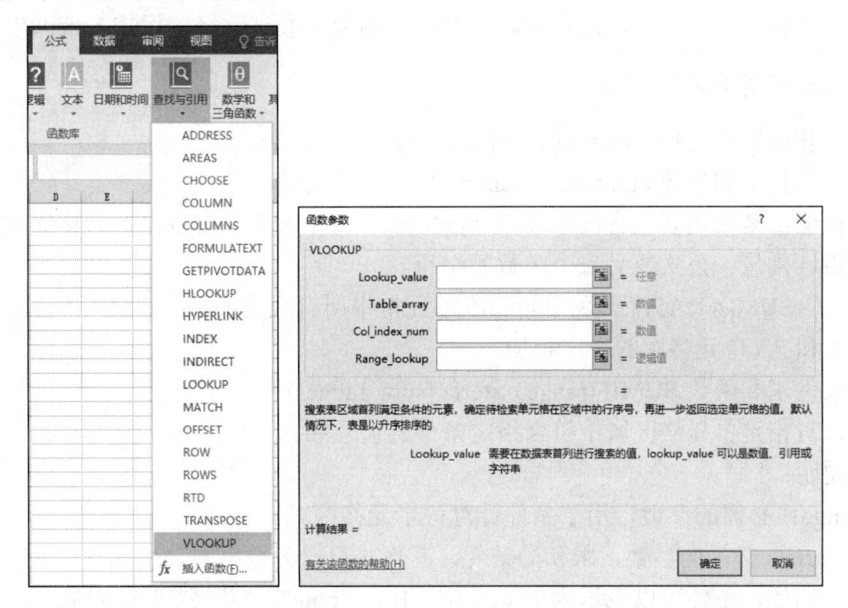

图 6-28　选择 VLOOKUP 函数及其“函数参数”对话框

（2）通过“插入函数”按钮输入

1）在要输入函数的单元格中单击。

2）选择“公式”选项卡→“函数库”选项组，单击“插入函数”按钮或单击编辑栏左边的“插入函数”按钮，弹出“插入函数”对话框，如图 6-29 所示。

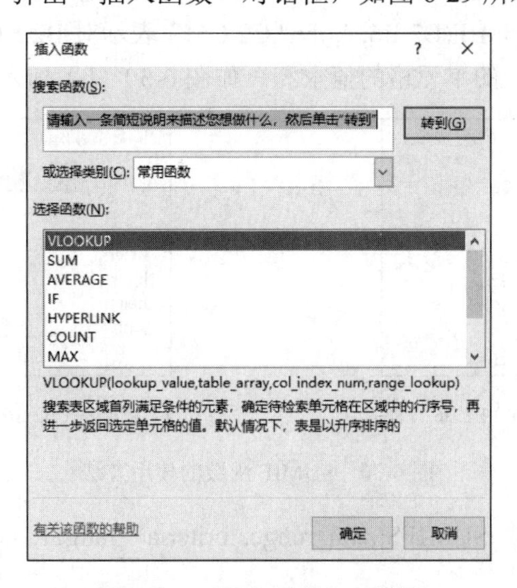

图 6-29　“插入函数”对话框

3）在“或选择类别”下拉列表中选择函数类别，或者在“搜索函数”文本框中输入函数的简单描述（如“查找文件”或函数名）后单击“转到”按钮。

4）在“选择函数”列表框中选择所需的函数名，单击“确定”按钮。

5）弹出“函数参数”对话框，输入参数。

（3）修改函数

双击包含函数的单元格，进入编辑状态，对函数参数进行修改后按 Enter 键确认。

4. Excel 中常用函数介绍

（1）求和函数 SUM(number1,[number2],…)

功能：将指定的参数 number1、number2、…相加求和。

参数说明：至少需要包含一个参数 number1。每个参数都可以是单元格区域、单元格引用、数组、常量、公式或另一个函数的结果。

例如，“=SUM(A1:A5)”是将 A1～A5 单元格中所有数值相加，“=SUM(A1,A3,A5)”是将 A1、A3 和 A5 单元格中的数字相加。

（2）条件求和函数 SUMIF(range,criteria,[sum_range])

功能：对指定单元格区域中符合指定条件的值求和。

参数说明：

1）range：必需的参数，用于条件计算的单元格区域。

2）criteria：必需的参数，求和的条件，其形式可以为数字、表达式、单元格引用、文本或函数。例如，条件可以表示为 12、">0"、B5、"blue"、"苹果"或 TODAY( )。

提示：在函数中任何文本条件或任何含有逻辑或数学符号的条件都必须使用双引号引起来。如果条件为数字，则无须使用双引号。

3）sum_range：可选参数，要求和的实际单元格。如果 sum_range 参数被省略，Excel 会对在 range 参数中满足条件的单元格求和。

例如，“= SUMIF(B2:B6, ">8")”表示对 B2:B6 单元格区域大于 8 的数值进行相加，如图 6-30（a）所示；“= SUMIF(B2:B6, "john",C2:C6)”表示对 B2:B6 单元格区域中等于 john 的单元格对应的 C2:C6 中的单元格的值求和，如图 6-30（b）所示。

fx =SUMIF(D2:D6,">8")

D	E
15	
3	
9	
0	
8	
24	

（a）= SUMIF（B2:B6, ">8"）

fx =SUMIF(D2:D6,"john",E2:E6)

D	E	F
john	15	
helen	3	
louis	9	
helen	0	
john	8	
	23	

（b）= SUMIF（B2:B6, "john",C2:C6）

图 6-30 SUMIF 函数的使用方法

（3）多条件求和函数 SUMIFS(sum_range, criteria_ range1, criteria1,[criteria_ range2, criteria2], …)

功能：对指定单元格区域中满足多个条件的单元格求和。

参数说明：

1）sum_range：必需的参数，求和的实际单元格区域。

2）criteria_range1：必需的参数，在其中计算关联条件的第一个区域。

3）criteria1：必需的参数，求和的条件，其形式可以为数字、表达式、单元格引用或文本，可以用来定义将对 criteria_ range1 参数中的哪些单元格求和。

4）criteria_range2, criteria2, …：可选参数，附加的区域及其关联条件，最多允许 127 个区域/条件对。

其中，每个 criteria_ range 参数区域包含的行数和列数必须与 sum_range 参数相同。

例如，“= SUMIFS(A1:A35, B1:B35, ">0", C1:C35, "<15")”表示对 A1:A35 单元格区域中符合以下条件的单元格的数值求和：B1:B35 单元格区域中相应的数值大于 0 且 C1:C35 单元格区域中相应的数值小于 15。

（4）绝对值函数 ABS(number)

功能：返回数值 number 的绝对值，number 为必需的参数。

例如，“=ABS(−3)”表示求−3 的绝对值，结果为 3。

（5）向下取整函数 INT(number)

功能：将数值 number 向下舍入到最接近的整数，number 为必需的参数。

例如，“=INT(5.8)”表示将 5.8 向下舍入到它最接近的整数，结果为 5；“=INT(−5.8)”结果为−6。

（6）四舍五入函数 ROUND(number,num_digits)

功能：将指定数值 number 按指定位数 num_digits 进行四舍五入。

例如，“=ROUND(25.7836,2)”表示将数值 25.7836 四舍五入为小数点后两位，结果为 25.78。

如果希望始终进行向上舍入，可使用 ROUNDUP 函数；如果希望始终进行向下舍入，则应使用 ROUNDDOWN 函数。

（7）取整函数 TRUNC(number,[num_digits])

功能：将指定数值 number 的小数部分截去，返回整数。num_digits 为取整精度，默认为 0。

例如，“=TRUNC(6.12345,3)”表示取 6.12345 的小数前 3 位部分，结果为 6.123。

（8）垂直查询函数 VLOOKUP(lookup_value,table_array,col_index_num,[range_lookup])

功能：搜索指定单元格区域的第一列，然后返回该区域相同行上任何指定单元格中的值。

参数说明：

1）lookup_value：必需的参数，要在表格或区域的第 1 列中搜索到的值。

2）table_array：必需的参数，要查找的数据所在的单元格区域，table_array 第 1 列中的值就是 lookup_value 要搜索的值。

3）col_index_num：必需的参数，最终返回数据所在的列号。当 col_index_num 为 1 时，返回 table_array 第 1 列中的值；当 col_index_num 为 2 时，返回 table_array 第 2 列中的值，依此类推。如果 col_index_num 小于 1，则 VLOOKUP 函数返回错误值“#VALUE!”；如果大于 table_array 的列数，则 VLOOKUP 函数返回错误值“#REF!”。

4）range_lookup：可选参数，一个逻辑值，取值为 TRUE 或 FALSE，指定希望 VLOOKUP 函数查找精确匹配值还是近似匹配值：如果 range_lookup 为 FALSE 或 0，则返回精确匹配值；如果 range_lookup 为 TRUE 或被省略，则返回近似匹配值。

当 range_lookup 取值为 FALSE 或 0 时，如果 table_array 的第 1 列中有两个或更多值与 lookup_value 匹配，则使用第一个找到的值；如果找不到精确匹配值，则返回错误值“#N/A”。如果 range_lookup 参数为 TRUE 或忽略，VLOOKUP 函数则返回近似匹配值；如果找不到精确匹配值，则返回小于 lookup_value 的最大值。

如果 range_lookup 为 TRUE 或被省略，则必须按升序排列 table_array 第 1 列中的值，否则 VLOOKUP 函数可能无法返回正确的值；如果 range_lookup 为 FALSE，则不需要对 table_array 第 1 列中的值进行排序。

例如，“=VLOOKUP(1,B2:D10,2,0)”要查找的为 B2:D10 单元格区域，因此 B 列为第 1 列，C 列为第 2 列，D 列则为第 3 列，表示使用精确匹配搜索 B 列（第 1 列）中的值 1。如果 B 列中没有 1，则返回一个错误值“#N/A”；如果找到了，就返回该行对应的 C 列的值。

再如，“=VLOOKUP(0.7,A2:C10,3)”表示使用近似匹配在 A 列中搜索值 0.7。如果 A 列中没有 0.7 这个值，则近似找到 A 列中小于 0.7 的最大值，然后返回同一行中 C 列（第 3 列）的值。

（9）逻辑判断函数 IF(logical_test,[value_if_true],[value_if_false])

功能：如果指定条件的计算结果为 TRUE，IF 函数将返回某个值；如果该条件计算结果为 FALSE，则返回另一个值。

在 Excel 2016 中，最多可以使用 64 个 IF 函数进行嵌套，以构建更复杂的测试条件。也就是说，IF 函数也可以作为 value_if_true 和 value_if_false 参数包含在另一个 IF 函数中。

参数说明：

1）logical_test：必需的参数，作为判断条件的任意值或表达式。

2）value_if_true：可选参数，logical_test 参数的计算结果为 TRUE 时所要返回的值。

3）value_if_false：可选参数，logical_test 参数的计算结果为 FALSE 时所要返回的值。

例如，“=IF(A2>=60, "及格", "不及格")”表示如果 A2 单元格的值不小于 60，则显示“及格”字样，否则显示“不及格”字样。

（10）当前日期和时间函数 NOW( )

功能：返回当前日期和时间。

参数说明：该函数没有参数，返回的是当前计算机系统的日期和时间。

（11）指定日期对应的年份函数 YEAR(serial_number)

功能：返回指定日期对应的年份，返回值为 1900～9999 的整数。

参数说明：serial_number 为必需的参数，是一个日期值，其中包含要查找的年份。

例如，“=YEAR(A2)”，当在 A2 单元格中输入日期 2008/12/27 时，该函数返回年份 2008。

注意：公式所在的单元格不能是日期格式。

（12）当前日期函数 TODAY( )

功能：返回今天的日期。

参数说明：该函数没有参数，返回的是当前计算机系统的日期。

（13）平均值函数 AVERAGE(number1,[number2], …)

功能：求指定参数 number1、number2、…的算术平均值。

参数说明：至少需要包含一个参数 number1，最多可包含 255 个。

例如，“= AVERAGE(A2:A6)”表示对 A2:A6 单元格区域中的数值求平均值。

（14）条件平均值函数 AVERAGEIF(range,criteria,[average_range])

功能：对指定区域中满足给定条件的所有单元格中的数值求算术平均值。

参数说明：

1）range：必需的参数，用于条件计算的单元格区域。

2）criteria：必需的参数，求平均值的条件，其形式可以为数字、表达式、单元格引用、文本或函数。

3）average_range：可选参数，要计算平均值的实际单元格。如果 average_range 参数省略，Excel 会对 range 参数中指定的单元格求平均值。

例如，“=AVERAGEIF(A2:A5, "<5000")”表示求 A2:A5 单元格区域中小于 5000 的数值的平均值；“=AVERAGEIF(A2:A5, ">5000",B2:B5)”表示对 B2:B5 单元格区域中与 A2:A5 单元格区域中大于 5000 的单元格对应的单元格中的值求平均值。

（15）多条件平均值函数 AVERAGEIFS(average_range, criteria_range1, criteria1, [criteria_range2, criteria2], …)

功能：对指定区域中满足多个条件的所有单元格中的数值求算术平均值。

参数说明：

1）average_range：必需的参数，要计算平均值的实际单元格区域。

2）criteria_range1，criteria_range2，…：在其中计算关联条件的区域，其中，criteria_range1 是必需的，criteria_range2 等是可选的，最多可以有 127 个区域。

3）criteria1，criteria2，…：求平均值的条件，其中，criteria1 是必需的，criteria2 等是可选的。

其中，每个 criteria_ range 的大小和形状必须与 average_range 相同。

例如，“=AVERAGEIFS(A1:A15,B1:B15,">60",C1:C15, "<90")”表示对 A1:A15 单元格区域中符合以下条件的单元格的数值求平均值：B1:B15 单元格区域中数值大于 60 且 C1:C15 单元格区域中相应数值小于 90。

（16）计数函数 COUNT(value1,[value2], …)

功能：统计指定区域中包含数值的个数，只对包含数字的单元格进行计数。

参数说明：至少包含一个参数，最多可包含 255 个。

例如，“=COUNT(A2:A8)”表示统计 A2:A8 单元格区域中包含数值的单元格个数。

（17）计数函数 COUNTA(value1,[value2], …)

功能：统计指定区域中不为空的单元格个数，可对包含任何类型信息的单元格进行计数。

参数说明：至少包含一个参数，最多可包含 255 个。

例如，“=COUNTA(A2:A8)”表示统计 A2:A8 单元格区域中非空单元格的个数。

（18）条件计数函数 COUNTIF(range,criteria)

功能：统计指定区域中满足单个指定条件的单元格个数。

参数说明：

1）range：必需的参数，计数的单元格区域。

2）criteria：必需的参数，计数的条件。条件的形式可以为数字、表达式、单元格地址或文本。

例如，“=COUNTIF(B2:B5,">60")”表示统计 B2:B5 单元格区域值大于 60 的单元格个数。

（19）多条件计数函数 COUNTIFS(criteria_range1, criteria1,[criteria_ range2, criteria2], …)

功能：统计指定区域内符合多个给定条件的单元格个数。可以将条件应用于跨多个区域的单元格，并计算符合所有条件的单元格个数。

参数说明：

1）criteria_range1：必需的参数，在其中计算关联条件的第一个单元格区域。

2）criteria1：必需的参数，计数的条件。条件的形式可以为数字、表达式、单元格地址或文本。

3）criteria_ range2, criteria2：可选参数，附加的区域及其关联条件，最多允许 127 个区域/条件对。

每一个附加区域都必须与参数 criteria_range1 具有相同的行数和列数，这些区域可以不相邻。

例如，“=COUNTIFS(A2:A7,">80",B2:B7, "<100")”表示统计 A2:A7 单元格区域中大于 80，同时在 B2:B7 单元格区域中小于 100 的数的行数。

（20）最大值函数 MAX(number1,[number2], …)

功能：返回一组值或指定区域中的最大值。

参数说明：至少包含一个参数，且必须是数值，最多可包含 255 个。

例如，“=MAX(A2:A6)”表示从 A2:A6 单元格区域中查找并返回最大数值。

（21）最小值函数 MIN(number1,[number2], …)

功能：返回一组值或指定区域中的最小值。

参数说明：至少包含一个参数，且必须是数值，最多可包含 255 个。

例如，“=MIN(A2:A6)”表示从 A2:A6 单元格区域中查找并返回最小数值。

（22）排位函数 RANK(number,ref,[order])、RANK.EQ (number,ref,[order])、RANK.AVG(number,ref,[order])

功能：返回一个数值在指定数值列表中的排位。RANK 函数与 Excel 2007 及早期版本兼容。如果多个值具有相同的排位，使用 RANK.AVG 函数将返回平均排位，使用 RANK 与 RANK.EQ 函数则返回实际排位。

参数说明：

1）number：必需的参数，要确定其排位的数值。

2）ref：必需的参数，要查找的数值列表所在的位置。

3）order：可选参数，指定数值列表的排列方式。如果 order 为 0 或省略，对数值的排位是基于 ref 按照降序排序的；如果 order 不为 0，对数值的排位是基于 ref 按照升序排序的。

例如，“=RANK.EQ(3.5,A2:A6,1)”表示求数值 3.5 在 A2:A6 单元格区域中的数值列表中的升序排位。

（23）文本合并函数 CONCATENATE(text1,[text2], …)

功能：将几个文本项合并为一个文本项，可最多将 255 个文本字符串连接成一个文本字符串。连接项可以是文本、数字、单元格地址或这些项目的组合。

参数说明：至少有一个文本项，最多可有 255 个，文本项之间以逗号分隔。

例如，“=CONCATENATE(B2, " ",C2)”表示将 B2 单元格中的字符串、空格字符串及 C2 单元格中的字符串连接，构成一个新的字符串。

提示：也可以用文本运算符“&”代替 CONCATENATE 函数来连接文本项。

（24）截取字符串函数 MID(text,start_num,num_chars)

功能：从文本字符串中的指定位置开始返回特定个数的字符。

参数说明：

1）text：必需的参数，包含要提取字符的文本字符串。

2）start_num：必需的参数，文本中要提取的第一个字符的位置。文本中第一个字符的位置为 1，依此类推。

3）num_chars：必需的参数，指定希望从文本字符串中提取并返回的字符个数。

例如，“=MID(B1,7,4)”表示从 B1 单元格中的文本字符串中的第 7 个字符开始提取 4 个字符。

（25）左侧截取字符串函数 LEFT(text,[num_chars])

功能：从文本字符串最左边开始返回指定个数的字符，即最前面一个或几个字符。

参数说明：

1）text：必需的参数，包含要提取字符的文本字符串。

2）num_chars：可选参数，指定要提取的字符数量。num_chars 必须不小于 0，如果省略该参数，则默认其值是 1。

例如，“= LEFT(B1,4)”表示从 B1 单元格中的文本字符串中提取前 4 个字符。

（26）右侧截取字符串函数 RIGHT(text,[num_chars])

功能：从文本字符串最右边开始返回指定个数的字符，即最后面一个或几个字符。

参数说明：

1）text：必需的参数，包含要提取字符的文本字符串。

2）num_chars：可选参数，指定要提取的字符数量。num_chars 必须不小于 0，如果省略该参数，则默认其值为 1。

例如，“=RIGHT (B1,4)”表示从 B1 单元格中的文本字符串中提取后 4 个字符。

（27）删除空格函数 TRIM(text)

功能：删除指定文本或区域中的空格。除了单词之间的单个空格外，该函数将会清除文本中所有的空格。在从其他应用程序中获取带有不规则空格文本时，可以使用该函数清除空格。

参数说明：text 为必需的参数，表示要删除空格的文本串。

例如，“=TRIM(" 第 1 季 度 ")”表示删除文本的前导空格、尾部空格及字间空格。

（28）字符个数函数 LEN(text)

功能：统计并返回指定文本字符串中的字符个数。

参数说明：text 为必需的参数，代表要统计其长度的文本。空格也将作为字符进行计数。

例如，“=LEN(B1)”表示统计位于 B1 单元格中的字符串长度。

5. 公式中的错误信息

输入计算公式后，经常因为输入错误而使系统看不懂该公式，会在单元格中显示错误信息。例如，在需要数字的公式中使用了文本、删除了被公式引用的单元格等。下面列出了一些常见的错误信息、可能产生的原因和解决方法。

（1）####

错误原因：输入单元格中的数值太长或公式产生的结果太长，单元格容纳不下。

解决方法：适当增加列宽。

（2）#DIV/0!

错误原因：除数为 0。在公式中，除数使用了指向空白单元格或者包含 0 值的单元格引用。

图 6-31　错误信息的“智能标记”下拉列表

解决方法：修改单元格引用，或者在用作除数的单元格中输入不为 0 的值。

在 Excel 2016 中，当单元格中出现错误信息时，会在单元格左侧显示一个“智能标记”按钮。单击该按钮，打开如图 6-31 所示的下拉列表，可从中获得错误的帮助信息。

（3）#N/A

错误原因：在函数和公式中没有可用的数值可以引用。当公式中引用某个单元格时，如果该单元格暂时没有数值，可能会造成计算错误。因此，可以在该单元格中输入“#N/A”，则所有引用该单元格的公式均会出现“#N/A”，避免让用户误认为已经计算出正确答案。

解决方法：检查公式中引用的单元格的数据，并正确输入。

（4）#NAME?

错误原因：公式中使用的名称拼写错误或者使用了不存在的名称。当在公式中输入错误单元格或尚未命名过的区域名称时，如本来要输入“=SUM(A2:A3)”，结果输入为“=SUM(A2A3)”，系统会将 A2A3 当作一个已命名的区域名称，可是用户并未对该区域命名，系统并不认识 A2A3 这一名称，因此会出现错误信息。

解决方法：确认使用的名称确实存在。如果还没有定义所需的名称，应添加相应的名称；如果名称存在拼写错误，应修改拼写错误。

（5）#NULL!

错误原因：使用了不正确的区域运算或者不正确的单元格引用，当公式中指定以数字区域间互相交叉的部分进行计算时，指定的各个区域间并不相交。例如，“=SUM(A2:A4 C2:C5)”，两个区域间没有相交的单元格。

解决方法：如果要引用两个不相交的单元格区域，应使用联合运算符（逗号）。例如，要对两个单元格区域的数据进行求和，应确认在引用这两个单元格区域时使用了逗号。例如，“=SUM(A2:A4,C2:C5)”，如果没有使用逗号，则应重新选中两个相交的单元格区域。

（6）#NUM！

错误原因：在需要数字参数的函数中使用了不能接受的参数或公式产生的数字太大或者太小，Excel 不能表示。例如，“=SQRT(−2)”，即计算−2 的平方根，因为负数无法开方，所以会出现“NUM！”的错误信息。

解决方法：检查数字是否超出限定区域，以及函数内的参数是否正确。

（7）#REF！

错误原因：删除了由其他公式引用的单元格或者将移动单元格粘贴到由其他公式引用的单元格中。

解决方法：检查引用单元格是否被删除。

（8）#VALUE！

错误原因：需要数字或逻辑值时输入了文本，Excel 不能将文本转换为正确的数据类型。例如，“=2+"3+4"”，系统会将"3+4"视为文字，与数字 2 相加时，就会出现“#VALUE！”的错误信息。

解决方法：确认公式、函数所需的运算符或参数正确，并且公式引用的单元格中包含有效的数值。

实施步骤

第 1 步：

1）单击工作表标签“年度销售统计”，将其切换为当前工作表。

2）单击 A3 单元格，按 Ctrl+A 组合键，选中整个数据列表 A3:K384。

3）选择“插入”选项卡→“表格”选项组，单击“表格”按钮，弹出“创建表”对话框，如图 6-32 所示。

4）单击“确定”按钮，将选中单元格区域创建为“表”的同时套用一个表格格式。

5）选择“设计”选项卡→“属性”选项组，将“表名称”更改为“销售列表”，如图 6-33 所示。

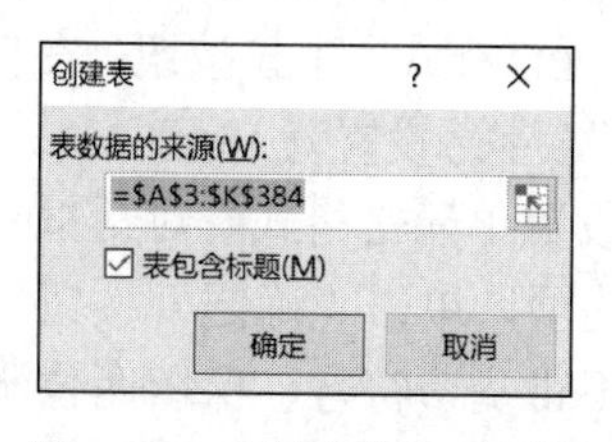

图 6-32　“创建表”对话框

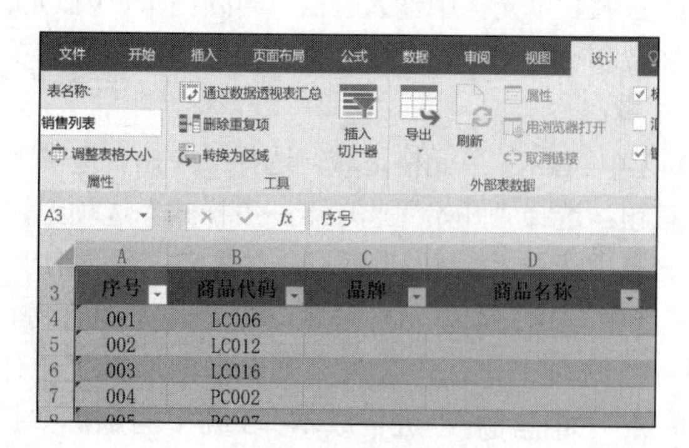

图 6-33　更改表名称

6）选择“数据”选项卡→“排序和筛选”选项组，单击“筛选”按钮，退出自动筛选状态。

第 2 步：

1）获取品牌。在 C4 单元格中输入公式“=VLOOKUP([@商品代码],品名,2,FALSE)”，按 Enter 键确认。其中，“[@商品代码]”为单击 B4 单元格中的商品代码时自动产生的结构化引用，也可以直接输入该名称；“品名”为对事先定义好的名称的引用；参数 FALSE 表示精确匹配。

2）获取商品名称。在 D4 单元格中输入公式“=VLOOKUP([@商品代码],品名,3,FALSE)”，按 Enter 键确认。其中，“3”表示返回“品名”工作表的第 3 列。

3）获取商品的销售单价。在 I4 单元格中输入公式“=VLOOKUP([@商品代码],价格,2,FALSE)”，按 Enter 键确认。由于价格表未按商品代码进行升序排列，因此此处 VLOOKUP 函数中的参数必须选择 FALSE，否则引用结果会出错。

第 3 步：商品代码的前两位字母代表商品类别，它们的对应关系如表 6-1 所示。

表 6-1　商品代码的前两位字母与商品类别对应关系

商品代码的前两位字母	商品类别
NC（笔记本）、PC（台式机）、TC（平板电脑）	计算机
TV	电视
AC	空调
RF	冰箱
HW	热水器
WM	洗衣机

在 E4 单元格中输入公式“=IF(LEFT([@商品代码],2)="TV","电视",IF(LEFT([@商品代码],2)="AC","空调",IF(LEFT([@商品代码],2)="RF","冰箱",IF(LEFT([@商品代码],2)="HW","热水器",IF(LEFT([@商品代码],2)="WM","洗衣机","计算机")))))”，按 Enter 键确认。这是一个 IF 函数的多层嵌套应用，其中，LEFT 函数用于从商品代码中截取前两个字符。

第 4 步：计算销售额和进货成本。其中，销售额=销量×销售单价，进货成本=销量×进价。

1）在 J4 单元格中输入公式“=[@销量]*[@销售单价]”，按 Enter 键确认。

2）在 K4 单元格中输入公式“=[@销量]*VLOOKUP([@商品代码],价格,3,FALSE)”，其中 VLOOKUP 函数用于从价格表中获取进货单价。

第 5 步：

1）选中 A1:K1 单元格区域，选择“开始”选项卡→“对齐方式”选项组，单击“合并后居中”按钮；选择“开始”选项卡→“样式”选项组，单击“单元格样式”下拉按钮，在打开的下拉列表中选择“标题 1”样式，并将字体设置为“微软雅黑”，字号设置为 18 磅。

2）选中 I4:K384 单元格区域，按 Ctrl+1 组合键，弹出“设置单元格格式”对话框。选择“数字”选项卡，在“分类”列表框中选择“会计专用”选项，单击“确定”按钮，将“销售单价”“销售额”“进货成本”3 列中的金额数据设置为不带货币符号、保留两位小数的会计专用数字格式。

3）双击 D 列列标的右边线，把 D 列自动调整到合适的列宽，使品名显示完整。

4）将“品牌”“商品类别”列的数据居中对齐。

5）还可以根据需要适当调整其他列的列宽、行高、字体等，使之更适合查阅。最终结果如图 6-34 所示。

利万家连锁店2019年家电销售统计表

序号	商品代号	品牌	商品名称	商品类别	销售日期	分店	销量	销售单价	销售额	进货成本
001	LC006	Apple	MacBook Pro MJLQ2CH/A 15.4英寸笔记本电脑	计算机	2019年1月3日	[illegible]	44	12388.00	545072.00	[illegible]
002	LC012	戴尔	Dell Ins15CR 4528B 15.6英寸笔记本电脑	计算机	2019年1月8日	[illegible]	52	3149.00	[illegible]	[illegible]
003	LC018	戴尔	[illegible]	计算机	2019年1月10日	[illegible]	31	[illegible]	[illegible]	[illegible]
004	[illegible]	Apple	[illegible] iMac 21.5英寸一体机 银色	计算机	2019年1月12日	[illegible]	22	9188.00	[illegible]	168761.68
005	PC007	戴尔	Dell XPS 8900-R17N8 台式主机	计算机	2019年1月15日	[illegible]	32	[illegible]	[illegible]	[illegible]
006	PC014	联想	lenovo C4030 23英寸一体机 白色	计算机	2019年1月21日	[illegible]	[illegible]	[illegible]	[illegible]	[illegible]
007	TC004	Apple	iPad Air WLAN 32GB 银色	计算机	2019年1月23日	[illegible]	40	3108.00	124320.00	[illegible]
008	TC011	微软	Microsoft Surface Pro 4 12.3英寸平板电脑	计算机	2019年1月28日	[illegible]	40	7388.00	295520.00	266905.8
009	TC015	华硕	ASUS ME581C 8英寸平板	计算机	2019年1月30日	[illegible]	18	1229.00	22122.00	18113.4
010	TV004	康佳	KONKA LED32E320N 液晶电视	电视	2019年2月4日	[illegible]	18	1799.00	32364.00	27159.12
011	TV007	创维	32E5CHR 32英寸LED液晶电视	电视	2019年2月7日	[illegible]	50	1699.00	84950.00	72133.5
012	TV014	索尼	SONY KLV 40R476A平板电视	电视	2019年2月12日	[illegible]	32	3899.00	124768.00	109748.48
013	TV015	康佳	KONKA LED42E320N平板电视	电视	2019年2月14日	[illegible]	20	2998.00	59960.00	[illegible]
014	AC004	TCL	KFRd 25GW/FC23	空调	2019年2月19日	[illegible]	10	1769.00	17690.00	[illegible]
015	AC009	[illegible]	KFR 3.1KW/M 1P空调	空调	2019年2月21日	[illegible]	24	3799.00	91176.00	81111.12
016	AC014	海信	Hisense KFR 35GW/ER01N2空调	空调	2019年2月26日	[illegible]	34	2379.00	80886.00	69702.78
017	AC019	志高	CHIGO KFR 25GW/B104+N2空调	空调	2019年3月1日	[illegible]	14	2179.00	30506.00	25604.32
018	RF006	海尔	Haier BCD 190TMPK 冰箱	冰箱	2019年3月7日	[illegible]	16	1299.00	20784.00	16803.52
019	RF008	海尔	[illegible]	冰箱	2019年3月11日	[illegible]	10	[illegible]	[illegible]	[illegible]
020	RF015	美菱	MeiLing BCD-206L3CT冰箱	冰箱	2019年3月11日	[illegible]	12	1490.00	17880.00	14286.21
021	RF020	西门子	SIEMENS KG23N1116W冰箱	冰箱	2019年3月18日	[illegible]	14	2799.00	39186.00	[illegible]
022	WH004	海尔	Haier 21 10升天然气热水器	热水器	2019年3月21日	[illegible]	22	1298.00	[illegible]	[illegible]
023	WH009	海尔	Haier JSQ24-A2(12T)燃气热水器	热水器	2019年3月22日	[illegible]	52	1998.00	103896.00	[illegible]
024	WH013	美的	Midea F05-15A(S)小厨宝	热水器	2019年3月27日	[illegible]	28	399.00	11172.00	9231.32
025	WH017	能率	NORITZ GQ-1350FE 13升 燃气热水器	热水器	2019年3月30日	[illegible]	42	2598.00	109116.00	91395.28
026	AC019	志高	CHIGO KFR-25GW/B104+N2空调	空调	2019年4月1日	[illegible]	14	2179.00	30506.00	25604.32
027	WM001	LG	WD T12430D 6公斤滚筒洗衣机	洗衣机	2019年4月4日	[illegible]	42	2599.00	109158.00	[illegible]
028	WM005	德尔玛	Deerma 双层洗衣机	洗衣机	2019年4月8日	[illegible]	38	108.88	4137.44	3103.84
029	WM005	德尔玛	Deerma 双层洗衣机	洗衣机	2019年4月8日	[illegible]	38	108.88	4137.44	3103.84

年度销售统计　品名　价格

图 6-34　整理完成后的销售统计表

任务 6.3　创建并编辑迷你图

本任务在独立工作表中对每个分店各商品类别的销售情况进行统计汇总，并通过迷你图进行简单比较。

学习目标

【技能目标】

- 掌握运用“高级筛选”选出不重复记录的方法。
- 掌握行列转置的复制粘贴方法。
- 掌握在公式中不使用“表”名的方法。
- 掌握以万为单位显示数值的方法。
- 掌握使用迷你图比较数据的方法。

【知识目标】

学会以下知识点：

- 创建并编辑迷你图。

任务要求

- 插入一个新工作表并重命名为“迷你图分析”，使用高级筛选，从工作表“年度销售汇总”中筛选出所有的商品类别名称和所有的分店名称。
- 把分店名称所在的 C3:C6 单元格区域内容改为自 C2 单元格开始向右填充，即改纵向排列为横向排列。加粗标题的字体，调整 C:F 列的列宽。
- 由于对“表”的结构化引用不能实现绝对引用，因此在公式中不使用“表”名。

- 在 B1 单元格中输入表格标题“各分店各类商品全年销售额汇总”，跨列居中，适当调整字体、字号，同时在 G1 单元格中输入“单位：万元”。在 C3:F8 单元格区域内汇总出各分店各类商品的销售额，在 B9 单元格中输入“合计”，在 C8:F8 单元格区域中计算每个分店的合计销售额。
- 设置 C3:F9 单元格区域内的数值以万为单位显示，保留一位小数。
- 在 G2 单元格中输入列标题文本“迷你图”，加粗并居中对齐。在 G3 单元格中插入以 C3:F3 单元格区域为数据源的迷你图，并把迷你图填充到 G3:G9 单元格区域。在迷你图中显示最高点和最低点标记，使每个迷你图的外观样式、标记颜色、线条粗细等互不相同。将 G9 单元格中的迷你图改为柱形图，并设置它的纵坐标轴的最小值为 100。

知识准备

迷你图是插入工作表单元格中的微型图表，可提供数据的直观显示。使用迷你图可以显示一系列数值的趋势（如季节性增加或减少、经济周期等），还可以突出显示最大值和最小值。

1. 迷你图的特点与作用

与 Excel 工作表中的图表不同，迷你图不是对象，它实际上是一个嵌入在单元格中的微型图表。因此，可以在单元格中输入文本并使用迷你图作为其背景。

如果输入行或列中的数据逻辑性很强，很难一眼看出数据的分布形态，那么在数据旁边插入迷你图，就可以通过清晰简明的图形显示相邻数据的趋势，且迷你图只需要占用少量空间。当数据发生更改时，可以立即在迷你图中看到相应的变化。

除了可以为一行或一列数据创建一个迷你图之外，还可以通过选择与基本数据相对应的多个单元格来同时创建若干个迷你图。通过在包含迷你图的单元格上使用填充柄，也可以为以后添加的数据行（或列）创建迷你图。

另外，在打印包含迷你图的工作表时，迷你图将会被同时打印。

2. 创建迷你图

下面通过为案例文件夹中的“南京景区客流量”工作簿插入迷你图为例来介绍如何创建一个迷你图。

1）打开一个工作簿文件，输入相关数据，此处打开案例文件夹中的“南京景区客流量”。

2）单击 Sheet1 工作表，在 H2 单元格中输入“迷你图趋势”，在要插入迷你图的单元格中单击，此处单击 H3 单元格。

3）选择“插入”选项卡→“迷你图”选项组，选择迷你图的类型。创建迷你图可以选择的类型包括“折线图”“柱形图”“盈亏”，此处单击“折线图”按钮，弹出“创建迷你图”对话框，如图 6-35 所示。

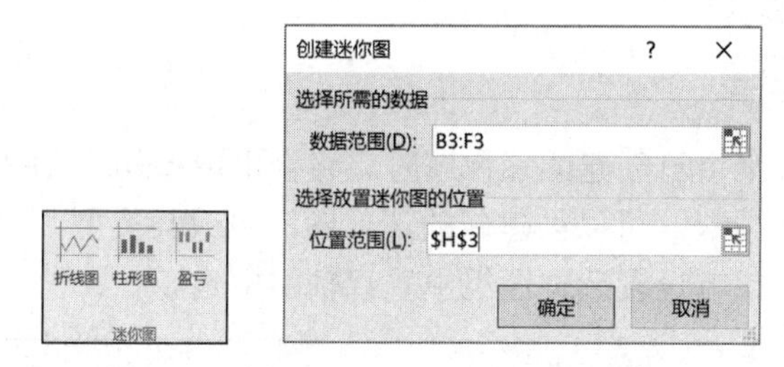

图 6-35　通过“迷你图”选项组弹出“创建迷你图”对话框

4）在“数据范围”文本框中输入包含迷你图基于的数据的单元格区域。此处选中 B3:F3 单元格区域，目的是反映 2005～2009 年的景区客流量的趋势。

5）在“位置范围”文本框中指定迷你图的放置位置，默认情况下显示已选中的单元格地址，此处不做改变。

6）单击“确定”按钮，可以看到迷你图已插入指定单元格中。

7）选择“迷你图工具-设计”选项卡→“样式”选项组，单击“迷你图颜色”下拉按钮，在打开的下拉列表中选择“粗细”→“2.25 磅”选项，将折线粗细改为 2.25 磅，如图 6-36 所示。

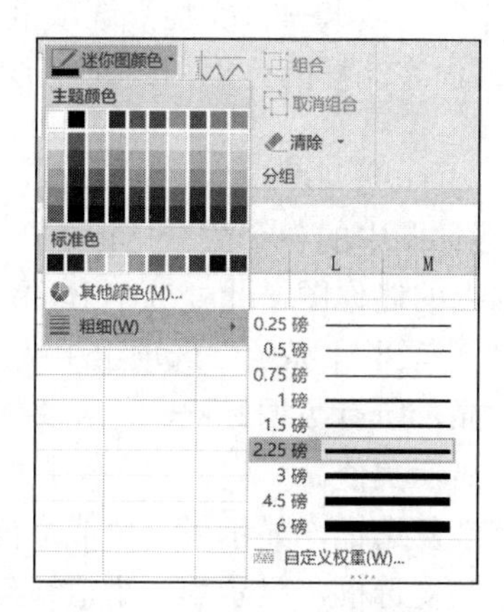

图 6-36　设置迷你图线条粗细

8）向迷你图添加文本。由于迷你图是以背景方式插入单元格中的，因此可以在含有迷你图的单元格中直接输入文本，并设置文本格式，为单元格填充背景颜色。此处，在 H4 单元格中输入公式“=A3 &"客流趋势"”，将其居中显示，应用一个带有背景的单元格样式，并调大字号，效果如图 6-37 所示。

景区	2017年	2018年	2019年	2020年	2021年	平均客流量	迷你图趋势
中山陵	201.4	211.5	223.2	256.4	356.5	249.8	中山陵客流趋势

图 6-37　为客流量系列添加迷你图的效果

9）填充迷你图。如果相邻区域还有其他数据系列，那么拖动迷你图所在单元格的填充柄，可以像复制公式一样填充迷你图。此处，向下拖动 H3 单元格的填充柄到 H7 单元格，可以生成各个景区历年客流趋势的迷你图。

3. 改变迷你图的类型

当在工作表中选择某个已创建的迷你图时，将会出现图 6-38 所示的“迷你图工具-设计”选项卡。通过该选项卡，可以创建新的迷你图，更改其类型，设置其格式，显示或隐藏迷你图上的数据点，或者设置迷你图组中垂直轴的格式。

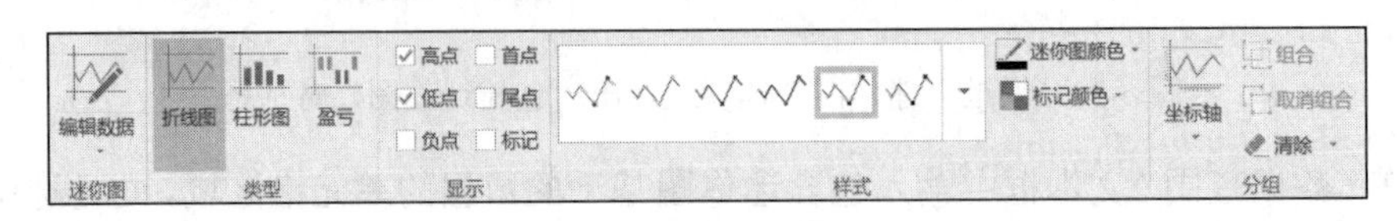

图 6-38 “迷你图工具-设计”选项卡

1）取消图组合。由于是以拖动填充柄的方式生成的系列迷你图，因此默认情况下这组图被自动组合成一个图组。选择要取消组合的图组，此处选中 H3:H7 单元格区域，选择“迷你图工具-设计”选项卡→“分组”选项组，单击“取消组合”按钮，取消图组合，否则将会成组改变其类型。

2）单击要改变类型的迷你图，此处选中 H7 单元格中的折线图。

3）选择“迷你图工具-设计”选项卡→“类型”选项组，选择改变后的类型。此处单击“柱形图”按钮，将反映栖霞山客流量的迷你图改为柱形图。

4. 突出显示数据点

可以通过设置来突出显示迷你图中的各个数据标记。

1）选择需要突出显示数据点的迷你图，此处选中 H3 单元格，对迷你图进行设置。

2）在“迷你图工具-设计”选项卡“显示”选项组中按照需要进行下列设置：

① 选中“标记”复选框，显示所有数据标记。

② 选中“负点”复选框，显示负值。

③ 选中“高点”或“低点”复选框，显示最高值或最低值。

④ 选中“首点”或“尾点”复选框，显示第一个值或最后一个值。

此处，为中山陵迷你图设置显示“高点”和“低点”两个值。

3）取消选中相应复选框，将隐藏指定的一个或多个标记。

5. 设置迷你图样式和颜色

1）选择要设置格式的迷你图，此处选中 H3 单元格中的中山陵迷你图。

2）应用预定义的样式。选择“迷你图工具-设计”选项卡→“样式”选项组，单击应用某个样式。通过该选项组右下角的“更多”按钮可查看其他样式。

3）定义迷你图及标记的颜色。选择“迷你图工具-设计”选项卡→“样式”选项组，单击“迷你图颜色”下拉按钮，在打开的下拉列表中更改迷标图的颜色及线条粗细。此处将利润折线图的线条设为 2.25 磅，颜色改为紫色。

选择“迷你图工具-设计”选项卡→“样式”选项组，单击“标记颜色”下拉按钮，在打开的下拉列表中为不同的标记值设定不同的颜色。此处折线图的高点设置为绿色，低点设置为红色。

6. 处理隐藏和空单元格

当迷你图引用的数据系列中含有空单元格或被隐藏的数据时，可指定处理该单元格的规则，从而控制如何显示迷你图，其具体操作步骤如下：

选择要进行设置的迷你图，选择“迷你图工具-设计”选项卡→“迷你图”选项组，单击“编辑数据”下拉按钮，在打开的下拉列表中选择“隐藏和清空单元格”选项，弹出“隐藏和空单元格设置”对话框，如图 6-39 所示，在该对话框中按照需要进行相关设置即可。

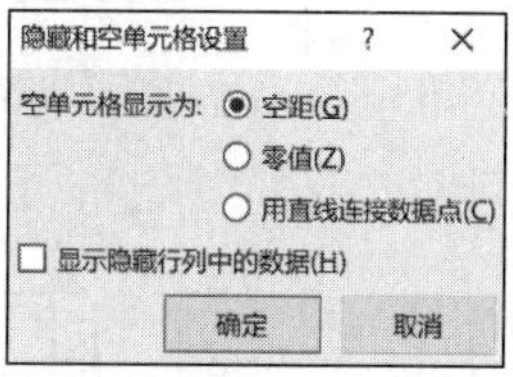

图 6-39　“隐藏和空单元格设置”对话框

7. 清除迷你图

选择要进行清除的迷你图，选择“迷你图工具-设计”选项卡→“分组”选项组，单击“清除”按钮即可。

实施步骤

第 1 步：

1）插入一个空白工作表，并重命名为“迷你图分析”。

2）单击 B2 单元格定位光标。选择“数据”选项卡→“排序和筛选”选项组，单击“高级”按钮，弹出“高级筛选”对话框。

3）将“列表区域”指定为“年度销售汇总”工作表的“商品类别”列数据区域 E3:E384（注意所选区域要包含标题行），“条件区域”保持为空。

4）选中“将筛选结果复制到其他位置”单选按钮，将“复制到”位置指定为当前工作表“迷你图分析”中的 B2 单元格。

5）选中“选择不重复的记录”复选框。

6）单击“确定”按钮，筛选出所有的商品类别名称，如图 6-40 所示。

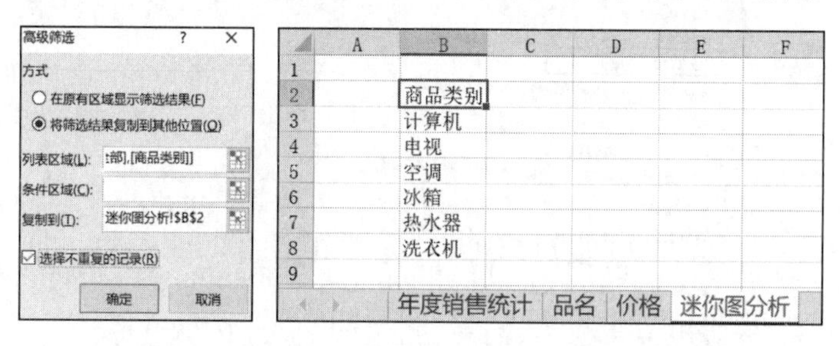

图 6-40　通过高级筛选找出所有的商品类别名称

7）采用同样的方法，从“年度销售汇总”工作表的“分店”列中筛选出所有的分店名称，放置到“迷你图分析”工作表的 C3:C6 单元格区域中。

第 2 步：

1）选中分店名称所在的 C3:C6 单元格区域，按 Ctrl+C 组合键进行复制。

2）单击 C2 单元格定位光标。选择“开始”选项卡→“剪贴板”选项组，单击“粘贴”

下拉按钮，打开下拉列表。

3）选择“粘贴”→“转置”命令，分店名称自 C2 单元格开始向右填充，如图 6-41 所示。

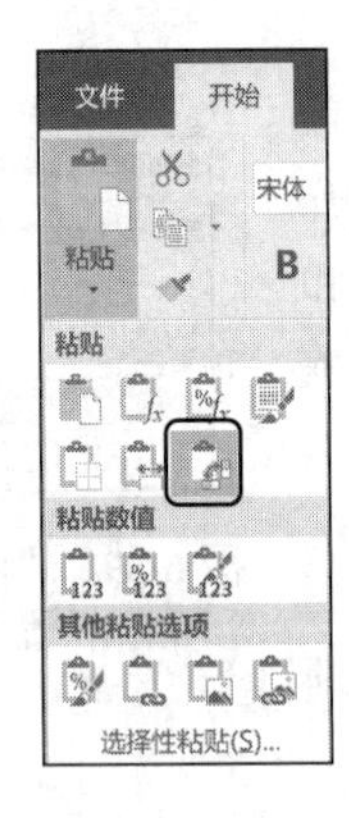

	A	B	C	D	E	F
1						
2		商品类别	日城区分店	新城区分店	西城区分店	东城区分店
3		计算机	日城区分店			
4		电视	新城区分店			
5		空调	西城区分店			
6		冰箱	东城区分店			
7		热水器				
8		洗衣机				

图 6-41　将分店名称进行行列转置

4）删除 C3:C6 单元格区域中多余的内容，加粗标题字体，调整 C:F 列的列宽。

第 3 步：由于对“表”的结构化引用不能实现绝对引用，因此必要时可以设置在公式中不使用“表”名，从而改为使用单元格地址的绝对引用。

1）选择“文件”→“选项”命令，弹出“Excel 选项”对话框，选择“公式”选项卡，在“使用公式”选项组中取消选中“在公式中使用表名”复选框，如图 6-42 所示。

图 6-42　通过“Excel 选项”对话框设置在公式中不使用表名

2）单击“确定”按钮，关闭对话框。

第 4 步：

1）在 B1 单元格中输入表格标题“各分店各类商品全年销售额汇总”，设置跨列居中并适当调整字体、字号，同时在 G1 单元格中输入文本“单位：万元”。

2）在 C3 单元格中输入下列多条件求和函数：“=SUMIFS(年度销售统计!$J$4:$J$384,年度销售统计!$E$4:$E$384,$B3,年度销售统计!$G$4:$G$384,C$2)”，按 Ctrl+Enter 组合键确认结果。

上述函数的含义是对旧城区分店全年的计算机销售额进行汇总，其中：

① 求和区域绝对引用了“年度销售汇总”工作表中的“销售额”列数据$J$4:$J$384。

② 条件区域 1 绝对引用了“年度销售汇总”工作表中的“商品类别”列数据$E$4:$E$384，相应的条件则混合引用了$B3 单元格，确保向下自动填充时变成相应的商品类别，向右自动填充时不变。

③ 条件区域 2 绝对引用了“年度销售汇总”工作表中的“分店”列数据$G$4:$G$384，相应的条件则混合引用了 C$2 单元格，确保向下自动填充时不变，向右自动填充时变成相应的分店。

3）向右拖动 C3 单元格右下角的填充柄至 F3 单元格，然后双击 F3 单元格右下角的填充柄，将公式复制到整个数据列表。因为函数中的区域引用是绝对的，条件引用是混合的，所以函数可以正确复制。

4）在 B9 单元格中输入文本“合计”，单击 C9 单元格，选择“开始”选项卡→“编辑”选项组，单击“自动求和”按钮，Excel 会自动选中 C9 单元格上方的数据区域 C3:C8，此时按 Enter 键确认即可。向右拖动 C9 单元格右下角的填充柄至 F9 单元格，计算每个分店的合计销售额。

第 5 步：通过自定义数字格式，可以在保留原数值大小的情况下将其以万为单位显示。

1）选中 C3:F9 单元格区域，选择“开始”选项卡→“数字”选项组，单击右下角的对话框启动器，弹出“设置单元格格式”对话框（或按 Ctrl+1 组合键）。

2）选择“数字”选项卡，在“分类”列表框中选择“自定义”选项。

3）在“类型”下方的文本框中输入格式代码“0!.0,”。

4）单击“确定”按钮，完成设置。

格式代码“0!.0”的含义是在一个数字的个位数与十位数之间插入一个小数点，相当于把这个数缩小了 10 倍。格式代码“0!.0,”最后的逗号表示把一个数字缩小 1000 倍，因此“0!.0,”就是缩小 1 万倍，相当于以万为单位显示。

第 6 步：

1）在 G2 单元格中输入列标题“迷你图”，加粗并居中对齐。

2）单击 G3 单元格，选择“插入”选项卡→“迷你图”选项组，单击“折线图”按钮，弹出“创建迷你图”对话框。

3）指定“数据范围”为 C3:F3 单元格区域，在“位置范围”框中指定迷你图的放置位置为 G3 单元格，如图 6-43 所示，单击“确定”按钮，迷你图即可插入指定单元格中。

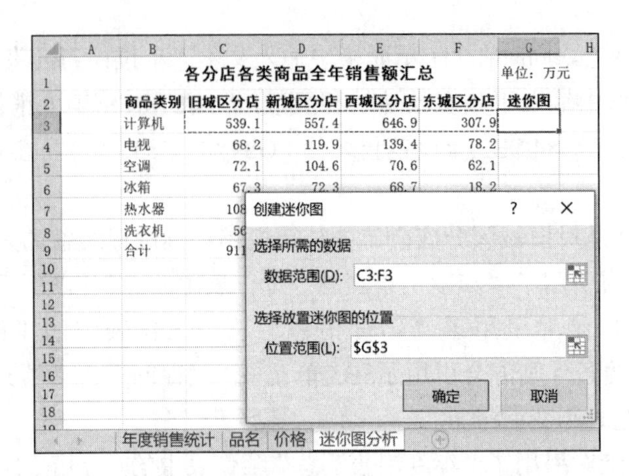

图 6-43 插入迷你图比较各分店销售额

4）拖动 G3 单元格右下角的填充柄至 G9 单元格，向下填充迷你图。

5）适当加大第 3～9 行的行高和 G 列的列宽，使迷你图清晰显示。

6）选择“迷你图工具-设计”选项卡→“显示”选项组，分别选中“高点”和“低点”复选框，令迷你图中显示最高点和最低点标记。

7）选择所有迷你图，选择“迷你图工具-设计”选项卡→“分组”选项组，单击“取消组合”按钮，使每个迷你图独立出来。

8）通过“迷你图工具-设计”选项卡“样式”选项组中的相关工具，可以改变每个迷你图的外观样式、标记颜色、线条粗细等。

9）选择 G9 单元格中的迷你图，选择“迷你图工具-设计”选项卡→“类型”选项组，单击“柱形图”按钮，改变其类型。

10）选择“迷你图工具-设计”选项卡→“分组”选项组，单击“坐标轴”下拉按钮，在打开的下拉列表中选择“纵坐标轴的最小值选项”→“自定义值”选项，在弹出的对话框中将坐标轴的最小值自定义为 100。最终效果如图 6-44 所示。

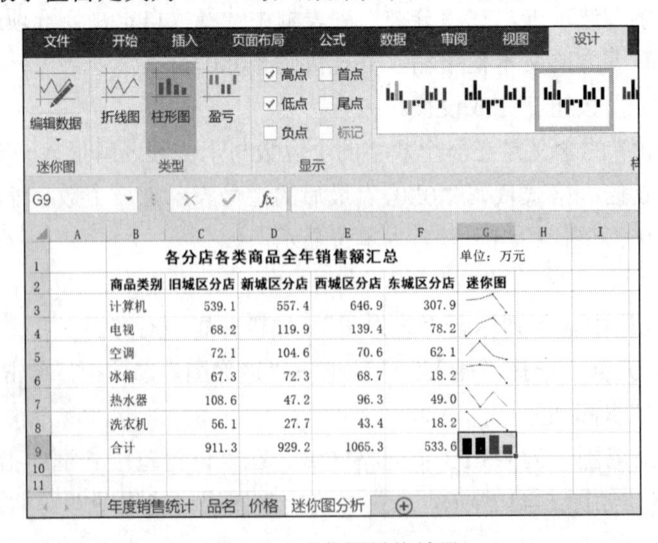

图 6-44 迷你图最终效果

任务 6.4　数据透视表

数据透视表是较常用的、功能较全的 Excel 数据分析工具之一，它有效地结合了数据排序、筛选、分类汇总等多种数据统计、分析方法的优势，是一种方便、快捷而灵活的数据分析手段。

学习目标

【技能目标】

- 掌握插入数据透视表的方法。
- 掌握数据透视表中分组的方法。
- 掌握给数据透视表添加计算字段的方法。
- 掌握更改字段名并设置数字格式的方法。
- 掌握将数据透视表按筛选字段分页显示的方法。

【知识目标】

学会以下知识点：

- 数据透视表。

任务要求

- 以“年度销售汇总”工作表中的数据为数据源，创建一个空的数据透视表，并将该工作表重命名为“数据透视表”。
- 将“品牌”和“销售日期”字段设置为“行标签”，“销售额”和“进货成本”字段设置为列标签，将“分店”字段作为报表筛选字段。将日期按“季度”进行分组，最终得到的数据透视表按季度汇总出每个品牌的销售额及成本。
- 在数据透视表中增加新的计算字段“毛利”及“毛利率”。其中，毛利=销售额-进货成本，毛利率=毛利/销售额。
- 将 A3 单元格中的“行标签”改为“季度”，B3 单元格中的字段名修改为“销售额（万元）”，C3 单元格中的字段名修改为“进货成本（万元）”，再将 D3、E3 单元格中的字段名改为“毛利（元）”和“毛利率%”。将销售额和进货成本两列数据的数字格式设置为以万为单位显示，将“毛利”列、“毛利率”列的数字格式分别设为保留两位小数的数值、保留两位小数的百分比。
- 将每个分店单独生成一份数据透视表，各分店销售情况分表列示。

知识准备

1. 建立数据透视表的目的

用户可以通过数据透视表分析、组织数据，利用它，用户可以很快地从不同角度对数据进行分类汇总。但是应该明确的是，不是所有工作表都有建立数据透视表的必要。

记录数量众多、以流水账形式记录、结构复杂的工作表，为将其中的一些内在规律显现出来，可将工作表重新组合并添加算法，即建立数据透视表。

例如，有一张工作表是一个公司员工信息一览表（包括姓名、性别、出生年月、所在部门、工作时间、政治面貌、学历、技术职称、任职时间、毕业院校、毕业时间等），不但字段（列）多，且记录（行）数众多。为此，需要建立数据透视表，以便将一些内在规律显现出来。

2. 创建数据透视表

例如，根据已建立的“南京主要景区客流量”工作表，使用数据透视表分别对每个景区、各个年份总客流量和平均客流量进行统计，其数据透视表的布局为：页为“景区”，行为“年份”，求和项为“总客流量”和“平均客流量”。

具体操作步骤如下：

1）把光标放置在 Sheet2 工作表有数据的任意一个单元格中，选择“插入”选项卡→“表格”组，单击“数据透视表”下拉按钮，在打开的下拉列表中选择“数据透视表”命令，弹出如图 6-45 所示的“创建数据透视表”对话框。

2）在“请选择要分析的数据”选项组中选中“选择一个表或区域”单选按钮；选择要进行分析的数据区域（通常系统会自动选择整个表作为数据分析区域），此处选择默认的南京主要景区客流量!$A$1:$D$26。在“选择放置数据透视表的位置”选项组中选中“新工作表”单选按钮，单击“确定”按钮。结果如图 6-46 所示，左侧从 A3 单元格起是数据透视表区域，右侧是“数据透视表字段”列表窗格。

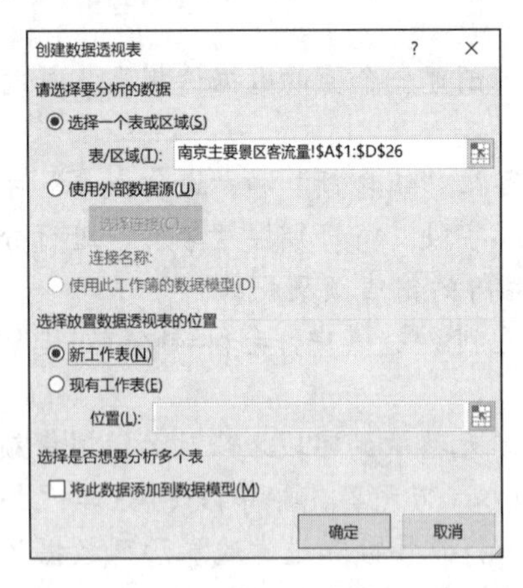

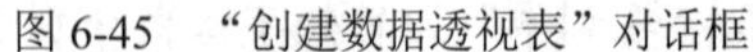
图 6-45 “创建数据透视表”对话框

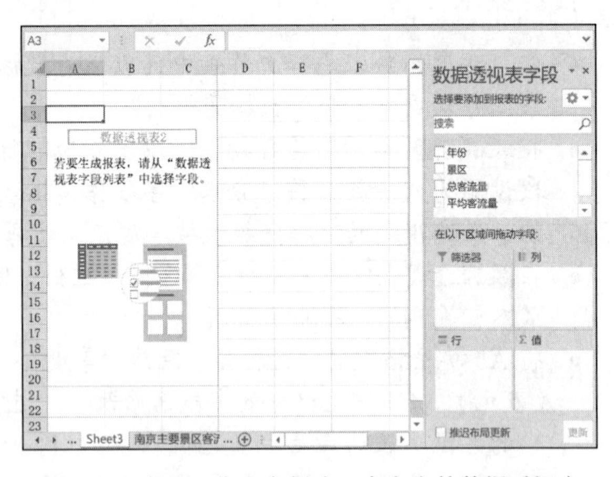

图 6-46 在新工作表中创建一个空白的数据透视表

3）首先将数据透视表的表名 Sheet3 改为“数据透视”，然后在“数据透视表字段”列表窗格的“选择要添加到报表的字段”列表框中将“景区”字段拖入“报表筛选”区域，将“年份”字段拖入“行标签”区域，将“总客流量”和“平均客流量”拖入“数值”区域，这些操作均可通过右键快捷菜单实现。

4）对新建立的表页中的数据透视表进行相应的格式设置，可以使用右键快捷菜单中的

“设置单元格格式”“数字格式”“数据透视表”等命令对其格式进行设置，得到图 6-47 所示的结果。

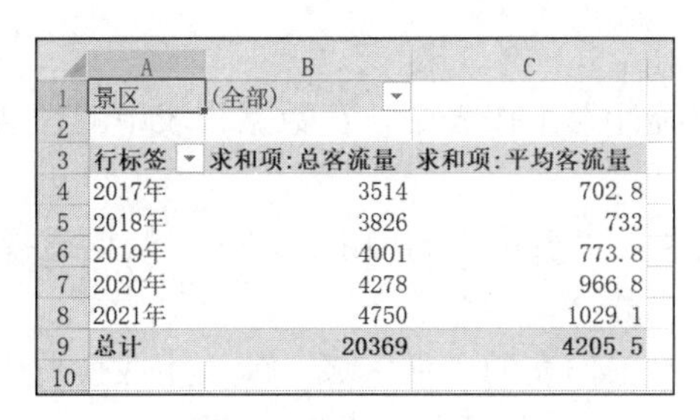

	A	B	C
1	景区	(全部)	
2			
3	行标签	求和项:总客流量	求和项:平均客流量
4	2017年	3514	702.8
5	2018年	3826	733
6	2019年	4001	773.8
7	2020年	4278	966.8
8	2021年	4750	1029.1
9	总计	20369	4205.5
10			

图 6-47　数据透视表结果

如果想要删除字段，只需要在字段列表中取消选中该字段名的复选框即可。

3. 对数据透视表进行更新和维护

选中数据透视表中的任意单元格，功能区将会出现“数据透视表工具-数据透视表分析/设计”选项卡。在“数据透视表工具-数据透视表分析”选项卡中可以对数据透视表进行多项操作，在“数据透视表工具-设计”选项卡中可以设置数据透视表的样式及布局。

（1）刷新数据透视表

在创建数据透视表之后，如果对数据源中的数据进行了更改，那么需要选择“数据透视表工具-选项”选项卡→“数据”选项组，单击“刷新”按钮，所做的更改才能反映到数据透视表中。

（2）更改数据源

如果在源数据区域中添加了新的行或列，则可以通过“更改数据源”按钮将这些行列包含到数据透视表中，其操作步骤如下：

1）选中数据透视表中的任意单元格，选择“数据透视表工具-数据透视表分析”选项卡→“数据”选项组，单击“更改数据源”按钮。

2）弹出“更改数据透视表数据源”对话框，重新选择数据源区域以包含新增的行列数据，单击“确定”按钮。

4. 设置数据透视表的格式

可以像对普通表格那样对数据透视表进行格式设置；还可以通过“数据透视表工具-设计”选项卡为数据透视表快速指定预置样式。

5. 删除数据透视表

1）在要删除的数据透视表的任意位置单击。

2）选择“数据透视表工具-数据透视表分析”选项卡→“操作”选项组，单击“选择”下拉按钮。

3）在打开的下拉列表中选择“整个数据透视表”选项。

4）按 Delete 键。

实施步骤

第 1 步：

1）切换到“年度销售统计”工作表中，在数据列表中的任意位置（如 C2 单元格）单击，定位光标。

2）选择“插入”选项卡→“表格”选项组，单击“数据透视表”按钮，弹出“创建数据透视表”对话框。

3）数据源自动取自当前工作表的当前区域，默认生成位置为“新工作表”。

4）单击“确定”按钮，Excel 将插入一个新工作表并自该表的 A3 单元格开始创建一个空的数据透视表。

5）将该工作表重命名为“数据透视表”，如图 6-48 所示。

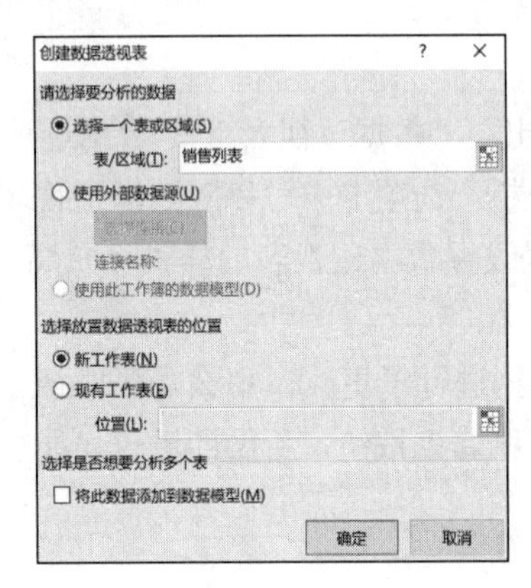

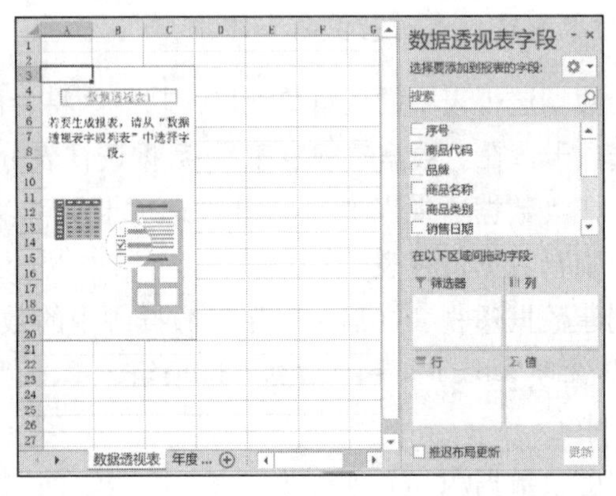

图 6-48　以销售数据为数据源创建一个新的数据透视表

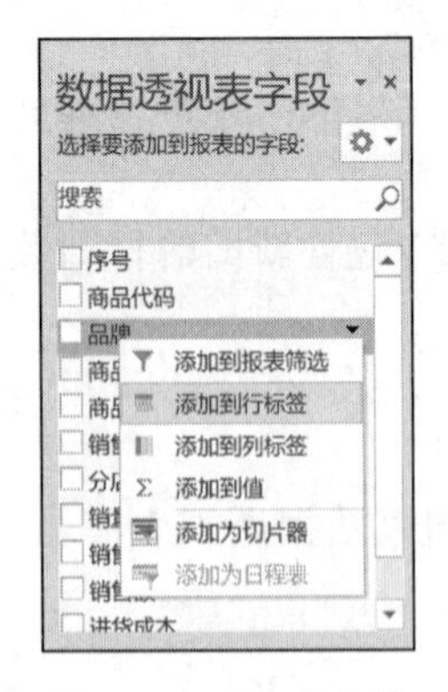

图 6-49　添加行标签

第 2 步：

1）在“数据透视表字段”列表窗格的字段列表区中右击“品牌”，在弹出的快捷菜单中选择“添加到行标签”命令，如图 6-49 所示；右击“销售日期”，在弹出的快捷菜单中选择“添加到行标签”命令，将“品牌”和“销售日期”作为行标签。

2）分别右击“销售额”和“进货成本”，在弹出的快捷菜单中选择“添加到值”命令，这两个字段将以列标签的形式插入数据透视表中并自动对数值进行求和计算。

3）右击“分店”，在弹出的快捷菜单中选择“添加到报表筛选”命令，将字段“分店”作为筛选字段。

4）在数据透视表的“行标签”下右击任意一个日期值，如右击 A11 单元格，在弹出的快捷菜单中选择“组合”命令，弹出“组合”对话框。

5）在“步长”列表框中取消对项目“月”的选择，选择“季度”。

6）单击“确定”按钮，数据透视表将按季度汇总每个品牌的销售额及成本，如图 6-50 所示。

第 3 步：可以在数据透视表中增加源数据列表中没有的新计算字段。

1）在数据透视表中的任意位置单击，以定位光标，如单击 B5 单元格。

2）选择“数据透视表工具-数据透视表分析”选项卡→“计算”选项组，单击“字段、项目和集”下拉按钮。

3）在打开的下拉列表中选择“计算字段”命令，弹出“插入计算字段”对话框。

4）在“名称”文本框中输入“毛利”；在“字段”列表框中双击“销售额”字段，在“公式”文本框中输入英文减号“-”，再双击“进货成本”字段，得到计算毛利的公式，如图 6-51 所示。

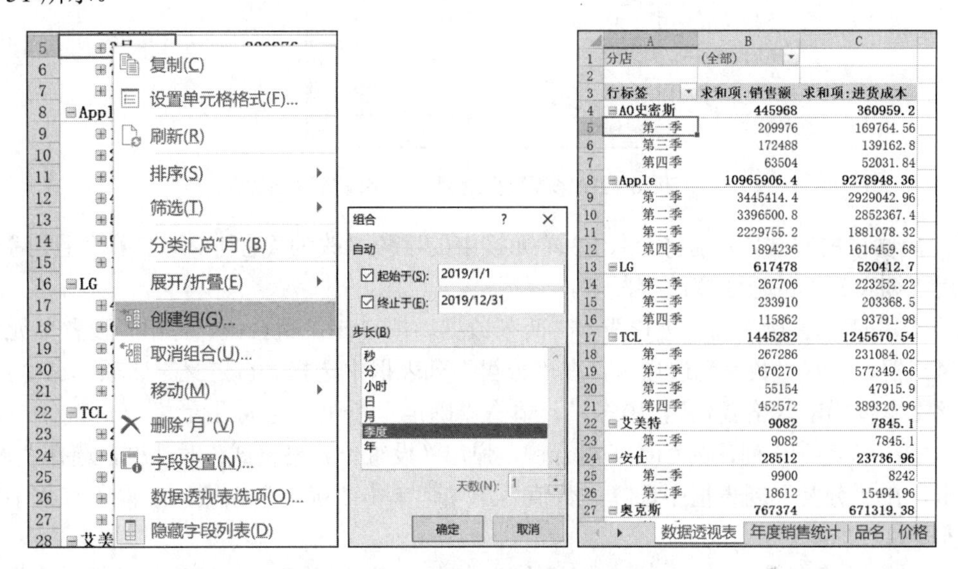

图 6-50　将日期按季度进行分组

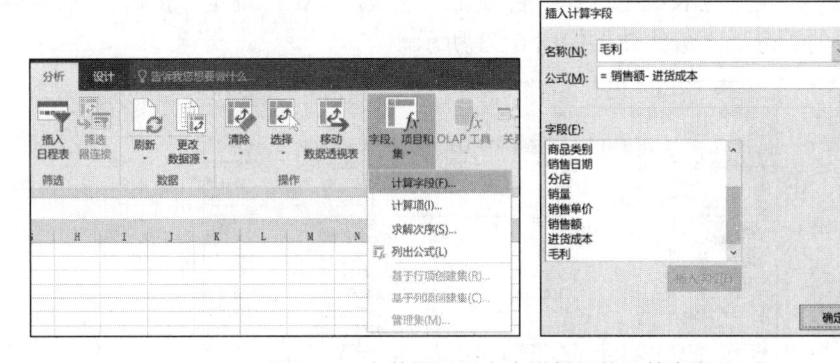

图 6-51　在数据透视表中增加新的计算字段

5）单击“添加”按钮，将新定义的字段添加到数据透视表中。

6）重复步骤 4）和 5），再次添加“毛利率”字段，其计算公式为毛利率=毛利/销售额。

第 4 步：

1）双击 A3 单元格，进入编辑状态，输入新文本“季度”，替换原文本“行标签”。

2）单击 B3 单元格，在“编辑栏”中将字段名修改为“销售额（万元）”，按 Enter 键确认。

3）双击 C3 单元格，弹出“值字段设置”对话框，在“自定义名称”文本框中输入“进货成本（万元）”，如图 6-52 所示，单击“确定”按钮。

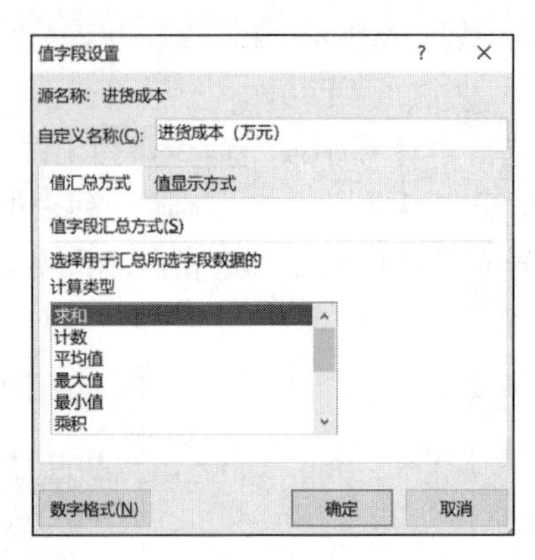

图 6-52 修改数据透视表的字段名称

4）用同样的方法，分别将 D3、E3 单元格中的字段名改为“毛利（元）”和“毛利率%”。推荐用“编辑栏”的方法修改字段名。

5）选中“销售额”和“进货成本”两列数据，按 Ctrl+1 组合键，弹出“设置单元格格式”对话框，选择“数字”选项卡，在“分类”列表框中选择“自定义”选项，在“类型”下方的文本框中输入格式代码“0!.0,”，单击“确定”按钮，完成设置。

6）选中“毛利”列，按 Ctrl+1 组合键，弹出“设置单元格格式”对话框，选择“数字”选项卡，在“分类”列表框中选择“数值”选项，单击“确定”按钮，使得所有数字保留两位小数。

7）选中“毛利率”列，按 Ctrl+1 组合键，弹出“设置单元格格式”对话框，选择“数字”选项卡，在“分类”列表框中选择“百分比”选项，单击“确定”按钮，使得所有数字保留两位小数的百分比。最终效果如图 6-53 所示。

	A	B	C	D	E
1	分店	(全部)			
2					
3	季度	销售额（万元）	进货成本（万元）	毛利（元）	毛利率%
4	⊟AO史密斯	44.6	36.1	85008.80	19.06%
5	第一季	21.0	17.0	40211.44	19.15%
6	第三季	17.2	13.9	33325.20	19.32%
7	第四季	6.4	5.2	11472.16	18.07%
8	⊟Apple	1096.6	927.9	1686958.04	15.38%
9	第一季	344.5	292.9	516371.44	14.99%
10	第二季	339.7	285.2	544133.40	16.02%
11	第三季	223.0	188.1	348676.88	15.64%
12	第四季	189.4	161.6	277776.32	14.66%
13	⊟LG	61.7	52.0	97065.30	15.72%
14	第二季	26.8	22.3	44453.78	16.61%
15	第三季	23.4	20.3	30541.50	13.06%
16	第四季	11.6	9.4	22070.02	19.05%
17	⊟TCL	144.5	124.6	199611.46	13.81%
18	第一季	26.7	23.1	36201.98	13.54%
19	第二季	67.0	57.7	92920.34	13.86%
20	[illegible]	[illegible]	[illegible]	[illegible]	[illegible]

数据透视表 年度销售统计 品名 价格 迷你图分析

图 6-53 设置数字格式

第 5 步：

1）在数据透视表中的任意位置单击，以定位光标，如单击 A5 单元格。

2）选择“数据透视表工具-数据透视表分析”选项卡→“数据透视表”选项组，单击“选项”下拉按钮，打开下拉列表。

3）选择“显示报表筛选页”选项，弹出“显示报表筛选页”对话框。

4）在字段列表框中选择“分店”字段。

5）单击“确定”按钮，将分别为每个分店单独生成一份数据透视表，如图 6-54 所示。

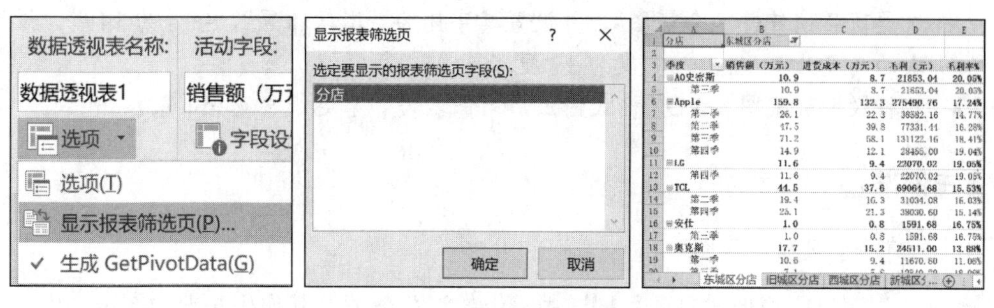

图 6-54　按分店生成数据透视表

任务 6.5　数据透视图

数据透视图是在数据透视表基础上生成的一类图表，除了数据源不同外，其他操作方法与普通图表基本相同。

学习目标

【技能目标】

- 掌握更改数据透视表布局的方法。
- 掌握插入数据透视图的方法。
- 掌握改变数据系列的坐标轴和图表类型的方法。
- 掌握改变数据透视图布局的方法。
- 掌握只将数据透视图按 PDF 格式输出的方法。

【知识目标】

学会以下知识点：

- 数据透视图。

任务要求

- 取消数据透视表中对“品牌”字段和“毛利”字段的选择，将“商品类别”字段添加为报表筛选。在数据透视表中筛选出“旧城区分店”的“计算机”类商品各季度的销售情况。
- 插入一个“簇状柱形图”的数据透视图，并选择“图表样式”中的“样式 10”。
- 将“毛利率%”系列绘制在“次坐标轴”上，更改“毛利率%”系列的图表类型为

"带数据标记的折线图"，设置"毛利率%"系列的折线图上的"数据标记"为红色菱形"◆"，并将数据标签显示在上方。

- 将数据透视图的图例显示在底部，只显示报表筛选字段按钮，其他 3 个字段按钮（图例、坐标轴、值）全部隐藏起来。输入数据透视图的标题为"旧城区分店计算机类商品销售情况分析图"，并设置其字体为"微软雅黑"，字号为 14 磅。设置图表的高度为 11 厘米，宽度为 17 厘米。
- 只将数据透视图按 PDF 格式输出，文件名为"家电销售透视图"。

知识准备

1. 创建一个数据透视图

数据透视图以图形形式呈现数据透视表中的汇总数据，其作用与普通图表一样，可以更形象化地对数据进行比较。

为数据透视图提供源数据的是相关联的数据透视表，在相关联的数据透视表中对字段布局和数据所做的更改会立即反映在数据透视图中。

除了数据源来自数据透视表以外，数据透视图与标准图表的组成元素基本相同，包括数据系列、类别、数据标记和坐标轴，以及图表标题、图例等。与普通图表的区别在于，当创建数据透视图时，数据透视图的图表区中将显示字段筛选器，以便对基本数据进行排序和筛选。创建数据透视图的操作步骤如下：

1）单击数据透视表中的任意一个单元格。此处打开案例文件夹中的"南京景区客流量"，在"数据透视"工作表的数据表区域中任一单元格单击，以定位光标。

2）选择"数据透视表工具-数据透视表分析"选项卡→"工具"选项组，单击"数据透视图"按钮，弹出"插入图表"对话框，如图 6-55 所示。

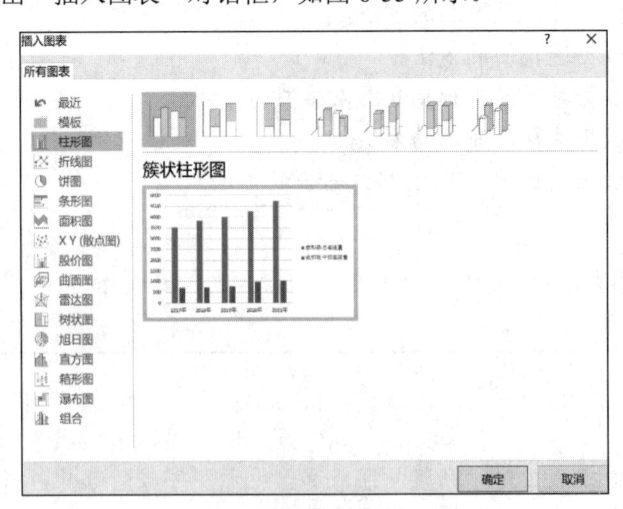

图 6-55 "插入图表"对话框

3）与创建普通图表一样，选择相应的图表类型和图表子类型，此处选择柱形图中的"簇状柱形图"。

在数据透视图中，可以使用除 XY 散点图、气泡图和股价图以外的任意图表类型。有关创建普通图表的具体方法可参见 5.5.2 小节的介绍。

4）单击“确定”按钮，数据透视图即插入当前数据透视表中，如图 6-56 所示。单击图表区中的字段筛选器，可更改图表中显示的数据。

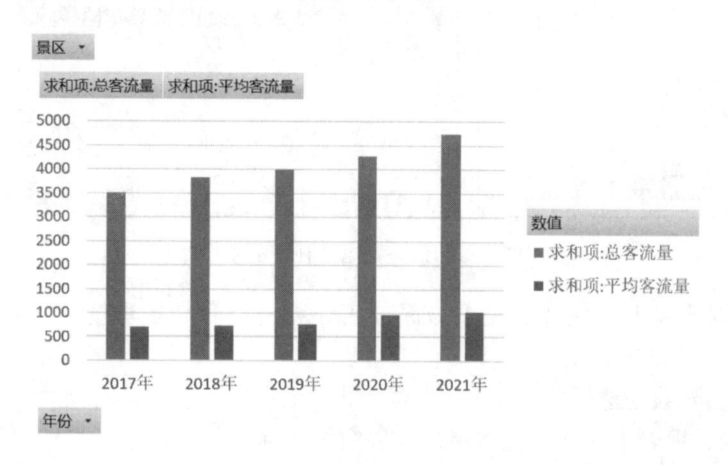

图 6-56　插入的数据透视图

5）通过“数据透视图工具”中的“设计”“布局”“格式”“分析”4 个选项卡，可以对数据透视图进行修饰和设置，方法与普通图表相同。

2. 删除数据透视图

单击要删除的数据透视图的边框，按 Delete 键，即可删除数据透视图。删除数据透视图不会删除相关联的数据透视表。

注意：删除与数据透视图相关联的数据透视表会将该数据透视图变为普通图表，并从源数据区中取值。

实施步骤

第 1 步：更改数据透视表的布局。

1）单击工作表标签“数据透视表”，切换到“数据透视表”工作表。

2）在数据透视表中的任意位置单击，以定位光标。

3）在“数据透视表字段列表”窗格中，取消选中“品牌”和“毛利”复选框。

4）在“数据透视表字段”列表窗格中，右击“商品类别”，在弹出的快捷菜单中选择“添加到报表筛选”命令，将“商品类别”作为报表筛选。

5）在数据透视表的“报表筛选”区域单击 B2 单元格右侧的筛选箭头，从打开的下拉列表中选择“旧城区分店”选项，单击“确定”按钮。用同样的方法选择商品类别为“计算机”，如图 6-57 所示。

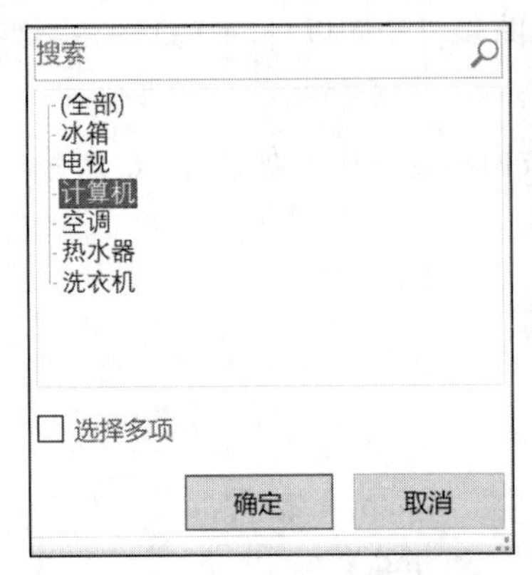

	A	B	C	D
1	分店	旧城区分店		
2	商品类别	计算机		
3				
4	季度	销售额（万元）	进货成本（万元）	毛利率%
5	第一季	202.9	169.1	16.64%
6	第二季	147.5	120.0	18.65%
7	第三季	45.6	37.7	17.47%
8	第四季	143.0	123.4	13.74%
9	总计	539.1	450.2	16.49%
10				

数据透视表　年度销售统计　品名　价格　迷

图 6-57　重新调整数据透视表的字段布局

此时，数据透视表中统计的是旧城区分店计算机类商品各季度的销售额及毛利率数据。

第 2 步：插入数据透视图。

1）在数据透视表中的任意位置单击，以定位光标。

2）选择“数据透视表工具-数据透视表分析”选项卡→“显示”选项组，单击“字段列表”按钮，暂时隐藏“数据透视表字段列表”窗格。

3）选择“数据透视表工具-数据透视表分析”选项卡→“工具”选项组，单击“数据透视图”按钮，弹出“插入图表”对话框。

4）选择“簇状柱形图”类型，单击“确定”按钮，生成相应图表。

5）选择“数据透视图工具-设计”选项卡→“图表样式”选项组，打开“图表样式”下拉列表，从中选择“样式 7”，如图 6-58 所示。

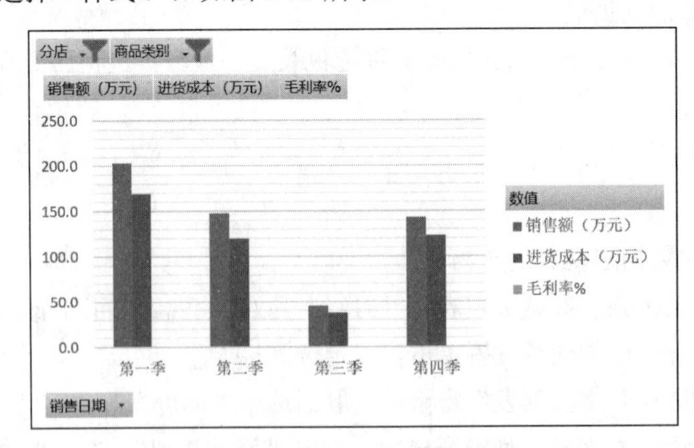

图 6-58　插入数据透视图

第 3 步：改变“毛利率”系列的坐标轴和图表类型。因为毛利率与销售额和进货成本没有可比性，所以有必要对图表中的毛利率元素进行特殊设置。

1）选择“数据透视图工具-格式”选项卡→“当前所选内容”选项组，打开“图表元素”下拉列表，从中选择“系列"毛利率%"”。

2）选择“数据透视图工具-格式”选项卡→“当前所选内容”选项组，单击“设置所选内容格式”按钮，在右侧弹出的“设置数据系列格式”参数设置区域进行设置。

3）选择“系列选项”选项卡，选中“系列绘制在”选项组中的“次坐标轴”单选按钮，单击“关闭”按钮，关闭对话框，如图 6-59 所示。

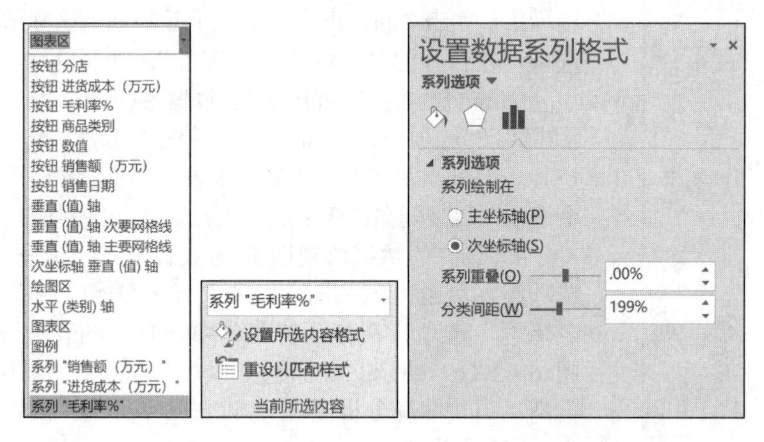

图 6-59　将“毛利率%”系列显示在次坐标轴上

4）仍旧保持选中图表元素“系列"毛利率%"”，选择“数据透视图工具-设计”选项卡→“类型”选项组，单击“更改图表类型”按钮，弹出“更改图表类型”对话框，选择“组合”选项，在“毛利率”系列的图表类型下拉菜单中选择“带数据标记的折线图”，并选中右侧“次坐标轴”的复选框，单击“确定”按钮，如图 6-60 所示。

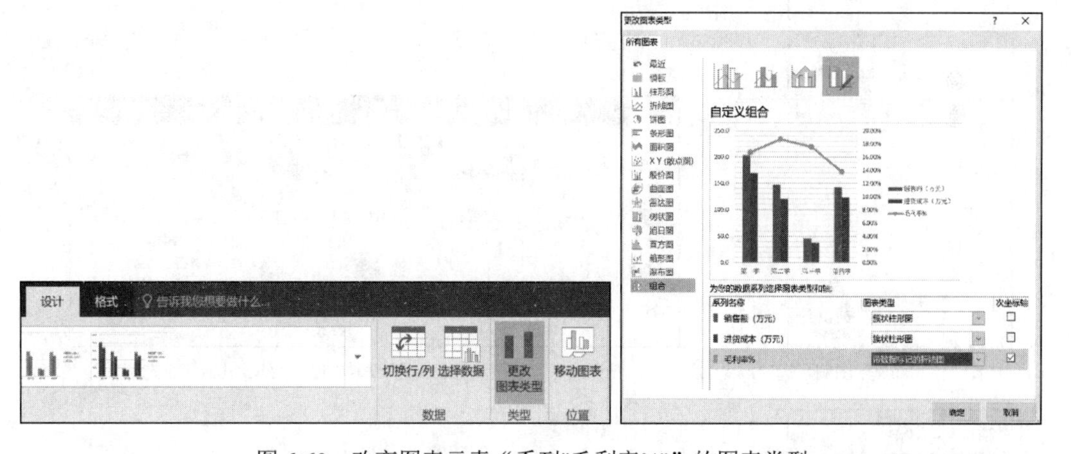

图 6-60　改变图表元素“系列"毛利率%"”的图表类型

5）在折线图上右击，在弹出的快捷菜单中选择“设置数据系列格式”命令，弹出“设置数据系列格式”窗格。选择“标记”选项卡，指定数据标记类型为内置的菱形“◆”，在“填充”选项组中设置数据标记颜色为红色，如图 6-61 所示，设置完毕后单击“关闭”按钮。

6）仍旧保持选中图表元素“系列"毛利率%"”，单击“数据透视图工具-设计”选项卡→“图表布局”选项组，单击“添加图表元素”下拉按钮，鼠标滑动到“数据标签”选项，在打开的菜单中选择“上方”。

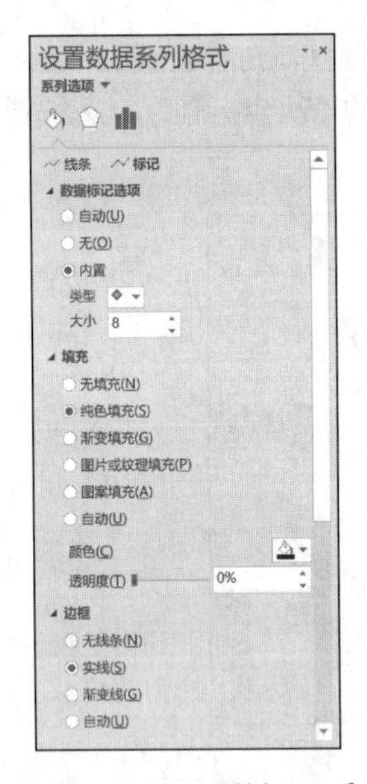

图 6-61 设置“毛利率%”系列的数据标记类型及填充颜色

第 4 步：改变数据透视图的布局。

1）单击数据透视图的边框，以选中整个图表区。

2）选择“数据透视图工具-设计”选项卡→“图表布局”选项组，单击“添加图表元素”下拉按钮，鼠标滑动到“图例”选项，在打开的菜单中选择“底部”，如图 6-62（a）所示。

3）选择“数据透视图工具-数据透视图分析”选项卡→“显示/隐藏”选项组，单击“字段按钮”下拉按钮，在打开的下拉列表中依次单击除了“显示报表筛选字段按钮”以外的其他 3 个选项，以便隐藏图表中的相关按钮，如图 6-62（b）所示。

4）选择“数据透视图工具-设计”选项卡→“图表布局”选项组，单击“添加图表元素”下拉按钮，鼠标滑动到“图表标题”选项，在打开的菜单中选择“图表上方”选项，如图 6-62（c）所示。在标题文本框中输入“旧城区分店计算机类商品销售情况分析图”，并设置其字体为“微软雅黑”，字号为 14 磅。

5）选中整个图表，在“数据透视图工具-格式”选项卡→“大小”选项组中设置图表的高度为 11 厘米，宽度为 17 厘米，如图 6-62（d）所示。最终效果如图 6-63 所示。

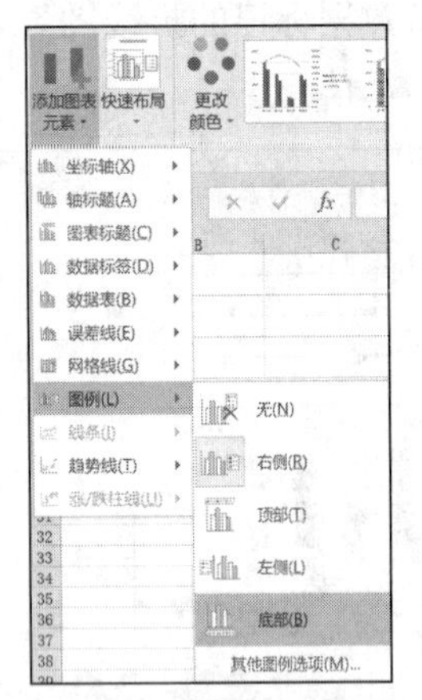

（a）选择“在底部显示图例”选项

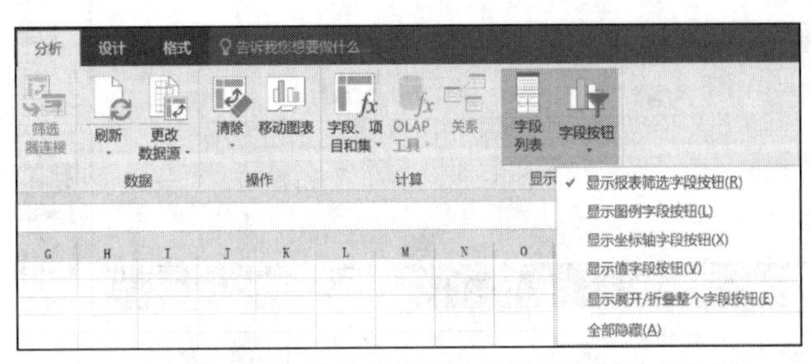

（b）选择除“显示报表筛选字段按钮”以外的其他 3 个选项

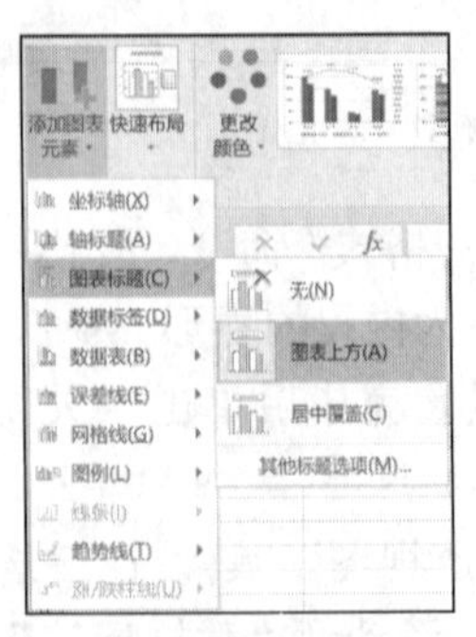

（c）选择“图表上方”选项

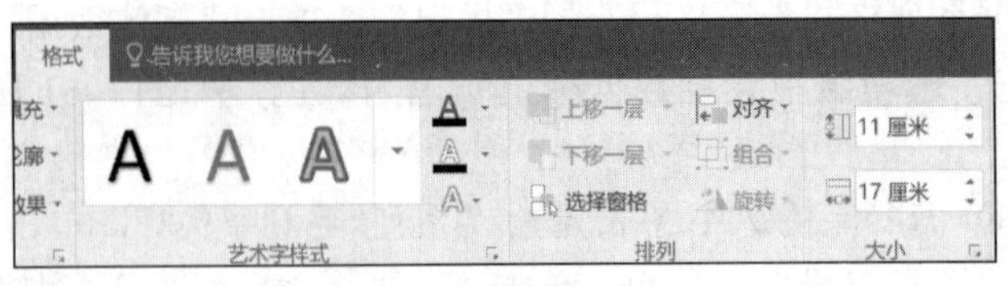

（d）设置图表大小

图 6-62 对数据透视图的布局和大小进行调整

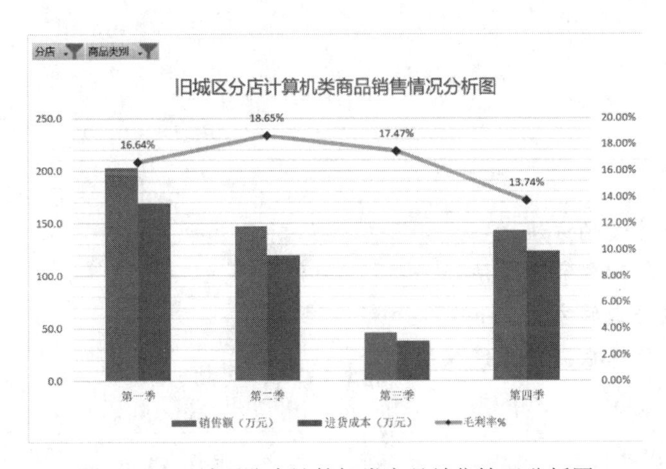

图 6-63　旧城区分店计算机类商品销售情况分析图

第 5 步：只将数据透视图按 PDF 格式输出。

在 Excel 中，可以只将图表单独打印输出。

1）选中整个数据透视图。

2）选择“文件”→“导出”命令。

3）在“文件类型”选项组选择“创建 PDF/XPS 文档”选项。

4）单击“创建 PDF/XPS”按钮，如图 6-64 所示，弹出“发布为 PDF 或 XPS”对话框。

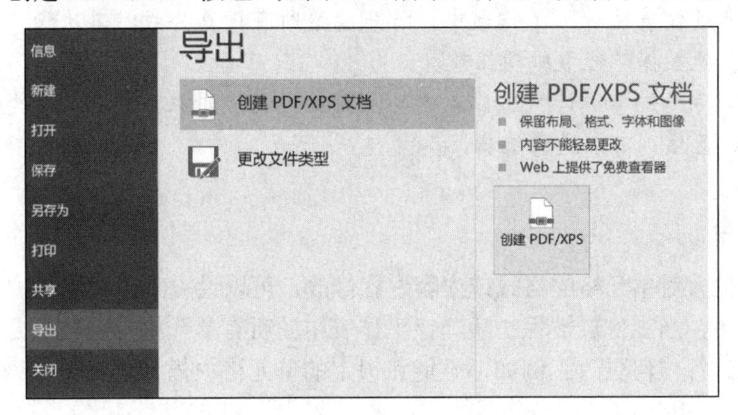

图 6-64　将图表单独发布为 PDF 格式文档

5）在“文件名”文本框中输入“家电销售透视图”，选择保存位置。

6）单击“发布”按钮，当前所选图表将以 PDF 格式保存。用 PDF 阅读器即可打开并查阅该图表文档。

任务 6.6　工作表的保护

通常情况下，一个公司的销售数据、员工档案及工资信息是保密的。为了防止他人修改工作表中的内容，可以设置工作表保护：一来限制他人改动基础数据；二来防备他人查看并修改公式。

学习目标

【技能目标】

- 掌握窗口冻结的方法。
- 掌握隐藏行列内容的方法。
- 掌握隐藏公式的方法。
- 掌握锁定特殊数据禁止修改的方法。

【知识目标】

学会以下知识点：

- 保护工作表。

任务要求

- 将“利万家连锁店家电销售统计表”的“年度销售统计”工作表的 A、B 两列和第 1~3 行冻结。
- 隐藏“年度销售统计”工作表的 D、E 两列内容并保护整个工作表。
- 在“年度销售统计”工作表中，首先隐藏所有计算公式；其次除“销量”列数据外，其他数据不能被编辑修改。
- 仅将“年度销售统计”工作表中的“商品代码”列保护起来，不允许修改；其他单元格区域则可以随意编辑。

知识准备

为了防止他人对单元格的格式或内容进行修改，可以设置工作表的保护。

默认情况下，当工作表被保护后，该工作表中的所有单元格都会被锁定，他人不能对锁定的单元格进行任何更改。例如，不能在锁定的单元格中插入、修改、删除数据或者设置数据格式。

很多时候可以允许部分单元格被修改，这时需要在保护工作表之前对允许在其中更改或输入数据的区域解除锁定。

下面以案例文件夹中的“计算机类图书 12 月份销售情况统计”为例，介绍如何为工作表设置保护。

1. 保护整个工作表

保护整个工作表，使得任何一个单元格都不允许被更改，其操作步骤如下：

1）打开工作簿，选择需要设置保护的工作表。此处打开案例文件夹中的“计算机类图书 12 月份销售情况统计”，单击工作表标签“销售统计”。

2）选择“审阅”选项卡→“更改”选项组，单击“保护工作表”按钮，弹出“保护工作表”对话框，如图 6-65 所示。

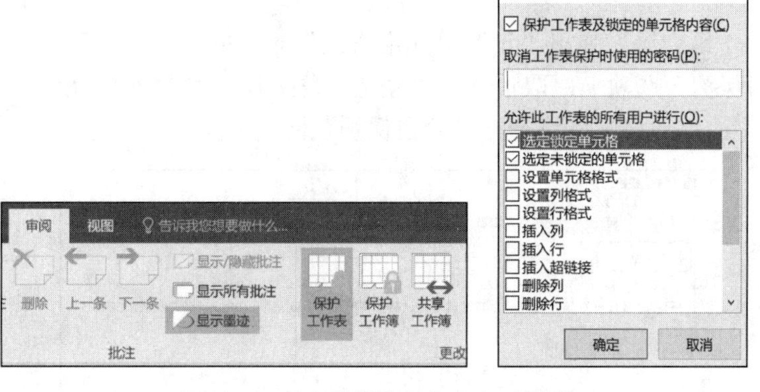

图 6-65　弹出“保护工作表”对话框

3）在“允许此工作表的所有用户进行”列表框中选择允许他人更改的项目，此处保持默认前两项被选中而不做其他更改。

4）在“取消工作表保护时使用的密码”文本框中输入密码，该密码用于设置者取消工作表保护。用户要牢记自己设置的密码。

5）单击“确定”按钮，重复确认密码后完成设置。此时，在被保护工作表的任意一个单元格中试图输入数据或更改格式时，均会出现如图 6-66 所示的提示信息。

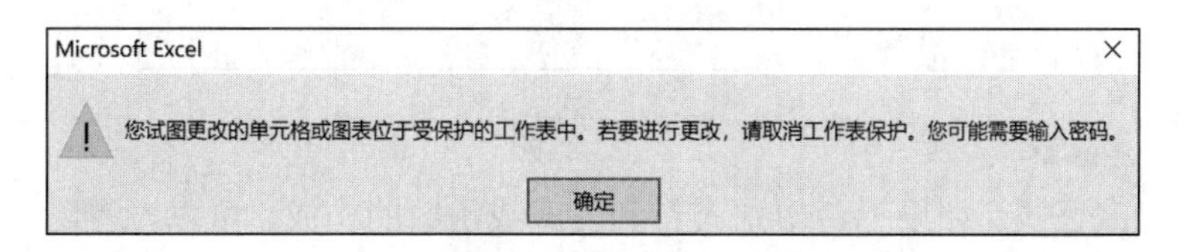

图 6-66　提示信息

2. 取消工作表的保护

1）选择已设置保护的工作表，选择“审阅”选项卡→“更改”选项组，单击“撤消工作表保护”按钮，弹出“撤消工作表保护”对话框。

在工作表受保护时，“保护工作表”按钮会变为“撤消工作表保护”按钮。

2）在“密码”文本框中输入设置保护时使用的密码，单击“确定”按钮。

3. 解除对部分工作表区域的保护

保护工作表后，默认情况下所有单元格都将无法被编辑。但在实际工作中，有些单元格还是允许输入和编辑的。为了能够更改这些特定的单元格，可以在保护工作表之前取消对这些单元格的锁定。

1）选择要设置保护的工作表，此处选择“计算机类图书 12 月份销售情况统计”的“销售统计”工作表。

2）如果工作表已被保护，则需要先选择“审阅”选项卡→“更改”选项组，单击“撤消工作表保护”按钮，撤消保护。此处需要撤消对“销售统计”工作表的保护。

3）在工作表中选中要解除锁定的单元格区域，此处选中“销售统计”工作表中的可编辑区域 C4:C16。

4）按 Ctrl+1 组合键，弹出“设置单元格格式”对话框。

5）选择“保护”选项卡，取消选中“锁定”复选框，如图 6-67 所示。单击“确定”按钮，当前选中的单元格区域将会被排除在保护范围之外。

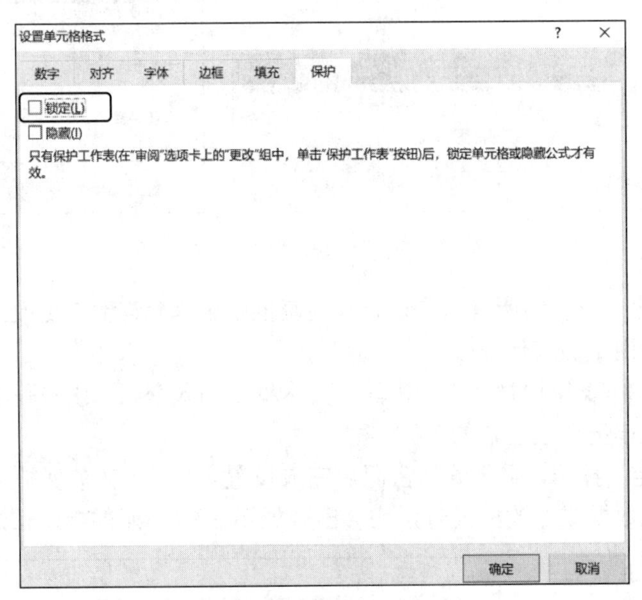

图 6-67　取消选中“锁定”复选框

6）设置隐藏公式。如果不希望别人看到公式或函数的构成，可以设置隐藏公式。在工作表中选中需要隐藏的公式所在的单元格区域，此处选中“销量”列公式区域 D4:D16。

7）按 Ctrl+1 组合键，弹出“设置单元格格式”对话框，选择“保护”选项卡，选中“锁定”复选框和“隐藏”复选框，单击“确定”按钮。此时，公式不但不能修改，而且不会被看到。

8）选择“审阅”选项卡→“更改”选项组，单击“保护工作表”按钮，弹出“保护工作表”对话框。

9）在文本框中输入保护密码，在“允许此工作表的所有用户进行”列表框中设置允许他人能够更改的项目后，单击“确定”按钮。

此时，在取消锁定的 C4:C16 单元格区域中即可输入数据。另外，在“销量”列中只能看到计算结果，公式本身既不能修改，也无法查看。

如果只想对工作表中的某个单元格或单元格区域进行保护，可以先选中整个工作表，按 Ctrl+1 组合键，弹出“设置单元格格式”对话框，在“保护”选项卡中解除对全部单元格的锁定；然后选中需要保护的单元格区域，在“保护”选项卡中设置对这些单元格的锁定；最后在“审阅”选项卡“更改”选项组中单击“保护工作表”按钮，完成对选中单元格区域的保护。

实施步骤

第 1 步：窗口冻结。当工作表比较大时，查看起来会很不方便。当滚动超过一屏时，将会看不到行、列标题，影响对内容属性的判断，此时可以将行、列标题冻结。

1）在“利万家连锁店家电销售统计表”的“年度销售统计”工作表中单击 C4 单元格。

2）选择“视图”选项卡→“窗口”选项组，单击“冻结窗格”下拉按钮。

3）在打开的下拉列表中选择“冻结拆分窗格”选项，这样，C4 单元格上方的标题行、左侧的“序号”列和“商品代码”列将被固定，如图 6-68 所示。

第 2 步：隐藏行列内容。

1）在“年度销售统计”工作表中选中 D、E 这 2 列。

2）在选中的内容上右击，在弹出的快捷菜单中选择“隐藏”命令，如图 6-69（a）所示。

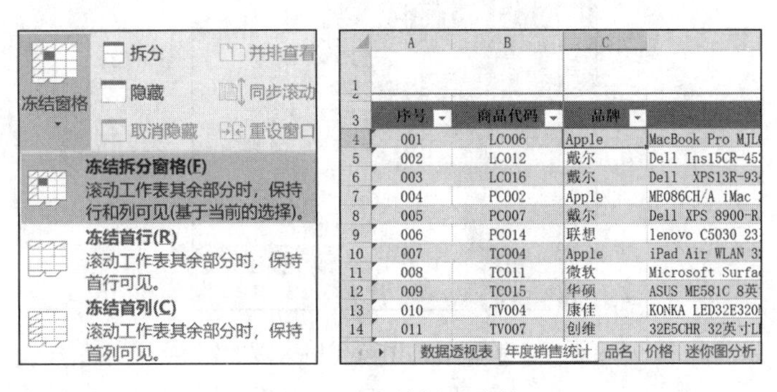

图 6-68　冻结拆分窗格

3）选择“审阅”选项卡→“更改”选项组，单击“保护工作表”按钮，在弹出的对话框中输入之前设置的保护密码（提示：密码需要牢记，否则以后无法解除保护），如图 6-69（b）所示。

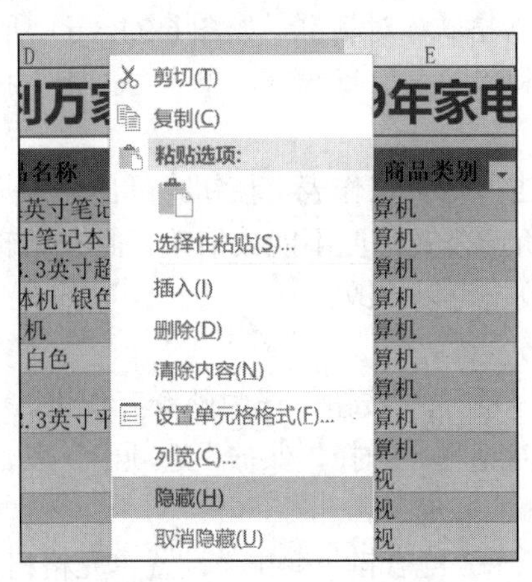

（a）选择“隐藏”命令

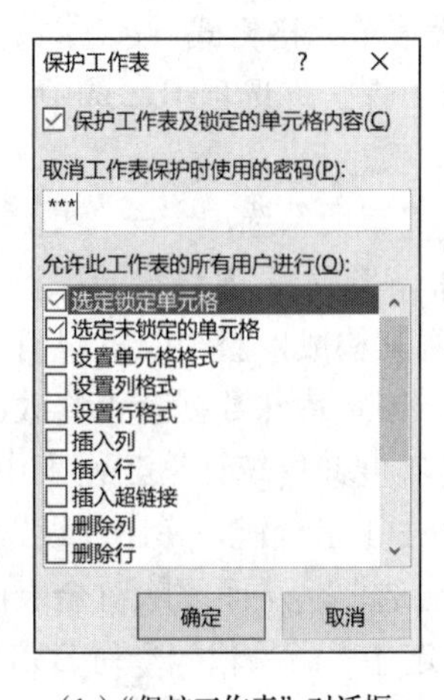

（b）“保护工作表”对话框

图 6-69　隐藏数据列并保护工作表不被修改

4）此时，在工作表中除了选中单元格外将不允许进行其他任何操作，隐藏的列也不能恢复显示，除非通过密码解除工作表保护。

第 3 步：隐藏工作表中的计算公式。

1）单击工作表标签“年度销售统计”。

2）选择“销量”列数据区域 H4:H384。

3）选择“开始”选项卡→“单元格”选项组，单击“格式”下拉按钮，在打开的下拉列表中选择“锁定单元格”选项，解除对指定单元格区域的锁定，如图 6-70 所示。

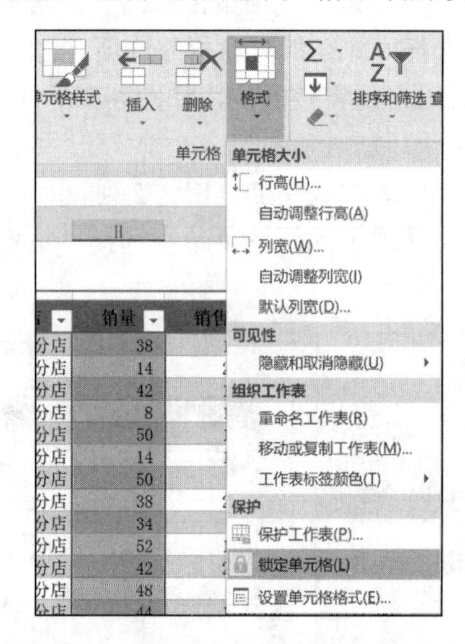

图 6-70　解除对选中单元格区域的锁定

4）选择“开始”选项卡→“编辑”选项组，单击“查找和选择”下拉按钮，在打开的图 6-71（a）所示的下拉列表中选择“公式”选项，如图 6-71（a）所示，工作表中所有包含公式的单元格将被选中。

5）选择“开始”选项卡→“单元格”选项组，单击“格式”下拉按钮，在打开的下拉列表中选择“设置单元格格式”选项，弹出“设置单元格格式”对话框，如图 6-71（b）所示。

6）选择“保护”选项卡，选中“锁定”复选框和“隐藏”复选框，单击“确定”按钮完成设置。

7）选择“审阅”选项卡→“更改”选项组，单击“保护工作表”按钮，弹出“保护工作表”对话框，输入之前设置的保护密码。此时，所选公式不但不能被修改，且在编辑栏中也无法查阅其构成，整个表里只有“销量”列的数据可以修改。

第 4 步：锁定特殊数据禁止修改。

1）在“年度销售统计”工作表中单击左上角的“全选”按钮，选中整个工作表。

2）按 Ctrl+1 组合键，弹出“设置单元格格式”对话框，选择“保护”选项卡，取消选中“锁定”复选框，从而解除对全表的锁定。

3）重新选中“商品代码”列 B3:B384，再次按 Ctrl+1 组合键，弹出“设置单元格格式”对话框，选择“保护”选项卡，选中“锁定”复选框，对当前选中区域进行锁定。

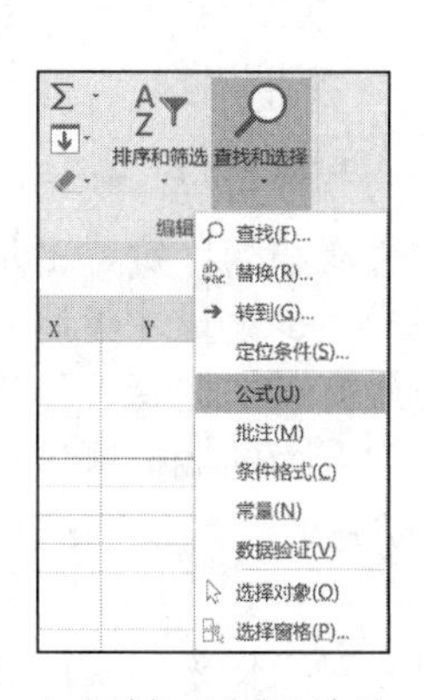

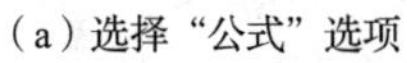
（a）选择“公式”选项

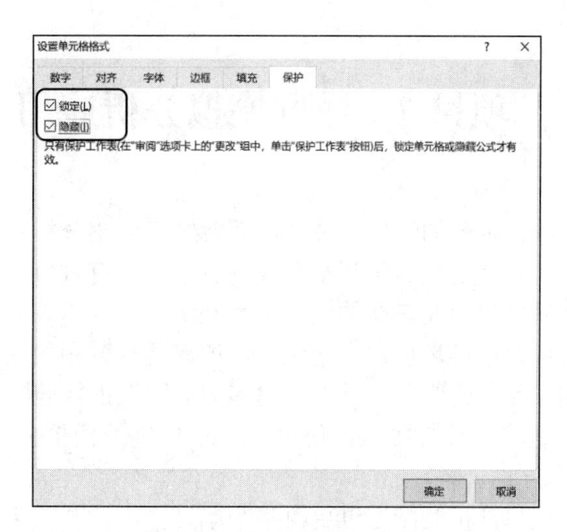

（b）“设置单元格格式”对话框

图 6-71　对指定的公式进行隐藏

4）选择“审阅”选项卡→“更改”选项组，单击“保护工作表”按钮，弹出“保护工作表”对话框，输入保护密码。

此时，工作表中只有“商品代码”区域 B3:B384 被保护，其他单元格中则可以进行输入、编辑等操作。

项目 7　数据模拟分析应用（财务本量利分析）

销售企业的管理人员经常需要进行营销分析，以了解企业的盈亏情况，找出影响盈亏的因素并确定提高盈利水平或减少亏损的有效方法。例如，一类商品的单价、销量、成本和利润之间存在怎样的依存关系？单价和成本确定了，需要完成多少销量才能达到既定利润目标？市场环境发生变化了，如何调整营销策略才是对公司最有利的选择？尽管这是一门相当复杂的学问，需要考虑多方面因素的影响，不过以一组强有力的数据测试进行支持仍然是非常有必要的。使用 Excel 提供的模拟分析工具就可以完成一些基础的财务管理分析。

模拟分析是指通过更改某个单元格中的数值来查看这些更改对工作表中引用该单元格的公式结果的影响的过程。通过使用模拟分析工具，可以在一个或多个公式中试用不同的几组值来分析所有不同的结果。

Excel 附带了 3 种模拟分析工具：方案管理器、模拟运算表和单变量求解。其中，方案管理器和模拟运算表可获取一组输入值并确定可能的结果，单变量求解则是针对希望获取的结果确定生成该结果可能的各项值。

本量利分析是全国计算机等级考试中比较简单的一种 Excel 操作题型，在历年真题中出现的次数比较少，下面分任务讲解有关本量利分析的案例。

案例背景：学生超市销售一款电子产品，产品的单价、成本、销量和利润之间存在着某种依存关系。小明作为学生超市的管理人员，分几种情况进行了数据分析，分析结果如图 7-1 所示。下面分 4 个任务讲解分析方法及过程。

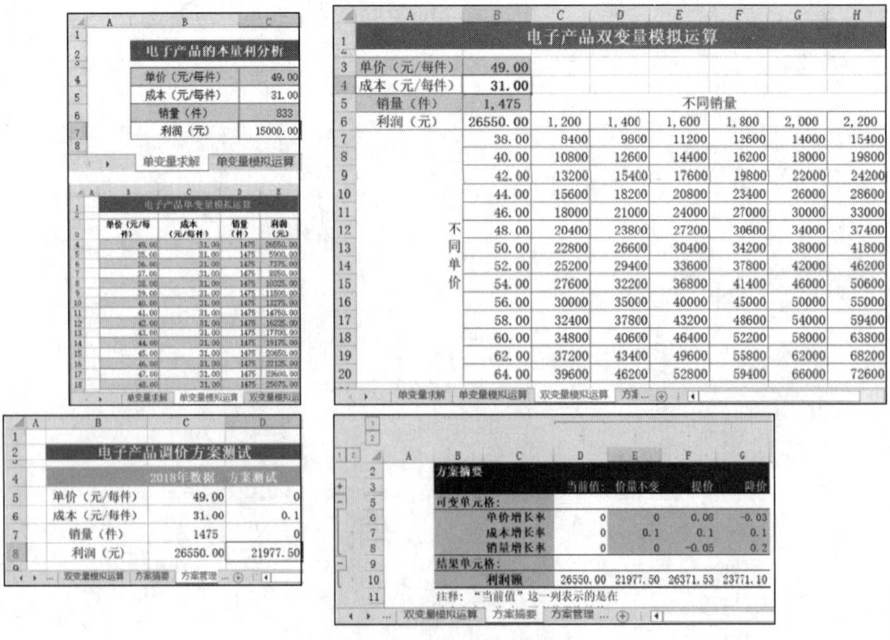

图 7-1　本量利分析结果

素养目标

Excel 的模拟分析功能经常应用于解决各类组织在运行过程中遇到的实际问题，对于组织利用数据进行未来的决策提供了支持。

学习本项目内容主要培养学生运用科学的方法分析和解决实际问题的思维和方法，通过数据模拟分析的操作过程和结论，培养利用数据分析和预测方法创新地解决实际问题的思维和能力，以及诚信、严谨的科学态度。

任务 7.1　单变量求解

单变量求解用来解决以下问题：先假定一个公式的计算结果是某个固定值，当其中引用的变量所在单元格应取值为多少时该结果才成立？

利用单变量求解进行本量利分析，测算当销量为多少时能够达到预定的利润目标。

学习目标

【技能目标】

- 掌握单变量方程求解的操作方法。

【知识目标】

学会以下知识点：

- 单变量求解。

任务要求

- 在“本量利分析”工作簿的“单变量求解”工作表中输入基础数据：在 C4 单元格中输入单价 49，在 C5 单元格中输入成本 31。
- 在 C7 单元格里创建公式：利润=（单价-成本）×销量。
- 使用单变量求解测算目标利润值为 15000 元时的销量。

知识准备

单变量求解是解决假定一个公式想取得某一结果值，其中的变量应取值为多少的问题。变量的引用单元格只能是一个。Excel 2016 根据提供的目标值，不断调整引用单元格的值，直至达到要求的公式的目标值时，变量值才确定。

下面用一个简单的示例来讲述如何使用单变量求解。某中学为了全面考核学生的学期成绩，需要综合学生的平时成绩、期中考试成绩和期末考试成绩。学期成绩的计算公式如下：

学期成绩=平时成绩×30%+期中考试成绩×30%+期末考试成绩×40%

目前，某个学生已经知道了平时成绩（94 分）和期中考试成绩（82 分），家长提出的学期成绩为 90 分，该学生想知道期末考试成绩为多少时，才能达到学期成绩为 90 分的目标。这时，就可以使用单变量求解方法来解决这个问题。

可以在工作表中输入以下基础数据：

1）单击 A3 单元格，输入“平时成绩”；单击 B3 单元格，输入 94。

2）单击 A4 单元格，输入“期中成绩”；单击 B4 单元格，输入 82。

3）单击 A5 单元格，输入“期末成绩”。

4）单击 A7 单元格，输入“学期成绩”；单击 B7 单元格，输入公式“=B3*30%+B4*30%+B5*40%”。

由于暂不知期末考试成绩，因此学期成绩临时为 52.8，如图 7-2（a）所示。在工作表中输入数据后，可以按照下述步骤进行操作：

1）在工作表中选中目标单元格 B7，选择“数据”选项卡→“数据工具”选项组，单击“模拟分析”下拉按钮，在打开的下拉列表中选择“单变量求解”选项。

2）弹出如图 7-2（b）所示的“单变量求解”对话框，在“目标单元格”文本框中显示当前选中的单元格。如果显示的单元格不是目标单元格，可以在该文本框中重新输入。

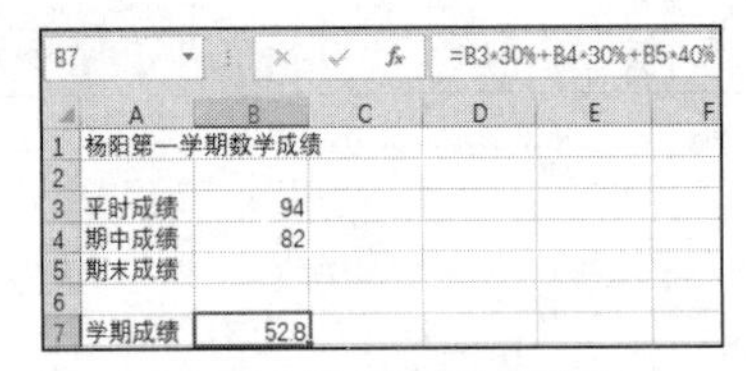

（a）单变量求解的基础数据

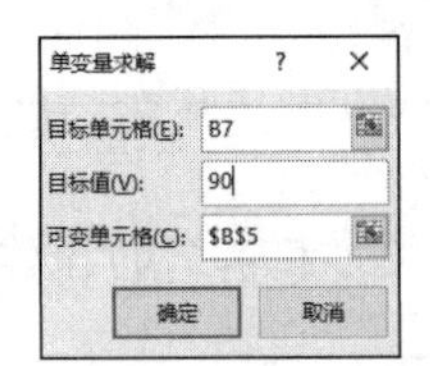

（b）“单变量求解”对话框

图 7-2 单变量求解示例

3）在“目标值”文本框中输入 90，在“可变单元格”文本框中输入$B$5。

4）单击“确定”按钮，执行单变量求解。Excel 自动进行迭代运算，最终得出使目标单元格 B7 等于目标值 90 时的可变单元格值为 93，并自动赋予可变单元格 B5，弹出如图 7-3 所示的“单变量求解状态”对话框。

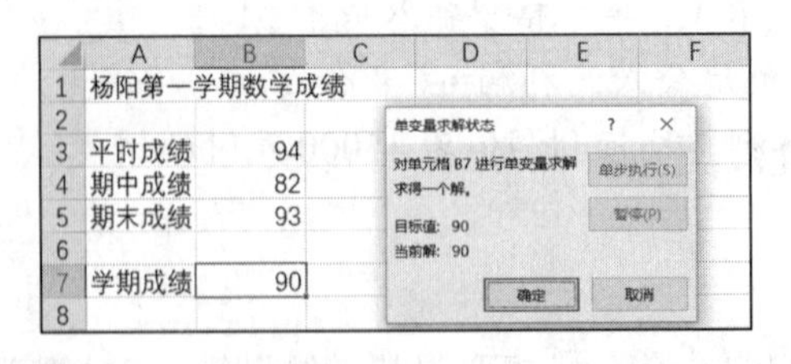

图 7-3 “单变量求解状态”对话框和求解值

5）在“单变量求解状态”对话框中显示已求得解答，在 B5 单元格中显示数值 93，意味着期末考试成绩必须为 93，才能达到学期成绩为 90 分的目标。

6）单击“确定”按钮。

需要注意的是，目标值 90 并不是随便设置的，而需要满足以下两个条件：

1）它是一个整数或小数，不能输入文字或逻辑值；

2）它应该包含在目标单元格值域中，即存在某一可变单元格值使目标单元格值等于目标值，否则单变量求解将会运行较长时间而最终提示无法获得满足条件的解。

实施步骤

第 1 步：打开案例文件“本量利分析”，选择“单变量求解”工作表，为实现单变量求解，需要在工作表中输入如图 7-4 所示的基础数据与公式。在 C7 单元格中输入“=(C4−C5)*C6”。其中，C6 为可变单元格，将用于显示不同目标利润值的销量值。

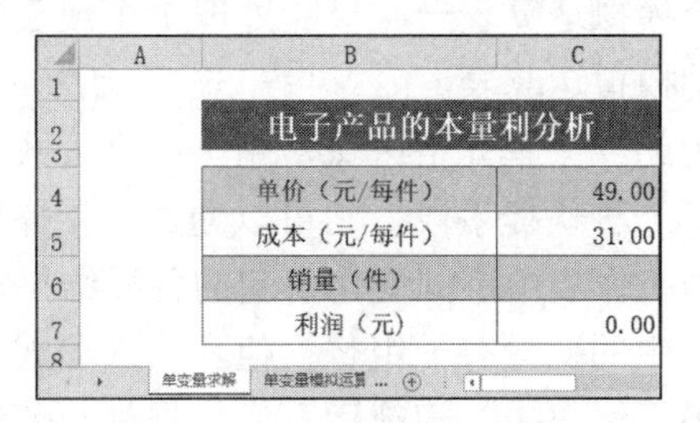

图 7-4　单变量求解的基础数据

第 2 步：选中用于产生特定目标数值的公式所在的单元格，此处选中利润公式所在的 C7 单元格，目的是用于测算当销量为多少时能够达到预定的利润目标。

第 3 步：选择“数据”选项卡→“数据工具”选项组，单击“模拟分析”下拉按钮，在打开的下拉列表中选择“单变量求解”选项，弹出“单变量求解”对话框，如图 7-5 所示。该对话框用于设置单变量求解的各项参数，各项的含义如下。

1）目标单元格：表示公式所在的单元格，此处输入 C7。

2）目标值：表示预期要达到的目标，此处输入 15000，表示销售的利润值要达到 15000 元。

3）可变单元格：表示在公式中哪个单元格的值是可以变化的，此处从数据区域中选中作为变量的销量所在的 C6 单元格。

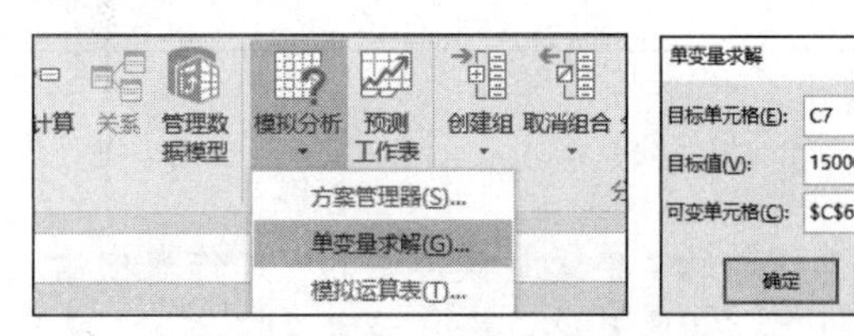

图 7-5　“单变量求解”对话框

第 4 步：单击“确定”按钮，弹出“单变量求解状态”对话框，同时数据区域中的可变单元格显示单元格变量求解值，此处计算结果显示在 C6 单元格中，如图 7-6 所示。

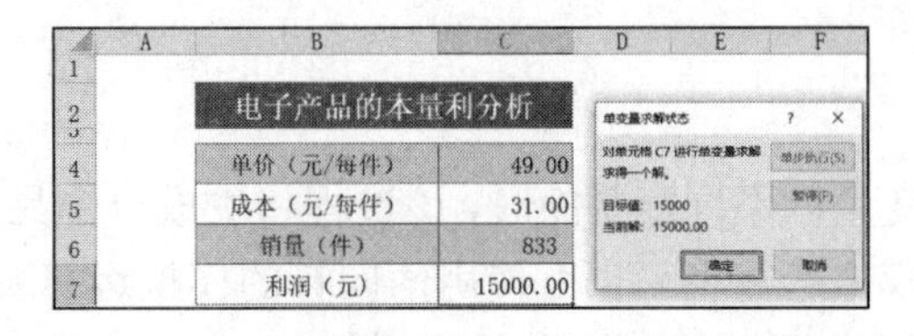

图 7-6　“单变量求解状态”对话框和求解值

第 5 步：单击“确定”按钮，即可完成计算。

第 6 步：重复第 2～5 步，可以重新测试其他目标值的结果。

任务 7.2 单变量模拟运算表

在 Excel 2016 中，用户可以很方便地创建一个模拟运算表。当然，Excel 2016 对模拟运算表有一些限制，如一个模拟运算表一次只能处理 1 个或 2 个输入单元格，不能创建含有 3 个或更多输入单元格的模拟运算表。

模拟运算表是工作表中的一个单元格区域，用于显示公式中某些值的更改对公式结果的影响。模拟运算表提供了一种快捷手段，它可以通过一步操作计算出多种情况下的值，同时它还可以查看和比较由工作表中不同变化引起的各种结果。

模拟运算表是假设公式中的变量有一组替换值，代入公式取得一组结果值时使用的，该组结果值可以构成一个模拟运算表。模拟运算表依据处理变量个数的不同，分为单变量模拟运算表和双变量模拟运算表两种类型。若要测试公式中一个变量的不同取值如何改变相关公式的结果，可使用单变量模拟运算表。

本任务利用单变量模拟运算表进行本量利分析，测算单价变化对利润的影响。

学习目标

【技能目标】

- 掌握单变量模拟运算表的操作方法。

【知识目标】

学会以下知识点：

- 单变量模拟运算表。

任务要求

- 在“本量利分析”工作簿的“单变量模拟运算”工作表中输入基础数据：在 B6 单元格中输入单价 49，在 C3 单元格中输入成本 31，在 C4 单元格中输入销量 1475，并在 B7:B20 单元格区域中输入一组不同的单价：35，36，…，48。
- 在 C6 单元格中创建公式：利润=（单价−成本）×销量。
- 获取单价变化时相应的利润值的模拟运算表。

知识准备

当对公式中的一个变量以不同值替换时，该过程将生成一个显示其结果的模拟运算表。用户既可使用面向列的模拟运算表，也可使用面向行的模拟运算表。

1）单变量模拟运算表变量引用列时的排列方式如表 7-1 所示。此时，公式所在的单元格应位于变量值所在列的右侧，并高于“第 1 个变量值单元格”一行。

表 7-1　单变量模拟运算表变量引用列时的排列方式

变量	公式 1	公式 2	公式 3	…	公式 M
变量值 1					
变量值 2					
⋮					
变量值 N					

2）单变量模拟运算表变量引用行时的排列方式如表 7-2 所示。

表 7-2　单变量模拟运算表变量引用行时的排列方式

变量	变量值 1	变量值 2	变量值 3	…	变量值 N
公式 1					
公式 2					
⋮					
公式 M					

此时，公式所在的单元格应位于变量值所在行的下一行，并位于“第 1 个变量值单元格”左列。

例如，某工厂生产一种产品，假设毛利润是 10000 元，其他费用占毛利润的 45%，净利润等于毛利润减去其他费用。现在提出的问题是如果毛利润不是 10000 元，而是 20000 元、30000 元、40000 元、50000 元等，净利润会有什么样的变化？

下面建立单变量模拟运算表，具体操作步骤如下。

1）输入基础数据。在 A1 单元格中输入“毛利润”，在 B1 单元格中输入“其他费用”，在 C1 单元格中输入“净利润”，在 A2 单元格中输入“10000”，在 B2 单元格中输入公式“=A2*45%”，在 C2 单元格中输入公式“=A2-B2”，在 A3:A6 单元格区域中输入不同的毛利润，如图 7-7（a）所示；也可将输入单元格的数据输入在一行里，如图 7-7（b）所示。

	A	B	C
1	毛利润	其他费用	净利润
2	10000	4500	5500
3	20000		
4	30000		
5	40000		
6	50000		

（a）输入单元格的变量值在一列中

	A	B	C	D	E	F
1	毛利润	10000	20000	30000	40000	50000
2	其他费用	4500				
3	净利润	5500				

（b）输入单元格的变量值在一行中

图 7-7　单变量模拟运算表的基础数据

2）本例对输入单元格的变量值在一列中的情况使用单变量模拟运算表，选中包含输入数据和公式的 A2:C6 单元格区域，选择“数据”选项卡→“数据工具”选项组，单击“模拟分析”下拉按钮，在打开的下拉列表中选择“模拟运算表”选项。

3）弹出如图 7-8 所示的“模拟运算表”对话框，如果模拟运算表是列方向上的数据[图 7-7（a）]，则单击“输入引用列的单元格”文本框；如果模拟运算表是行方向上的数据

［图 7-7（b）］，则单击“输入引用行的单元格”文本框，然后在工作表中选中单元格。本例中单击“输入引用列的单元格”文本框，选中工作表中的 A2 单元格。

4）单击“确定”按钮，结果如图 7-9 所示。

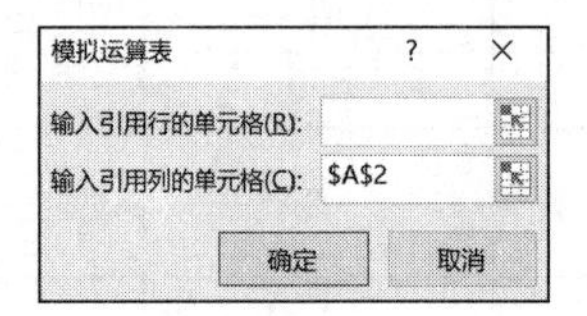

图 7-8 “模拟运算表”对话框

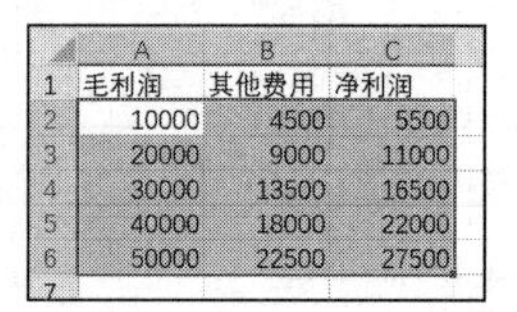

	A	B	C
1	毛利润	其他费用	净利润
2	10000	4500	5500
3	20000	9000	11000
4	30000	13500	16500
5	40000	18000	22000
6	50000	22500	27500
7			

图 7-9 创建的单变量模拟运算表

如果使用过程中需要清除模拟运算表的计算结果，应如何操作呢？

由于计算结果是以数组的方式存储的，因此只能清除全部结果，而不能只清除部分计算结果。选中计算结果所在的单元格区域后，按 Delete 键即可清除。此处选中 A3:C6 单元格区域，按 Delete 键，清除模拟运算表。

实施步骤

第 1 步：为了创建单变量模拟运算表，首先要在工作表中输入如图 7-10 所示的基础数据与公式（B4:B18 单元格区域中的数据也可以在创建了模拟运算表区域之后再输入）。

	A	B	C	D	E
1		电子产品单变量模拟运算			
2					
3		单价（元/每件）	成本（元/每件）	销量（件）	利润（元）
4		49.00	31.00	1475	26550.00
5		35.00			
6		36.00			
7		37.00			
8		38.00			
9		39.00			
10		40.00			
11		41.00			
12		42.00			
13		43.00			
14		44.00			
15		45.00			
16		46.00			
17		47.00			
18		48.00			

图 7-10 单变量模拟运算表的基础数据

其中，B4 为可变单元格，E4 单元格中输入的是利润求解公式［利润=（单价−成本）×销量］，即在 E4 单元格中输入“=(B4−C4)*D4”。正常情况下，E4 单元格中显示公式的计算结果。

第 2 步：

1）选中要创建模拟运算表的单元格区域，其中，第 1 行（或第 1 列）包含变量单元格和公式单元格。此处选择 B4:C18 单元格区域，其中，B4 单元格中的单价为变量值，E4 单元格引用了该变量的利润计算公式，目的是测算不同单价下利润值的变化情况。

2）选择“数据”选项卡→“数据工具”选项组，单击“模拟分析”下拉按钮，在打开的下拉列表中选择“模拟运算表”命令，弹出“模拟运算表”对话框。

3）指定变量值所在的单元格。如果模拟运算表变量值输入在一列中，应在“输入引用列的单元格”文本框中选择第一个变量值所在的位置；如果模拟运算表变量值输入在一行中，应在“输入引用行的单元格”文本框中选择第一个变量值所在的位置。此处需要在“输入引用列的单元格”文本框中选择数据列表中的B4单元格，这是因为选用的变量是单价，不同的单价将会在B列中输入。“模拟运算表”对话框中的内容设置如图7-11所示。

第3步：单击“确定”按钮，选中区域中自动生成模拟运算表。在“单价”列中的B4:B18单元格区域中包含不同的价格，E列中相应的单元格测算出不同的利润值。此时，成本与销量保持不变，从而不会影响利润值，计算结果如图7-12所示。

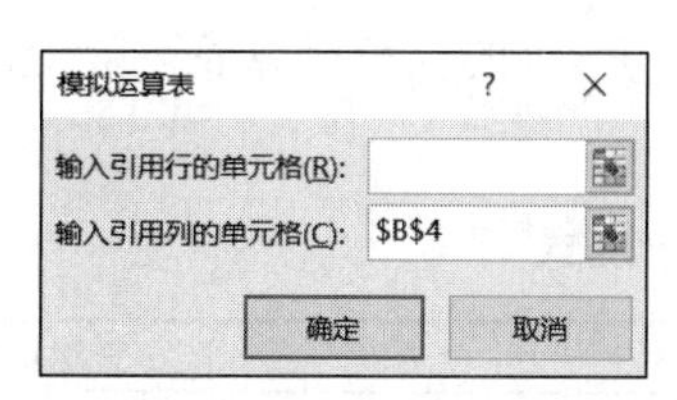

图7-11　“模拟运算表”对话框中的内容设置

	A	B	C	D	E
1		电子产品单变量模拟运算			
2					
3		单价（元/每件）	成本（元/每件）	销量（件）	利润（元）
4		49.00	31.00	1475	26550.00
5		35.00	31.00	1475	5900.00
6		36.00	31.00	1475	7375.00
7		37.00	31.00	1475	8850.00
8		38.00	31.00	1475	10325.00
9		39.00	31.00	1475	11800.00
10		40.00	31.00	1475	13275.00
11		41.00	31.00	1475	14750.00
12		42.00	31.00	1475	16225.00
13		43.00	31.00	1475	17700.00
14		44.00	31.00	1475	19175.00
15		45.00	31.00	1475	20650.00
16		46.00	31.00	1475	22125.00
17		47.00	31.00	1475	23600.00
18		48.00	31.00	1475	25075.00

图7-12　单变量模拟运算表的计算结果

任务7.3　双变量模拟运算表

若要测算公式中两个变量的不同取值如何改变相关公式的结果，可使用双变量模拟运算表。在单列和单行中分别输入两个变量值后，计算结果便会在公式所在单元格区域中显示。

本任务利用双变量模拟运算表进行本量利分析，测算不同单价、不同销量下利润值的变化情况。

学习目标

【技能目标】

- 掌握双变量模拟运算表的操作方法。

【知识目标】

学会以下知识点：

- 双变量模拟运算表。

任务要求

- 在“本量利分析”工作簿的“双变量模拟运算”工作表中输入基础数据：在B3单元格中输入单价49，在B4单元格中输入成本31，在B5单元格中输入销量1475，并在B7:B20单元格区域中输入一组不同的单价：38，40，…，64，在C6:H6单元格区域中输入一组不同的销量1200，1400，…，2200。
- 在B6单元格中创建公式：利润=（单价-成本）×销量。
- 获取不同单价、不同销量下利润值的模拟运算表。

知识准备

双变量模拟运算表比单变量模拟运算表要稍微复杂一些，它与单变量模拟运算表的主要区别在于，双变量模拟运算表使用两个可变单元格（输入单元格）。当需要其他因素不变，计算两个参数的变化对目标值的影响时，可以使用双变量模拟运算表。

当对公式中的两个变量以不同值替换时，系统自动将两个变量值代入公式中逐一运算，并将答案放在对应的单元格中，该过程将生成一个显示其结果的模拟运算表。双变量模拟运算表的排列方式如表7-3所示。

表7-3 双变量模拟运算表的排列方式

计算公式	变量1值1	变量1值2	变量1值3	…	变量1值M
变量2值1					
变量2值2					
⋮					
变量2值N					

此时，公式所在的单元格应位于行变量和列变量交汇的左上角。

下面以在Excel中计算九九乘法表为例讲解双变量模拟运算表，具体操作步骤如下。

1）在A1、A2单元格中均输入1；选中A3单元格，输入公式“=A1*A2”；分别在A4:A12和B3:J3单元格区域中输入1～9。

2）选中A3:J12单元格区域，选择“数据”选项卡→“数据工具”选项组，单击“模拟分析”下拉按钮，在打开的下拉列表中选择“模拟运算表”选项。

3）弹出“模拟运算表”对话框，单击“输入引用行的单元格”文本框，选中A1单元格；再单击“输入引用列的单元格”文本框，选中A2单元格，如图7-13所示。

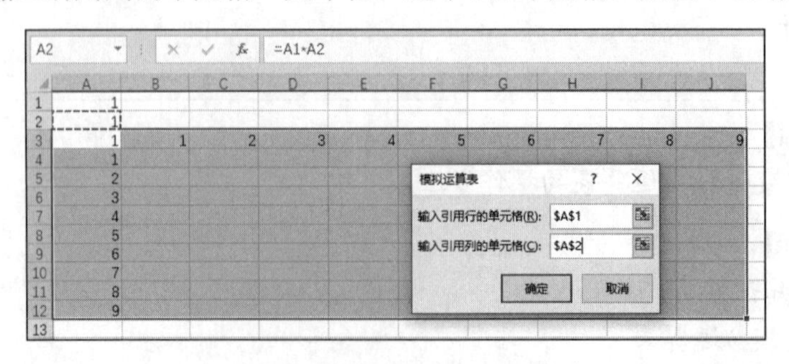

图7-13 “模拟运算表”对话框

4）单击“确定”按钮，结果如图 7-14 所示。

	A	B	C	D	E	F	G	H	I	J
1	1									
2	1									
3	1	1	2	3	4	5	6	7	8	9
4	1	1	2	3	4	5	6	7	8	9
5	2	2	4	6	8	10	12	14	16	18
6	3	3	6	9	12	15	18	21	24	27
7	4	4	8	12	16	20	24	28	32	36
8	5	5	10	15	20	25	30	35	40	45
9	6	6	12	18	24	30	36	42	48	54
10	7	7	14	21	28	35	42	49	56	63
11	8	8	16	24	32	40	48	56	64	72
12	9	9	18	27	36	45	54	63	72	81

图 7-14　创建的双变量模拟运算表

如果使用过程中需要清除模拟运算表的计算结果，那么应如何操作呢？

由于计算结果是以数组的方式存储的，因此只能清除全部结果，而不能只清除部分计算结果。选中计算结果的单元格区域后，按 Delete 键即可清除。此处选中 B4:J12 单元格区域，按 Delete 键，清除模拟运算表。

实施步骤

第 1 步：为了创建双变量模拟运算表，先要在工作表中输入如图 7-15 所示的基础数据与公式。

	A	B	C	D	E	F	G	H
1	电子产品双变量模拟运算							
2								
3	单价（元/每件）	49.00						
4	成本（元/每件）	31.00						
5	销量（件）	1,475			不同销量			
6	利润（元）	26550.00						
7								
8								
9								
10								
11								
12	不同单价							
13								
14								
15								
16								
17								
18								
19								
20								

单变量求解　单变量模拟运算　双变量模拟运算　方案管理

图 7-15　双变量模拟运算表的基础数据

其中，B3 和 B5 为可变单元格，在 B6 单元格中输入的是利润求解公式［利润=（单价-成本）×销量］，即在 B6 单元格中输入“=(B3-B4)*B5”。正常情况下，B6 单元格中显示公式的计算结果。

第 2 步：输入变量值（也可以在创建了模拟运算表区域之后再输入相关的变量值）。在公式所在的行从左向右输入一个变量的系列值，沿公式所在的列由上向下输入另一个变量的系列值。此处从 C6 单元格开始依次向右输入一系列的销量值，从 B7 单元格开始向下依次输入一系列的单价值，输入完毕后的双变量模拟运算表如图 7-16 所示。

	A	B	C	D	E	F	G	H
1	电子产品双变量模拟运算							
2								
3	单价（元/每件）	49.00						
4	成本（元/每件）	31.00						
5	销量（件）	1,475	不同销量					
6	利润（元）	26550.00	1,200	1,400	1,600	1,800	2,000	2,200
7		38.00						
8		40.00						
9		42.00						
10		44.00						
11		46.00						
12	不同单价	48.00						
13		50.00						
14		52.00						
15		54.00						
16		56.00						
17		58.00						
18		60.00						
19		62.00						
20		64.00						

单变量求解 | 单变量模拟运算 | 双变量模拟运算 | 方案管理

图7-16　输入系列值后的双变量模拟运算表

第3步：选中要创建模拟运算表的单元格区域，其中，第1行和第1列需要包含变量单元格和公式单元格，公式位于区域的左上角。此处选中B6:H20单元格区域，其中的B6单元格是引用了变量的利润计算公式，目的是测算不同单价、不同销量下利润值的变化情况。

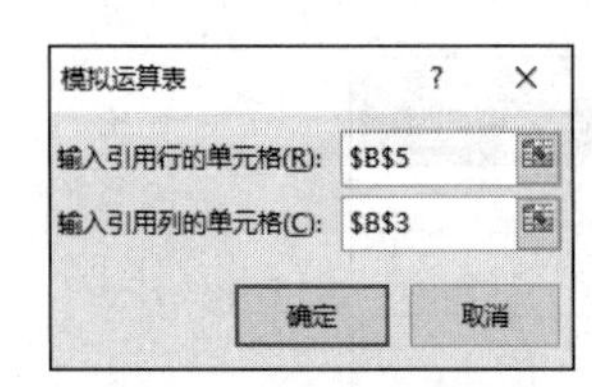

图7-17　“模拟运算表”对话框中的内容设置

第4步：选择“数据”选项卡→“数据工具”选项组，单击“模拟分析”下拉按钮，在打开的下拉列表中选择“模拟运算表”选项，弹出“模拟运算表”对话框，指定公式引用的变量值所在的单元格。此处需要在“输入引用行的单元格”文本框中选中数据列表中的销量变量B5单元格，在“输入引用列的单元格”文本框中选中数据列表中的单价变量B3单元格，对话框中的内容设置完成后如图7-17所示。

第5步：单击“确定”按钮，选中区域中自动生成模拟运算表，如图7-18所示。此时，当在表中更改单价或销量时，其对应的利润测算值就会发生变化。

	A	B	C	D	E	F	G	H
1	电子产品双变量模拟运算							
2								
3	单价（元/每件）	49.00						
4	成本（元/每件）	31.00						
5	销量（件）	1,475	不同销量					
6	利润（元）	26550.00	1,200	1,400	1,600	1,800	2,000	2,200
7		38.00	8400	9800	11200	12600	14000	15400
8		40.00	10800	12600	14400	16200	18000	19800
9		42.00	13200	15400	17600	19800	22000	24200
10		44.00	15600	18200	20800	23400	26000	28600
11		46.00	18000	21000	24000	27000	30000	33000
12	不同单价	48.00	20400	23800	27200	30600	34000	37400
13		50.00	22800	26600	30400	34200	38000	41800
14		52.00	25200	29400	33600	37800	42000	46200
15		54.00	27600	32200	36800	41400	46000	50600
16		56.00	30000	35000	40000	45000	50000	55000
17		58.00	32400	37800	43200	48600	54000	59400
18		60.00	34800	40600	46400	52200	58000	63800
19		62.00	37200	43400	49600	55800	62000	68200
20		64.00	39600	46200	52800	59400	66000	72600

单变量求解 | 单变量模拟运算 | 双变量模拟运算 | 方案管理

图7-18　双变量模拟运算表的计算结果

任务 7.4　方案管理器

方案管理器作为一种分析工具，每个方案允许建立一组假设条件，自动产生多种结果，并可以直观地看到每个结果的显示过程。

本任务利用方案管理器进行本量利分析，测算由于商品成本上涨，采取提价、降价等不同调价方案对利润的影响，从而为选择最优营销方案提供决策依据。

学习目标

【技能目标】

- 掌握创建方案的操作方法。
- 掌握生成方案摘要的具体方法。

【知识目标】

学会以下知识点：

- 创建方案。
- 生成方案摘要。

任务要求

- 建立分析方案。
- 输入基础数据并构建公式。
- 创建不同的调价方案。
- 显示并执行方案。
- 生成方案摘要。
- 将方案摘要插入 Word 报告中。

知识准备

有关方案管理器的知识准备参见实施步骤。

实施步骤

第 1 步：建立分析方案。

方案背景：由于电子产品的成本上涨了 10%，导致利润下降。为了抵消成本上涨带来的影响，小明拟采取两种措施，一种是提高单价 8%，因此导致销量减少 5%；另一种是降低单价 3%，这使得销量增加 20%。

根据方案的描述，建立表 7-4 所示的方案。

表 7-4　3 种不同的方案

项目	方案 1	方案 2	方案 3
单价增长率/%	0.00	8.00	-3.00
成本增长率/%	10.00	10.00	10.00
销量增长率/%	0.00	-5.00	20.00

根据以上资料，通过方案管理器来建立分析方案，帮助小明分析价量不变、提价、降价这 3 种方案对利润的影响。

1）为了创建分析方案，先要在工作表中输入如图 7-19 所示的基础数据与公式。

	A	B	C	D
1				
2		电子产品调价方案测试		
3				
4			2018年数据	方案测试
5		单价（元/每件）	49.00	
6		成本（元/每件）	31.00	
7		销量（件）	1475	
8		利润（元）	26550.00	26550.00
9				
10				

单变量求解　单变量模拟运算　双变量模拟运算　方案管理

图 7-19　方案分析的基础数据

其中，D5、D6、D7 这 3 个单元格为可变单元格，用于显示不同方案的变量值；D8 单元格中输入的是根据基础数据和变化的增长率计算新利润的公式。为了引用方便，给各个单元格重新定义名称，如表 7-5 所示。

表 7-5　为指定的单元格命名

单元格地址	新命名的名称	单元格地址	新命名的名称
C5	单价	D5	单价增长率
C6	成本	D6	成本增长率
C7	销量	D7	销量增长率

因此，在 D8 单元格中应输入公式“=单价×（1+单价增长率）×销量×（1+销量增长率）-成本×（1+成本增长率）×销量×（1+销量增长率）”。

2）选中可变单元格所在的区域，此处选中 D5:D7 单元格区域。

3）选择“数据”选项卡→“数据工具”选项组，单击“模拟分析”下拉按钮，在打开的下拉列表中选择“方案管理器”选项，弹出“方案管理器”对话框，如图 7-20 所示。

4）单击“添加”按钮，弹出“添加方案”对话框，在该对话框中输入方案 1 的方案名“价量不变”，“可变单元格”中的内容已经自动填入（因为提前选中了 D5:D7 单元格区域），如图 7-21 所示。

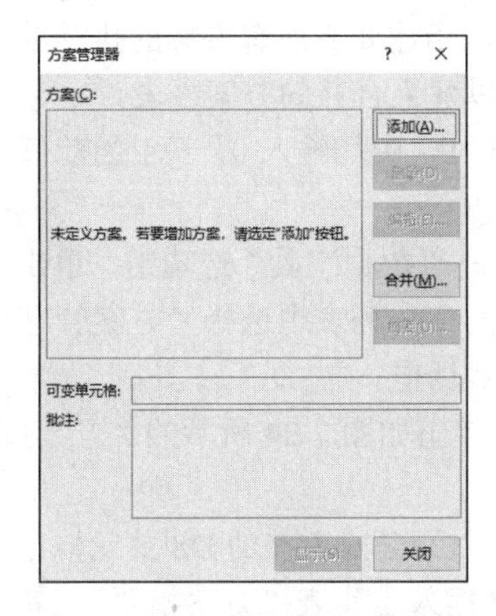

图 7-20　“方案管理器”对话框

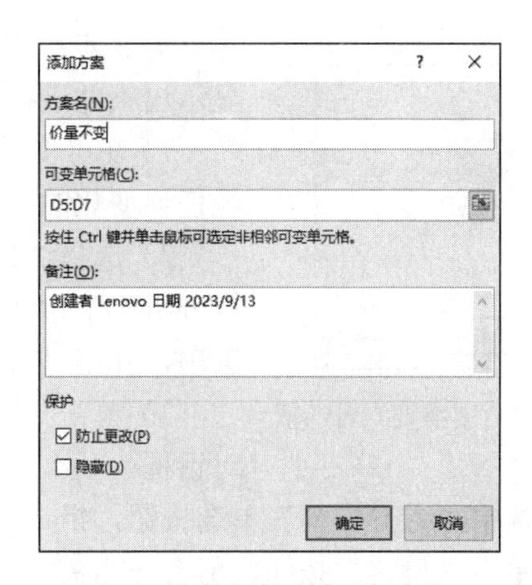

图 7-21　“添加方案”对话框

单击“确定”按钮，继续弹出“方案变量值”对话框，依次输入第一个方案的变量值，可以直接输入百分比，也可以转换为小数输入，如图 7-22 所示。

方案变量值
请输入每个可变单元格的值
1: 单价增长率 0
2: 成本增长率 0.1
3: 销量增长率 0
添加(A)　确定　取消

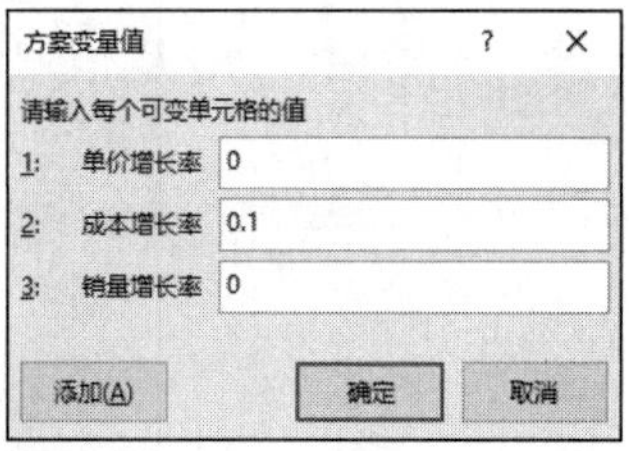

图 7-22　“方案变量值”对话框

5）单击“确定”按钮，返回“方案管理器”对话框。

6）重复步骤 4）和 5），继续添加其他方案。此处继续添加方案 2、方案 3，分别命名为“提价”“降价”。它们引用的可变单元格区域始终是 D5:D7 单元格区域。

7）所有方案添加完毕后，单击“方案管理器”对话框中的“关闭”按钮。

第 2 步：显示并执行方案。分析方案制定好后，任何时候都可以执行方案，以查看不同的执行结果。

1）打开前面制定好方案的工作表。

2）选择“数据”选项卡→“数据工具”选项组，单击“模拟分析”下拉按钮，在打开的下拉列表中选择“方案管理器”选项，弹出“方案管理器”对话框。

3）在“方案”列表框中选择想要查看的方案，单击“显示”按钮，工作表中的可变单元格中自动显示出该方案的变量值，同时显示方案执行结果。此处，依次选择 3 个方案并单击“显示”按钮，可变单元格区域 D5:D7 中将会依次显示各组的增长率，同时 D8 单元格中计算出相应的利润值。图 7-23 显示的是“降价”方案的结果。

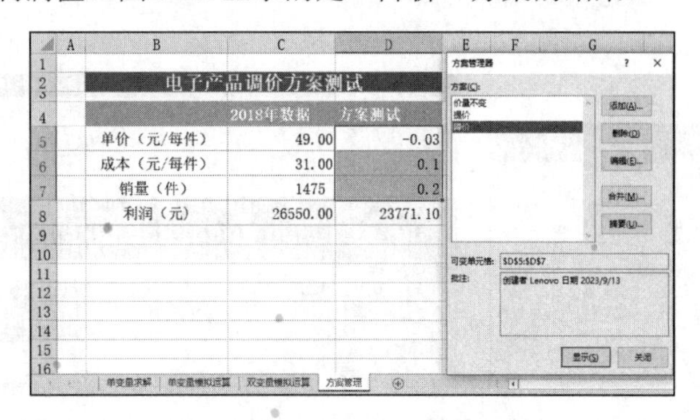

图 7-23　“降价”方案的结果

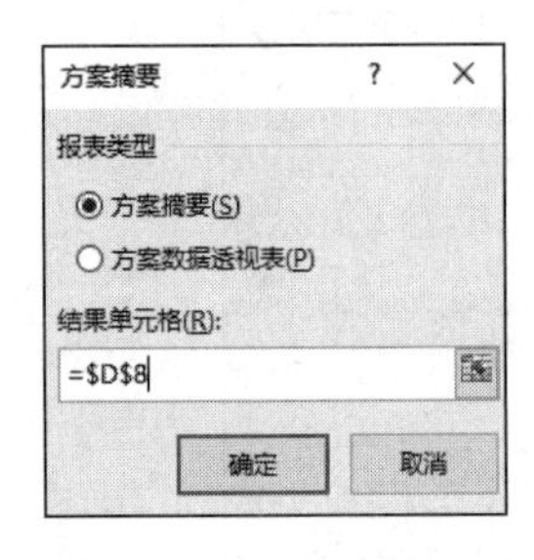

图 7-24 “方案摘要”对话框

第 3 步：建立方案报表。当需要将所有方案的执行结果都显示出来并进行比较时，可以建立合并的方案报表。

1）在可变单元格区域 D5:D7 中均输入 0，表示当前值是未经任何变化的基础数据。

2）选择“数据”选项卡→“数据工具”选项组，单击“模拟分析”下拉按钮，在打开的下拉列表中选择“方案管理器”选项，弹出“方案管理器”对话框。

3）单击“摘要”按钮，弹出如图 7-24 所示的“方案摘要”对话框。

4）选中“方案摘要”单选按钮，指定“结果单元格”为公式所在的 D8 单元格。

5）单击“确定”按钮，将会在当前工作表之前自动插入工作表“方案摘要”，其中显示各种方案的计算结果，如图 7-25 所示。

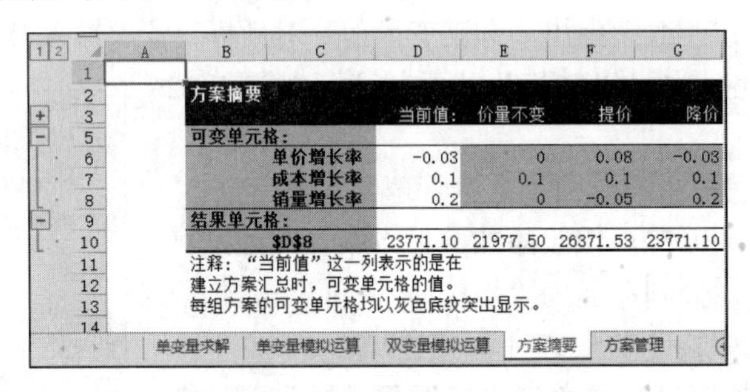

图 7-25 建立“方案摘要”报表

6）经过比较，可以发现 3 个方案中“提价”方案的利润最高，但仍不及成本上涨前的利润高。

第 4 步：将方案摘要插入 Word 报告文档中并保持链接。通过方案管理器获取的方案摘要报表，可以作为分析依据插入 Word 文档中，以充实相关报告的内容，增强说服力。

1）在“方案摘要”工作表中选中 B2:G10 单元格区域，按 Ctrl+C 组合键，将所选内容复制到剪贴板。

2）打开 Word 文档，将光标定位到要插入方案摘要的位置。

3）选择“开始”选项卡→“剪贴板”选项组，单击“粘贴”下拉按钮，在打开的下拉列表中选择“粘贴选项”→“链接与保留源格式”选项，Excel 方案表将被粘贴到当前光标处，如图 7-26 所示。

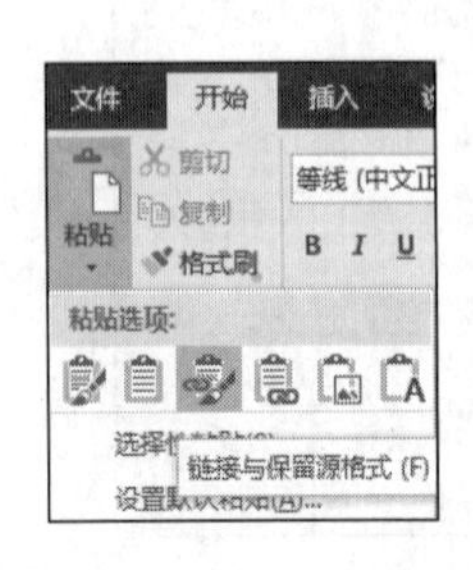

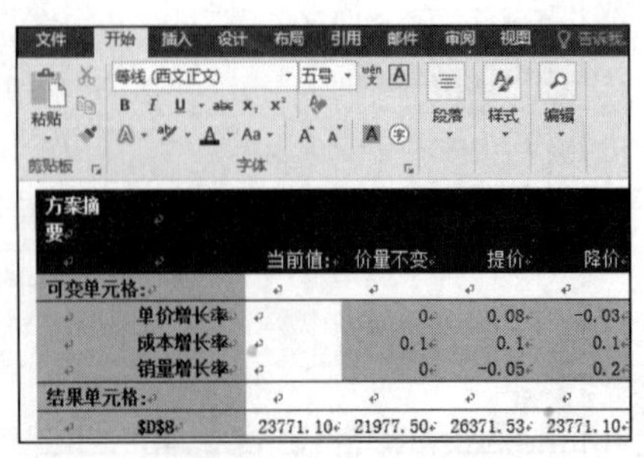

图 7-26 将 Excel 表格以链接与保留源格式的方式复制到 Word 文档中

4）在 Word 中加大表格第 1 列的列宽，使标题“方案摘要”在一行中显示。

5）切换回 Excel 窗口，在“方案摘要”工作表中将 C10 单元格的内容修改为“利润额”。

6）返回 Word 文档窗口，可以看到链接的表格内容自动进行了更新，如图 7-27 所示。

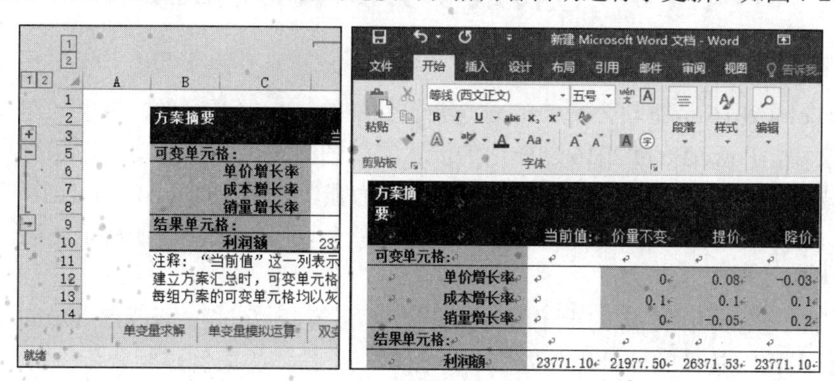

图 7-27　Word 中的表格内容自动更新

项目 8　宣传展示类演示文稿的制作

PowerPoint 2016 是微软公司 Office 办公软件中的一个重要组件，用于制作信息展示的各种演示文稿。PowerPoint 2016 创作出的演示文稿图文并茂，具有动态性和交互性，充分展现了多媒体信息的无穷魅力，效果直观，说服力强。目前，PowerPoint 2016 广泛应用于课堂教学、演讲汇报、广告宣传、商业演示和远程会议等领域，借助演示文稿，可以更有效地进行表达与交流。

宣传展示类演示文稿的制作是全国计算机等级考试二级 MS Office 高级应用 PowerPoint 中比较常见的一种操作题型，下面以一个具体的案例进行分步讲解。

案例背景：学生会迎新现场需要一个介绍学校的演示文稿，主要包括学校简介、基础设施、师资力量、在校人数、教学概况、科研概况、合作交流等内容。要完成这一工作，首先要收集有关的文档、图片、音频等素材，然后使用 PowerPoint 提供的图片、图形、艺术字、表格和图表及声音等功能，达到图文并茂、生动美观的效果，以更好地宣传学校。制作完成后在幻灯片浏览视图下的效果如图 8-1 所示。下面将分 6 个任务讲解制作过程。

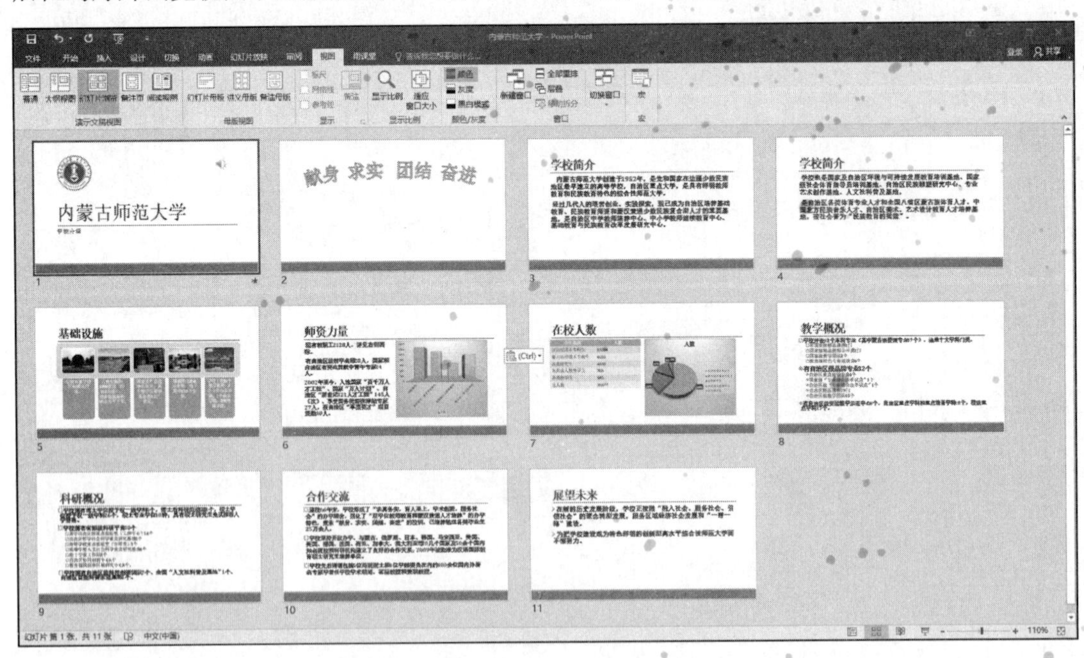

图 8-1　学校宣传演示文稿幻灯片浏览视图

素养目标

宣传展示类演示文稿的制作通过收集各类资源（文本、图片、音频、视频等），再将各类资源以合适的方式展示出来。通过演示文稿的制作，传递社会主义核心价值观的内容和理念，弘扬中国特色社会主义核心价值观，培养学生正确的世界观、人生观和价值观，引导学生思考人生意义和价值追求。

通过自主设计和制作演示文稿，培养学生的创新精神和实践能力。

任务 8.1　设计主题和图片格式

学习目标

【技能目标】

- 掌握演示文稿应用主题的方法。
- 掌握插入和编辑图片的方法。

【知识目标】

学会以下知识点：

- 演示文稿主题。
- 图片格式设置。

任务要求

- 新建演示文稿，主题为“回顾”。
- 修改主题风格，以绿色为主。
- 第 1 页幻灯片版式为标题页，输入标题“内蒙古师范大学”和副标题“学校介绍”。
- 在幻灯片左上角插入学校 logo 图片。
- 裁剪图片，仅保留校徽。
- 修改图片样式，完成效果如图 8-2 所示。
- 保存演示文稿，文件名为“内蒙古师范大学介绍”。

图 8-2　首页幻灯片

知识准备

1. 演示文稿主题

演示文稿主题是包含背景、颜色、字体、效果、布局的一组设计元素，用于快速设置幻灯片的外观。PowerPoint 2016 提供了多种不同风格的内置主题，用户可以将系统提供的主题应用于所有幻灯片，使演示文稿具有统一的外观；也可以应用于所选幻灯片，使演示文稿具有不同的显示风格。用户还可以根据需要自定义主题，将自己设计好的风格另存为主题，方便用户使用；也可以下载第三方的主题来应用，以提高工作效率。

（1）创建空白演示文稿时，根据需要选择合适的主题样式

选择“文件”→“新建”命令，在窗口右侧显示已有的一些主题，如图 8-3 所示，单击某个主题后，在弹出的对话框中可对该主题进行预览，单击“创建”按钮，即可创建应用了该主题的新演示文稿。

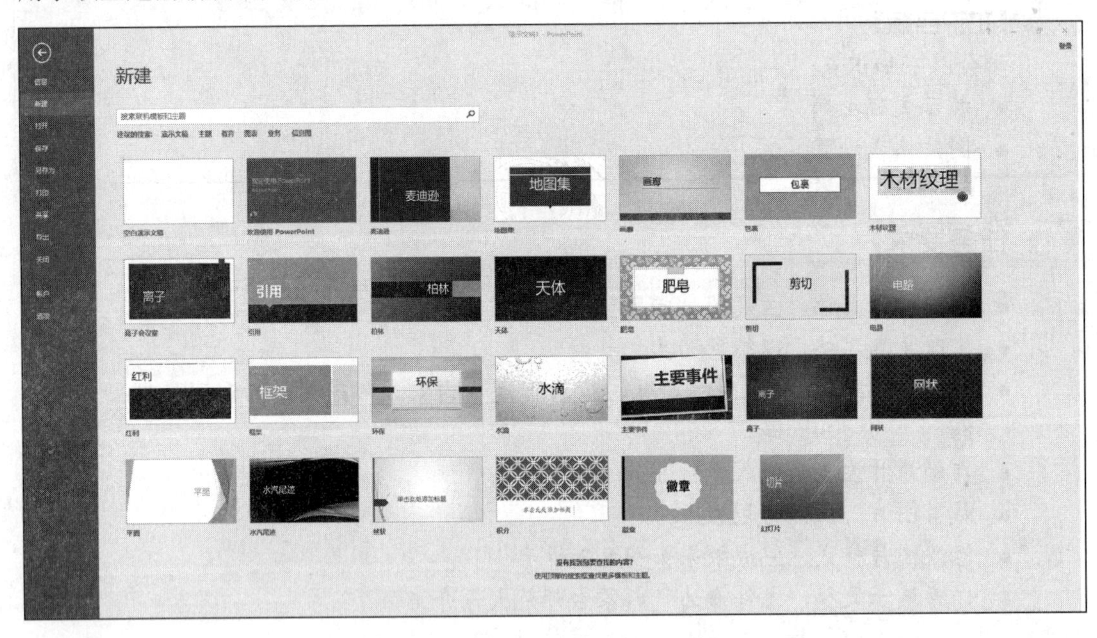

图 8-3 新建演示文稿“主题”选项

（2）对已创建的演示文稿应用主题

要将主题应用到演示文稿中，应在“设计”选项卡“主题”选项组中选择一种主题，默认情况下会将所选主题应用到所有幻灯片。右击，弹出如图 8-4 所示的快捷菜单，有“应用于所有幻灯片”“应用于选定幻灯片”“设置为默认主题”“添加到快速访问工具栏”4 种应用类型，用户可以根据需要选择相应命令。

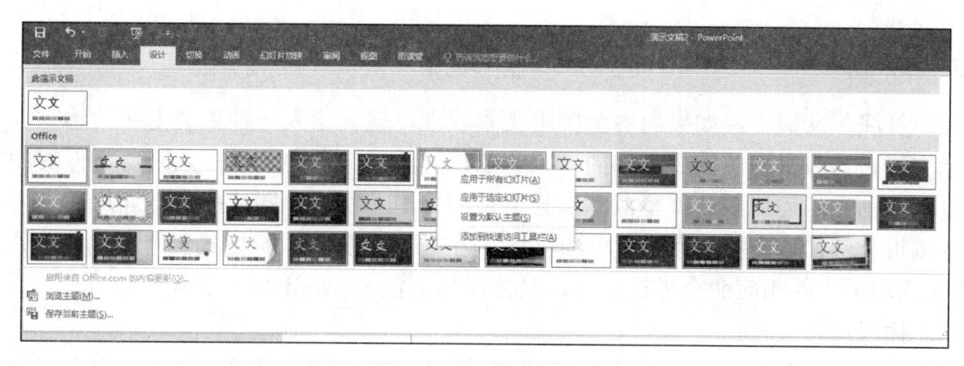

图 8-4　主题右键快捷菜单

（3）自定义演示文稿主题

如果系统提供的主题不能完全满足用户需求，用户可以在现有主题上进行修改。简单的自定义主题，其实就是在“设计”选项卡“变体”选项组中自定义主题的颜色、字体、效果和背景样式。

1）自定义主题颜色。针对同一种主题，PowerPoint 2016 为用户准备了 Office、Office 2007-2010、灰度、蓝色暖调等 20 多种主题颜色，用户可以根据幻灯片内容在“设计”选项卡“变体”选项组中的“颜色”下拉列表中选择主题颜色。除了上述主题颜色外，用户还可以创建新的主题颜色。选择“设计”选项卡→“变体”选项组，单击“颜色”下拉按钮，在打开的下拉列表中选择“自定义颜色”选项，弹出如图 8-5 所示的“新建主题颜色”对话框。在该对话框中，用户可以设置 12 类主题颜色。修改好主题颜色之后，在“名称”文本框中输入新建主题颜色的名称，单击“保存”按钮，即可保存新创建的主题颜色。

2）自定义主题字体。PowerPoint 2016 为用户提供了多种主题字体，用户可以在“字体”下拉列表中选择字体样式。除此之外，用户还可以创建自定义主题字体。选择“设计”选项卡→“主题”选项组，单击“字体”下拉按钮，在打开的下拉列表中选择“自定义字体”选项，弹出如图 8-6 所示的“新建主题字体”对话框。在该对话框中，用户可以设置所需的西文和中文字体。设置完字体之后，在“名称”文本框中输入自定义主题字体的名称，单击“保存”按钮，即可保存自定义的主题字体。

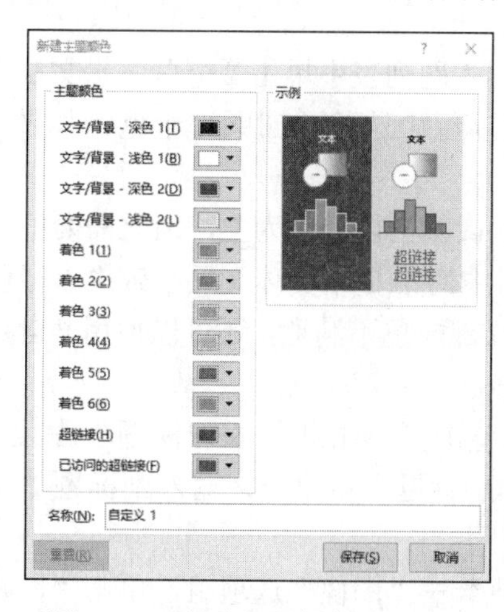

图 8-5　“新建主题颜色”对话框

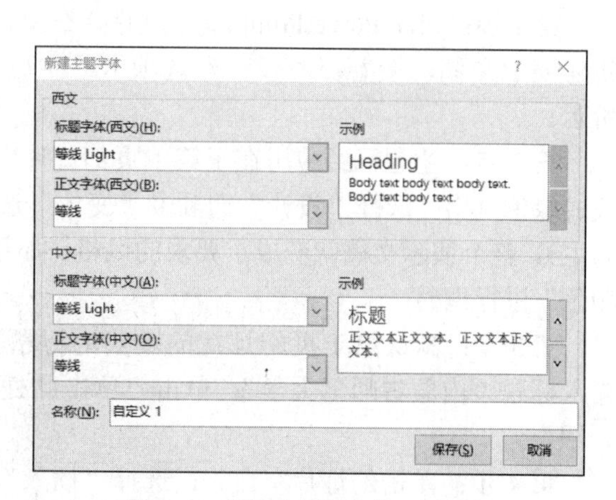

图 8-6　“新建主题字体”对话框

2. 插入图片

在一份演示文稿中，如果内容全部用文本表现，就会给人一种单调无味的感觉。为了让演示文稿更具吸引力，需要适当插入一些图片。演示文稿中可以插入来自文件的图片，也可以是剪贴画，还可以是屏幕截图，甚至是制作电子相册。图片插入幻灯片后，可以对其进行编辑。例如，调整图片的大小和位置，可使用“图片工具-格式”选项卡“排列”和“大小”选项组中的相应命令进行设置，具体操作方法与 Word 2016 相同。

（1）插入图片

在 PowerPoint 2016 中，允许在幻灯片中插入外部的图片。选择“插入”选项卡→“图像”选项组，单击“图片”按钮，如图 8-7 所示，弹出“插入图片”对话框，从中选择需要插入的图片文件，即可插入来自文件中的图片，其支持常见的图片文件格式。

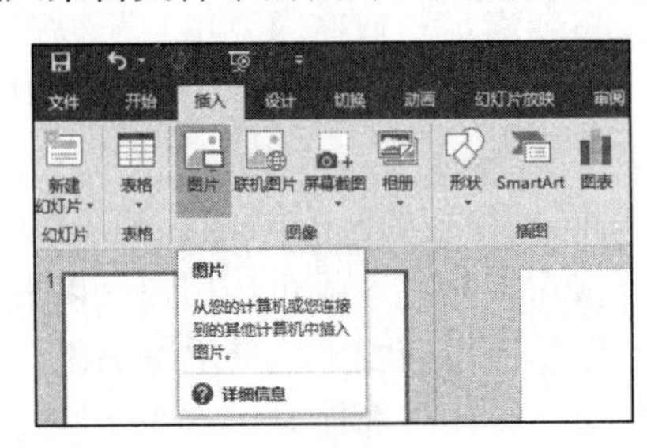

图 8-7 “图像”选项组

（2）插入屏幕截图

屏幕截屏的作用是插入任何未最小化到任务栏的程序的图片，并且可以进行剪辑编辑。选择“插入”选项卡→“图像”选项组，单击“屏幕截图”按钮，在弹出的下拉窗口中，选择“屏幕剪辑”命令，选择要截取的区域，最后截取好的图片会自动粘贴到 PPT 中。截取的区域可以是整个桌面，也可以是某个未最小化的程序的窗口，还可以是任意选择的部分区域。

实施步骤

第 1 步：启动 PowerPoint 2016 软件，在窗口右侧主题列表中单击“空白演示文稿”来新建演示文稿，接着在“设计”选项卡“主题”选项组中选择“回顾”主题，如图 8-8 所示。

第 2 步：主题已经应用在了第 1 页幻灯片中，默认颜色以橙色为主，因此需要把它修改成绿色风格。选择“设计”选项卡“变体”选项组中的第 2 个变体（显示效果以绿色系为主），整个演示文稿就变成了要求的风格。如果对局部配色不满意，还可以使用“自定义颜色”进行调整。

第 3 步：默认第 1 页幻灯片的版式为标题页，单击“单击此处添加标题”占位符，输入标题“内蒙古师范大学”；单击“单击此处添加副标题”占位符，输入副标题“学校介绍”。

第 4 步：单击幻灯片空白处，选择“插入”选项卡→“图像”选项组，单击“图片”

按钮，弹出“插入图片”对话框，选择素材文件夹下的 logo 图片文件，如图 8-9 所示，单击“插入”按钮。

图 8-8　“回顾”主题

图 8-9　“插入图片”对话框

第 5 步：插入的图片是长方形的，有多余的内容，而这里只需要校徽图标，因此需要对图片进行简单的裁剪和编辑，可使用“图片工具-格式”选项卡完成操作。首先适当调整图片大小，然后进行裁剪，选中图片，选择“图片工具-格式”选项卡→“大小”选项组，单击“裁剪”按钮，使用鼠标修改裁剪区域，如图 8-10 所示，修改后再次单击“裁剪”按钮确认即可。

图 8-10　裁剪图片

第 6 步：选择“图片工具-格式”选项卡→“图片样式”选项组，单击“外观样式”下拉按钮，在打开的下拉列表中有一些内置的图片外观样式可供选择，如图 8-11 所示。选择“柔化边缘椭圆”样式，之前插入校徽 logo 图片的外观样式就会变为圆形校徽，效果如图 8-11 所示。

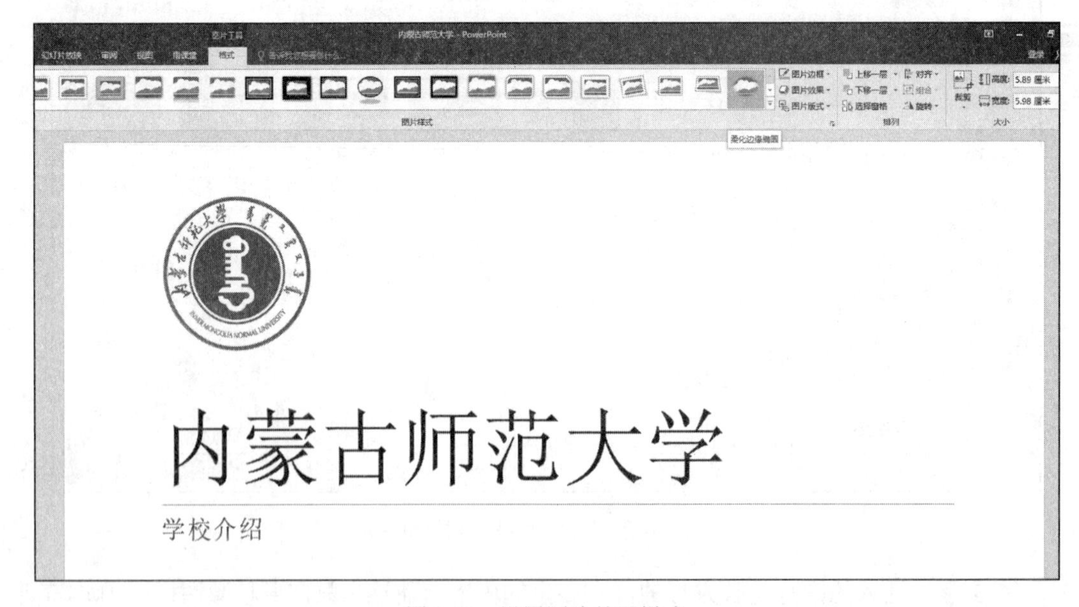

图 8-11　设置图片外观样式

第 7 步：保存演示文稿。选择“文件”→“保存”命令，接着单击窗口中的“浏览”按钮，在弹出的“另存为”对话框中选择保存位置，输入文件名“内蒙古师范大学介绍”，单击“保存”按钮，将演示文稿保存。

任务 8.2　艺术字和导入大纲文本

学习目标

【技能目标】

- 掌握插入和编辑艺术字的方法。
- 掌握从 Word 文档导入幻灯片的方法。

【知识目标】

学会以下知识点：

- 艺术字。
- 从大纲导入文本。

任务要求

- 第 2 页新建幻灯片，版式为“空白”。
- 在适当位置插入艺术字，内容为校训（献身 求实 团结 奋进）。
- 调整艺术字样式。样式为第 3 行第 4 列，文本效果为“上弯弧”，文本填充“绿色，个性色 2，淡色 60%”颜色。
- 修改 Word 文档大纲格式，标题部分设置为“1 级”，内容部分设置为“2 级”。
- 从第 3 页开始添加幻灯片 [选择“新建幻灯片”→“幻灯片（从大纲）”命令]，将文档内容导入幻灯片，生成全部幻灯片。
- 校园简介内容较多，使用“自动调整选项”中的“将文本拆分到两个幻灯片”功能，将校园简介自动分为 2 页。

知识准备

1. 插入艺术字

艺术字是经过专业的字体设计师艺术加工的变形字体，字体特点符合文字含义，具有美观有趣、易认易识、醒目张扬等特性，是一种有图案意味或装饰意味的变形字体。艺术字广泛应用于宣传、广告、商标、标语、黑板报、企业名称、会场布置、展览会等，越来越被大众喜欢。艺术字是一种装饰性文字，可以用来增加字体的艺术性及美观性。

选择“插入”选项卡→“文本”选项组，单击“艺术字”下拉按钮，则可以打开艺术字样式下拉列表，在其中选择所需的艺术字样式即可。在 PowerPoint 2016 中插入艺术字后，可以通过“绘图工具-格式”选项卡中的各项命令对其进行设置，具体操作方法与 Word 2016 相同。

在计算机等级考试（MS Office 高级应用）中，对艺术字的考查经常和母版这个知识点放在一起进行，要求使用母版为演示文稿添加艺术字水印，插入艺术字后，还要对艺术字的角度进行一定的调整。调整角度就是选中艺术字的文本框之后，上边框正中间有一个旋转手柄，将鼠标指针移动到圆点上，按住鼠标左键不放，左右移动即可。

2. 从大纲导入文本

从大纲导入文本是计算机等级考试中的一个较难的考点。从大纲导入文本，在实际工作中可以提高制作演示文稿的效率，特别是处理大量的文本信息时更是必不可少的操作。

首先，需要将 Word 文档修改为合适的大纲格式，打开 Word 文档，选择“视图”选项卡→“视图”选项组，单击“大纲视图”按钮，进入大纲视图。接下来，选择每页幻灯片标题的内容，然后在“大纲”选项卡→“大纲工具”选项组中，将“正文文本”修改为“1级”，此时选中内容的大纲级别就变为 1 级，也显示成 1 级大纲的样式；同样的步骤，将每页幻灯片的正文内容部分的“大纲级别”修改为“2 级”，保存文档。

在演示文稿中要导入的位置，选择“开始”选项卡→“幻灯片”选项组，单击“新建幻灯片”下拉按钮，在打开的下拉列表中选择“幻灯片（从大纲）”选项，打开上一步保存好的大纲文件即可。

在实际操作中，该操作经常会出现错误，主要原因是用户没有按照要求把 Word 文档修改成对应的大纲格式，或者修改错误。因此，导入 Word 文档时，一定要按要求修改 Word 文档的大纲格式，否则会提示出错，导入失败。

实施步骤

第 1 步：选择“开始”选项卡→“幻灯片”选项组，单击“新建幻灯片”下拉按钮，在打开的下拉列表中选择“空白”幻灯片，如图 8-12 所示。

图 8-12 新建“空白”幻灯片

第 2 步：在第 2 页幻灯片中，选择“插入”选项卡→“文本”选项组，单击“艺术字”下拉按钮，在打开的下拉列表中选择一种合适的样式，此处选择第 3 行第 4 列的“填充-白色，轮廓-着色 2，清晰阴影-着色 2”，如图 8-13 所示。此时，在幻灯片上出现的占位符会显示“请在此放置您的文字”，在占位符中输入文字“献身 求实 团结 奋进”。

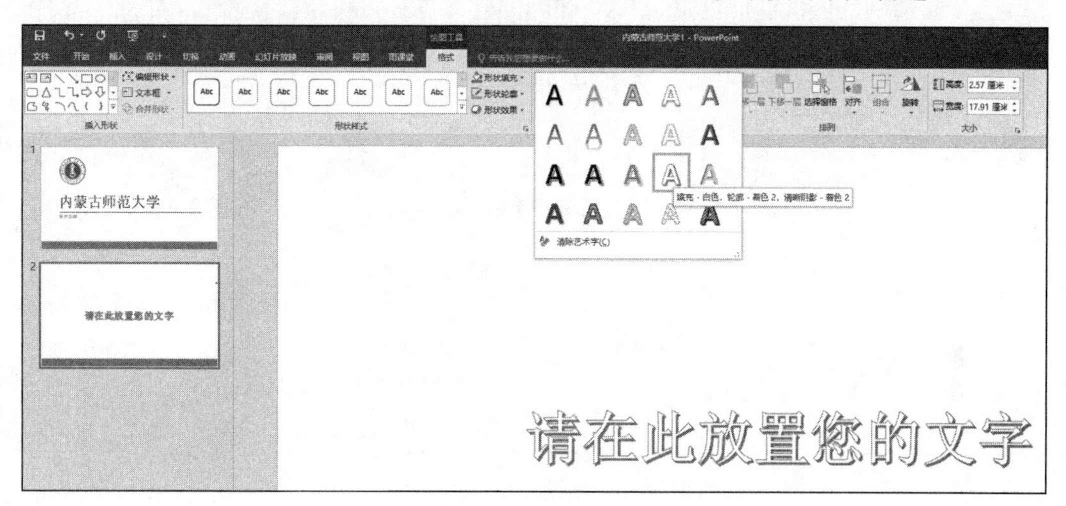

图 8-13　插入艺术字

第 3 步：插入艺术字后，还可以使用“绘图工具-格式”选项卡中的“形状样式”“艺术字样式”“排列”“大小”等选项组中的命令对艺术字进行进一步设置和调整，如图 8-14 所示。

图 8-14　“绘图工具-格式”选项卡

选中艺术字“献身 求实 团结 奋进”所在的文本框，将文本框的位置向上移动到合适位置。

修改艺术字样式：选中文字后，选择“绘图工具-格式”选项卡→“艺术字样式”选项组，单击“样式”下拉按钮，在打开的下拉列表中选择第 1 行第 1 列的样式。

选中艺术字“献身 求实 团结 奋进”所在的文本框，选择“绘图工具-格式”选项卡→“艺术字样式”选项组，单击“文本效果”下拉按钮，在打开的下拉列表中选择“转换”→“跟随路径”→“上弯弧”选项，如图 8-15 所示。选中文本框左侧的调节按钮，左右拖动可以适当调节弯弧的效果。

选中艺术字“献身 求实 团结 奋进”所在的文本框，选择“绘图工具-格式”选项卡→“艺术字样式”选项组，单击“文本填充”下拉按钮，在打开的下拉列表中选择“绿色，个性色 2，淡色 60%”，对艺术字进行填充。

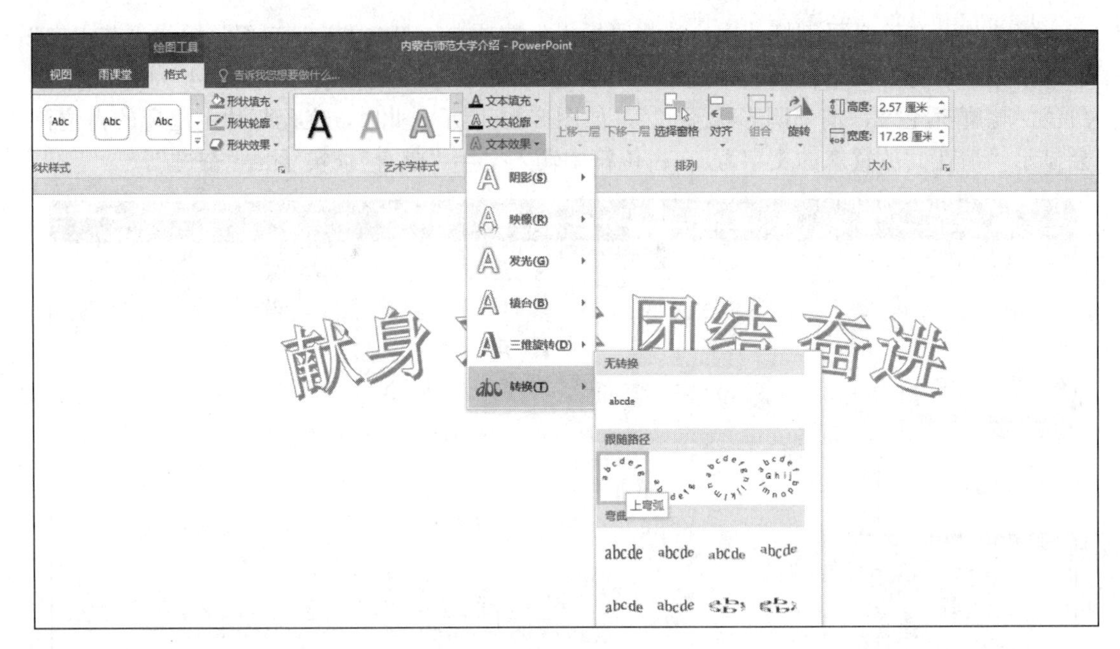

图 8-15 设置艺术字文本效果

第 4 步：打开素材文件夹下的“学校基本情况”Word 文档，修改大纲格式。选择“视图”选项卡→“视图”选项组，单击“大纲视图”按钮，进入大纲视图。选择每页幻灯片标题的内容（学校简介、基础设施、师资力量、在校人数、教学概况、科研概况、合作交流、展望未来），在“大纲”选项卡“大纲工具”选项组中将“正文文本”修改为“1 级”；同样的步骤，将剩余内容部分的大纲级别修改为“2 级”，保存文档。修改大纲格式后的 Word 文档如图 8-16 所示。

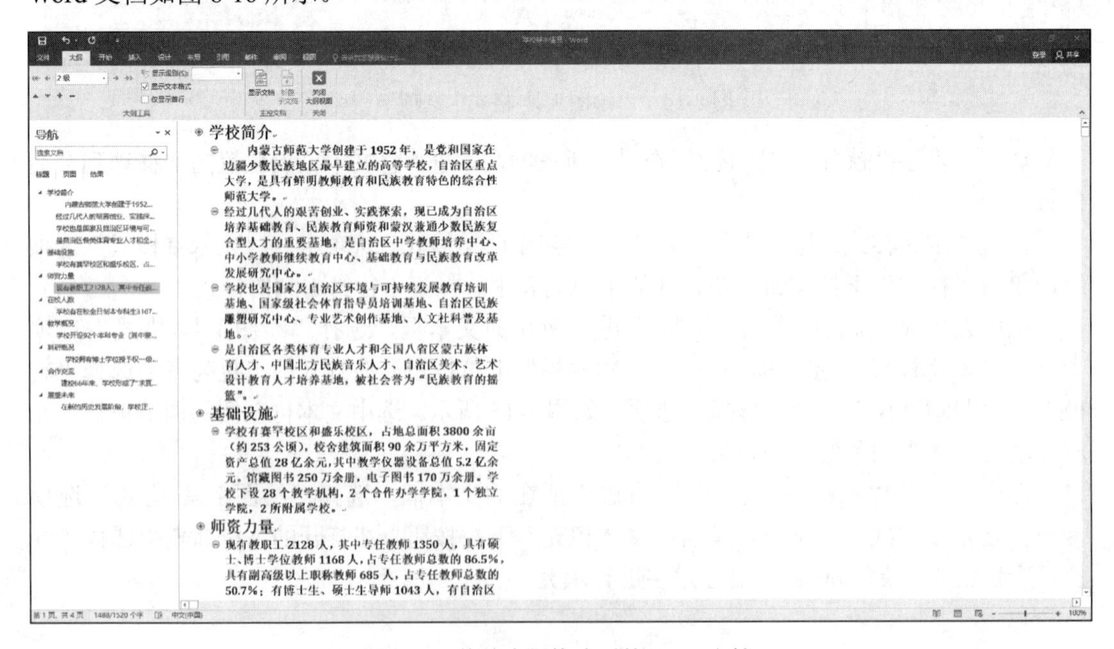

图 8-16 修改大纲格式后的 Word 文档

第 5 步：单击左侧第 2 页幻灯片下方，确认插入位置在第 2 页幻灯片后。选择“开始”选项卡→“幻灯片”选项组，单击“新建幻灯片”下拉按钮，在打开的下拉列表中选择“幻灯片（从大纲）”选项，选择上一步保存好的大纲文件插入，稍等片刻，文档内容全部自动导入，标题和内容分别导入占位符内，批量生成幻灯片，效果如图 8-17 所示。

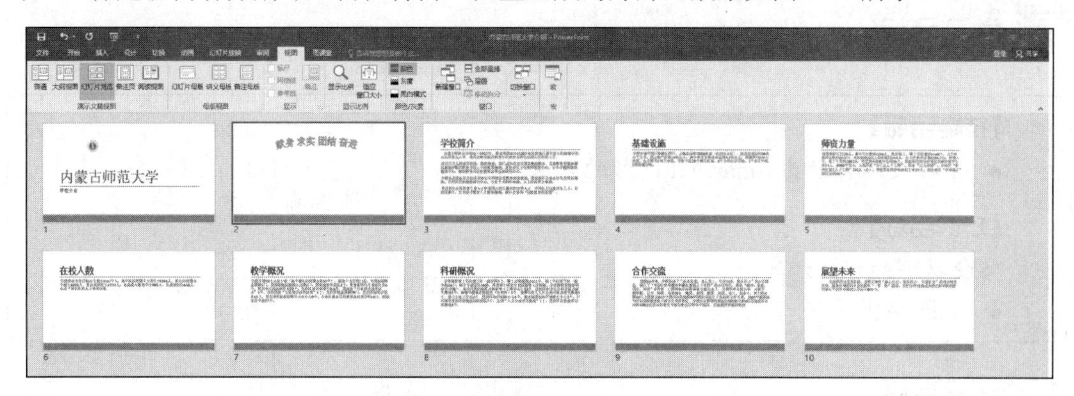

图 8-17　导入文档后幻灯片浏览视图

第 6 步：第 3 页幻灯片（学校简介）内容较多，字号较小，此处将它分成 2 页展示，常用的方法是插入新幻灯片，将当前幻灯片中的一部分内容剪切到新幻灯片中，再将标题复制过去。这里使用一个更快捷的方法，选中内容文本框，将文本框中的文本字号修改为“28”，内容会超出文本框下边框，此时单击文本框左下角的“自动调整选项”下拉按钮，在打开的下拉列表中选择“将文本拆分到两个幻灯片”选项，如图 8-18 所示，学校简介的内容将自动分为两页，拆分后的两页幻灯片标题一样，内容自动分为完整的两部分，每页显示一部分内容。

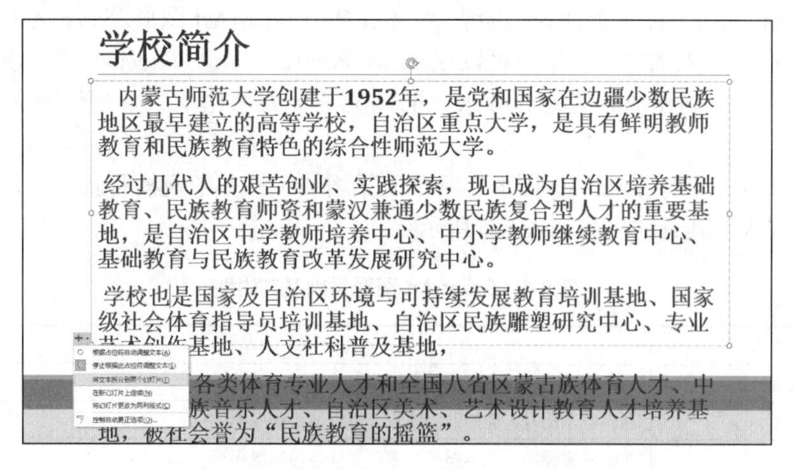

图 8-18　学校简介内容拆分为 2 页的效果

任务 8.3　SmartArt 图形

学习目标

【技能目标】

- 掌握文本转换为 SmartArt 图形的方法。

【知识目标】

学会以下知识点：

- SmartArt 图形。

任务要求

- 将第 5 页幻灯片（基础设施）的内容转换为 SmartArt 图形，选择“水平图片列表”。
- 更改颜色，选择“个性色 2”中的“彩色填充-个性色 2”。
- 插入素材文件夹里的图片。

知识准备

1. SmartArt 图形

在制作演示文稿的过程中，往往需要利用流程图、层次结构及列表来显示幻灯片的内容。PowerPoint 为用户提供了列表、流程、循环等 7 类 SmartArt 图形，SmartArt 是 Microsoft Office 2007 中新加入的特性，用户可以在 PowerPoint、Word、Excel 中使用该特性创建各种图形图表，轻松制作出具有设计师水平的图文，极大简化了原来制作图文效果的烦琐工作。

Office 2016 在原有 SmartArt 图形的基础上又增加了许多新模板和新类别，使 SmartArt 的功能更为强大，其具体内容如表 8-1 所示。

表 8-1　SmartArt 图形类别及其说明

图形类别	说明
列表	包括基本列表、垂直框列表等图形
流程	包括基本流程、连续箭头流程、流程箭头等图形
循环	包括基本循环、文本循环、多项循环、齿轮等图形
层次结构	包括组织结构图、层次结构、标注的层次结构等图形
关系	包括平衡、漏斗、平衡箭头、公式等图形
矩阵	包括基本矩阵、带标题的矩阵、网络矩阵、循环矩阵 4 种图形
棱锥图	包括基本棱锥图、倒棱锥图、棱锥型列表与分段棱锥图 4 种图形
图片	包括重音图片、图片题注列表、射线图片列表、图片重点流程等图形

SmartArt 图形是信息和观点的视觉表示形式，可以通过多种不同布局来创建 SmartArt 图形，从而快速、轻松、有效地传达信息。当切换布局时，大部分文字和其内容、颜色、样式、效果和文本格式会自动代入新布局中；有时也会缺失，主要是由新布局的逻辑特性决定的。

通常，在形状个数和文字量仅限于表示要点时，SmartArt 图形是最有效的。如果文字量较大，则会分散 SmartArt 图形的视觉吸引力，使这种图形难以直观地传达信息，但某些布局（如“列表”类型中的“梯形列表”）也适用于文字量较大的情况。

2. 插入 SmartArt 图形

在幻灯片中选择“插入”选项卡→“插图”选项组，单击“SmartArt”按钮，弹出“选择 SmartArt 图形”对话框，如图 8-19 所示，选择合适的类别，在中间列表中选择所需的 SmartArt 图形，单击“确定”按钮。

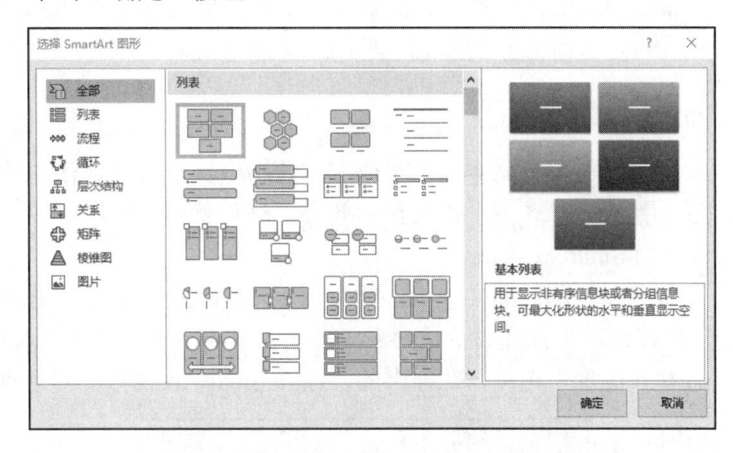

图 8-19　“选择 SmartArt 图形”对话框

返回幻灯片后，在插入的 SmartArt 图形中单击文本占位符，输入合适的文字即可；也可以在左侧的文本窗格中输入文字，如图 8-20 所示。在此建议读者使用文本窗格输入文字，因为在文本窗格中可以非常方便地减少和增加列表的个数，SmartArt 图形会自动调整。

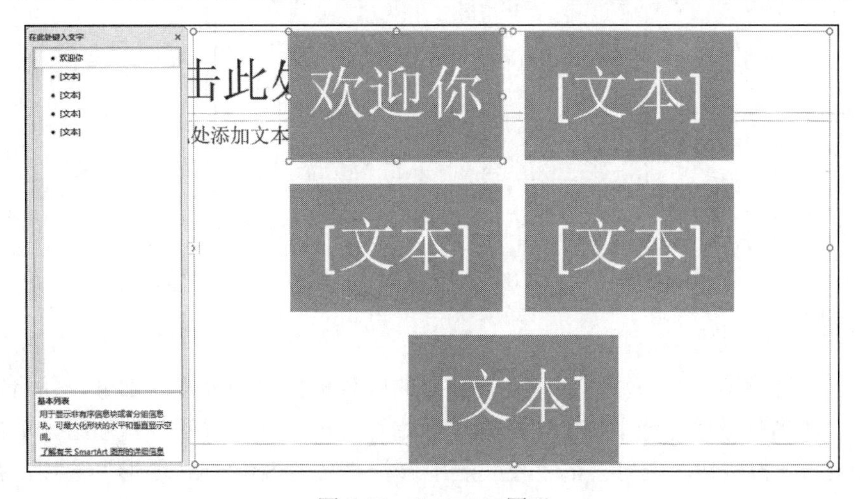

图 8-20　SmartArt 图形

3. 调整 SmartArt 图形

为了方便用户使用和调整 SmartArt 图形，PowerPoint 2016 提供了“SmartArt 工具-设计”和“SmartArt 工具-格式”两类选项卡，如图 8-21 和图 8-22 所示。

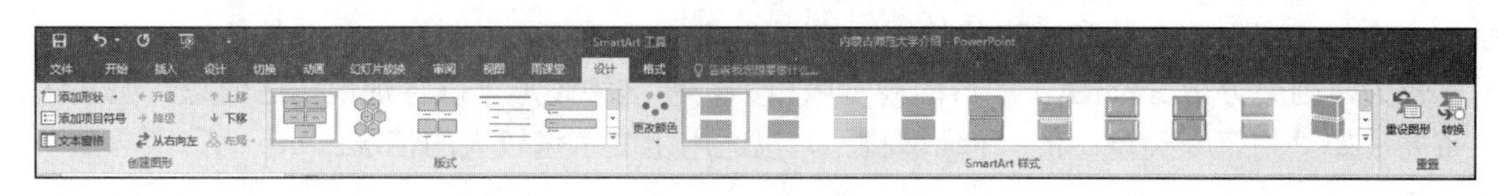

图 8-21 “SmartArt 工具-设计”选项卡

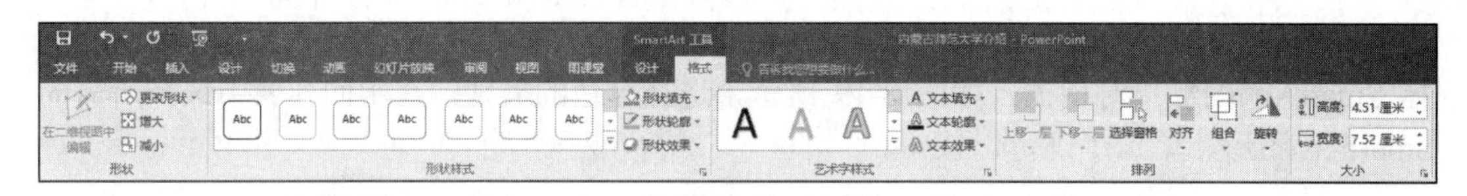

图 8-22 “SmartArt 工具-格式”选项卡

4. 转换为 SmartArt 图形

插入 SmartArt 图形时需要在文本占位符或文本窗格中输入文字，有时在幻灯片中已经输入好了文本，想使用 SmartArt 图形提高显示效果，这时就可以使用“转换为 SmartArt”功能直接将文字转换为 SmartArt 图形。

选中要更改为 SmartArt 图形的文字，选择“开始”选项卡→“段落”选项组，单击“转换为 SmartArt”下拉按钮，在打开的下拉列表（图 8-23）中选择合适的 SmartArt 图形；或者选择“其他 SmartArt 图形”选项，在弹出的“选择 SmartArt 图形”对话框中进行选择。

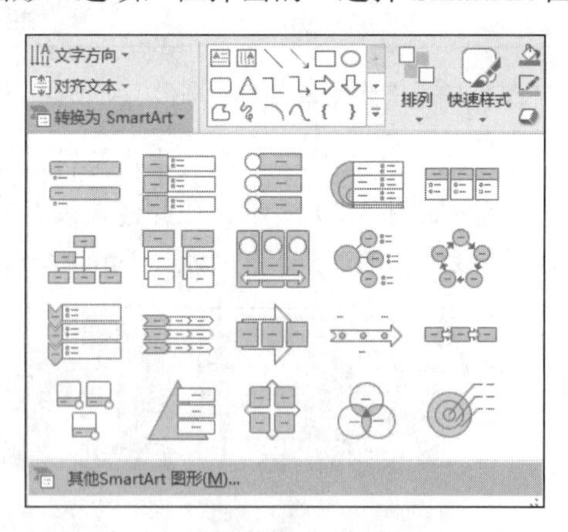

图 8-23 “转换为 SmartArt”下拉列表

实施步骤

第 1 步：先将第 5 页幻灯片（基础设施）的内容根据类别分成 5 部分，即将文字修改成 5 部分，适当删减后，选中文字，选择“开始”选项卡→“段落”选项组，单击“转换为 SmartArt”下拉按钮，在打开的下拉列表中选择“其他 SmartArt 图形”选项，弹出“选择 SmartArt 图形”对话框，选择“列表”类，再选择“水平图片列表”选项，单击“确定”

按钮即可，如图 8-24 所示。

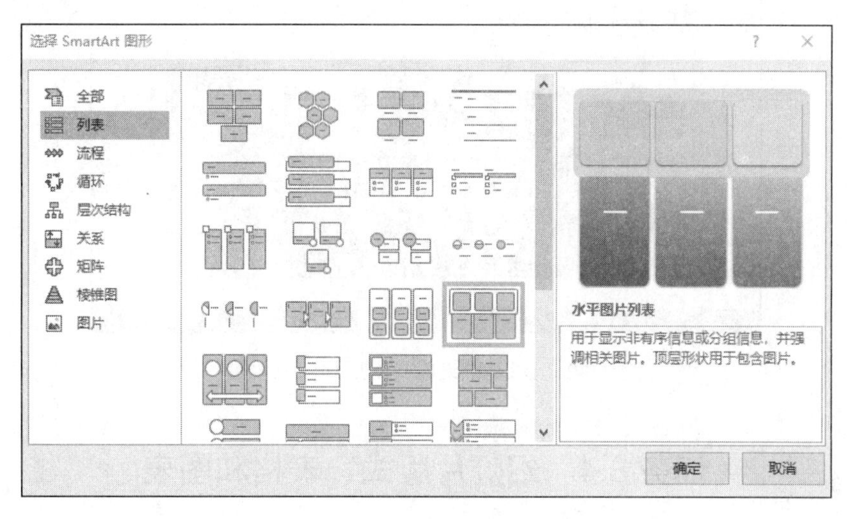

图 8-24 “选择 SmartArt 图形”对话框

第 2 步：SmartArt 图形的颜色是紫色的，这里需要更改颜色。选择“SmartArt 工具-设计”选项卡→“SmartArt 样式”选项组，单击“更改颜色”下拉按钮，在打开的下拉列表中选择“个性色 2”中的第 2 个（彩色填充-个性色 2），如图 8-25 所示。

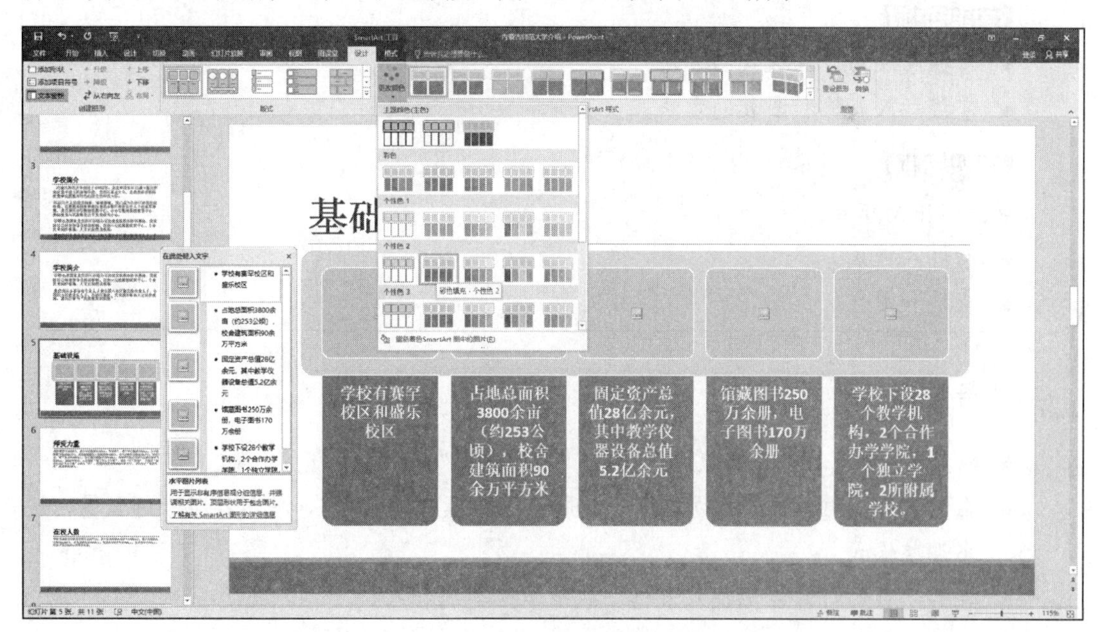

图 8-25 更改颜色

第 3 步：插入图片。在如图 8-25 所示的窗口中，单击图片占位符或者是文本窗格中的图片，弹出“插入图片”对话框，选择素材文件夹里对应的图片文件即可。依次插入 5 张图片，完成效果如图 8-26 所示。

图 8-26 “基础设施”幻灯片完成效果

任务 8.4 幻灯片版式、表格和图表

学习目标

【技能目标】

- 掌握修改幻灯片版式的方法。
- 掌握插入表格和图表的方法。

【知识目标】

学会以下知识点：

- 幻灯片版式。
- 表格和图表。

任务要求

- 将第 6、7 页幻灯片的版式修改为“两栏内容”版式。
- 在第 6 页幻灯片右侧添加图表，选择“三维簇状柱形图”，展示各类教师数量，适当调整格式。
- 在第 7 页幻灯片左侧插入表格，展示学生类别和人数。
- 在第 7 页幻灯片右侧插入分离型三维饼图，适当调整格式。

知识准备

1. 幻灯片版式

幻灯片版式是 Power Point 软件中的一种常规排版格式，通过幻灯片版式的应用可以对文字、图片等进行更加合理简洁的布局。利用内置的这些版式可以轻松完成幻灯片制作和运用。版式是指幻灯片内容在幻灯片上的排列方式，由占位符组成。占位符就是一种带有虚线或阴影线边缘的方框，可以在框中输入文字，如标题和项目符号列表等；也可以插入幻灯片内容，如表格、图表、图片、形状和剪贴画等。

幻灯片版式与演示文稿主题之间的关系非常密切。当应用和修改主题时，应根据版式的内容设置对应的占位符的位置和大小、字体颜色、背景等，建议读者在工作中多使用版式完成布局，尽量少使用文本框，方便主题应用和修改。

可以在新建幻灯片时选择幻灯片版式，选择“开始”选项卡→“幻灯片”选项组，单击“新建幻灯片”下拉按钮，在打开的下拉列表中有 11 种常用的幻灯片版式可供选择，选择合适的幻灯片版式即可，如图 8-27 所示。

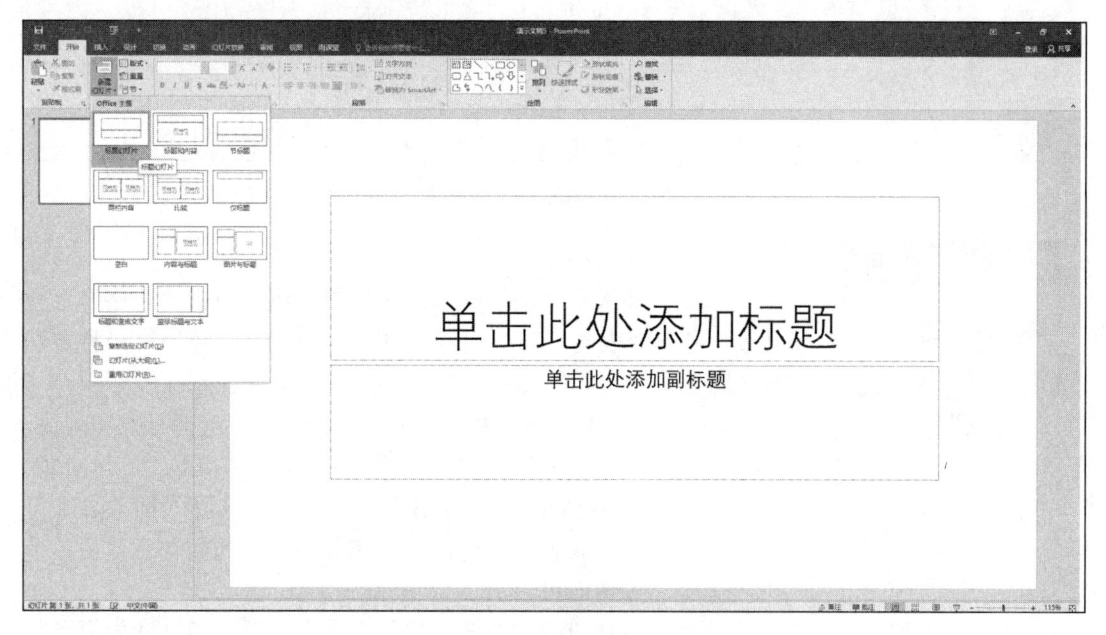

图 8-27　新建幻灯片

也可以随时修改幻灯片版式，选择“开始”选项卡→“幻灯片”选项组，单击“版式”下拉按钮，在打开的下拉列表中选择合适的幻灯片版式进行修改，如图 8-28 所示。

2. 表格

用户在使用 PowerPoint 2016 制作演示文稿时，往往需要运用一些数据来增加演示文稿的说服力。一般情况下，对于数据格式的资料，可能需要在幻灯片中使用表格和图表来组织并显示，从而使杂乱无章、单调乏味的数据更易于理解，使幻灯片的内容更具有说服力和更好的显示效果。

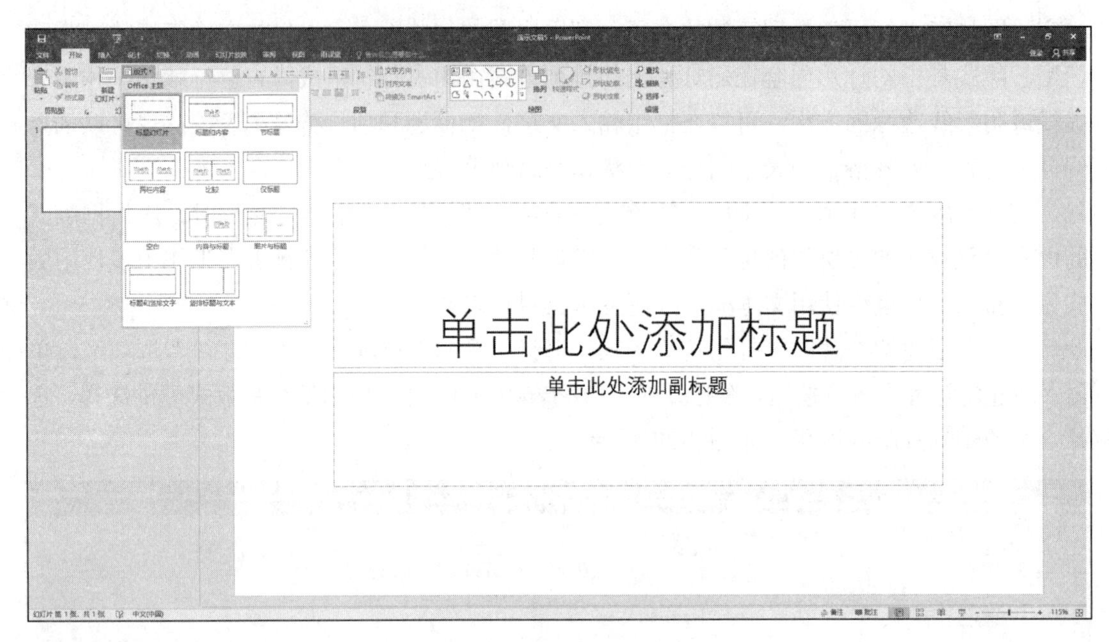

图 8-28 修改幻灯片版式

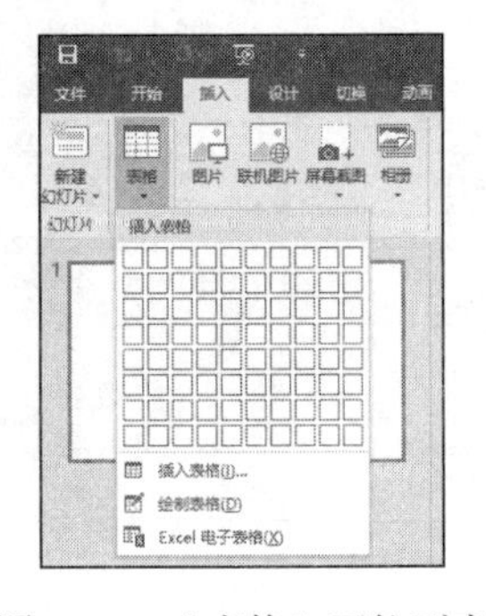

图 8-29 “表格”下拉列表

（1）插入表格

选择“插入”选项卡→“表格”选项组，单击“表格”下拉按钮，打开“表格”下拉列表，如图 8-29 所示，可以有多种方法插入表格。

1）直接插入：在“表格”下拉列表中直接选择行数和列数，即可在幻灯片中插入相应的表格。

2）输入行列值：在“表格”下拉列表中选择“插入表格”选项，弹出“插入表格”对话框，在其中输入列数与行数后，单击“确定”按钮即可。

3）手动绘制：在“表格”下拉列表中选择“绘制表格”选项，当鼠标指针变为笔形状时，拖动鼠标就可以在幻灯片中根据数据的具体要求，手动绘制表格的边框与内线。

4）插入 Excel 电子表格：在“表格”下拉列表中选择“Excel 电子表格”选项，出现 Excel 编辑窗口，在其中可以输入数据，并利用公式功能计算表格数据，然后在幻灯片中单击，即可将 Excel 电子表格插入幻灯片中。

（2）编辑表格

在幻灯片中插入表格以后，系统将自动生成“表格工具-设计”和“表格工具-布局”两个选项卡，如图 8-30 和图 8-31 所示。

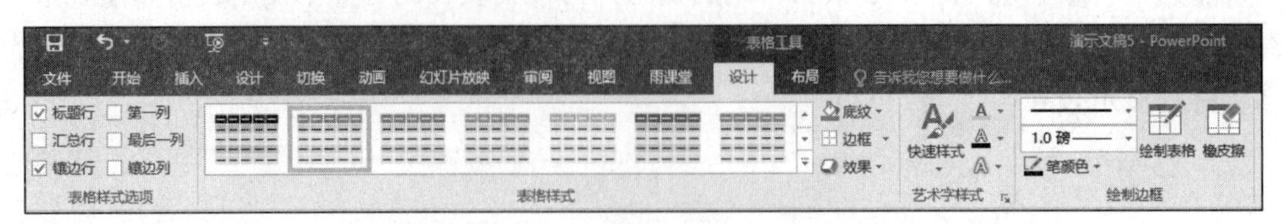

图 8-30 “表格工具-设计”选项卡

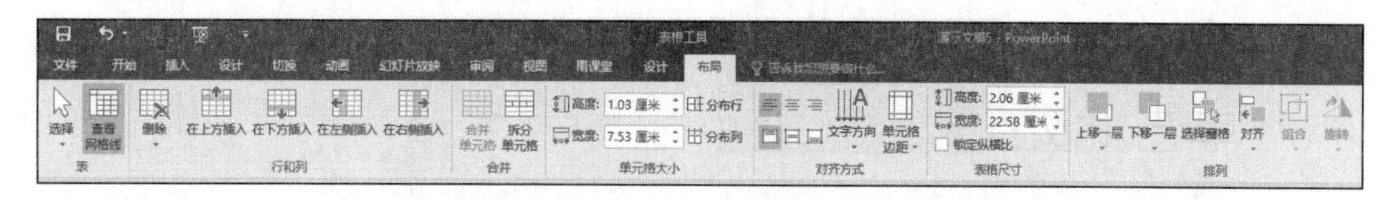

图 8-31　“表格工具-布局”选项卡

在“表格工具-设计”选项卡“表格样式”选项组中可以设计表格样式，以及表格的行、列、单元格的边框和底纹；在“绘图边框”选项组中可以设置边框的线型及线的粗细。

在“表格工具-布局”选项卡中主要的表格编辑功能有选择表格，删除表格、行或列，插入行或列，合并单元格，拆分单元格，设置表格大小，设置单元格大小，设置单元格文本对齐方式等。PowerPoint 2016 中表格的具体操作与 Word 2016 中表格的操作相似，这里不再赘述。

3. 图表

图表是指根据表格数据绘制的图形。图表具有较好的视觉效果，可以方便用户查看数据的差异和走向。演示文稿中经常会用到图表，以便直观地表达信息。PowerPoint 2016 为用户提供了种类繁多的图表类型，用户可以根据需要进行选择。

（1）创建图表

1）选项组创建。选择“插入”选项卡→“插图”选项组，单击“图表”按钮，弹出如图 8-32 所示的“插入图表”对话框，选择需要的图表类型，单击“确定”按钮，在打开的 Excel 工作表中修改图表数据即可生成所需的图表。

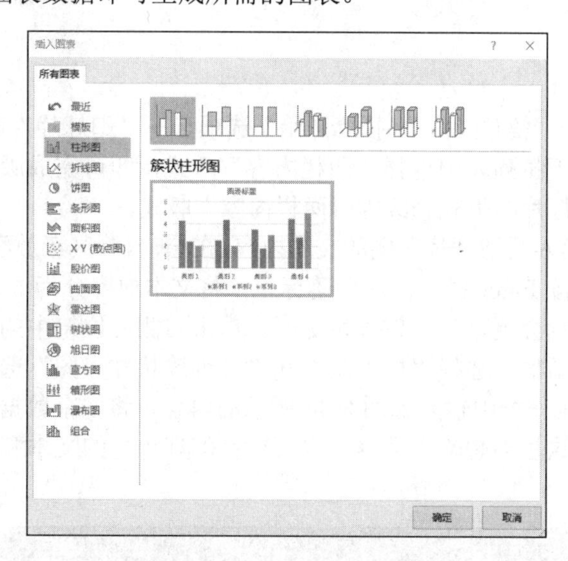

图 8-32　“插入图表”对话框

2）占位符创建。在幻灯片中单击占位符中的“插入图表”按钮，在弹出的“插入图表”对话框中选择相应的图表类型，单击“确定”按钮，在打开的 Excel 工作表中输入图表数据即可。例如，选择“柱形图”→“簇状柱形图”选项，在打开的 Excel 工作表中不做任何修改，则生成系统默认数据的图表，如图 8-33 所示。

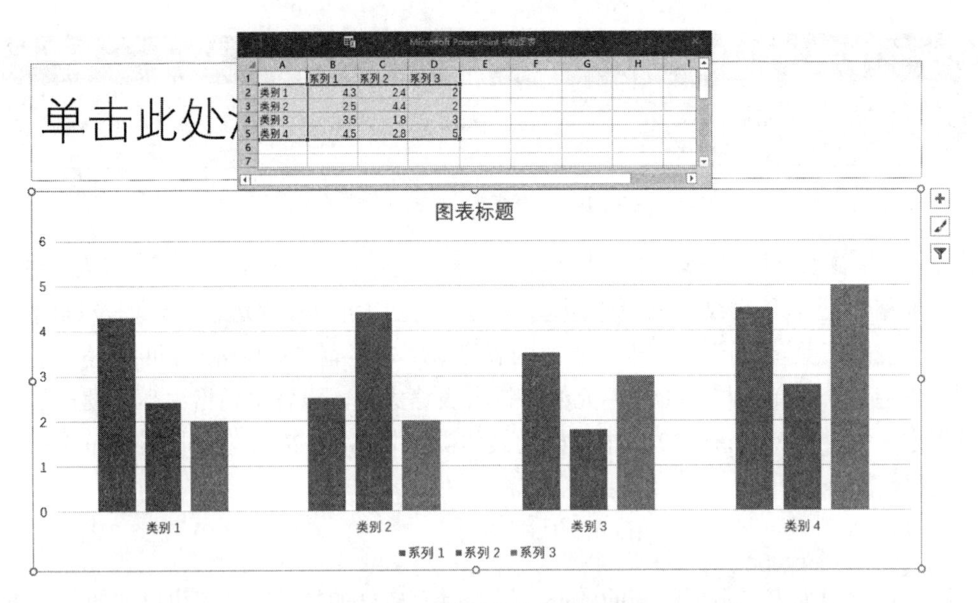

图 8-33 系统默认簇状柱形图

（2）编辑图表

在幻灯片中创建图表之后，需要进一步编辑图表。选中创建的图表，则自动出现“图表工具-设计”和“图表工具-格式”2 个选项卡，对图表的所有操作命令都在这些选项卡中；也可以在图表上右击，在弹出的快捷菜单中选择相应的图表操作命令。具体操作与 Excel 操作方式相同，这里不再赘述。

实施步骤

第 1 步：选中第 6 页幻灯片，选择“开始”选项卡→“幻灯片”选项组，单击“版式”下拉按钮，在打开的下拉列表中选择“两栏内容”版式，即可完成版式的修改。使用同样的操作，将第 7 页幻灯片的版式修改为“两栏内容”版式。

第 2 步：先处理第 6 页幻灯片左侧的文本内容，在“有自治区级教学名师 20 人”和“2002 年至今”这两句之前按 Enter 键，添加段落标记，将文本内容分为 3 部分。第 1 部分内容数据较多，用图表展示会更直观，效果也更好。单击右侧占位符中的“插入图表”按钮，弹出“插入图表”对话框，选择“柱形图”→“三维簇状柱形图”选项，单击“确定”按钮，在打开的 Excel 工作表中输入如图 8-34 所示的内容，将多余数据列删除，在幻灯片右侧出现图表。如果在这里不想输入数据，也可以将幻灯片里的文本和数字一项一项地复制到表格里。

Microsoft PowerPoint 中的图表

	A	B	C	D	E	F	G
1		人数					
2	专任教师	1350					
3	具有硕士、博士学位教师	1168					
4	副高级以上职称教师	685					
5	博士生、硕士生导师	1043					
6							
7							

图 8-34 图表数据

注意：在粘贴时要选择“使用目标主题”选项，否则文字字体的大小格式会粘贴到 Excel 中，不美观。

接下来修改图表样式，选择“图表工具-设计”选项卡→“图表布局”选项组，单击“快速布局”下拉按钮，在打开的下拉列表中选择“布局 4”选项；选择“图像工具-设计”选项卡→“图标样式”选项组，单击“快速样式”下拉按钮，在打开的下拉列表中选择“样式 1”选项；最后对幻灯片左侧的文字部分进行修改。第 6 页幻灯片的完成效果如图 8-35 所示。

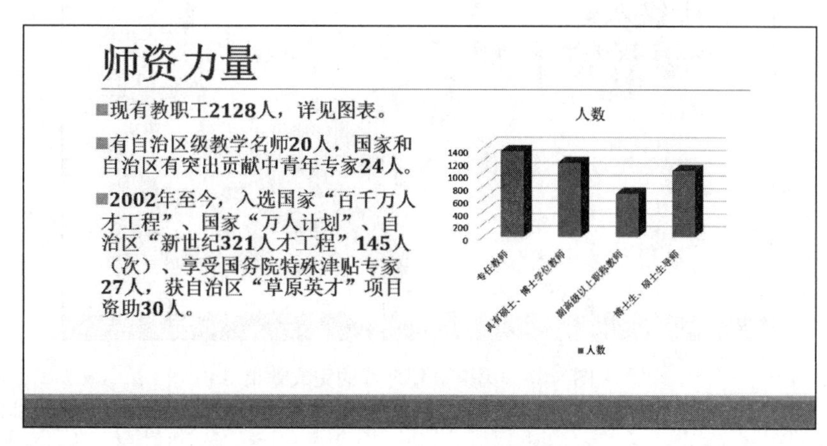

图 8-35 第 6 页幻灯片的完成效果

第 3 步：先将第 7 页幻灯片中的各类数据复制粘贴整理到 Excel 表格里，再将文本内容删除。单击左侧占位符中的“插入表格”按钮，弹出“插入表格”对话框，在“列数”文本框中输入 2，在“行数”文本框中输入 7，单击“确定”按钮，插入一个 7 行 2 列的表格。

打开整理好的 Excel 表格，选中表格中的 7 行 2 列数据后复制，在演示文稿中选中刚插入的表格里的第一个单元格，右击，在弹出的快捷菜单中选择“粘贴选项”→“使用目标主题”命令，将数据粘贴到表格里。

接下来适当修改表格样式。选择“表格工具-设计”选项卡→“表格样式”选项组，单击“快速样式”下拉列表，在打开的下拉列表中选择第 7 行第 3 列的“中度样式 2-强调 2”选项；表格中内容比较少，选中表格中的所有内容，修改字号大小为 24；学生类别中的内容较多，有的单元格显示 2 行，需要调整表格列宽，将鼠标指针移动至两列中间线上，待鼠标指针变化后，按住鼠标左键向右侧移动，将学生类别列调整到合适的宽度（一行显示单元格内容）；最后选中表格标题，设置对齐方式为“居中”。

事实上本步操作可以不先插入表格，直接复制 Excel 表格中的数据，在幻灯片中粘贴，然后修改表格格式即可。

第 4 步：在右侧使用“分离型三维饼图”展示学生类别和所占百分比。单击右侧占位符中的“插入图表”按钮，弹出“插入图表”对话框，选择“饼图”→“三维饼图”选项，单击“确定”按钮，将表格中的第 1～6 行数据复制到打开的 Excel 工作表中（具体操作可参考第 2 步操作），最后关闭 Excel。

接下来修改图表样式。选择“图表工具-设计”选项卡→“图表样式”选项组，单击“图表样式”下拉按钮，在打开的下拉列表中选择“样式 3”选项；接着设置数据标签格式，单击“图标布局”选项组中的“添加图表元素”下拉按钮，在下拉列表中选择“数据标签”下的“数据标签外”选项。最后分离饼图，先选中饼图，单击右侧“设置数据系列格式”窗格中的“系列选项”，设置“饼图分离程度”选项的值为“10%”即可。

第 7 页幻灯片的完成效果如图 8-36 所示，左侧用表格显示具体人数，右侧用图表显示百分比，不同的显示方式使得数据既具体又直观，达到了很好的展示效果。

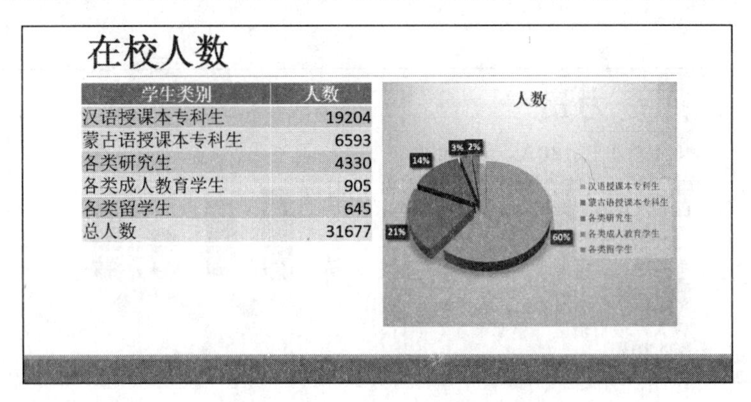

图 8-36　第 7 页幻灯片的完成效果

任务 8.5　绘制图形和插入媒体文件

学习目标

【技能目标】

- 掌握绘制图形的方法。
- 学会插入背景音乐。

【知识目标】

学会以下知识点：

- 绘制图形。
- 插入音频。

任务要求

- 在第 6 页幻灯片中插入“形状”中的“直线”，绘制在标题下方，修改线条的形状样式为第 2 行第 5 列的样式（中等线-强调颜色 4）。
- 选择第 6 页幻灯片中的线条进行复制，粘贴到第 7 页幻灯片中的相同位置。
- 在第 1 页幻灯片中添加音频，将师大校歌设置为背景音乐，设置音频选项（跨幻灯片播放、放映时隐藏）。

知识准备

1. 绘制图形

除了插入图片和屏幕截图外，在幻灯片中还常常需要自己绘制一些图形对幻灯片进行修饰，如正方形、五角星、标注图形、流程图等，这就需要插入“形状”。

形状的直接绘制使用“形状”功能，它包括线条、矩形、基本形状、箭头总汇、公式形状、流程图、星与旗帜、标注等161个形状。其中，动作按钮没有统计在内，因为动作按钮很少作为形状来使用。

选中要插入形状的幻灯片，选择“插入”选项卡→“插图”选项组，单击“形状”下拉按钮，打开“形状”下拉列表，如图8-37所示。在“形状”下拉列表中选择需要的形状，这时鼠标指针变成“+”，移动鼠标指针到要绘制的位置后，按住鼠标左键不放，移动鼠标，插入形状的大小会随着鼠标的拖动而变化，移动到形状大小合适后释放鼠标左键即可。

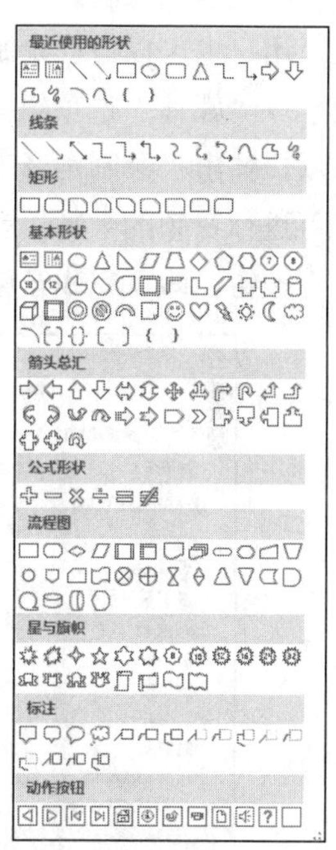

图8-37　“形状”下拉列表

各类形状还可以组合使用，以满足复杂图形的需求。依次插入多个形状，调整好位置大小后，还可以将它们全部选中后“组合”成一个图形，方便统一调整位置大小。

修改形状样式也很简单，选中插入的形状，使用如图8-38所示的“绘图工具-格式”选项卡中提供的各类功能即可完成形状样式的修改。

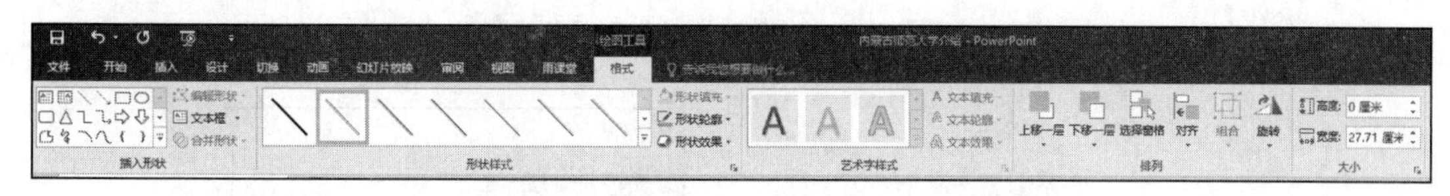

图8-38　“绘图工具-格式”选项卡

2. 添加音频

在某些演示场合下，声情并茂的幻灯片更能吸引观众。因此，在制作幻灯片时，可以插入剪辑声音、添加音乐、添加视频或为幻灯片录制配音等，以提升幻灯片的播放效果。

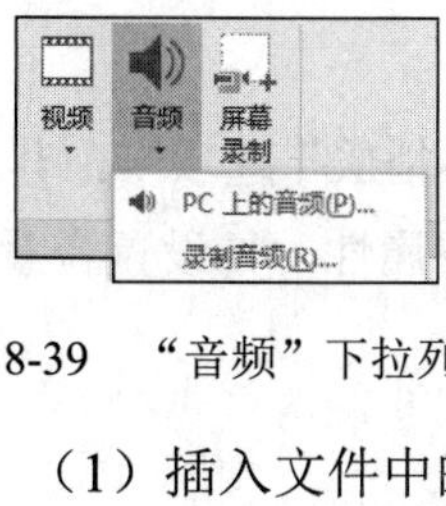

图8-39　“音频”下拉列表

选择“插入”选项卡→“媒体”选项组，单击“音频”下拉按钮，打开如图8-39所示的下拉列表，可以看到添加音频有插入“PC上的音频”和“录制音频”2种方法。

（1）插入文件中的音频

事先准备好音频文件，选择幻灯片，选择“插入”选项卡→“媒体”选项组，单击

“音频”下拉按钮，在打开的下拉列表中选择“PC 上的音频”选项，弹出“插入音频”对话框，如图 8-40 所示，选择相应的声音文件，单击“插入”按钮。在幻灯片上出现如图 8-41 所示的音频图标，可以单击图中的播放按钮，听听音频效果，也可以通过最后的音量设置按钮调节音量大小。

（2）插入录制音频

用户也可以自己录制一段音频。先准备好输入设备，如麦克风，然后选择“插入”选项卡→“媒体”选项组，单击“音频”下拉按钮，在打开的下拉列表中选择“录制音频”选项，弹出“录制声音”对话框，如图 8-42 所示。单击“录音”按钮（图 8-42 中第 3 个）即可进行音频的录制；录制结束后，单击“停止”按钮（图 8-42 中第 2 个）；最后单击“确定”按钮，即可完成音频的插入。

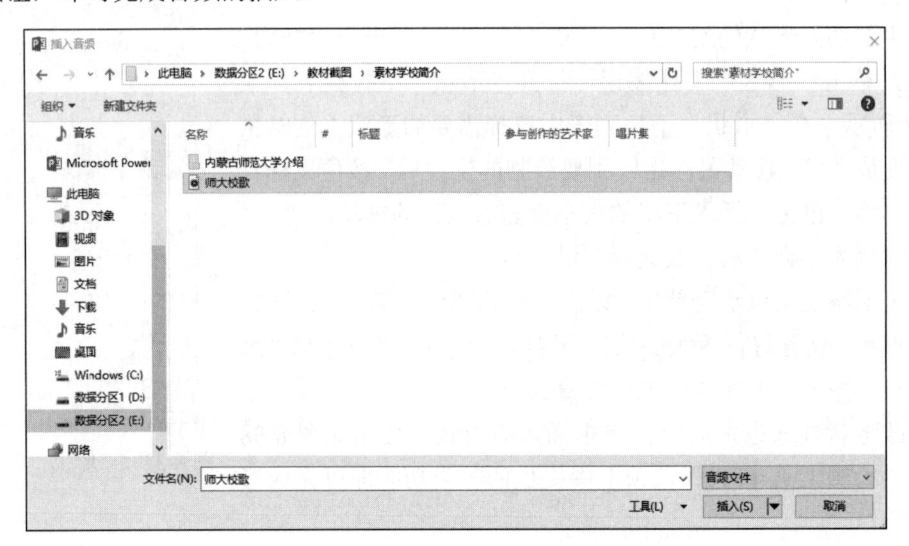

图 8-40 “插入音频”对话框

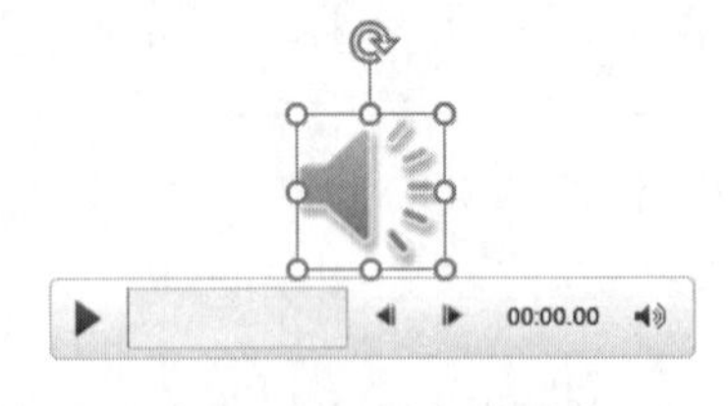

图 8-41 音频图标

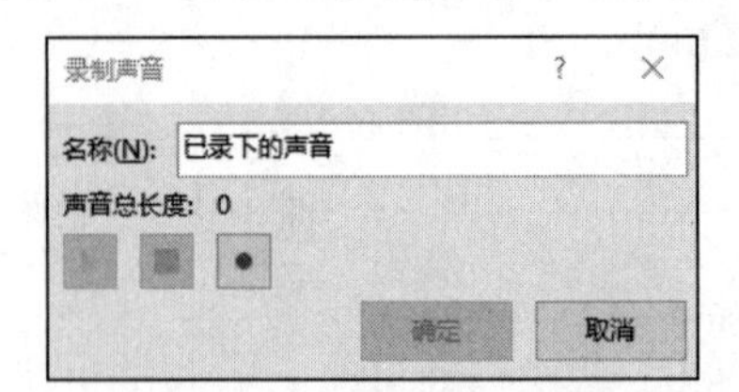

图 8-42 “录制声音”对话框

（3）设置音频属性

插入音频后，选择添加的音频图标，则系统自动出现“音频工具-播放”选项卡，其对应的功能区如图 8-43 所示，用户可以选择各种命令对添加的音频设置属性，如设置音量、设置播放方式等。

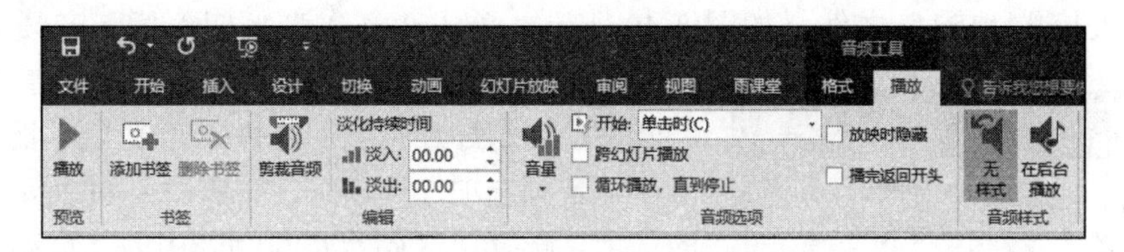

图 8-43　“音频工具-播放”选项卡

插入视频的操作方法和插入音频的操作类似，这里不再赘述。

实施步骤

第 1 步：选择第 6 张幻灯片，选择“插入”选项卡→“插图”选项组，单击“形状”下拉按钮，在打开的下拉列表中选择“线条”→“直线”形状。这时，鼠标指针变成“+”，移动鼠标指针到标题左下角位置，按住鼠标左键不放，开始向右拖动鼠标。绘制一条直线，移动到标题右下角后，释放鼠标左键即可。绘制的线条有可能不太直，为了确保是直的水平线，在释放鼠标左键前按住 Shift 键，待系统自动将线条调整为直的水平线后再释放鼠标左键。

接下来修改线条的形状样式，选中插入的线条，选择“绘图工具-格式”选项卡→“形状样式”选项组，单击“其他”按钮，在打开的下拉列表中选择第 2 行第 5 列的样式（中等线-强调颜色 4）。

第 2 步：选中第 6 页幻灯片中修改好的线条，按 Ctrl ＋ C 组合键复制，在第 7 页幻灯片中按 Ctrl＋V 组合键粘贴，就会在相同的位置插入同样的线条。

接着将 2 页幻灯片线条下面的内容适当向下进行微调，保持合适的距离，让内容区分得更明显一些，如图 8-44 所示。在移动内容时要注意鼠标指针的形状，带箭头的“+”字形状表示可以按住鼠标左键向下移动内容；如果是上下箭头形状，则只能调整内容区域大小，而不是移动，操作时一定要注意区分。

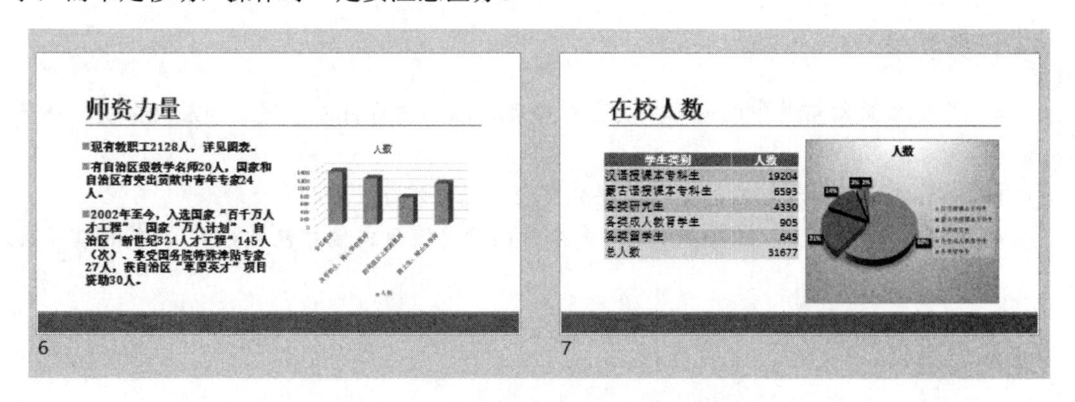

图 8-44　第 6、7 页幻灯片完成的效果

第 3 步：为了将师大校歌设置为背景音乐，可以在第 1 页幻灯片中添加音频。选择第 1 页幻灯片，选择“插入”选项卡→“媒体”选项组，单击“音频”下拉按钮，在打开的下拉列表中选择“文件中的音频”选项，弹出“插入音频”对话框，选择“素材”文件夹

中的“师大校歌.MP3”文件，如图 8-40 所示，单击“插入”按钮，插入音频文件。

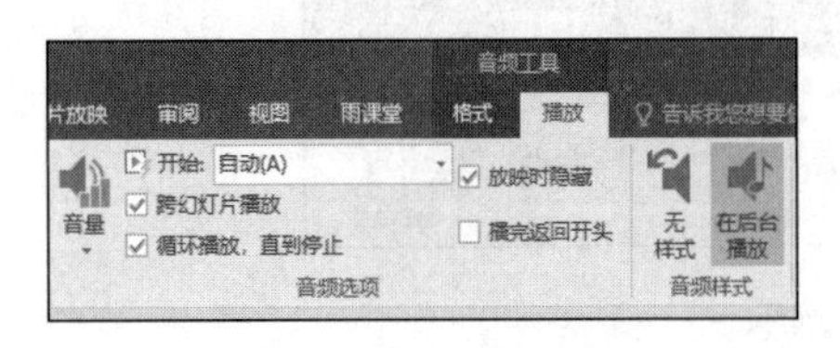

图 8-45 设置音频选项

接下来设置音频选项。先选中添加的音频图标，将其移动到幻灯片左侧，选择“音频工具-播放”选项卡→“音频选项”选项组，按照图 8-45 所示设置其中的选项。选择“开始”下拉列表中的“自动”选项，这是为了保证幻灯片放映时音频文件会自动播放；选中“跨幻灯片播放”复选框，可以保证切换幻灯片时音频文件仍会继续播放；选中“循环播放，直到停止”复选框，可以保证播放音乐不受音频文件长度的限制，避免幻灯片放映中背景音乐提前结束；选中“放映时隐藏”复选框，主要是为了在放映时在第 1 页幻灯片上不出现音频图标，以免影响美观。

任务 8.6 打包演示文稿

学习目标

【技能目标】

- 掌握设置项目符号列表的方法。
- 掌握打包演示文稿的方法。

【知识目标】

学会以下知识点：

- 项目符号。
- 打包演示文稿。

任务要求

- 将第 8 页幻灯片中的内容按类分级整理，添加项目符号，使文档层次分明，易于观看。
- 将第 9～11 页幻灯片也进行同样的整理，保存演示文稿。
- 使用“文件”→“保存并发送”命令中的“将演示文稿打包成 CD”功能将演示文稿打包。

知识准备

1. 项目符号

项目符号是指放在文本（如列表中的项目）前起强调效果的点或其他符号。PowerPoint 中的项目符号经常用来进行强调，并使段落内容更具有条理性。

（1）插入项目符号

选中需要添加项目符号的段落，选择“开始”选项卡→“段落”选项组，单击“项目符号”下拉按钮，在打开的下拉列表中选择合适的项目符号即可，如图 8-46 所示。

（2）修改项目符号

如果图 8-46 中的符号不能满足需要，PowerPoint 软件也为用户提供了更多符号的选择。可以直接选择“项目符号”下拉列表中的“项目符号和编号”选项，弹出如图 8-47 所示的“项目符号和编号”对话框，在其中可以改变符号的大小和颜色。

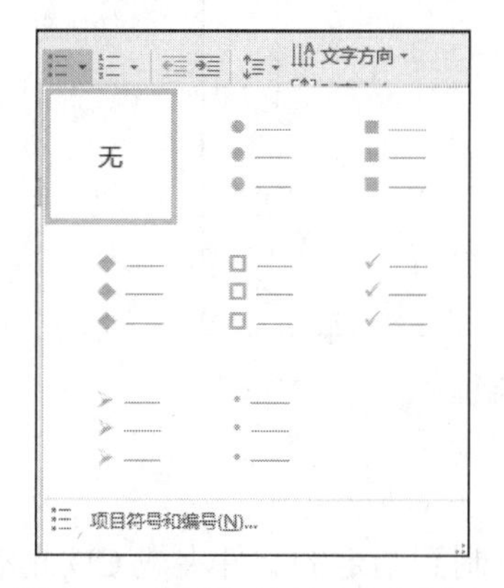

图 8-46　“项目符号”下拉列表

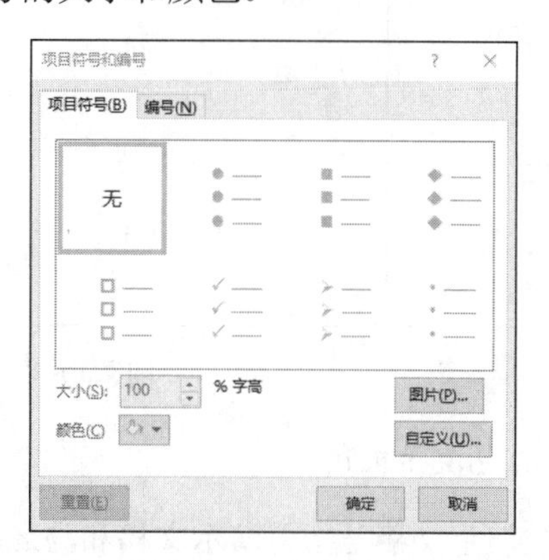

图 8-47　“项目符号和编号”对话框

用户也可以改变成其他符号。单击“自定义”按钮，弹出如图 8-48 所示的“符号”对话框。这里建议选择 Wingdings、Wingdings2、Wingdings3 字体，这些字体是一些图形符号，可以用作演示文稿的项目符号。选择一个合适的符号后，单击“确定”按钮即可。

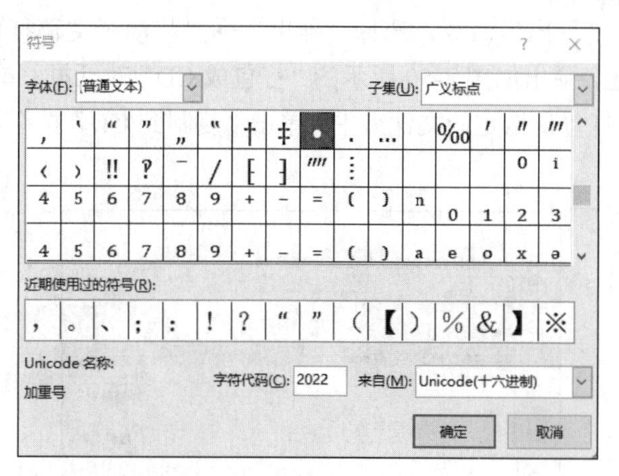

图 8-48　“符号”对话框

（3）图片项目符号

单击“项目符号和编号”对话框中的“图片”按钮，弹出如图 8-49 所示的“插入图片”对话框，“从文件”可以导入自己准备好的图片文件；“必应图像搜索”可以通过必应搜索图片，找到合适的图片下载使用；“OneDrive-个人”可以导入个人云上的图片。

在应用了项目符号的文字后按 Enter 键，会自动在下一段落产生一个项目符号。如果想取消项目符号，只要选中需要取消项目符号的段落，选择“开始”选项卡→“段落”选项组，再次单击“项目符号”按钮，使其变为未选中状态即可。

图 8-49 “插入图片”对话框

2. 打包演示文稿

打包演示文稿是指将演示文稿和与之链接的文件复制到指定的文件夹或 CD 光盘中，但它并不等同于一般的复制操作。打包演示文稿可以把 PowerPoint 中用到的视频、音频等文件和一些特殊字库一同复制到一个文件夹内，这样就可以复制到 U 盘中，保证演示文稿在其他计算机上都能正常放映。

打包演示文稿的具体操作步骤如下：

选择“文件”→“导出”命令，选择“导出”→“将演示文稿打包成 CD”选项，单击“打包成 CD”按钮，弹出如图 8-50 所示的“打包成 CD”对话框。单击“复制到文件夹”按钮，可将演示文稿打包到指定的文件夹中；单击“复制到 CD”按钮，则可将演示文稿刻录到 CD 光盘中。

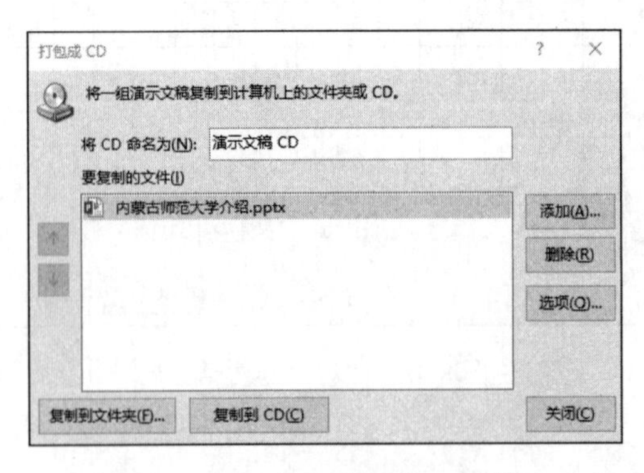

图 8-50 “打包成 CD”对话框

这里单击“复制到文件夹”按钮，弹出“复制到文件夹”对话框，指定文件夹名称和打包位置，单击“确定”按钮，如图 8-51 所示，随后系统开始复制文件。

将演示文稿打包时，还可以设置打开密码和修改密码，这在一定程度上起到安全保密的作用。单击“打包成 CD”对话框中的“选项”按钮，弹出如图 8-52 所示的“选项”对话框，分别在“打开每个演示文稿时所用密码”和“修改每个演示文稿时所用密码”右侧的文本框中输入打开密码和修改密码，单击“确定”按钮，然后继续执行后续操作即可。当打开打包好的演示文稿时会提示输入密码，只有输入正确密码才能打开文件；接着提示输入修改密码，只有输入正确密码才可以编辑演示文稿。如果不知道密码，可以选择以只读方式打开演示文稿。

图 8-51　设置打包文件夹名称和位置

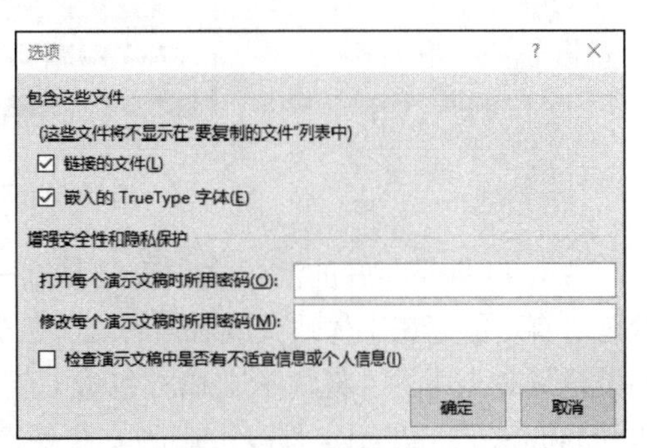

图 8-52　“选项”对话框

实施步骤

第 1 步：选中第 8 页幻灯片，将内容按类别整理。将光标放到“有国家级精品课程 1 门”这句话前，按 Enter 键，光标后的内容自动移动到下一段落。参照图 8-53 将页面内容分段，删除多余的标点符号，设置项目符号。

选中第 2～5 段，选择“开始”选项卡→“段落”选项组，单击“提高列表级别”按钮，所选内容会缩进，字体变小，同时项目符号也会改变。选中第 7～11 段，执行相同操作，最后适当修改项目符号，完成效果如图 8-53 所示。

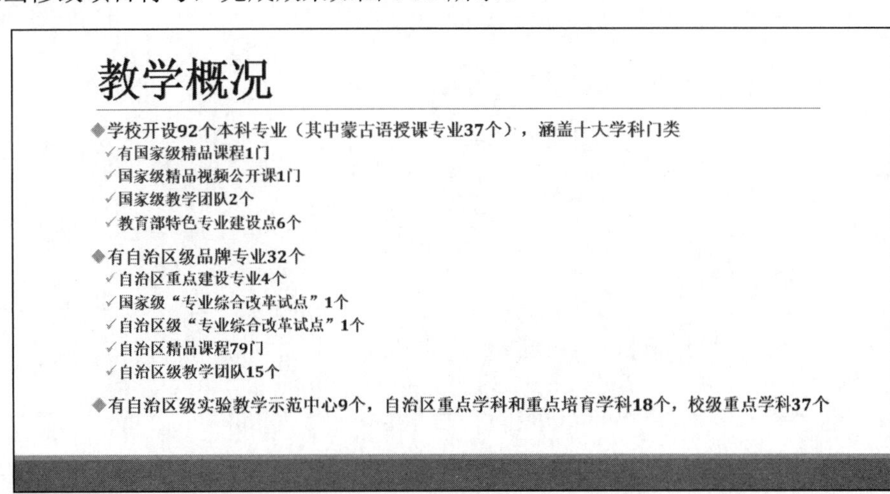

图 8-53　第 8 页幻灯片的完成效果

第 2 步：参照图 8-54，按照第 1 步的操作方法将第 9～11 页幻灯片进行简单的修改调整。选择“文件”→“保存”命令，保存修改好的演示文稿。在日常操作中建议读者每做几步操作就保存一次，以防止误操作带来的麻烦。

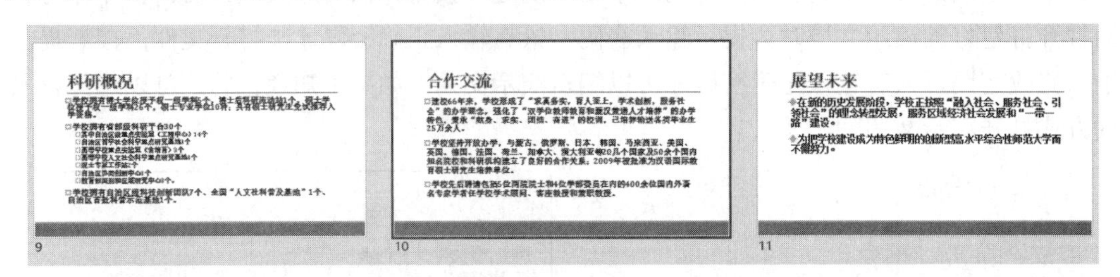

图 8-54 第 9～11 页幻灯片的完成效果

第 3 步：将保存好的演示文稿直接复制分享。在迎新会上可能会用到不同的计算机，在放映时有可能存在字体缺失或者声音文件丢失的情况。为了避免出错，选择“文件”→“保存并发送”命令中的“将演示文稿打包成 CD”功能将演示文稿打包，同时还可以设置打开密码和修改密码，在一定程度上起到安全保密的作用。

选择“文件”→“导出”命令，选择“导出”→“将演示文稿打包成 CD”选项，单击“打包成 CD”按钮，弹出“打包成 CD”对话框，单击“选项”按钮，弹出“选项”对话框，分别在“打开每个演示文稿时所用密码”和“修改每个演示文稿时所用密码”右侧的文本框中输入打开密码和修改密码，这里分别输入 123 和 234，单击“确定”按钮。

接下来，单击“复制到文件夹”按钮，弹出“复制到文件夹”对话框，在“文件夹名称”文本框中输入“学校简介”，“位置”修改为 E 盘，单击“确定”按钮，随后系统开始复制文件。最后，到 E 盘下找到“学校简介”文件夹，其中包含多个文件，只要将整个文件夹复制分享，在放映时就不会出现字体缺失或声音文件丢失的情况，而且只有输入正确的打开密码才可以打开文件，输入正确的修改密码才能修改文件。

至此，介绍学校的宣传演示文稿制作完成。

项目 9　培训类演示文稿的制作

在使用演示文稿对学校进行宣传、对产品进行展示、对员工进行培训，以及在课堂上或演讲过程中进行演示时，为使幻灯片内容更有吸引力，展示的内容和效果更加丰富，常常需要在幻灯片中添加动态效果，如添加各类动画效果、幻灯片切换效果等。

添加动态效果是全国计算机等级考试二级 MS Office 高级应用的基础考点，也是日常学习工作中经常用到的知识技能，希望读者能认真学习掌握。

案例背景：某公司一批新员工入职，需要进行新员工入职培训。人事部门负责此事的小孙制作了一份新员工培训的演示文稿，但人事部经理看过之后觉得文稿整体做得不够精美，还需要再美化。可以应用主题、修改背景、加入动画效果和切换效果等，以提高演示文稿的动态效果，制作完成后在幻灯片浏览视图下的效果如图 9-1 所示。下面将分 6 个任务讲解其制作过程。

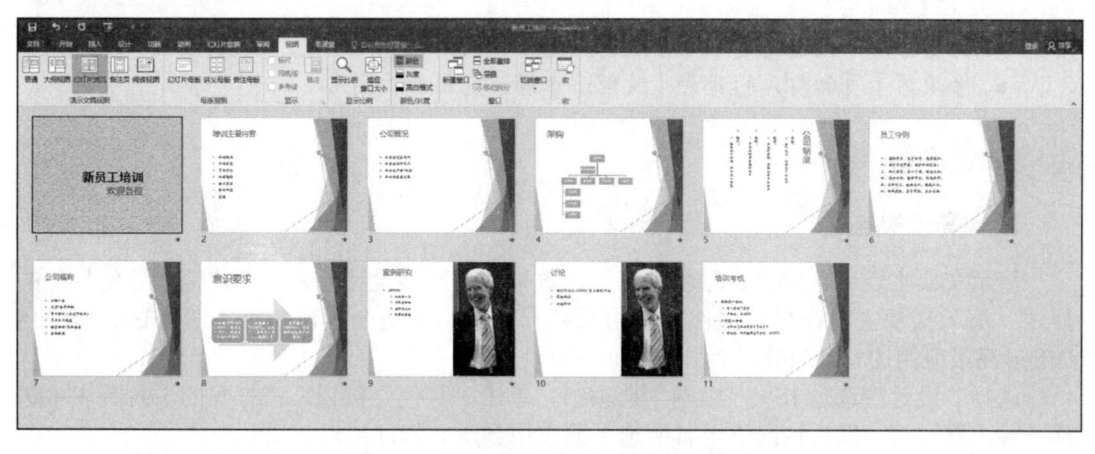

图 9-1　新员工培训手册幻灯片浏览视图

素养目标

对于培训类演示文稿，不但要制作演示文稿的内容，还需要掌握它的放映方式和技巧。通过分析和评价演示文稿的效果和影响，培养学生的思辨能力和判断力，培养学生的团队协作意识和沟通能力。

通过培训类演示文稿的制作和呈现，培养学生的演讲技巧和表达能力。

任务 9.1 主题应用和幻灯片背景

学习目标

【技能目标】

- 掌握演示文稿应用主题的方法。
- 掌握修改幻灯片背景的方法。

【知识目标】

学会以下知识点：

- 演示文稿主题。
- 幻灯片背景。

任务要求

- 为整个演示文稿指定一个合适的主题（平面，蓝色风格）。
- 修改第 1 页幻灯片的背景（纹理：水滴，隐藏背景图形）。

知识准备

1. 演示文稿主题

演示文稿主题包含背景、颜色、字体、效果、布局等设计元素，可快速设置幻灯片的外观。演示文稿主题在日常工作中使用频率非常高，也是全国计算机等级考试二级 MS Office 高级应用的一个重要考点。

选择“设计”选项卡→“主题”选项组，单击“其他”按钮，在打开的下拉列表中选择一种主题即可，默认情况下会将所选主题应用到所有幻灯片。

如果想要在一个演示文稿中应用多个主题，即不同的幻灯片应用不同的主题，可选中幻灯片，选择“设计”选项卡→“主题”选项组，单击“其他”按钮，在打开的下拉列表中要应用的主题上右击，在弹出的快捷菜单中选择“应用于选定幻灯片”命令，如图 9-2 所示，只有刚刚选中的幻灯片才会应用该主题。

图 9-2 主题右键快捷菜单

2. 幻灯片背景

在应用了主题效果的演示文稿中，幻灯片背景就是主题样式中的主色调。但是，幻灯片的背景颜色是可以根据需要进行修改的，还可以插入图片作为整个幻灯片的背景，甚至可以设置为水印。

为幻灯片设置背景格式，主要是设置背景的填充与图片效果。选择“设计”选项卡→“变体”选项组，单击右侧的“其他”下拉按钮，在打开的“背景样式”下拉列表中选择“设置背景格式”选项，在右侧弹出“设置背景格式”窗格，其中“填充”包含纯色填充、渐变填充、图片或纹理填充、图案填充等选项，如图 9-3 所示。设置完成后单击“关闭”按钮，则背景应用于当前幻灯片；单击“全部应用”按钮，则背景应用于所有幻灯片。

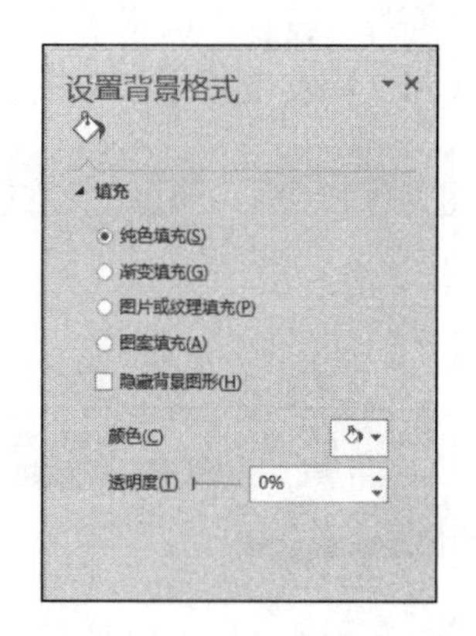

图 9-3　“设置背景格式”窗格

（1）纯色填充

纯色填充即幻灯片的背景以单色进行显示。在“设置背景格式”窗格中选中“纯色填充”单选按钮，并在“颜色”下拉列表中选择背景颜色，在“透明度”微调框中设置透明度值。

（2）渐变填充

渐变填充即幻灯片的背景以多种颜色进行显示。在“设置背景格式”窗格中选中“渐变填充”单选按钮，则可以在工具栏中设置渐变填充的各项参数，各参数的意义及作用如表 9-1 所示。

表 9-1　渐变填充设置参数

参数类别	作用	说明
预设渐变	设置系统提供的预设渐变	包含 5 种渐变方式 6 种个性色，共 30 种预设渐变
类型	设置渐变填充的类型	包含线性、射线、矩形、路径、标题的阴影 5 种类型
方向	设置渐变填充的渐变过程	不同渐变类型的渐变方向选项不同
角度	设置渐变填充的旋转角度	可以在 0～359.9° 进行设置
渐变光圈	设置渐变颜色的光圈	可以设置渐变光圈的颜色、位置、亮度及透明度

（3）图片或纹理填充

图片或纹理填充即将幻灯片的背景设置为图片或纹理。在“设置背景格式”窗格中选中“图片或纹理填充”单选按钮，则可以在工具栏中设置图片或纹理填充的各项参数，各参数的意义及作用如表 9-2 所示。

表 9-2　图片或纹理填充设置参数

参数类别	作用	说明
纹理	以系统提供的纹理填充幻灯片背景	包括画布、编织物、水滴、花岗岩等 24 种类型
插入图片来自	以图片填充幻灯片背景	图片可来自文件、剪贴板、联机
平铺选项	主要调整背景图片的平铺情况	包括偏移量、缩放比例、对齐方式、镜像类型等选项
透明度	设置背景图片或纹理的透明度	可以在 0～100%进行设置

实施步骤

第 1 步：打开素材文件夹中的“新员工培训.pptx”文件，选择“设计”选项卡→“主题”选项组，单击“其他”按钮，在打开的下拉列表中选择“平面”主题，如图 9-4 所示。接着选择“设计”选项卡→“变体”选项组中的第 2 个变体（显示效果以蓝色系为主），整个演示文稿就变成了要求的蓝色风格。

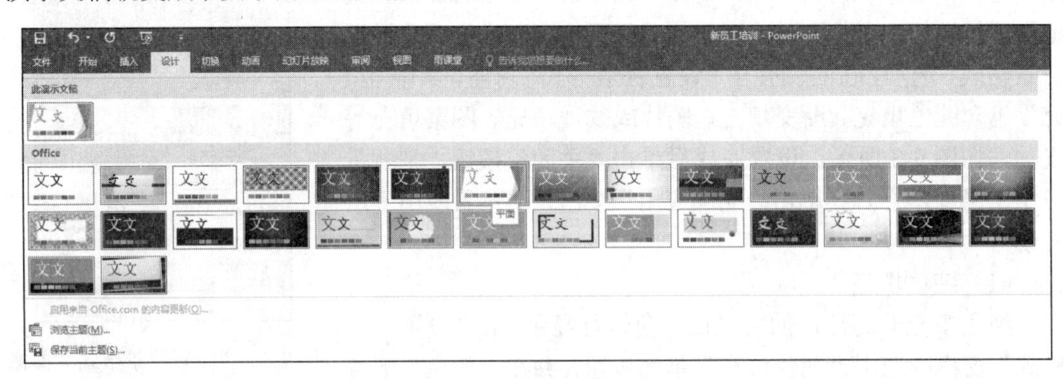

图 9-4 选择“平面”主题

在计算机等级考试中，一般会给出主题的名称。如何准确找到指定主题呢？将鼠标指针移动到某个主题上停留片刻，就会提示该主题的名称，如图 9-4 所示。

第 2 步：选择第 1 页幻灯片，选择“设计”选项卡→“自定义”选项组，单击 “设置背景格式”按钮，弹出“设置背景格式”窗格，在“填充”选项中，选中“图片或纹理填充”单选按钮，在“纹理”下拉列表中选择“水滴”选项，如图 9-5 所示。同理，鼠标指针在图片上停留片刻后，就会提示纹理名称。

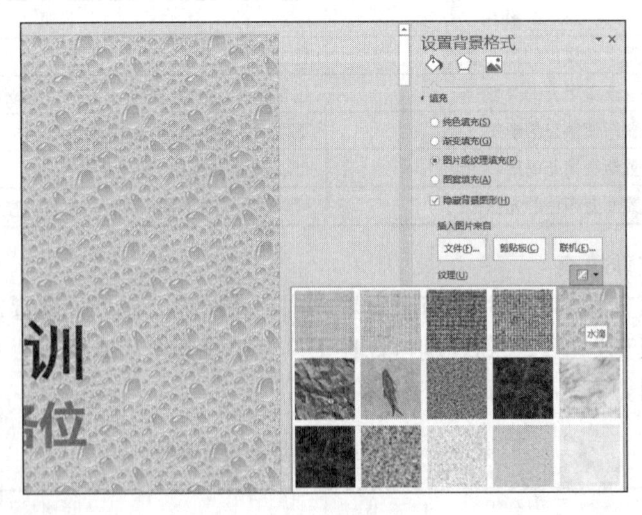

图 9-5 修改背景

接下来隐藏背景图形。在“设置背景格式”窗格中选择“填充”选项卡，选中“隐藏背景图形”复选框，单击“关闭”按钮，完成修改背景的操作。需要注意的是，千万不要单击“全部应用”按钮，否则会修改所有幻灯片的背景。

任务 9.2 幻灯片母版和艺术字水印

学习目标

【技能目标】

- 掌握幻灯片母版的使用方法。
- 学会添加艺术字水印。

【知识目标】

学会以下知识点：

- 幻灯片母版。
- 艺术字水印。

任务要求

- 通过幻灯片母版为每张幻灯片（标题页除外）增加艺术字水印效果，水印文字为“培训资料”，并旋转一定的角度。
- 通过幻灯片母版修改每页幻灯片标题的字体为“微软雅黑”，颜色为“蓝色，个性色 2”。

知识准备

幻灯片母版是幻灯片层次结构中的顶层幻灯片，用于存储有关演示文稿的主题和幻灯片版式的信息，定义演示文稿中所有幻灯片的格式，其内容主要包括幻灯片的版式、文本样式、效果、主题、背景等信息。

每个演示文稿至少包含一个幻灯片母版。设置好幻灯片母版后，所有的幻灯片都是基于幻灯片母版创建的。修改和使用幻灯片母版的主要优点是可以对演示文稿中的每张幻灯片（包括以后添加到演示文稿中的幻灯片）进行统一的样式更改。使用幻灯片母版时，由于无须在多张幻灯片上输入相同的信息，因此节省了时间。如果演示文稿比较长，包含大量幻灯片，则使用幻灯片母版统一设置就会特别方便。

1. 幻灯片母版类型

PowerPoint 2016 中的幻灯片母版有 3 种类型，分别是幻灯片母版、讲义母版和备注母版，其作用和视图各不相同。

（1）幻灯片母版

选择“视图”选项卡→“母版视图”选项组，单击“幻灯片母版”按钮，即可进入幻灯片母版视图，如图 9-6 所示。此时，在左侧的“幻灯片”窗格中将显示当前主题的演示文稿中包含的各种版式幻灯片，选择某个幻灯片后，便可对其内容和格式进行编辑。当在普通视图中插入该版式的幻灯片后，即可自动应用设置的内容和格式。

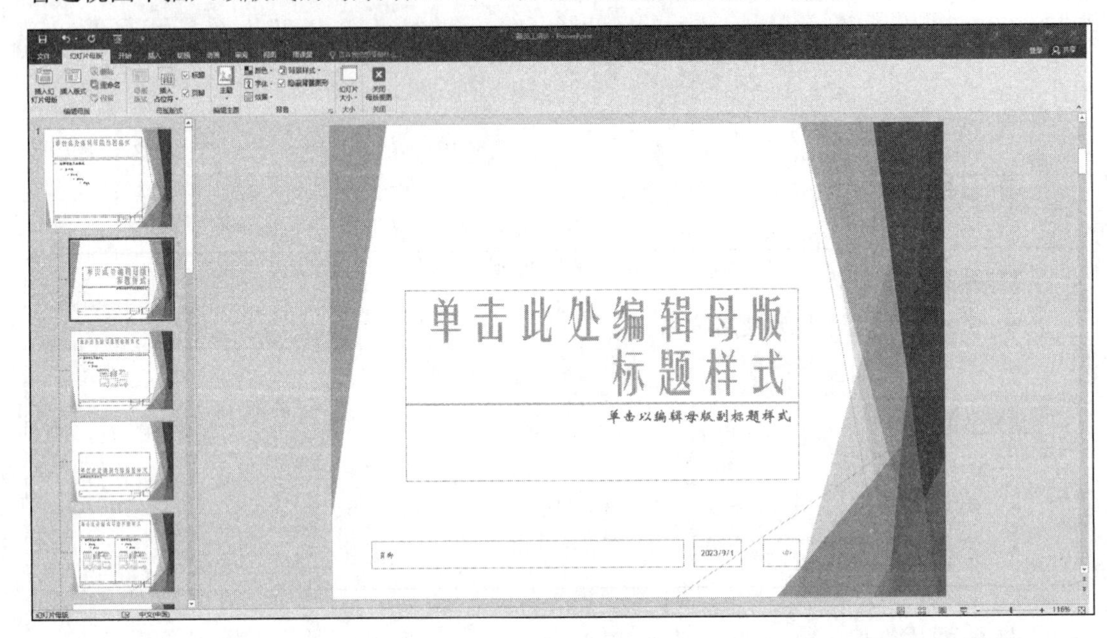

图 9-6 幻灯片母版视图

（2）讲义母版

选择“视图”选项卡→“母版视图”选项组，单击“讲义母版”按钮，即可进入讲义母版视图，如图 9-7 所示。由于在幻灯片母版中已经设置了主题，因此在讲义母版中就无须再设置主题，只需要进行页面设置、占位符与背景设置即可。讲义母版决定了将来要打印的讲义的外观，主要以讲义的形式来展示演示文稿内容，即在一页上显示多张幻灯片。

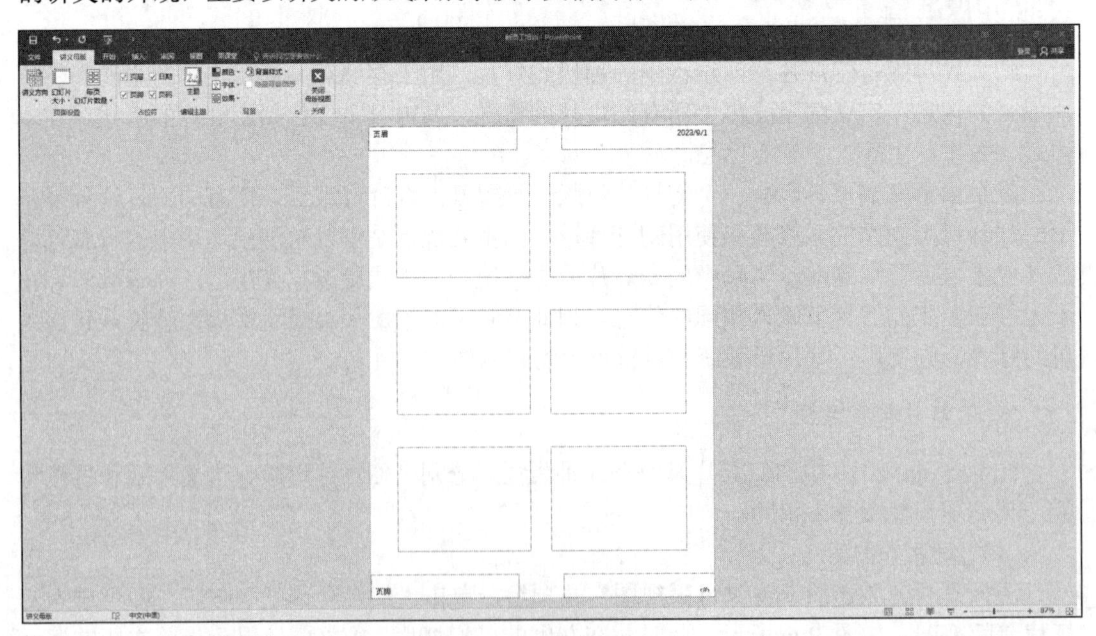

图 9-7 讲义母版视图

（3）备注母版

选择“视图”选项卡→“母版视图”选项组，单击“备注母版”按钮，即可进入备注母版视图。备注母版主要包括一个幻灯片占位符与一个备注页占位符，如图 9-8 所示。设置备注母版与设置讲义母版的方法大体一致，无须设置母版主题，只设置幻灯片方向、备注页方向、占位符与背景样式即可。

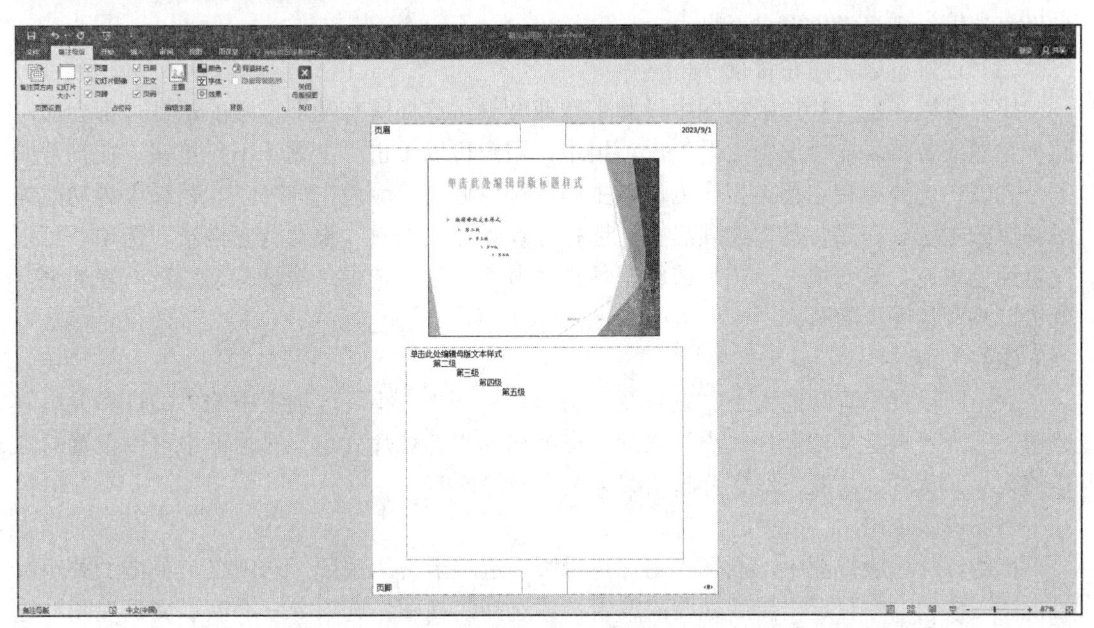

图 9-8 备注母版视图

2. 编辑幻灯片母版

进入幻灯片母版视图后，其功能区如图 9-9 所示。编辑幻灯片母版的方法与编辑普通幻灯片的方法相同，母版编辑操作主要有设置母版版式、设置主题和背景、页面设置及插入各种页面对象等。

图 9-9 幻灯片母版视图功能区

（1）编辑母版

在“编辑母版”选项组中可以实现添加一个新的幻灯片母版、在幻灯片母版中添加自定义的版式、删除幻灯片，以及重命名幻灯片版式等操作。

（2）设置母版版式

用户可以通过“母版版式”选项组来设置幻灯片母版的版式，主要包括为幻灯片添加内容、文本、图片、图表等占位符，以及显示或隐藏幻灯片母版中的标题、页脚。

1）插入占位符。“母版版式”选项组中为用户提供了内容、文本、图片、表格、图表、媒体、联机图像、SmartArt 等 10 种占位符，每种占位符的添加方式都相同，即在“插入占位符”下拉列表中选择需要插入的占位符类别，在幻灯片中选择插入位置，拖动鼠标指针至合适位置后松开，即可完成占位符的插入。

2）显示或隐藏标题、页脚。在幻灯片母版中，系统默认的版式显示了标题与页脚，用户可以通过取消选中“标题”和“页脚”复选框来隐藏标题与页脚；若选中“标题”和“页脚”复选框，则显示标题与页脚。

（3）设置母版主题和背景

用户可以在幻灯片母版视图中设置主题或背景，这样所有基于母版的幻灯片都会应用此种主题或背景。在“编辑主题”选项组中，用户可以单击“主题”下拉按钮，在打开的下拉列表中选择某种主题类型作为母版主题；可以通过“颜色”“字体”“效果”等功能编辑和更改主题。在“背景”选项组中，选择“背景样式”→“设置背景格式”选项，可以设置纯色填充、渐变填充、图片或纹理填充等背景效果；选中“隐藏背景图形”复选框，就可以将背景图形隐藏。

（4）大小

大小即设置幻灯片的大小、编号及方向等。单击“大小”选项组中的“幻灯片大小”按钮，选择“自定义幻灯片大小”选项，在弹出的“幻灯片大小”对话框中可以设置幻灯片的大小、宽度、高度、幻灯片起始编号及方向等内容。

（5）母版退出

在幻灯片母版视图中，选择“幻灯片母版”选项卡→“关闭”选项组，单击“关闭母版视图”按钮，即可退出母版视图的编辑；或选择“视图”选项卡→“演示文稿视图”选项组，单击“普通”按钮，也可以退出母版视图，回到普通视图。

3. 艺术字水印

前面的案例中我们已经学习过了艺术字，这里简单了解艺术字水印。在全国计算机等级考试二级 MS Office 高级应用中，经常要求使用母版为演示文稿添加艺术字水印，通过一次操作为多页幻灯片添加指定内容，插入艺术字后还要对艺术字的角度进行一定的调整。在日常工作中也常常会将公司名称、版权所有、内部资料等信息通过母版以艺术字水印的形式插入演示文稿中。

插入艺术字水印就是在幻灯片母版视图下插入艺术字，选择“插入”选项卡→“文本”选项组，单击“艺术字”下拉按钮，在打开的下拉列表中选择要求的艺术字样式。调整角度就是选中艺术字的文本框，在上边框正中间有一个旋转手柄，将鼠标指针移动到圆点上，按住鼠标左键，左右移动即可。

实施步骤

第 1 步：选择“视图”选项卡→“母版视图”选项组，单击“幻灯片母版”按钮，即可进入幻灯片母版视图。这里需要注意的是，进入幻灯片母版视图后，左侧的“幻灯片”窗格中将显示当前主题的演示文稿中包含的各种版式幻灯片，选择某个幻灯片后，便可对其内容和格式进行编辑。案例要求为每张幻灯片添加水印，此处单击左侧“幻灯片”窗格中最上面的幻灯片母版，该幻灯片母版由全部幻灯片使用，如图 9-10 所示。（在考试中很多人操作结果错误，主要是因为在进入幻灯片母版视图后没有选对幻灯片母版。）

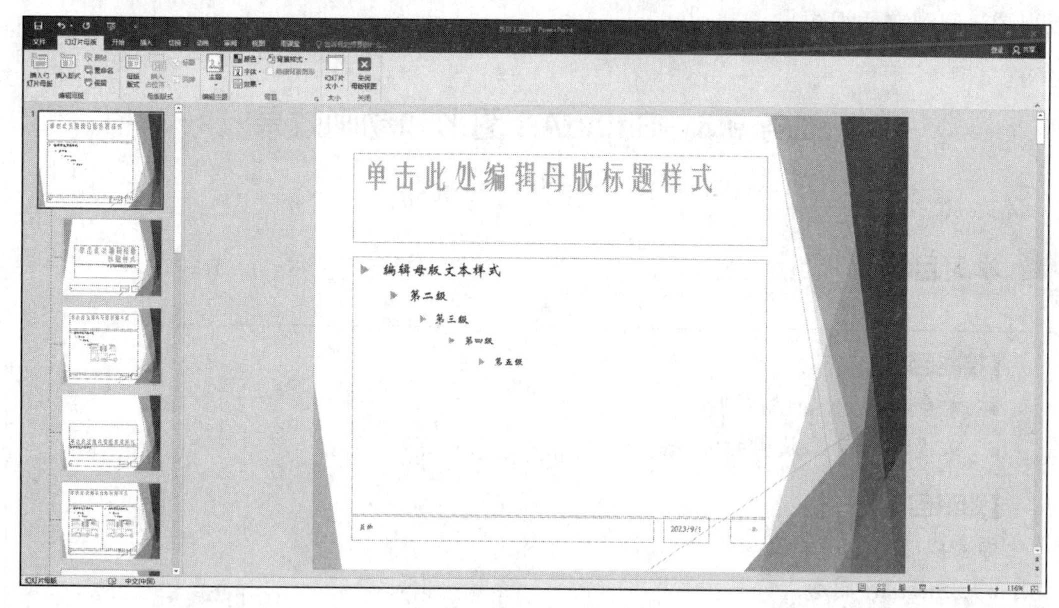

图 9-10　幻灯片母版视图

接下来插入艺术字。选择“插入”选项卡→“文本”选项组，单击“艺术字”下拉按钮，在打开的下拉列表中选择合适的样式，这里选择第 2 行第 4 列的“填充-白色，轮廓-着色 1，发光-着色 1”，在幻灯片上出现的占位符会显示“请在此放置您的文字”，在占位符中输入“培训资料”。

选中艺术字“培训资料”所在的文本框，上边框正中间有一个旋转手柄，将鼠标指针移动到圆点上，按住鼠标左键，左右移动即可实现对艺术字的旋转，如图 9-11 所示。

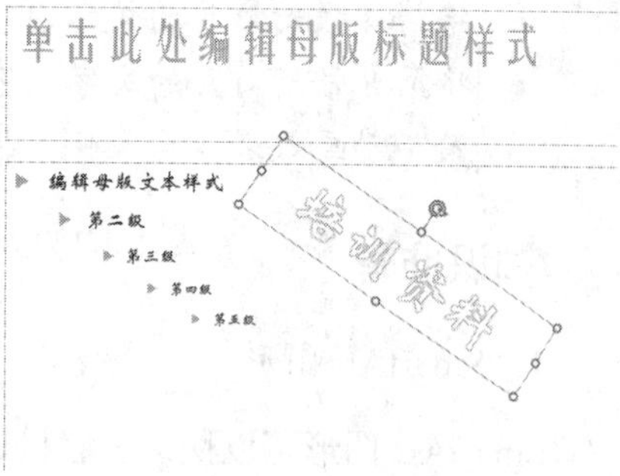

图 9-11　旋转艺术字

为了不影响显示效果，还应适当调整艺术字的大小和位置。选中艺术字“培训资料”所在的文本框，用鼠标将其拖曳到幻灯片右上角；适当调整艺术字的大小，该内容前面案例已经介绍过，这里不再赘述。

退出母版视图的编辑。在幻灯片母版视图中选择“幻灯片母版”选项卡→“关闭”选项组，单击“关闭母版视图”按钮，则退出母版视图的编辑。这时可以看到大多数幻灯片右上角有了“培训资料”艺术字。题目要求标题页除外，标题也没有显示。第 9、10 页幻灯片也看不到艺术字水印，难道是操作错误吗？不是，这是因为设计的问题，这两页右侧的图片遮挡了水印。

第 2 步：选择“视图”选项卡→“母版视图”选项组，单击“幻灯片母版”按钮，再次进入幻灯片母版视图，单击左侧“幻灯片”窗格中最上面的幻灯片母版。选中幻灯片中的“单击此处编辑母版标题样式”，选择“开始”选项卡→“字体”选项组，将字体设置为

"微软雅黑"，颜色设置为"蓝色，个性色 2"。

选择"视图"选项卡→"演示文稿视图"选项组，单击"普通"按钮，也可以退出母版视图，回到普通视图。

任务 9.3　SmartArt 图形和动画效果

学习目标

【技能目标】

- 学会插入 SmartArt 图形。
- 掌握添加动画效果的方法。

【知识目标】

学会以下知识点：

- SmartArt 图形。
- 动画效果。

任务要求

- 为标题幻灯片的标题添加"浮入"动画效果（下浮），为副标题添加"缩放"动画效果。
- 将第 4 张幻灯片的文字内容转换为组织结构图，为其添加"轮子"动画效果。
- 将第 8 张幻灯片的文字内容转换为 SmartArt 图形（连续块状流程），为其添加"飞入"动画效果（自左侧，持续时间 2 秒，逐个发送）。

知识准备

1. SmartArt 图形

SmartArt 图形可以快速、轻松、有效地传达信息，有助于提升演示文稿的显示效果。

使用"转换为 SmartArt"功能可直接将文字转换为 SmartArt 图形。选中要更改为 SmartArt 图形的文字，选择"开始"选项卡→"段落"选项组，单击"转换为 SmartArt"下拉按钮，在打开的下拉列表中选择合适的 SmartArt 图形，如图 9-12 所示，或者选择"其他 SmartArt 图形"选项，在弹出的"选择 SmartArt 图形"对话框中进行选择。

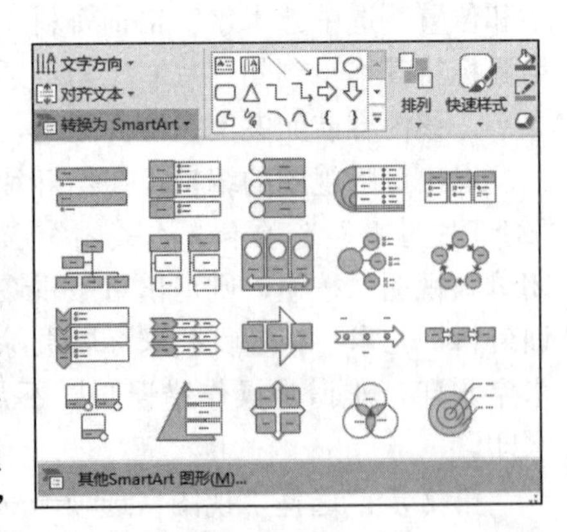

图 9-12　"转换为 SmartArt"下拉列表

2. 认识动画效果

动画效果是指放映幻灯片时出现的一系列动作，动画可使演示文稿更具动态效果。除了设置幻灯片的切换效果外，最常用的做法就是将演示文稿中的文本、图片、形状、表格、SmartArt 图形和其他对象制作成动画。PowerPoint 2016 提供了多种动画效果，包括进入、强调、退出和动作路径。

1）进入：该类动画主要使幻灯片中的对象以某种效果进入，如单击才在幻灯片中显示出某个图表等。

2）强调：该类动画主要为幻灯片中的对象添加某种突出显示效果，如将图片或文本放大显示。

3）退出：该类动画主要为幻灯片中的对象添加退出效果，如单击将使显示在幻灯片中的某个图形隐藏。

4）动作路径：该类动画主要用于控制对象在幻灯片中的移动路径。

3. 添加动画效果

“动画”选项组能快速为所选对象设置一种动画效果或更改动画效果。具体操作步骤是：选中幻灯片中的一个或多个对象，选择“动画”选项卡→“动画”选项组，选择某个动画效果即可，如图 9-13 所示，如选择“飞入”动画效果。

图 9-13　“动画”选项组

单击“动画”选项组中的“其他”按钮，则打开如图 9-14 所示的下拉列表，在其中选择一种进入、强调、退出或动作路径的动画效果。

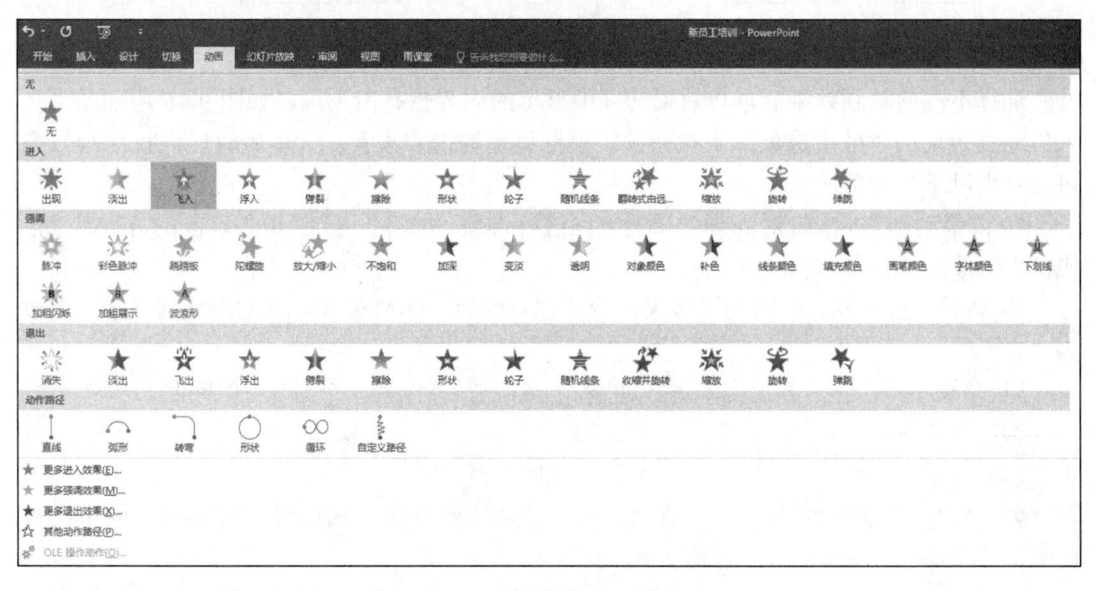

图 9-14　“动画”下拉列表

如果在“动画”下拉列表中没有找到所需的动画效果，则需要选择“更多进入效果”、“更多强调效果”、“更多退出效果”或“其他动作路径”选项。例如，选择“更多进入效果”选项，弹出如图 9-15 所示的“更改进入效果”对话框。

单击“高级动画”选项组中的“添加动画”下拉按钮，可以为所选对象设置一个或多个动画效果。具体方法是：选择“动画”选项卡→“高级动画”选项组，单击“添加动画”下拉按钮，打开“动画”下拉列表，动画设置方法同上。例如，可以为已经设置“飞入”动画效果的对象再添加一种“波浪形”的强调效果。

4. 设置动画效果

（1）设置效果选项

设置效果选项的操作步骤是：选择添加了动画效果的对象，选择“动画”选项卡→“动画”选项组，单击“效果选项”下拉按钮，在打开的下拉列表中选择相应的效果选项即可，如图 9-16 所示。

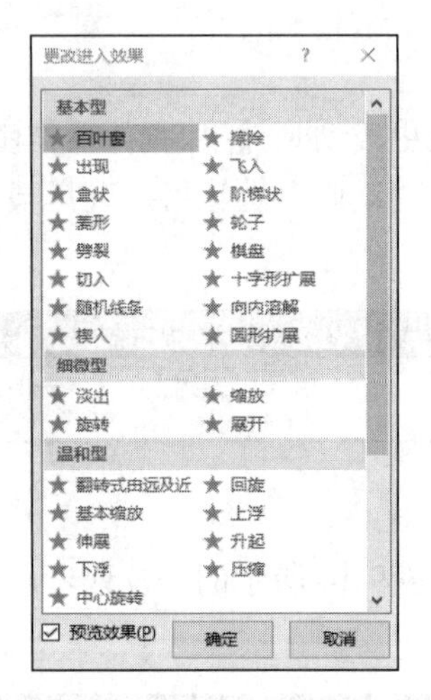

图 9-15 “更改进入效果”对话框

图 9-16 “飞入”动画“效果选项”下拉列表

选择不同的动画效果后，其效果选项中显示的内容也有所不同，如图 9-16 所示是“飞入”动画效果的“效果选项”下拉列表。根据调整的内容来看，大多数时候设置动画效果可归纳为以下几种情况。

1）调整动画方向：针对动画效果的方向进行调整，如将“飞入”进入动画的方向从“自底部”更改为“自左侧”。

2）调整动画形状：针对动画效果的形状进行调整，如将进入动画的形状从“圆”更改为“方框”。

3）调整序列：针对多段文本进行调整，一般包括“作为一个对象”“整批发送”“按段落”几种选项。

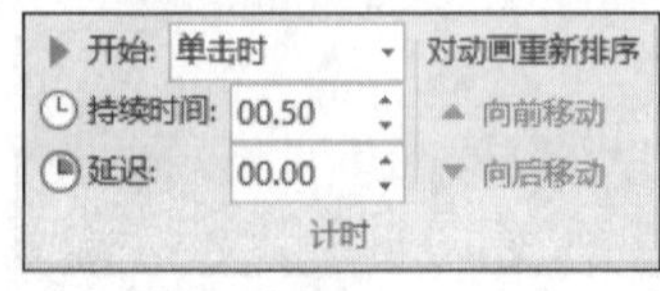

图 9-17 “计时”选项组

（2）设置计时方式

在“动画”选项卡“计时”选项组（图 9-17）中可设置计时方式。

“计时”选项组中主要包含“开始”“持续时间”“延迟”

“对动画重新排序”等命令。

1）开始：设置动画的启动时间，其下拉列表中有“单击时”“与上一动画同时”“上一动画之后”3 个选项。默认为“单击时”，表示放映时单击启动动画；选择“与上一动画同时”选项时，表示当上一动画播放时，当前动画同时播放；选择“上一动画之后”选项时，表示在上一动画结束后自动播放当前动画。

2）持续时间：指定动画的长度，即播放时间。

3）延迟：设置经过几秒后播放动画，默认为 0 秒。

4）对动画重新排序：根据需要单击“向前移动”“向后移动”按钮，可以改变动画的原有播放顺序。

在设置动画效果时有一个操作技巧，以“飞入”动画为例进行介绍。选择“动画”选项卡→“动画”选项组，单击右下角的对话框启动器，弹出如图 9-18 所示的“飞入”对话框，可以在对话框中设置“效果”“计时”等动画效果。

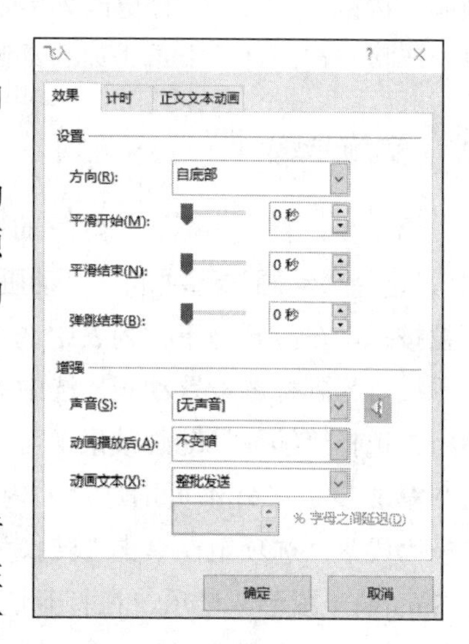

图 9-18　“飞入”对话框

5. 使用动画窗格管理动画

选择“动画”选项卡→“高级动画”选项组，单击“动画窗格”按钮，弹出如图 9-19 所示的动画窗格。在其中可以看到当前幻灯片上所有的动画列表，并显示有关动画效果的重要信息，如动画效果的顺序、动画效果的类型、动画效果的持续时间及动画的设置命令等。

1）编号：动画效果的播放顺序。动画窗格中的编号与幻灯片上显示的编号标记相对应。

2）图标：动画效果的类型。

3）时间线：效果的持续时间。

在动画窗格中单击某个动画右侧的下拉按钮，打开如图 9-20 所示的下拉列表，在其中选择相应选项即可进行设置。

图 9-19　动画窗格

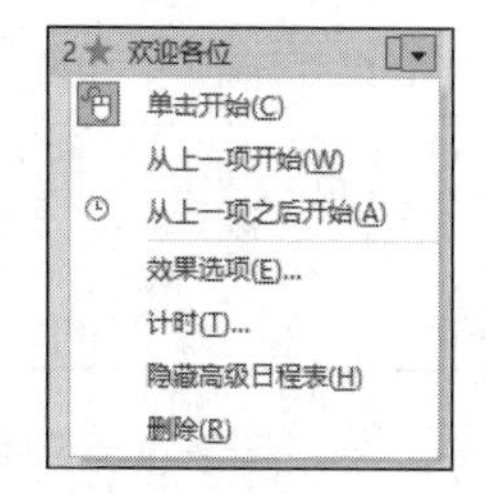

图 9-20　动画效果下拉列表

在动画窗格中单击“全部播放”按钮，则依次播放动画列表中的动画效果，其作用与“预览”按钮一样。在动画窗格中选择某个动画对象，单击“播放自”右侧的向上箭头、向下箭头按钮，可以调整动画播放顺序。

6. 使用动画刷

在 PowerPoint 2016 中，可以使用动画刷快速轻松地将动画从一个对象复制到另一个对象。动画刷的使用方法如下：

首先选择要复制的动画对象，选择“动画”选项卡→“高级动画”选项组，单击“动画刷”按钮，鼠标指针将更改为形状。若双击动画刷，则可以将同一动画应用到多个对象中。接着在幻灯片上单击要将动画复制到其中的目标对象即可。

实施步骤

第 1 步：首先为标题幻灯片的标题设置动画。选中第 1 页幻灯片中的标题“新员工培训”，选择“动画”选项卡→“动画”选项组，选择“浮入”动画效果；单击“效果选项”下拉按钮，在打开的下拉列表中选择“下浮”选项即可。

接着为副标题设置动画。选中副标题“欢迎各位”，选择“动画”选项卡→“动画”选项组，选择“缩放”动画效果即可。

第 2 步：将第 4 页幻灯片的内容转换为组织结构图。选中文字，选择“开始”选项卡→“段落”选项组，单击“转换为 SmartArt”下拉按钮，选择下拉列表中最下方的“其他 SmartArt 图形”选项，在打开的“选择 SmartArt 图形”对话框中，单击“层次结构”选项卡，然后选择“组织结构图”选项，如图 9-21 所示，最后单击“确定”按钮即可。

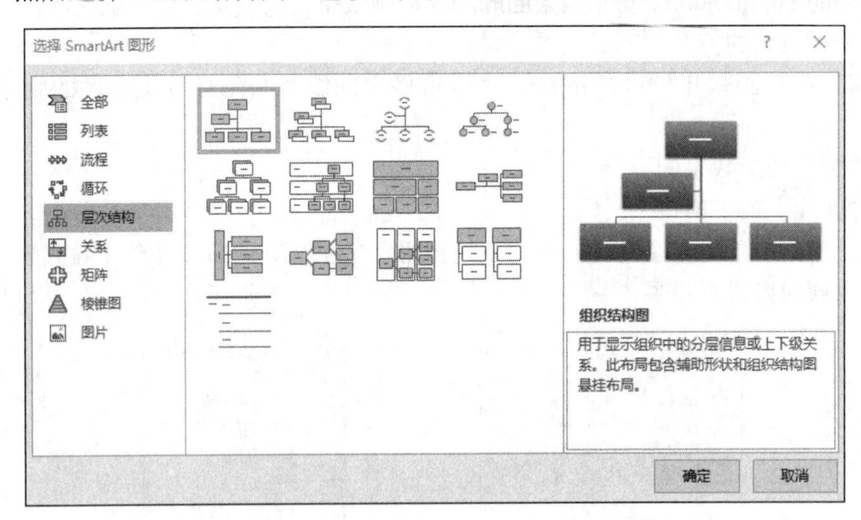

图 9-21 “选择 SmartArt 图形”对话框

转换后的组织结构图如图 9-22 所示。

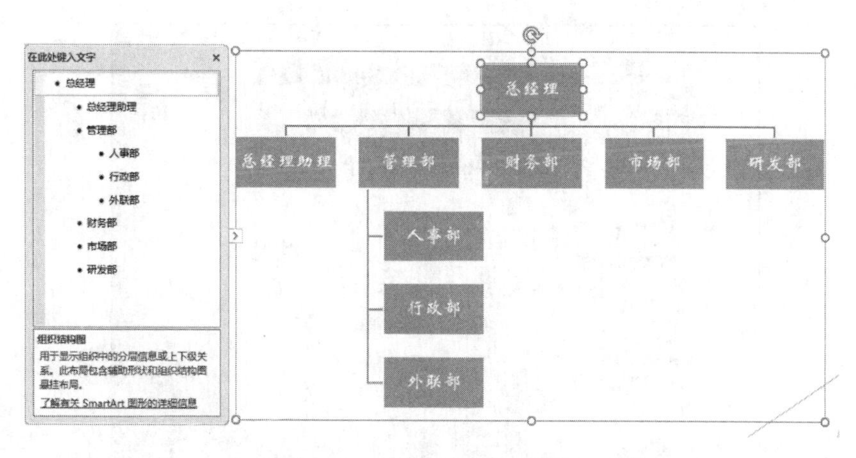

图 9-22　转换后的组织结构图

由图 9-22 可以发现，组织结构图并不正确，总经理应该管理各个部门，总经理助理的位置不太合适，该岗位和各个部门不应为平级关系，而应介于各个部门和总经理之间，因此需要调整“总经理助理”的位置。

剪切“总经理助理”（按 Ctrl+X 组合键），选中“总经理”，选择“SmartArt 工具-设计”选项卡→“创建图形”选项组，单击“添加形状”下拉按钮，打开如图 9-23 所示的下拉列表，在其中选择“添加助理”选项，在对应位置输入“总经理助理”或者直接粘贴（按 Ctrl+V 组合键）。完善后的组织结构图如图 9-24 所示。

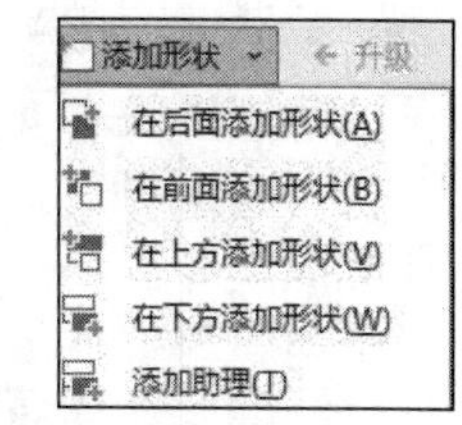

图 9-23　“添加形状”下拉列表

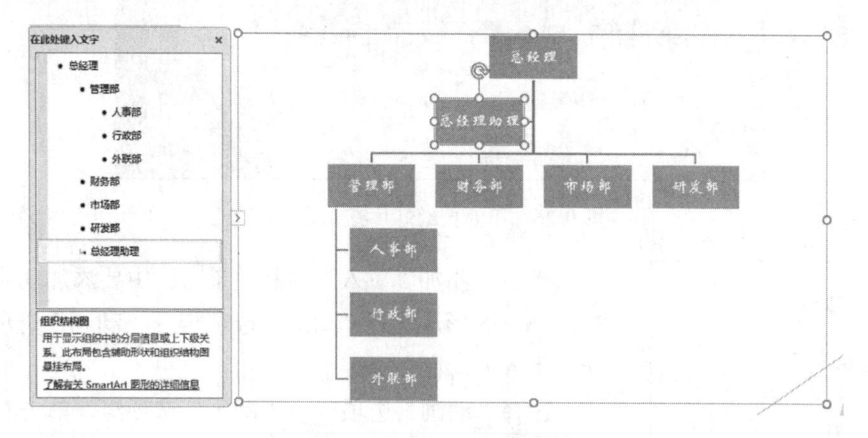

图 9-24　完善后的组织结构图

接下来为组织结构图添加动画效果。选中组织结构图，选择“动画”选项卡→“动画”选项组，选择“轮子”动画效果即可。

第 3 步：将第 8 页幻灯片的文字内容转换为 SmartArt 图形。选中文字，右击，在弹出的快捷菜单中选择“转换为 SmartArt”→“连续块状流程”命令即可，如图 9-25 所示。第 8 页幻灯片的完成效果如图 9-26 所示。

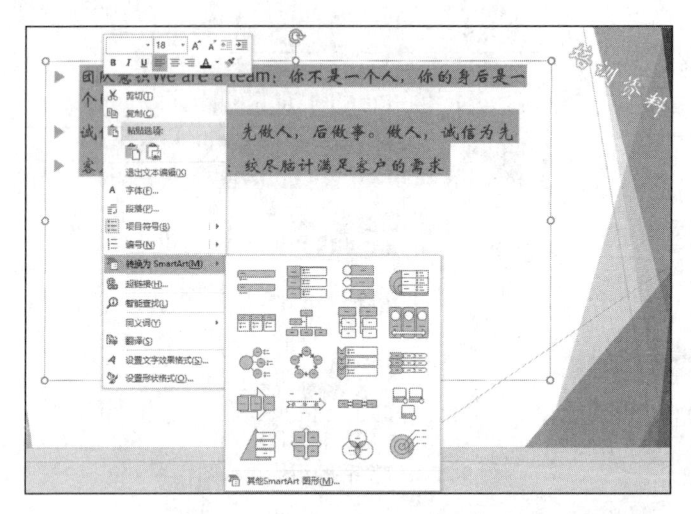

图 9-25　转换为 SmartArt 操作过程

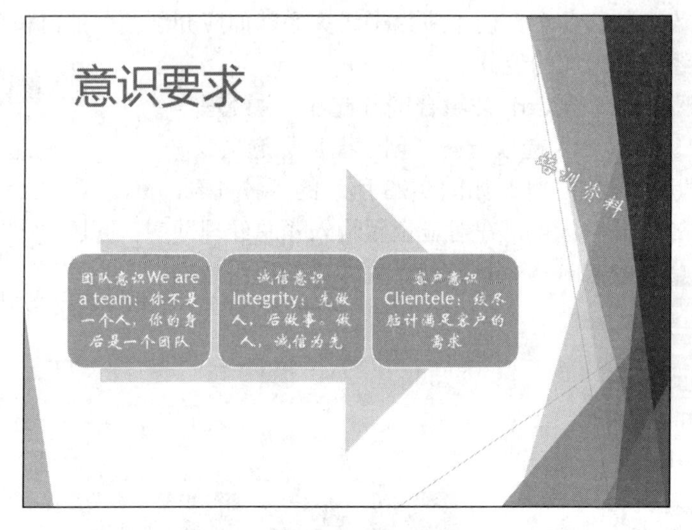

图 9-26　第 8 页幻灯片完成效果

接下来添加“飞入”动画效果。选中要添加动画效果的 SmartArt 图形，选择“动画”选项卡→“动画”选项组，选择“飞入”动画效果。

选择“动画”选项卡→“动画”选项组，单击右下角的对话框启动器，弹出如图 9-27 所示的“飞入”对话框。

在“飞入”对话框中有 3 个选项卡，分别为“效果”“计时”“SmartArt 动画”选项卡。选择“效果”选项卡，在“方向”下拉列表中选择“自左侧”，如图 9-28（a）所示；选择“计时”选项卡，在“期间”下拉列表中选择“中速（2 秒）”，如图 9-28（b）所示；选择“SmartArt 动画”选项卡，在“组合图形”下拉列表中选择“逐个”，如图 9-28（c）所示。

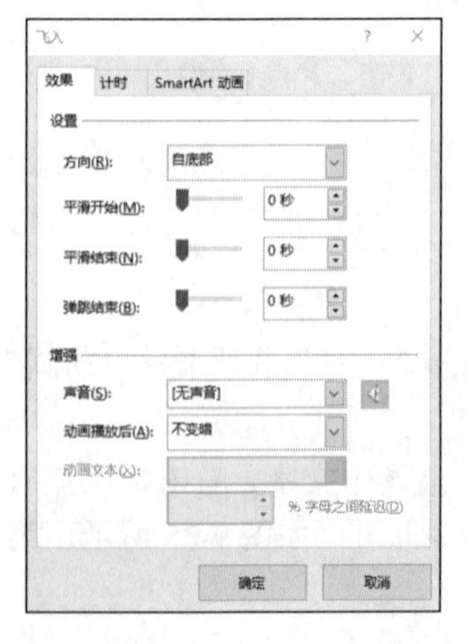

图 9-27　“飞入”对话框

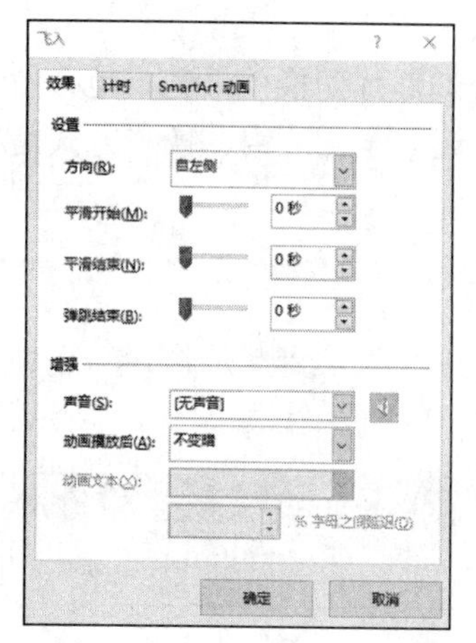

（a）设置“效果”

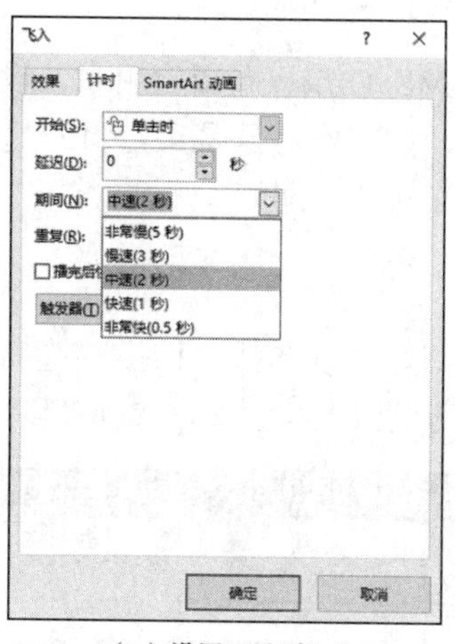

（b）设置“计时”

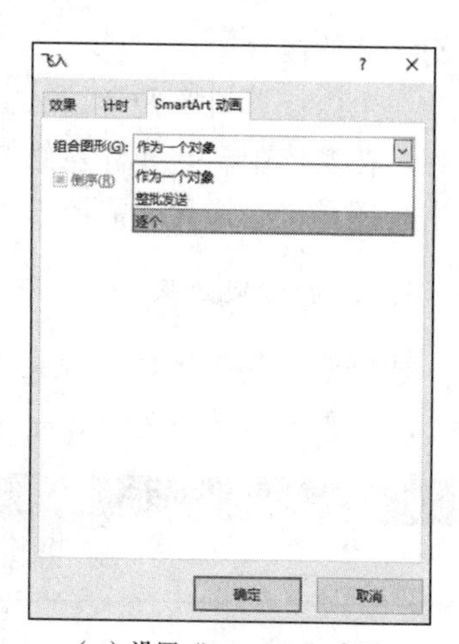

（c）设置“SmartArt”动画

图 9-28　设置动画效果

任务 9.4　幻灯片切换效果

学习目标

【技能目标】

- 学会为幻灯片设置切换效果。

【知识目标】

学会以下知识点：

- 幻灯片切换。

任务要求

- 选中幻灯片后，在“切换”选项卡“切换到此幻灯片”选项组中有细微型、华丽型、动态内容 3 大类 40 多种切换效果，读者可以根据喜好选择，为所有幻灯片设置切换效果，至少要用到 3 种不同的切换效果。

知识准备

除了可以为幻灯片上的各种对象添加动画效果外，还可以为幻灯片之间的切换设置动态效果。幻灯片切换效果是指在演示期间从一张幻灯片移到下一张幻灯片时，在幻灯片放映视图中出现的动画效果，可使幻灯片在放映时更加生动。在 PowerPoint 2016 中可以控制切换效果的速度、添加声音，甚至还可以对切换效果的属性进行自定义。幻灯片放映增加切换效果后，可以吸引观众的注意力，但应该适度，以免使观看者只注意到切换效果而忽略幻灯片的内容。

在全国计算机等级考试二级 MS Office 高级应用中，设置幻灯片切换效果基本是必考内容，在操作中一定要注意细节，如操作对象是某一页幻灯片还是全部应用、换片方式是单击时还是自动换片（需要设置好换片时间）。

1. 添加切换效果

选择要向其应用切换效果的幻灯片。选择“切换”选项卡→“切换到此幻灯片”选项组，选择要应用于所选幻灯片的切换效果。例如，选择“显示”切换效果，如图 9-29 所示。

图 9-29 “切换到此幻灯片”选项组

若要选择更多幻灯片切换效果，则单击“其他”按钮，打开“切换效果”下拉列表（图 9-30），主要有细微型、华丽型和动态内容 3 大类。

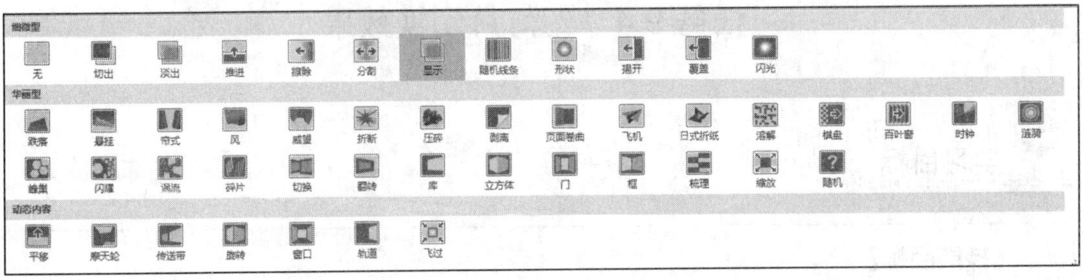

图 9-30 “切换效果”下拉列表

单击“效果选项”下拉按钮，在打开的下拉列表中可以设置切换效果的属性，如设置“显示”切换效果为“从左侧淡出”。

若为演示文稿中的所有幻灯片应用相同的幻灯片切换效果，则选择“切换”选项卡→“计时”选项组，单击“全部应用”按钮；若为幻灯片设置不同的切换效果，则在不同的幻灯片中重复执行以上步骤即可。

2. 设置切换速度和换片方式

若要设置上一张幻灯片与当前幻灯片之间的切换效果的持续时间，则选择“切换”选项卡→“计时”选项组，在“持续时间”文本框中输入或选择所需的速度，如图 9-31 所示。

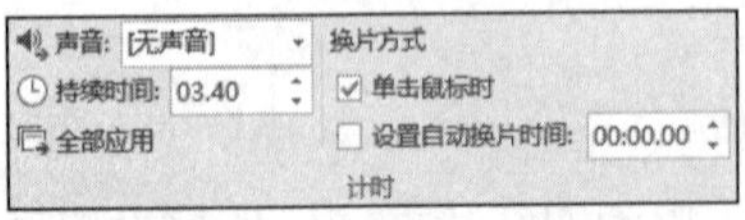

图 9-31 “计时”选项组

若要指定当前幻灯片在多长时间后切换到下一张幻灯片，可以设置“单击鼠标时”与“设置自动换片时间”两种换片方式。要注意应用场景，多数演示文稿使用单击来换片，以方便演讲者或观看者控制放映进度；只有少数在大屏幕自动播放的演示文稿（如产品宣传、公司介绍等）才会使用自动换片，无须人工干预。

（1）手动换片

若要在单击鼠标时切换幻灯片，则选择“切换”选项卡→“计时”选项组，选中“单击鼠标时”复选框即可。

（2）自动换片

若要在经过指定时间后切换幻灯片，则选择“切换”选项卡→“计时”选项组，选中“设置自动换片时间”复选框，在后面的文本框中输入所需的秒数。

3. 设置切换声音

选择要添加声音的幻灯片，选择“切换”选项卡→“计时”选项组，单击“声音”下拉按钮，在打开的下拉列表（图 9-32）中选择下列操作之一：

1）若要添加下拉列表中的声音，则选择所需的声音，如“风铃”。

2）若要添加下拉列表中没有的声音，则选择“其他声音”选项，在弹出的“添加音频”对话框中选择要添加的声音文件，单击“确定”按钮。

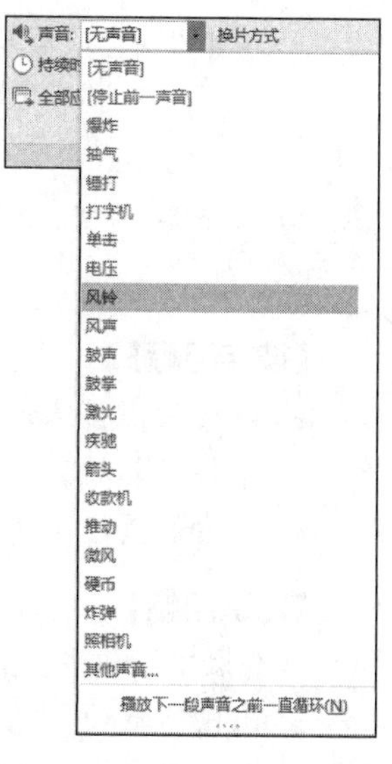

图 9-32　“声音”下拉列表

实施步骤

第 1 步：选择第 1 页幻灯片，选择“切换”选项卡→“切换到此幻灯片”选项组，选择要应用于所选幻灯片的切换效果，这里选择“覆盖”切换效果。选择单击“切换”选项卡→“预览”选项组，单击“预览”按钮，可以预览切换效果。

选择“切换”选项卡→“计时”选项组，单击“全部应用”按钮，为所有幻灯片都应用“覆盖”切换效果。

第 2 步：选择第 2 页幻灯片，修改其切换效果。选择“切换”选项卡→“切换到此幻灯片”选项组，单击“其他”按钮，在打开的下拉列表中选择“华丽型”→“碎片”切换效果。

单击“效果选项”下拉按钮，在打开的下拉列表中选择“粒子输出”效果选项。

第 3 步：选择第 5 页幻灯片，选择“切换”选项卡→“切换到此幻灯片”选项组，单击“其他”按钮，在打开的下拉列表中选择“华丽型”→“涟漪”切换效果。

选择“切换”选项卡→“计时”选项组，将“持续时间”修改为 2 秒（02.00）。

按 F5 键放映幻灯片，观看每一页幻灯片的切换效果；按 Esc 键可退出幻灯片放映状态，返回编辑状态。

本任务读者可以按照自己的喜好去完成，不要求与上面的操作相同，只要满足案例要求即可。切记在设置最后一个切换效果时不能使用“全部应用”命令，否则所有幻灯片的切换效果就会变成一样的切换效果。

任务 9.5　放映方式和自定义放映

学习目标

【技能目标】

- 学会使用排练计时。
- 掌握设置放映方式的方法。
- 学会设置不同放映方案。

【知识目标】

学会以下知识点：

- 放映方式。
- 排练计时。
- 自定义放映。

任务要求

- 使用“幻灯片放映”选项卡“设置”选项组中的“排练计时”功能对演示文稿的放映进行预演，熟悉排练计时功能。
- 设置放映方式。使用“幻灯片放映”选项卡“设置”选项组中的“设置幻灯片放映”功能，设置“观众自行浏览（窗口）”“循环放映，按 ESC 键终止”。
- 使用自定义放映功能创建 2 个放映方案，方案 1 名为“员工培训 1”，放映幻灯片第 1～7 页和第 11 页；方案 2 名为“员工放映 1”，放映幻灯片第 1～4 页。

知识准备

演示文稿制作完成后，只有进行幻灯片的放映才可以将所有设置的动画效果和切换效果等动态效果展示出来，超链接才能使用。选择“幻灯片放映”选项卡→“开始放映幻灯片”选项组，单击“从头开始”按钮即可放映；或者按 F5 键也可放映。

在实际演讲或应用时经常会遇到在不同场合下放映幻灯片，就会需要用各种不同的方式进行放映，如演讲者放映（全屏幕）、观众自行浏览（窗口）、在展台浏览（全屏幕）等。

1. 设置放映方式

选择“幻灯片放映”选项卡→“设置”选项组，单击“设置幻灯片放映”按钮，打开“设置放映方式”对话框，如图 9-33 所示。该对话框主要用于设置放映类型、放映选项、放映范围和换片方式等。

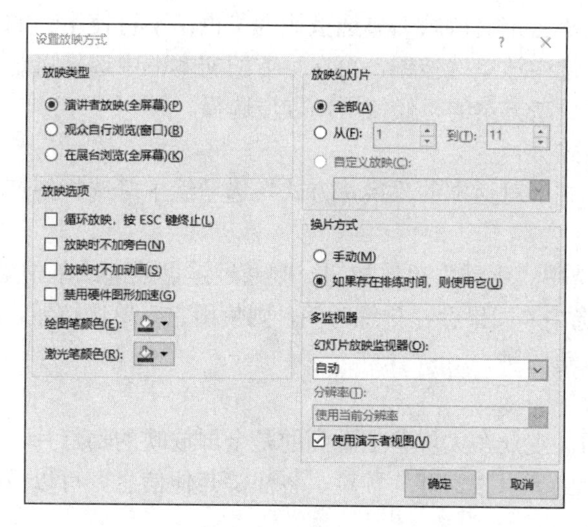

图 9-33　“设置放映方式”对话框

（1）设置放映类型

根据幻灯片的用途和观众需求，幻灯片有 3 种放映类型，分别是演讲者放映（全屏幕）、观众自行浏览（窗口）和在展台浏览（全屏幕）。

1）演讲者放映（全屏幕）：适用于演讲者使用，适合会议或教学等场合。采用该方式，幻灯片在放映过程中会全屏显示，由演讲者控制放映全过程。此方式是最为常用的一种放映方式。

2）观众自行浏览（窗口）：适用于自行小规模的演示。采用该放映方式时，幻灯片不是全屏模式，它允许观众利用窗口命令控制放映过程。

3）在展台浏览（全屏幕）：一般适用于会展和展台环境等大型放映。此方式自动放映演示文稿，不需专人控制。用此方式放映前，要事先设置好放映参数。放映时可自动循环放映，鼠标不起作用，按 Esc 键终止放映。

（2）设置放映选项

在“设置放映方式”对话框的“放映选项”选项组中有一些复选框，可让用户设置幻灯片的放映特征。

1）选中“循环放映，按 ESC 键终止”复选框，则循环放映演示文稿。若要退出放映，可按 Esc 键。

2）选中“放映时不加旁白”复选框，则在放映幻灯片时将隐藏伴随幻灯片的旁白，但并不删除旁白。

3）选中“放映时不加动画”复选框，则在放映幻灯片时将隐藏幻灯片上为对象所加的动画效果，但并不删除动画效果。

（3）设置放映范围

如果要设置幻灯片的放映范围，可在“设置放映方式”对话框的“放映幻灯片”选项组中指定。

1）选中“全部”单选按钮，则放映整个演示文稿。

2）选中“从：到：”单选按钮，则可以指定放映幻灯片的起止编号。

3）默认情况下，“自定义放映”单选按钮为灰色，不可使用。如果已有自定义放映方案，则该按钮可用。选中该单选按钮，再在下方的文本框中选择自定义放映名称即可。一般建议有多个自定义放映方案的时候使用，方便选择。

（4）设置换片方式

在“设置放映方式”对话框的“换片方式”选项组中可选择幻灯片的切换方式，主要有以下两种。

1）手动换片：选中“手动”单选按钮，则通过键盘按键或单击来切换幻灯片。

2）自动换片：选中“如果存在排练时间，则使用它”单选按钮，则按照排练计时为各幻灯片指定的时间自动切换。

（5）使用演示者视图

使用演示者视图，观众在大屏幕上看到的是全屏放映的幻灯片，而演示者则可以在自己的计算机屏幕中看到下一张幻灯片预览、备注等其他信息，可以方便实时调控幻灯片的放映。

在“设置放映方式”对话框的“多监视器”选项组中选中“显示演示者视图”复选框，即可使用演示者视图。一般情况下，需要有第二个监视器，或者使用投影仪才能开启演示者视图功能。演示者视图上有计时器、当前幻灯片及其备注、下一张幻灯片预览等内容；另外还有一些放映选项（如放大镜、指针工具等）以协助放映。

2. 采用排练计时

在 PowerPoint 2016 中，用户可以为幻灯片添加排练计时，使幻灯片自动放映。如果在幻灯片放映时不想人工切换幻灯片，则可以使用排练计时功能，自动记录放映时间。选择“幻灯片放映”选项卡→“设置”选项，单击“排练计时”按钮，则当前演示文稿进入放映视图，弹出如图 9-34 所示的“录制”对话框，自动记录幻灯片的放映时间。

放映到最后一张幻灯片结束后，弹出如图 9-35 所示的消息对话框，单击“是”按钮，即可保存排练计时。保存后再次放映时即可自动放映，前提是不改变原来的换片方式。

图 9-34 “录制”对话框

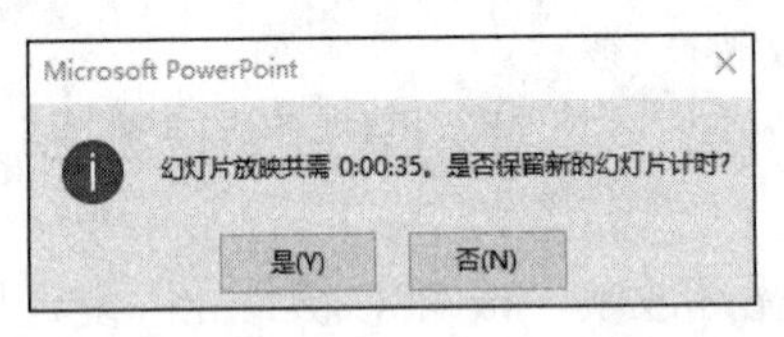

图 9-35 消息对话框

3. 隐藏幻灯片

放映幻灯片时，可以将不放映的幻灯片隐藏起来，需要放映时再重新将其显示。隐藏幻灯片的方法有以下两种：

1）在“大纲/幻灯片”窗格中选择需要隐藏的一张或多张幻灯片，选择“幻灯片放映”选项卡→“设置”选项组，单击“隐藏幻灯片”按钮，如图 9-36 所示，则被隐藏的幻灯片的缩略图呈灰色显示，并且其左上角的编号上出现一个斜线。再次单击该按钮，可重新显示隐藏的幻灯片。

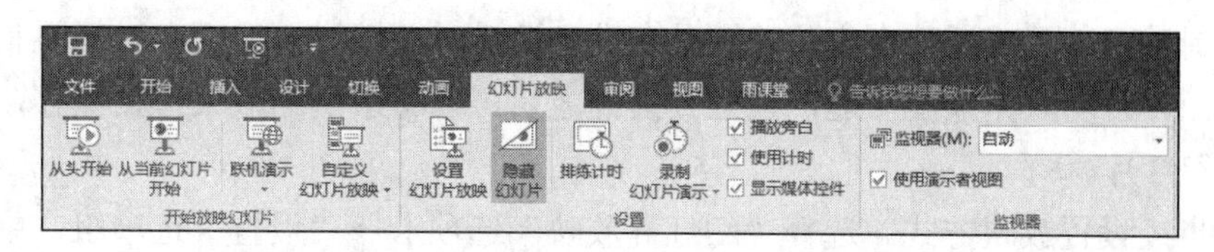

图 9-36　单击“隐藏幻灯片”按钮

2）在“大纲/幻灯片”窗格中选择需要隐藏的一张或多张幻灯片，右击，在弹出的快捷菜单中选择“隐藏幻灯片”命令，也可隐藏幻灯片。再次选择该命令，可重新显示隐藏的幻灯片。

4. 控制幻灯片放映

在完成所有设置之后，即可放映幻灯片。选择“幻灯片放映”选项卡→“开始放映幻灯片”选项组，单击“从头开始”按钮，或按 F5 键，则从第 1 张幻灯片开始放映；选择“幻灯片放映”选项卡→“开始放映幻灯片”选项组，单击“从当前幻灯片开始”按钮，或按 Shift+F5 组合键，则从当前幻灯片开始放映。

幻灯片放映时进入幻灯片放映视图，每张幻灯片占满整个屏幕。放映时右击屏幕的任意位置，将弹出一个放映控制菜单，如图 9-37 所示，可以通过放映控制菜单或者放映工具栏（幻灯片左下角）对放映过程进行控制。

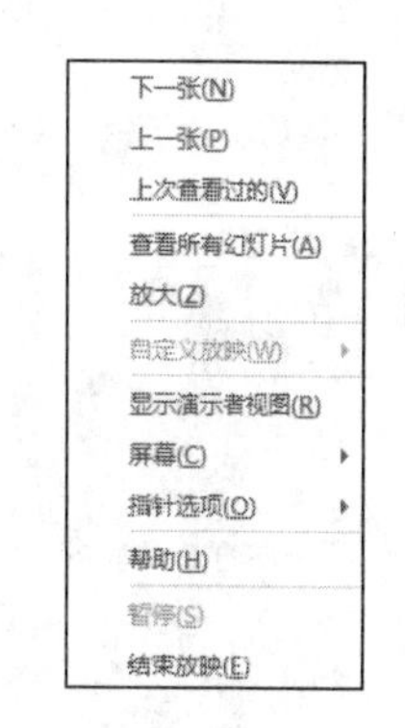

图 9-37　放映控制菜单

放映控制菜单包括的命令主要如下。

1）下一张：切换到下一张幻灯片。

2）上一张：回到上一张幻灯片。

3）查看所有幻灯片：显示所有幻灯片的缩略图。直接单击想要显示的幻灯片，可实现快速切换。

4）放大：可对局部内容进行放大到全屏显示，单击右键可退出放大模式 。

5）显示/隐藏演示者视图：可在放映过程中随时打开或关闭演示者视图。

6）屏幕：打开级联菜单，使用其中的命令可以对屏幕显示进行控制。

7）指针选项：打开级联菜单，使用其中的命令可以控制鼠标指针的形状和功能。

8）结束放映：用于结束演示，也可以按 Esc 键结束演示。

实施步骤

第 1 步：选择“幻灯片放映”选项卡→“设置”选项组，单击“排练计时”按钮，则当前演示文稿进入放映视图，弹出“录制”对话框，自动记录幻灯片的放映时间。

我们可以模拟正式场景完成幻灯片的放映，与彩排类似，以便及时发现问题及时修改。在放映过程中，“录制”对话框中前面显示的时间是当前幻灯片放映的时间长度，后面显示的时间是截至当前时刻整个演示文稿已经放映的时间长度。这两个时间提示可以帮助用户合理地控制时间，及时调整内容。特别是在准备演讲时，演讲一般都有时间限制，可以利用“排练计时”功能先预演一遍，甚至预演好之后可以将录制的效果直接保存，在演讲时自动放映幻灯片。

第 2 步：设置放映方式。选择“幻灯片放映”选项卡→“设置”选项组，单击“设置幻灯片放映”按钮，弹出“设置放映方式”对话框。在“放映类型”选项组中选中“观众自行浏览（窗口）”单选按钮，在“放映选项”选项组中选中“循环放映，按 ESC 键终止”复选框，如图 9-38 所示，单击“确定”按钮。

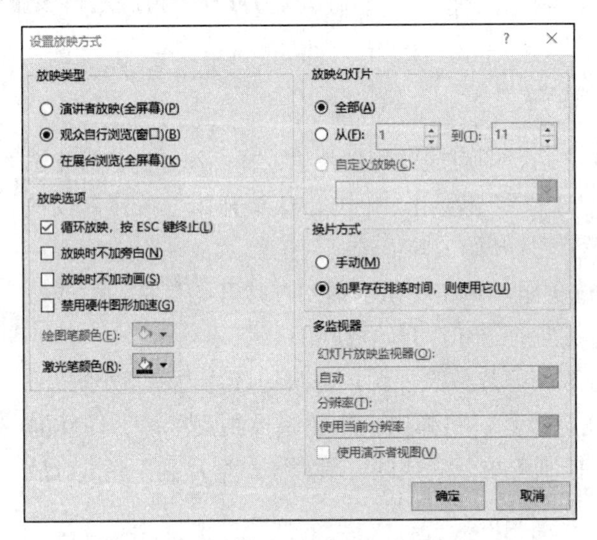

图 9-38　设置放映方式

我们查看放映效果，可以发现这个界面和平时的界面不太一样，这是因为当下显示的是窗口的形式，平时是全屏的，而且这个放映方式是观众自己控制切换和时间长度。那么设置的“循环放映，按 ESC 键终止”有何作用呢？由于设置的是循环放映，当放映完最后一页时，幻灯片并没有退出结束，它又会自动回到首页接着播放。想退出怎么办呢？按 Esc 键就可以。

第 3 步：在放映幻灯片时，除了需要隐藏某些幻灯片外，有时还需要调整幻灯片的放映顺序，但是又不希望调整这些幻灯片在演示文稿中的真正顺序，这时就需要通过自定义放映功能来建立多种不同的放映过程。

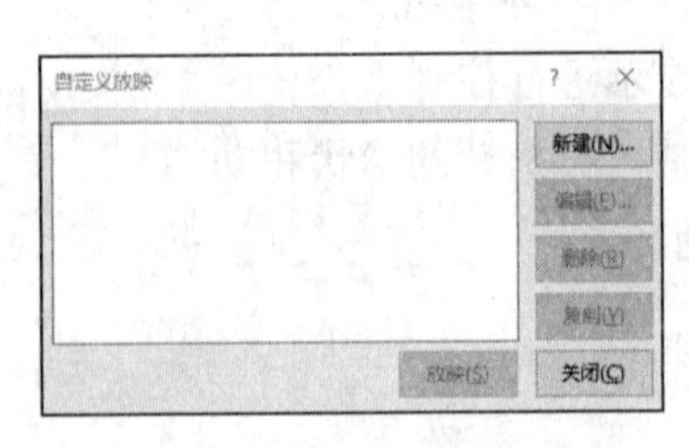

图 9-39　“自定义放映”对话框

选择“幻灯片放映”选项卡→“开始放映幻灯片”选项组，单击“自定义幻灯片放映”按钮，弹出如图 9-39 所示的“自定义放映”对话框，单击“新建”按钮。

弹出“定义自定义放映”对话框，设置幻灯片放映名称为“员工培训 1”，在左侧列表中选择要添加的幻灯片，单击“添加”按钮，即可将自定义放映中需要的幻灯片添加到右侧列表中，如图 9-40 所示，单击“确定”按钮。

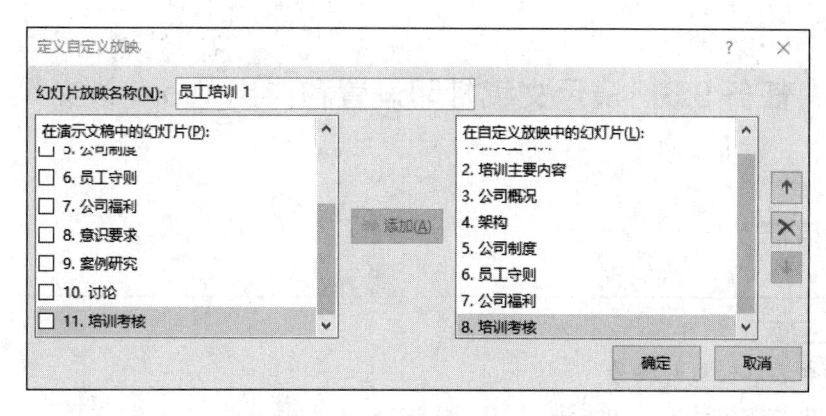

图 9-40　“定义自定义放映”对话框

在“定义自定义放映”对话框中不仅可以选择要放映的幻灯片，还可以修改放映顺序。在右侧列表中选中要调整顺序的幻灯片后，单击右侧的上箭头或下箭头按钮，即可调整幻灯片的放映顺序。

接下来用相同的方法创建放映方案 2，在“定义自定义放映”对话框中设置幻灯片放映名称为“员工放映 1”，将左侧列表中的幻灯片 1～4 添加到右侧列表中即可。单击“确定”按钮，返回“自定义放映”对话框，选择“员工放映 1”选项，单击“放映”按钮，即可预览“员工放映 1”这个自定义放映，如图 9-41 所示。

如果需要调整放映的幻灯片和幻灯片的放映顺序，可先选择放映方案，再单击“编辑”按钮就可以重新进入“定义自定义放映”对话框进行调整。

在“自定义放映”对话框中单击“关闭”按钮，返回演示文稿普通视图。再次选择“幻灯片放映”选项卡→“开始放映幻灯片”选项组，单击“自定义幻灯片放映”按钮，会发现在下拉列表中多了 2 个选项“员工培训 1”和“员工放映 1”，如图 9-42 所示。选择某个放映方案，就会自动放映该自定义放映中的所有幻灯片。

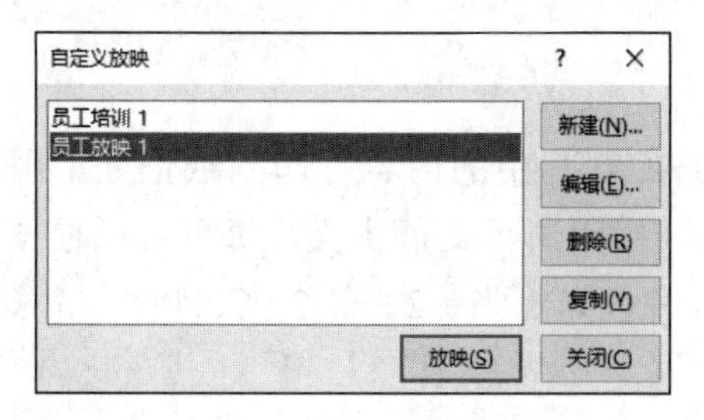

图 9-41　预览“员工放映 1”

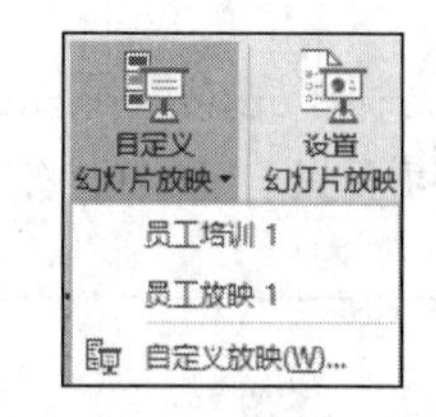

图 9-42　自定义放映

任务 9.6　演示文稿打印设置和导出 Word 讲义

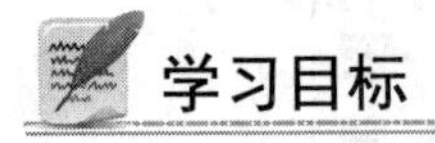

学习目标

【技能目标】

- 学会添加幻灯片编号。
- 掌握打印演示文稿的方法。
- 学会创建讲义。

【知识目标】

学会以下知识点:

- 打印演示文稿。
- 创建讲义。

任务要求

- 为所有幻灯片添加幻灯片编号（标题幻灯片中不显示）。
- 选择“文件”→“打印”命令，将演示文稿打印成讲义（每页 6 张幻灯片），作为纸质的培训手册使用。
- 选择“文件”→“保存并发送”命令中的“创建讲义”功能生成 Word 格式的电子讲义，节约资源而且方便修改。

知识准备

1. 打印演示文稿

演示文稿制作完成后可以打印输出，将幻灯片中的内容打印到纸张上。用户可以打印幻灯片，每页只打印一张幻灯片；也可以打印演示文稿讲义，每页可以根据需要打印多张幻灯片，如 1 张、2 张、3 张、4 张、6 张或 9 张幻灯片。

下面主要介绍幻灯片设置和打印设置。

（1）幻灯片设置

选择“设计”选项卡→“自定义”选项组，单击“幻灯片大小”按钮，在其下拉列表中选择“标准(4∶3)”或“宽屏(16∶9)”选项，设置幻灯片大小。如果需要设置更多内容，单击下拉列表中的“自定义幻灯片大小”选项，弹出“幻灯片大小”对话框，如图 9-43 所示。

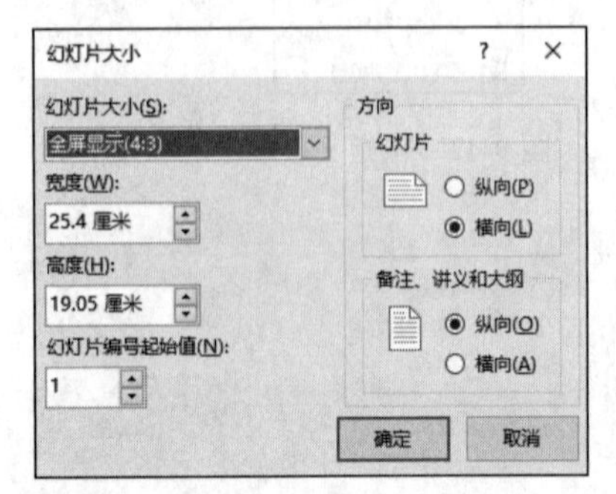

图 9-43　“幻灯片大小”对话框

1）“幻灯片大小”下拉列表：可以选择幻灯片的尺寸。

2）“宽度”和“高度”文本框：可以设置幻灯片的宽度和高度。

3）“幻灯片编号起始值”文本框：可以设置演示文稿第 1 张幻灯片的编号。

4）“方向”选项组：可以设置幻灯片的方向，备注、讲义和大纲的方向。

（2）打印设置

打印设置主要是对幻灯片的打印效果进行预览，并设置打印份数、打印范围、打印版式、打印颜色等。选择“文件”→“打印”命令，打开幻灯片打印预览与设置界面，如图 9-44 所示。

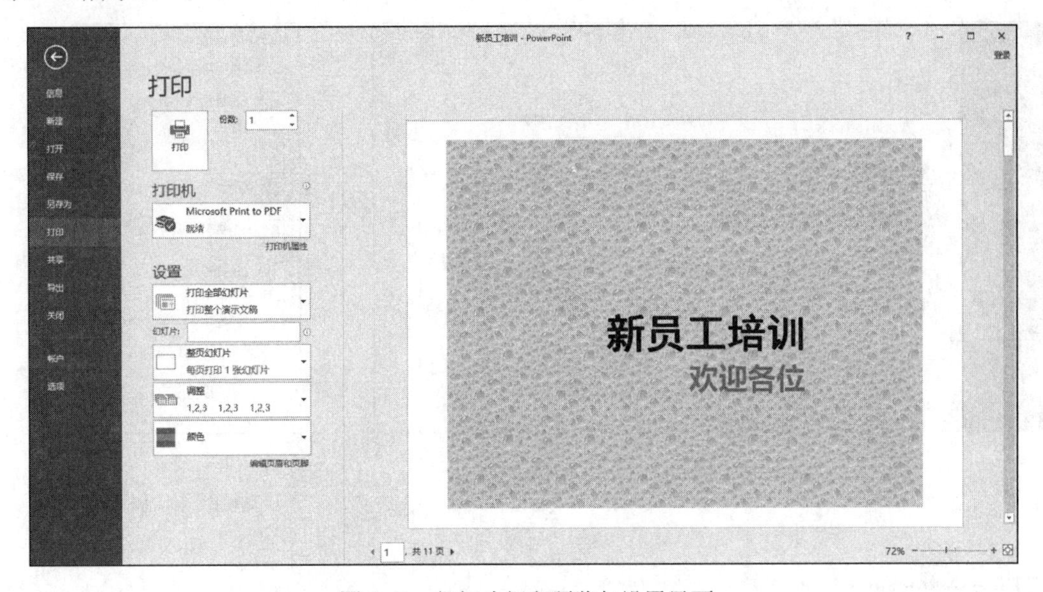

图 9-44 幻灯片打印预览与设置界面

1）份数：可以设置要打印多少份演示文稿。

2）打印机：可选择打印机。

3）设置：在“设置”选项组中依次可以完成以下设置。

① 设置打印范围：默认为“打印全部幻灯片”。单击下拉按钮，在打开的下拉列表中根据需要进行选择。

② 设置打印版式：默认为“整页幻灯片”。单击下拉按钮，在打开的下拉列表中根据需要进行选择（这里建议选择“打印讲义”，一页多张幻灯片。打印好的讲义既可以在演示学习时参考，也可以留作以后学习，特别适合在规模较大的培训中使用）。

③ 设置单双面打印：默认为“单面打印”。单击下拉按钮，在打开的下拉列表中根据需要进行选择。

④ 设置打印顺序：当打印份数大于 1 份时，可在“调整”下拉列表中调整打印顺序。

⑤ 设置打印颜色：“颜色”选项主要有“颜色”“灰度”“纯黑白”3 种。

2. 创建讲义

除了可以将演示文稿作为讲义打印出来，方便参考学习外，还可以直接使用 PowerPoint 的“创建讲义”功能创建 Word 格式的电子讲义，这样就无须打印演示文稿，可减少使用纸张，绿色环保。如果确实需要打印成纸质的手册分发，Word 格式的电子讲义也方便修改后再打印。

选择“文件”→“导出”命令，在右侧“导出”窗格中选择“创建讲义”选项，如图 9-45 所示。单击“创建讲义”按钮，弹出“发送到 Microsoft Word”对话框（图 9-46），在该对话框中选择合适的版式，单击“确定”按钮。片刻后计算机会打开一个新建 Word 文档窗口，按照用户选择的版式自动生成讲义内容，在 Word 中保存该文档即可。如果幻灯片内容较多，操作可能会较慢，用户应稍作等待。用户也可以在 Word 文档中进行适当的修改，如添加公司名称、封面等。

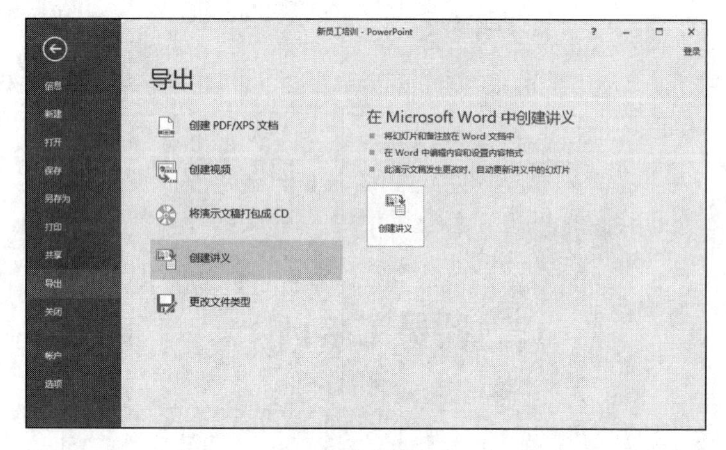

图 9-45 创建讲义

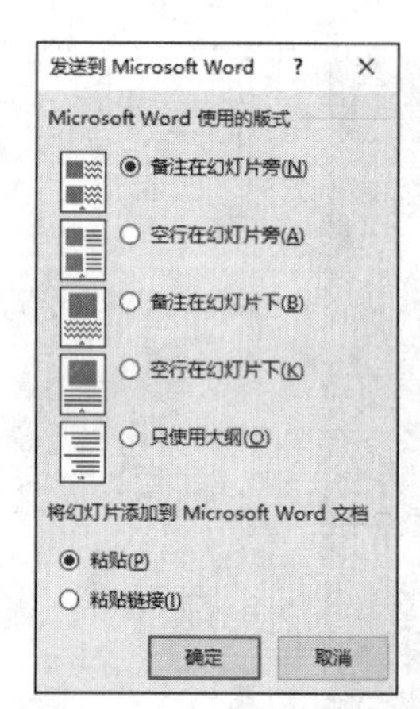

图 9-46 “发送到 Microsoft Word”对话框

实施步骤

第 1 步：添加幻灯片编号。选择“插入”选项卡→“文本”选项组，单击“幻灯片编号”按钮，弹出“页眉和页脚”对话框，选中“幻灯片编号”和“标题幻灯片中不显示”复选框，单击“全部应用”按钮，如图 9-47 所示。

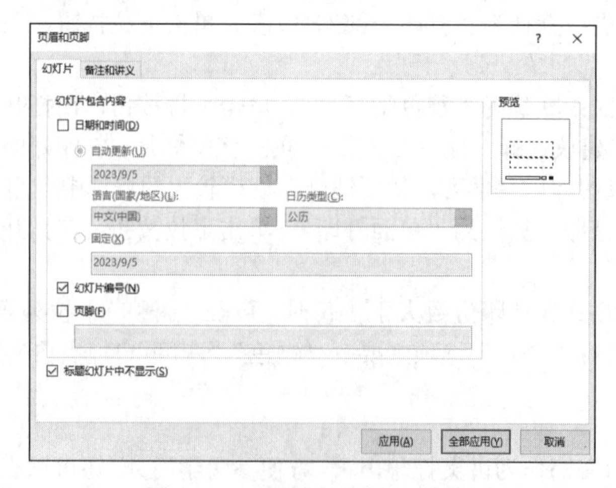

图 9-47 “页眉和页脚”对话框

这时，演示文稿的编辑工作即全部完成，可以先保存演示文稿，然后再打印输出讲义。一般在日常工作中建议读者每完成几步操作就执行一次“保存”命令，及时保存演示文稿，以避免误操作带来的损失。

第 2 步：打印培训手册。选择“文件”→“打印”命令，打开幻灯片打印预览与设置界面，在“整页幻灯片”下拉列表中选择“讲义”→“6 张水平放置的幻灯片”选项。在右侧可看到预览的打印效果，如图 9-48 所示。如果没有问题，单击“打印”按钮，即可完成打印工作。

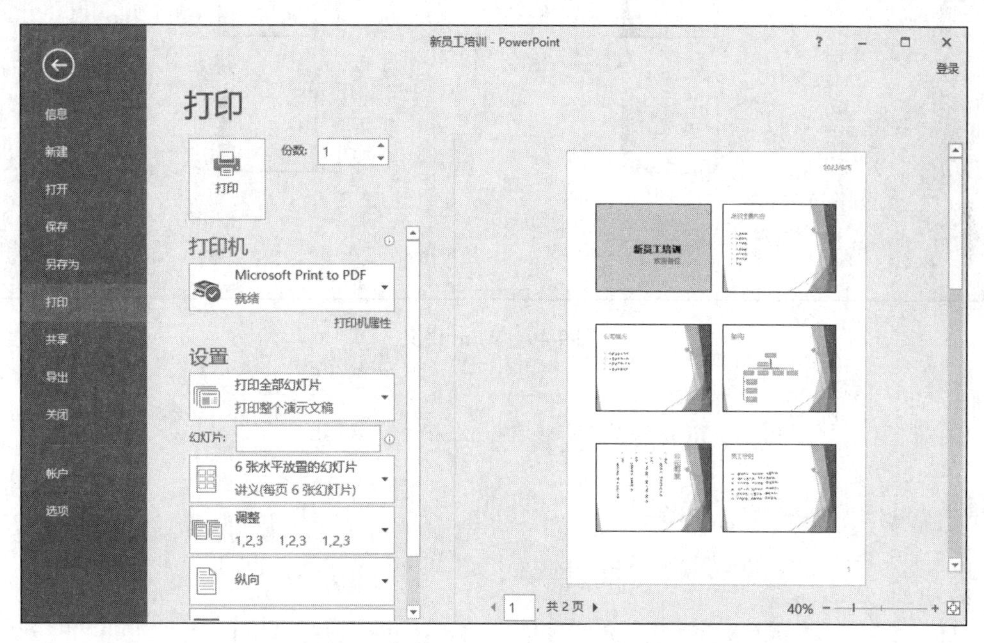

图 9-48 幻灯片打印预览与设置界面

在实际工作中，还要根据具体要求和实际情况进行更多设置，如选择打印机、设置打印份数、选择单双面打印等，此处不再赘述。

第 3 步：创建电子讲义。选择“文件”→“导出”命令，在右侧的“导出”窗格中选择“创建讲义”选项，单击“创建讲义”按钮，弹出“发送到 Microsoft Word”对话框，选中“空行在幻灯片旁”单选按钮，单击“确定”按钮。稍等片刻，计算机会打开“文档 1”Word 窗口，自动生成讲义内容，如图 9-49 所示。

最后在 Word 窗口中保存该文档即可。如果需要修改部分内容，也可以随时打开 Word 文档进行编辑。

一般 Word 电子讲义可通过邮件或网站下载链接分发给参加培训的相关人员，绿色环保高效。如果确实需要打印成册，可直接打开该 Word 文档，选择“文件”→“打印”命令即可打印。

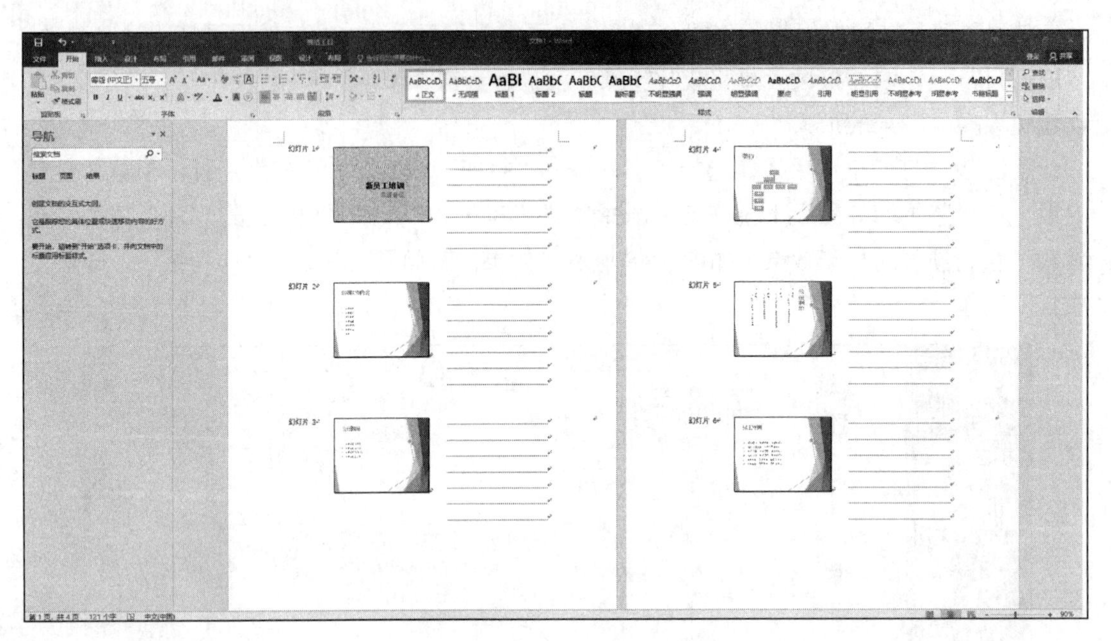

图 9-49　Word 讲义

项目 10　创建电子相册

随着手机照相技术的不断发展，其功能也越来越强大，人们可以更方便地拍摄照片却又不需要把拍摄的照片都冲印出来，更多地将其打包保存在计算机或光盘中，电子相册制作软件在这一过程中起到了非常重要的作用。通过电子相册制作软件，照片可以更加动态，更加多姿多彩。通过电子相册制作软件的打包，照片可以更方便地以一个整体分发给亲朋好友，刻录在光盘上保存或在影碟机上播放。

其实不需要专用的电子相册制作软件，利用 PowerPoint 2016 就可以轻松制作出漂亮的电子相册。下面通过一个案例介绍电子相册的创建过程。

案例背景：某学生想通过一些校园图片将自己的大学介绍给他的高中同学和家人，如果直接发图片，文件数量多且没有介绍信息。可以利用 PowerPoint 中的“新建相册”功能把校园图片快速制作成电子相册，然后运用图片编辑、图形框、超链接、动作按钮、幻灯片切换、动画效果、插入音频等功能来提高相册演示效果；还可以使用“创建视频”功能将制作好的电子相册生成视频文件，以方便在手机或电视等设备上播放。制作完成后的电子相册在幻灯片浏览视图下的效果如图 10-1 所示，下面将分 5 个任务讲解具体的制作过程。

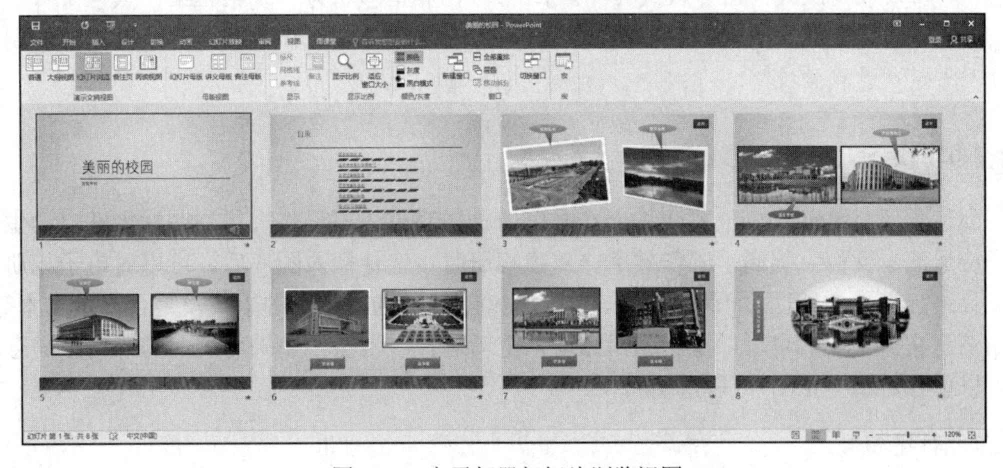

图 10-1　电子相册幻灯片浏览视图

素养目标

创建电子相册可将大量图片自动生成相册，减少大量重复性的工作，节省制作时间。在创建电子相册的过程中，学生需要收集和整理照片、文字资料等信息，并进行编辑和排版，这将提高他们的信息获取和处理能力。通过选择合适的排版方式、添加独特的设计元素等，培养学生的创造性思维能力。

通过创建电子相册的活动，学生可以通过选择合适的背景音乐、设计美观的布局等方式，培养他们对艺术的感知和欣赏能力。

任务 10.1 新 建 相 册

学习目标

【技能目标】

- 学会使用“新建相册”功能快速创建电子相册。

【知识目标】

学会以下知识点：

- 新建相册。

任务要求

- 使用“插入”选项卡“图像”选项组中的“相册”功能将素材文件中的图片文件快速创建成电子相册。
- 修改相册版式：图片版式为“2 张图片”，相框形状为“复杂框架，黑色”。
- 为演示文稿应用“画廊”主题，在首页幻灯片中输入标题“美丽的校园”和副标题“爱我学校”。

知识准备

新建相册是 PowerPoint 提供的一个非常方便的功能，可以将大量的图片文件自动生成电子相册演示文稿，提高了工作效率。新建相册时，选择插入图片后，可以对电子相册中的图片进行简单的处理（如调节旋转、对比度和亮度）、选择相册的版式及是否显示文本等。相册演示文稿生成后也可以重新编辑相册，重新选择。当然，如果对统一的风格不满意，还可以单独对每一张图片进行调整。

1．新建相册

打开 PowerPoint 2016 软件，选择“插入”选项卡→“图像”选项组，单击“相册”按钮/下拉按钮，在打开的下拉列表中选择“新建相册”选项，如图 10-2 所示弹出“相册”对话框。

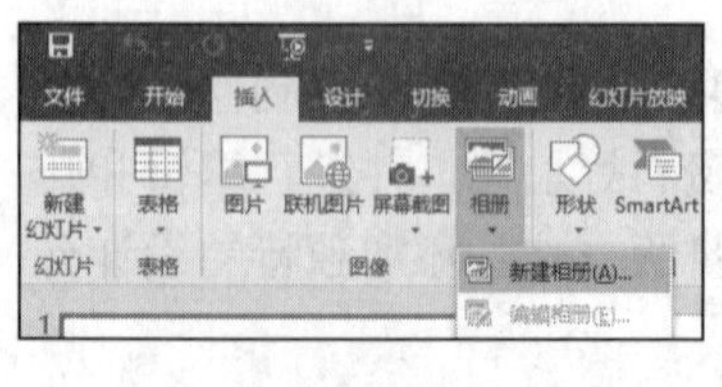

图 10-2 选择“新建相册”选项

在“相册”对话框中单击“文件/磁盘”按钮，如图 10-3 所示，在弹出的“插入新图片”对话框中选择需要插入的图片文件，单击“插入”按钮，返回插入图片后的“相册”对话框（图 10-4）。单击“创建”按钮，即可创建一个新的演示文稿，其内容为相册。

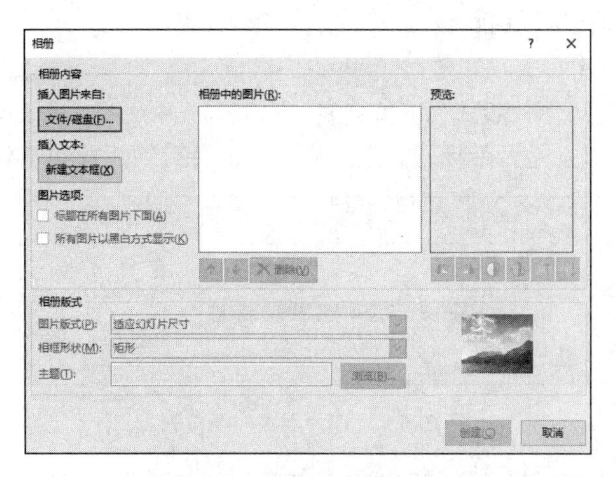

图 10-3　插入图片前的“相册”对话框

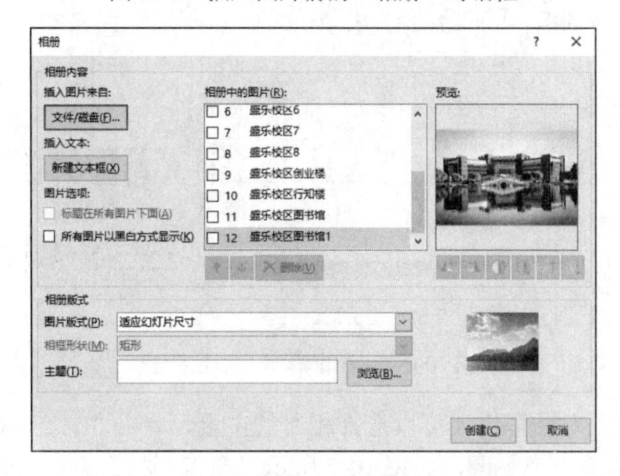

图 10-4　插入图片后的“相册”对话框

在单击“创建”按钮前，一般会根据需要在“相册”对话框中进行如下设置。

（1）设置相册内容

1）插入图片。使用“文件/磁盘”按钮可以一次选择多张图片，建议每张图片大小相差不要太多，这样做好的电子相册比较整齐，不需要进行过多调整。

2）插入文本。在“相册中的图片”列表框中选择要插入文本的位置，单击“新建文本框”按钮，在选中位置之后插入文本框，大小和图片一样，创建相册后可在对应文本框中输入内容。

3）图片选项。要使用“标题在所有图片下面”功能，需要先修改“相册版式”中的“图片版式”；如果选中“所有图片以黑白方式显示”复选框，则该相册中所有图片会自动变成黑白照片（适合怀旧风格的相册）。

4）相册中的图片。在“相册中的图片”列表框中可以选择具体的图片，在右侧预览窗口中可以预览图片；也可以使用“相册中的图片”列表框下方的 3 个按钮对选中的图片进行上下移动或者删除。

5）预览。在该窗口可以看到选中图片的效果。“预览”窗口下方的 3 组按钮分别用于图片方向、图片对比度和图片亮度的快捷操作。如果需要对图片进行更复杂的操作，可以在创建相册后再对图片进行调整。

（2）设置相册版式

1）图片版式。在“图片版式”下拉列表（图 10-5）中选择一页幻灯片上显示几张图片（1、2、4 张图片），以及是否带标题。选择后，右侧会有幻灯片预览效果。

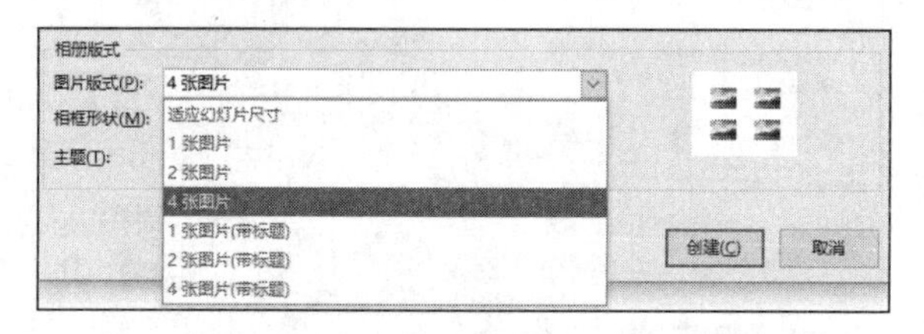

图 10-5 “图片版式”下拉列表

2）相框形状。相框形状是指每张图片的相框形状，除了“矩形”外，还可以选择“相框形状”下拉列表中列出的其他相框形状，如图 10-6 所示。选择后，右侧会有幻灯片预览效果。

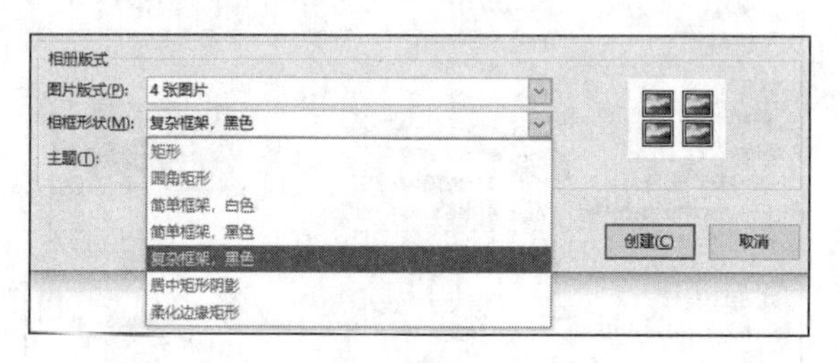

图 10-6 “相框形状”下拉列表

3）主题。“相册”对话框中还可以选择相册的主题，单击“浏览”按钮，在弹出的“选择主题”对话框中选择一个主题，如图 10-7 所示，单击“打开”按钮返回。如果用户不熟悉主题文件名代表的是哪个具体的主题，也可以先不指定主题，在创建相册后，再在新建的演示文稿窗口中选择合适的主题。

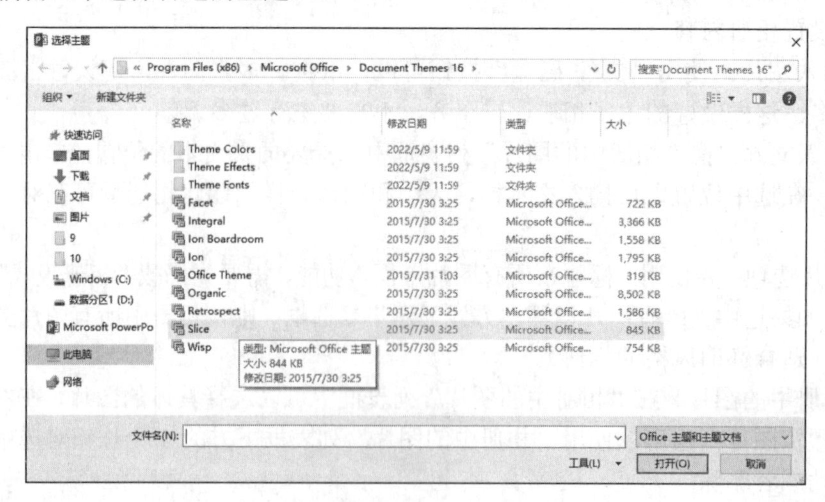

图 10-7 “选择主题”对话框

2. 编辑相册

相册创建好后，如果用户不满意，还可以对其进行编辑。在新建的相册演示文稿中，选择“插入”选项卡→“图像”选项组，单击“相册”下拉按钮，打开“相册”下拉列表，选择“编辑相册”选项，弹出“相册”对话框，根据需要对相关选项进行设置，最后单击“更新”按钮即可。

实施步骤

第 1 步：准备好图片文件，将图片放在“素材电子相册”文件夹下的“盛乐校区”文件夹里。打开 PowerPoint 软件，选择“插入”选项卡→“图像”选项组，单击“相册”按钮，弹出“相册”对话框中，单击“文件/磁盘”按钮，弹出“插入新图片”对话框，选择“素材电子相册”文件夹下“盛乐校区”文件夹中的所有图片文件，单击“插入”按钮，如图 10-8 所示，返回“相册”对话框。

图 10-8　插入图片文件

第 2 步：在“相册”对话框中进行设置。对相册内容进行简单设置，如简单调整图片的方向、对比度和亮度等，这里不过多介绍，读者可以参考前面介绍的知识准备完成操作。

这里主要完成相册版式的设置。将“图片版式”设置为“2 张图片”，将“相框形状”设置为“复杂框架，黑色”，不设置“主题”，如图 10-9 所示。单击“创建”按钮，打开一个演示文稿窗口，自动生成电子相册演示文稿。

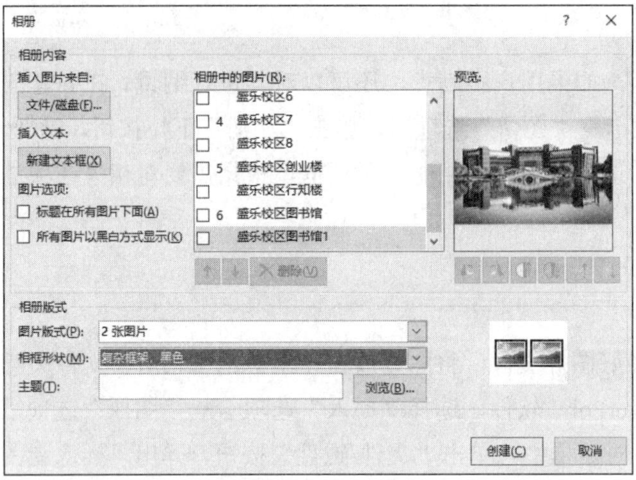

图 10-9 设置相册版式

第 3 步：在电子相册演示文稿中，选择“设计”选项卡→“主题”选项组，选择“画廊”主题并应用。

接着在第 1 页幻灯片的主标题中输入“美丽的校园”，副标题中输入“爱我学校”。完成后的演示文稿在幻灯片浏览视图下效果如图 10-10 所示。

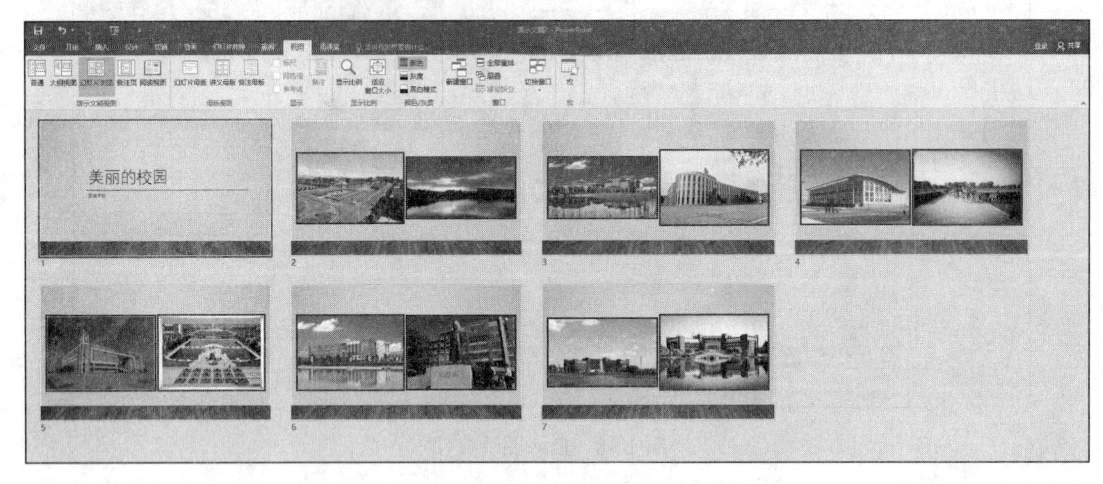

图 10-10 完成后的演示文稿幻灯片浏览视图

保存演示文稿，文件名为“美丽的校园”。

相比于为每一页幻灯片都手工插入图片的传统操作，使用“新建相册”功能可以提高工作效率。电子相册使用的图片越多，“新建相册”功能的效率就越高。

任务 10.2　图片格式和形状标注

学习目标

【技能目标】

- 掌握图片格式的设置方法。
- 学会使用形状并添加说明文本。

【知识目标】

学会以下知识点：

- 图片格式。
- 添加形状。

任务要求

- 设置第 2 页幻灯片中的图片样式，左图设置为“旋转，白色”样式，右图设置为“棱台左透视，白色”样式。
- 使用“裁剪”功能将第 3 页幻灯片右侧图片的上下多余部分裁掉，保持和左侧图片相同的高度。
- 根据自己的喜好调整其余几页幻灯片中的图片，设置图片样式、大小和位置。删除最后一页幻灯片中的左侧图片，将右侧图片调整到幻灯片的中央位置。
- 在第 2 页幻灯片中两张图片的下方各添加 1 个椭圆形标注，并在图形框中分别添加文字“校园航拍”和“落日余晖”。
- 在第 3 页幻灯片中左图的下方和右图的上方各添加 1 个椭圆形标注，并在图形框中分别添加文字“盛乐学校”和“民俗博物馆”；同样地，为第 4 页幻灯片添加椭圆形标注，文字内容分别为“体育馆”和“梅花鹿”。
- 在第 5 页幻灯片中两张图片的下方各添加 1 个横卷形，并在图形框中分别添加文字“院系楼”和“师盛湖”；同样地，为第 6 页幻灯片使用横卷形并添加说明文字，文字内容分别为“创业楼”和“行知楼”。
- 在最后一页幻灯片的左侧添加 1 个竖卷形，文字为“图书馆与师盛湖”；设置图片样式为“柔化边缘椭圆”，适当调大图片，调整显示位置。

知识准备

1. 图片格式

选中要修改格式的图片，出现图 10-11 所示的“图片工具-格式”选项卡，主要有调整、图片样式、排列和大小 4 类操作，可以满足用户日常图片处理的需求。

图 10-11 “图片工具-格式”选项卡

PowerPoint 2016 图片格式的具体操作与 Word 2016 图片格式的操作相似，这里不再赘述。

2. 绘制图形

前面的案例中已经学习过了绘制图形，绘制图形可对幻灯片进行修饰。本案例中使用“形状”中标注类的图形框来添加文字说明，对图片进行简单介绍。绘制图形的方法在前面案例中已经详细介绍过，这里不再赘述，下面简单介绍在形状上添加文字的操作。

先绘制合适的形状，右击绘制好的形状，在弹出的快捷菜单中选择“编辑文字”命令，在光标位置输入文字内容，最后适当调整形状的大小，确保能显示全部文字；也可以选中文字，修改文字大小。

实施步骤

第 1 步：设置第 2 页幻灯片中的图片样式。单击幻灯片中左侧的图片，选择“图片工具-格式”选项卡→“图片样式”选项组，选择“旋转，白色”样式；单击右侧的图片，选择“图片工具-格式”选项卡→“图片样式”选项组，选择“棱台左透视，白色”样式（需要打开“样式”下拉列表选择）。完成后的幻灯片效果如图 10-12 所示。

图 10-12 第 2 页幻灯片完成效果

第 2 步：第 3 页幻灯片中右侧图片比左侧图片高度大一些，看上去不美观，而且右侧图片上下空间较多，可以去掉。可以使用“图片工具-格式”选项卡“大小”选项组中的“裁剪”功能将右侧的图片进行简单裁剪，使得两个图片高度一样。单击右侧的图片，选择“图片工具-格式”选项卡→“大小”选项组，单击“裁剪”按钮，如图 10-13 所示，使其保持选中状态。

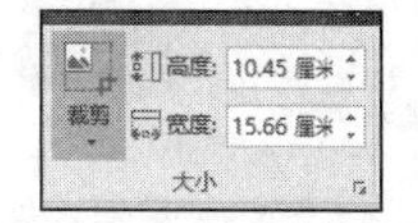

图 10-13　单击“裁剪”按钮

对图片进行裁剪，并不是改变图片大小，而是调整方框各条边，只保留框中的内容，其他部分都切除。将鼠标指针移到方框上边，待鼠标指针变成倒 T 形时，按住鼠标左键不放，向下拖动鼠标。使图片的上边和左侧图片保持一致，同样的方法调整下边也一致。再次单击“裁剪”按钮，取消选中状态，完成图片的裁剪工作。两张图片的垂直位置和高度都保持一致，幻灯片比未修改之前更美观。

第 3 步：参考前两步的操作，根据自己的喜好调整其他几页幻灯片中的图片，选择图片样式、调整图片大小和位置等，这里不再赘述。

最后一页幻灯片里的两张图片都是图书馆，有些重复，因此只保留一张图片即可。单击左侧图片，按 Delete 键，将左侧图片直接删除。选中右侧图片，选择“图片工具-格式”选项卡→“排列”选项组，单击“对齐”下拉按钮，在打开的下拉列表中依次选择“水平居中”和“垂直居中”选项，将图片调整到幻灯片的中央位置。

第 4 步：给每张图片添加一个简单注释，常用的方法就是添加标注类形状，在形状内添加注释文字即可。

在第 2 页幻灯片中选择“插入”选项卡→“插图”选项组，单击“形状”下拉按钮，在打开的下拉列表中选择“标注”→“椭圆形标注”（第 3 个形状）选项，待鼠标指针变成“+”，拖动鼠标到左侧图片上方合适位置，按住鼠标左键，开始向右拖动鼠标，绘制一个椭圆形标注。绘制完成后，将鼠标指针移动到指向的点（黄色的）上，按住鼠标左键，拖动指向的点到图片上，完成椭圆形标注的绘制。右击绘制好的图形，在弹出的快捷菜单中选择“编辑文字”命令，在光标位置输入“校园航拍”，适当调整形状样式和大小，确保清晰显示全部文字。

接下来选中刚做好的椭圆形标注，按 Ctrl + C 组合键复制，按 Ctrl + V 组合键粘贴，复制出一个相同的椭圆形标注。将其拖动到右侧图片上方的合适位置，调整指向的点，将文字修改为“落日余晖”。完成后的幻灯片效果如图 10-14（a）所示。

第 5 步：重复第 4 步的操作，为第 3 页幻灯片添加说明文字。在这里我们可以更快地完成操作，先在第 2 页幻灯片中单击左侧的椭圆形标注，按住 Ctrl 键再单击右侧的椭圆形标注，松开 Ctrl 键，这样就可以将两个椭圆形标注都选中；接着按 Ctrl + C 组合键复制，到第 3 页幻灯片中按 Ctrl + V 组合键粘贴，复制过来的两个椭圆形标注的大小不变，而且位置也没有改变，只需要根据图片简单调整标注位置和修改文字即可。

先将右侧的椭圆形标注调整位置，再将左侧的椭圆形标注移动到图片下方，移动指向的点在图片上，修改左侧和右侧椭圆形标注里的文字分别为“盛乐学校”和“民俗博物馆”。完成后的幻灯片效果如图 10-14（b）所示。

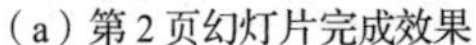
（a）第 2 页幻灯片完成效果

（b）第 3 页幻灯片完成效果

图 10-14　添加了说明文字的第 2、3 页幻灯片

重复上述操作，为第 4 页幻灯片添加说明文字，文字内容分别为“体育馆”和“梅花鹿”。完成后的幻灯片效果如图 10-15（a）所示。

第 6 步：除了标注类形状外，也可以使用其他形状。在第 5 页幻灯片中选择“插入”选项卡→“插图”选项组，单击“形状”下拉按钮，在打开的下拉列表中选择“星与旗帜”→“横卷形”（倒数第 3 个形状）选项，待鼠标指针变成“+”，移动鼠标指针到左侧图片下方合适位置，按住鼠标左键，开始向右拖动鼠标，绘制一个横卷形。右击绘制好的图形，在弹出的快捷菜单中选择“编辑文字”命令，在光标位置输入“院系楼”，适当调整图形大小，确保能显示全部文字。

接下来选中刚做好的横卷形，按 Ctrl + C 组合键复制，按 Ctrl + V 组合键粘贴，复制出一个相同的横卷形，将其拖动到右侧图片下方合适位置，修改文字为“师盛湖”。完成后的幻灯片效果如图 10-15（b）所示。

（a）第 4 页幻灯片完成效果

（b）第 5 页幻灯片完成效果

图 10-15　第 4、5 页幻灯片

参照上述操作，为第 6 页幻灯片使用横卷形，添加说明文字，文字内容分别为“创业楼”和“行知楼”。完成后的幻灯片效果如图 10-16（a）所示。

第 7 步：最后一页幻灯片左侧插入竖卷形，添加文字“图书馆与师盛湖”，适当调整形状样式。

接着修改图片样式。单击幻灯片中的图片，选择“图片工具-格式”选项卡→“图片样式”选项组，选择“柔化边缘椭圆”样式，适当把图片调大；选择“图片工具-格式”选项卡→“排列”选项组，单击“对齐”下拉按钮，在打开的下拉列表中选择“水平居中”选项，将图片调整到幻灯片的中央位置，然后再向右适当移动。完成后的幻灯片效果如图 10-16（b）所示。

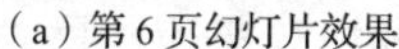
（a）第 6 页幻灯片效果

（b）第 7 页幻灯片效果

图 10-16　第 6、7 页幻灯片

在本任务操作中，读者也可以根据自己的喜好对图片格式进行处理，以及添加各类形状对图片进行文字说明。

任务 10.3　超链接实现导航交互

学习目标

【技能目标】

- 学会将文本转换为 SmartArt 图形。
- 掌握超链接交互的方法。
- 学会添加动作按钮。

【知识目标】

学会以下知识点：

- SmartArt 图形。
- 超链接。
- 动作按钮。

任务要求

- 在第 1 页后新建幻灯片（版式：标题和内容），标题为“目录”，内容依次为“盛乐校园风光”“盛乐学校&民俗博物馆”“体育馆&梅花鹿”“院系楼&师盛湖”“创业楼&行知楼”“图书馆与师盛湖”，将内容转换为 SmartArt 图形（垂直重点列表）。
- 为内容中的每行文字设置超链接，链接到对应幻灯片。6 行文字从上到下分别对应第 3～8 页幻灯片。
- 在第 3～8 页幻灯片右上角添加动作按钮，单击可返回导航页（第 2 页）；最后一页幻灯片中将动作按钮移到右下角。

知识准备

在 PowerPoint 中，幻灯片的交互设置主要是通过超链接来实现的。超链接功能在幻灯片放映时可以不按顺序播放，从一页幻灯片跳转到同一演示文稿中另一页幻灯片，也可以从一页幻灯片跳转到不同演示文稿中的另一页幻灯片，还可以链接到电子邮件地址、网页或文件。幻灯片上的任何对象都可以设置超链接，通常为文本或对象（如图片、图形、形状或艺术字）创建超链接。

只有在幻灯片放映状态下才能使用超链接。为幻灯片上的对象设置超链接的方法主要有以下 3 种。

1. 插入超链接

选中要创建超链接的对象，选择“插入”选项卡→“链接”选项组，单击“超链接”按钮，如图 10-17 所示；或者在对象上右击，在弹出的快捷菜单中选择“超链接”命令弹出“插入超链接”对话框，如图 10-18 所示。

图 10-17 单击“超链接”按钮

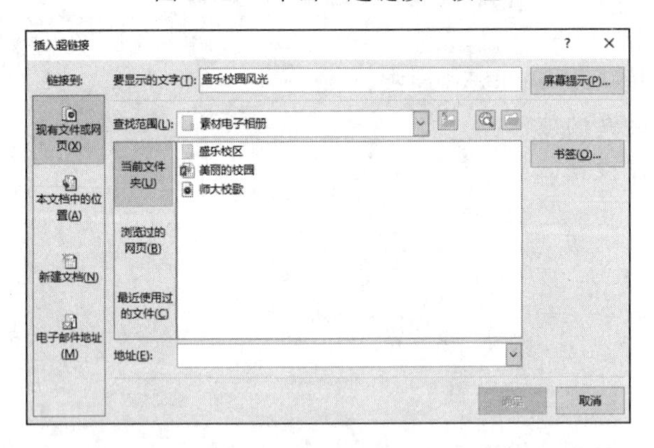

图 10-18 “插入超链接”对话框

如果要链接到其他应用程序或网页，应在“链接到”列表框中选择“现有文件或网页”选项；如果要链接到当前演示文稿中的其他幻灯片，则选择“本文档中的位置”选项，然后在“请选择文档中的位置”列表框中选择要链接的相应幻灯片即可。可以通过“幻灯片预览”检查链接位置是否正确；也可以链接到“新建文档”和“电子邮件地址”。

用户为幻灯片中的对象添加超链接之后，可以根据需要对超链接进行简单的编辑操作，主要包括编辑超链接、删除超链接、设置超链接的颜色等。

（1）编辑超链接

选中要编辑的超链接，右击，在弹出的快捷菜单中选择“编辑超链接”命令，弹出“编辑超链接”对话框，可重新设置超链接。

（2）删除超链接

选中要删除的超链接，右击，在弹出的快捷菜单中选择“取消超链接”命令，即可删除超链接。

2. 动作设置

添加超链接还可以通过设置交互动作来实现，具体操作步骤如下：

选中幻灯片中用于创建交互动作的对象，选择“插入”选项卡→“链接”选项组，单击“动作”按钮，弹出“操作设置”对话框，如图 10-19 所示。

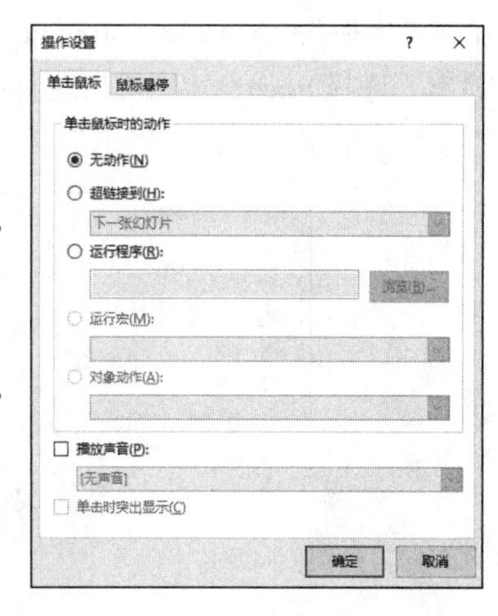

图 10-19　“操作设置”对话框

“操作设置”对话框中有“单击鼠标”和“鼠标悬停”两个选项卡，它们的设置方式和效果完全一样，只是激活动作按钮的方式不同：一种是单击时激活动作；另一种是当鼠标指针移过对象时激活动作。

选中“超链接到”单选按钮，在下拉列表中可以选择要跳转到的位置；选中“运行程序”单选按钮，可以将幻灯片的演示切换到某程序的运行；选中“播放声音”复选框，可以在下拉列表中设置单击动作按钮时播放的声音。

3. 动作按钮

PowerPoint 2016 为用户预设了动作按钮。动作按钮的作用是当单击或鼠标指针指向这个按钮时产生某种效果，如链接到某一张幻灯片、某个网站、某个文件，播放某种音效，运行某个程序等。预设的动作按钮包括一些常见的动作形状。在幻灯片上插入动作按钮的操作步骤如下：

图 10-20　动作按钮

选择待插入动作按钮的幻灯片，选择“插入”选项卡→“插图”选项组，单击“形状”下拉按钮，在打开的下拉列表的“动作按钮”组中选择用户需要的动作按钮，如图 10-20 所示。其中，最后一个空白的动作按钮是“自定义”动作按钮。

将鼠标指针移到幻灯片上准备放置动作按钮的位置，按住鼠标左键拖动，待动作按钮大小合适后，释放鼠标左键，会弹出“操作设置”对话框。在“操作设置”对话框中选中“超链接到”单选按钮，单击“超链接到”下拉按钮，在打开的下拉列表中选择相应的选项。

实施步骤

第 1 步：首先选择第 1 页幻灯片，选择“开始”选项卡→“幻灯片”选项组，单击“新建幻灯片”下拉按钮，在打开的下拉列表中选择“标题和内容”版式，在第 1 页幻灯片后插入版式为“标题和内容”的幻灯片。

接着在新插入的幻灯片的标题框中输入“目录”，幻灯片内容依次如下：“盛乐校园风光”“盛乐学校&民俗博物馆”“体育馆&梅花鹿”“院系楼&师盛湖”“创业楼&行知楼”“图书馆与师盛湖”。

最后将内容转换为 SmartArt 图形。选中文字，选择“开始”选项卡→“段落”选项组，单击“转换为 SmartArt”下拉按钮，在打开的下拉列表中选择“其他 SmartArt 图形”选项，弹出“选择 SmartArt 图形”对话框，选择“列表”选项卡中的“垂直重点列表”选项，如图 10-21 所示，单击“确定”按钮。完成后的幻灯片效果如图 10-22 所示。

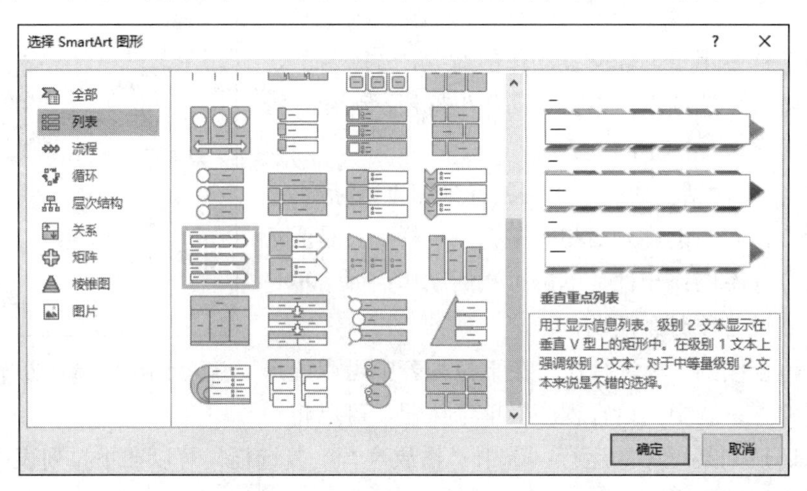

图 10-21 “选择 SmartArt 图形”对话框

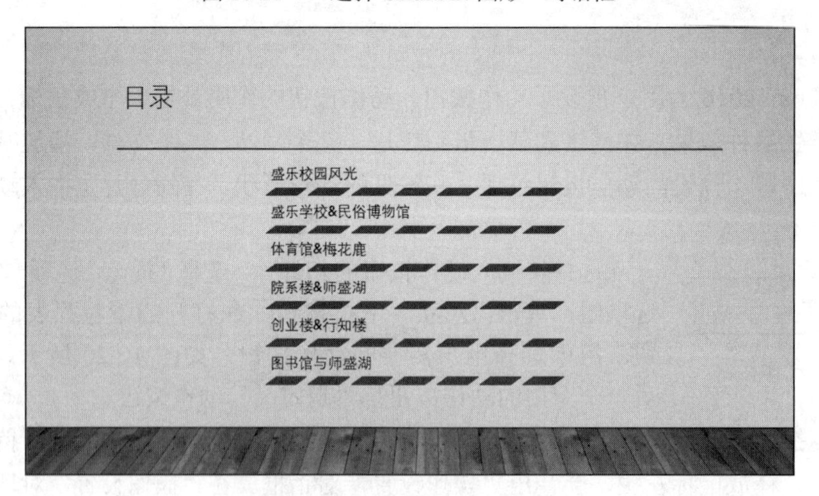

图 10-22 导航页幻灯片完成效果

第 2 步：在文字上设置超链接，访问对应幻灯片。选中文本“盛乐校园风光”，选择“插入”选项卡→“链接”选项组，单击“超链接”按钮，弹出“插入超链接”对话框，选择“本文档中的位置”选项，在“请选择文档中的位置”列表框中选择“3. 幻灯片 3”，如图 10-23 所示，单击“确定”按钮。

图 10-23　插入超链接操作过程

接着使用相同的操作方法为其他文字设置超链接，在操作时要注意选择整行文字，不要出现漏字的情况，同时注意文本和幻灯片的对应关系。

第 3 步：在第 3～8 页幻灯片中添加动作按钮。在第 3 页幻灯片中选择“插入”选项卡→“插图”选项组，单击“形状”下拉按钮，在打开的下拉列表中选择“动作按钮”→“自定义”命令。移动鼠标指针到幻灯片右上角，按住鼠标左键不放，移动鼠标绘制一个按钮。在弹出的“操作设置”对话框中选择“单击鼠标”选项卡，选中“超链接到”单选按钮，在其下拉列表中选择“幻灯片”选项，如图 10-24 所示。

图 10-24　添加动作按钮

弹出如图 10-25 所示的“超链接到幻灯片”对话框，在“幻灯片标题”列表框中选择“2. 目录”，单击“确定”按钮，返回“操作设置”对话框，单击“确定”按钮，完成操作。

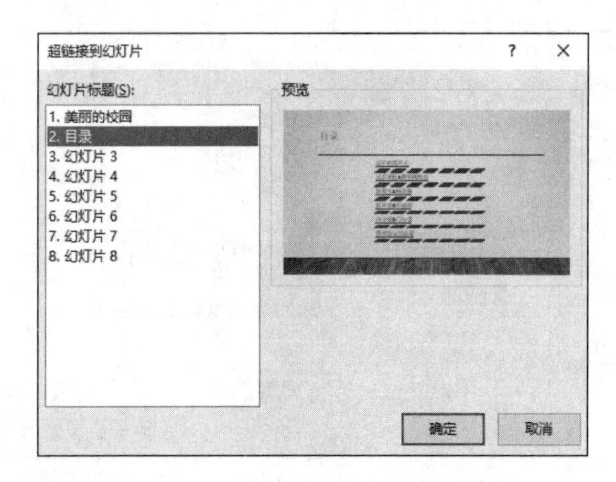

图 10-25 “超链接到幻灯片”对话框

接着右击绘制好的按钮，在弹出的快捷菜单中选择“编辑文字”命令，在光标位置输入“返回”，适当调整按钮的大小和位置。

选中刚刚制作完成的动作按钮，按 Ctrl + C 组合键复制，然后到后面的每一页幻灯片中按 Ctrl + V 组合键粘贴，复制到每一页的动作按钮的位置和大小都是统一的。

最后放映幻灯片。当鼠标指针移动到已经设置超链接的对象上时，鼠标指针会变为手形，检验超链接是否设置；也可单击超链接访问对应幻灯片，单击动作按钮返回导航页，进一步检查超链接和动作按钮设置是否正确。

任务 10.4 幻灯片切换和背景音乐

学习目标

【技能目标】

- 掌握设置幻灯片切换的方法。
- 学会插入背景音乐。

【知识目标】

学会以下知识点：

- 幻灯片切换。
- 插入音频。

任务要求

- 选中幻灯片，在“切换”选项卡“切换到此幻灯片”选项组中有细微型、华丽型、动态内容 3 大类 40 多种切换效果，大家可以根据喜好选择。

- 在第 1 页幻灯片中添加准备好的音频文件作为背景音乐，设置音频选项（跨幻灯片播放，放映时隐藏）。

知识准备

本小节涉及的两个知识点在前面案例中都介绍过，这里不再进行详解，只做简单回顾。

幻灯片切换效果是在演示期间从一张幻灯片移到下一张幻灯片时在幻灯片放映视图中出现的动画效果。幻灯片切换效果在全国计算机等级考试二级 MS Office 高级应用中基本上是必考内容，在操作时一定要注意细节，是在某一页幻灯片上应用还是全部应用，换片方式是单击时还是自动换片（设置好时间）。

准备好音频文件，选择首页幻灯片，选择“插入”选项卡→“媒体”选项组，单击“音频”下拉按钮，在打开的下拉列表中选择“PC 上的音频”选项，即可插入音频。音频作为背景音乐播放时，通常要选中“跨幻灯片播放”选项。

实施步骤

第 1 步：选择第 1 页幻灯片，选择“切换”选项卡→“切换到此幻灯片”选项组，单击“其他”下拉按钮，打开如图 10-26 所示的切换效果列表，选择要应用于所选幻灯片的切换效果即可，这里选择“溶解”切换效果。换片方式使用默认设置“单击鼠标时”，不需要修改。在需要自动播放幻灯片的场合才使用“设置自动换片时间”，多数情况下还是由人控制幻灯片的放映，特别是本案例中有超链接，不适合自动换片，因此建议使用默认设置。如果想查看切换效果，可以选择“切换”选项卡→“预览”选项组，单击“预览”按钮。

图 10-26　切换效果列表

参照上述操作为其他幻灯片设置切换效果，读者可以按照自己的喜好完成操作。在操作中有两点需要注意：一是要先选中幻灯片，再选择切换效果；二是在设置后面的幻灯片切换效果时不要使用“全部应用”命令，否则会将所有幻灯片的切换效果都设置成一样的，即最后选择的切换效果会覆盖之前所有的切换设置。

完成操作后放映幻灯片，检查幻灯片切换效果，如不合适应及时修改。

第 2 步：选择首页幻灯片，选择“插入”选项卡→“媒体”选项组，单击“音频”下拉按钮，在打开的下拉列表中选择“PC 上的音频”选项，弹出“插入音频”对话框，选择“素材”文件夹中的“背景音乐”文件，单击“插入”按钮，插入音频文件。

接下来设置音频选项。先选中添加的音频图标，将其移动到幻灯片右下角，在“音频工具-播放”选项卡“音频选项”选项组中对多个选项进行设置，如图 10-27 所示。选择“开始”下拉列表中的“自动”选项；选中“跨幻灯片播放”复选框，选中“循环播放，直到停止”复选框，选中“放映时隐藏”复选框。完成操作后放映幻灯片，检查背景音乐播放是否正常。

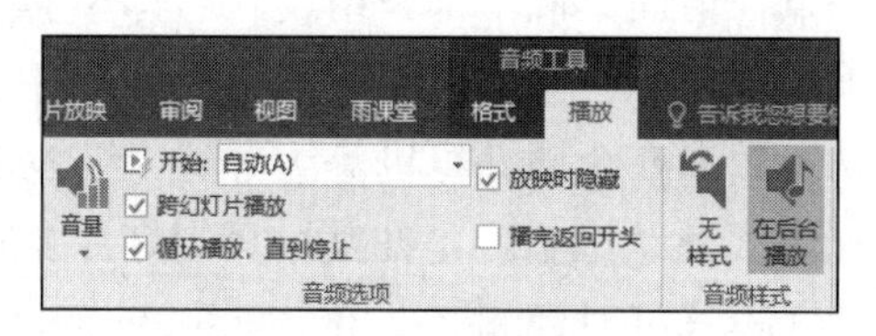

图 10-27　设置音频选项

任务 10.5　动画效果和创建视频

学习目标

【技能目标】

- 掌握添加动画效果的方法。
- 学会创建视频文件。

【知识目标】

学会以下知识点：

- 添加动画效果。
- 创建视频文件。

任务要求

- 为首页幻灯片的标题添加“飞入”动画效果（“自左上部”“持续时间：01.00”）。
- 为第 3 页幻灯片中的两张图片分别添加“旋转”和“弹跳”动画效果，为其余页幻灯片中的图片添加喜欢的动画效果，保存演示文稿。
- 使用“文件”→“保存并发送”命令中的“创建视频”功能生成视频文件“美丽的校园.mp4”。

知识准备

动画效果在前面的案例中已经介绍过，尤其在全国计算机等级考试二级 MS Office 高级应用中是必考内容，在操作中一定要注意以下细节：①要选对操作对象；②效果选项的设置要正确；③如果有多个动画，要注意动画出现的顺序。

在 PowerPoint 2016 中，可以将演示文稿导出为视频文件，保存类型有 MPEG-4 视频和 Windows Media 视频两种类型，一般建议保存成 MPEG-4 视频。导出视频可以保证演示文稿中的动画、旁白和多媒体内容顺畅播放，方便在多种设备上播放，如电视、手机、iPad 等，也可以将视频作为活动背景在大屏幕上进行播放。

1. 创建视频

选择“文件”→“导出”命令，在“导出”窗格中选择“创建视频”选项，如图 10-28 所示，右侧弹出“创建视频”窗格，单击“创建视频”按钮，在弹出的对话框中选择视频文件的保存位置并输入文件名，单击“保存”按钮，开始创建视频。用户可在演示文稿窗口的状态栏看到提示，等待片刻后，视频文件创建成功，在刚才设置的保存视频文件的位置即可找到创建成功的视频文件。

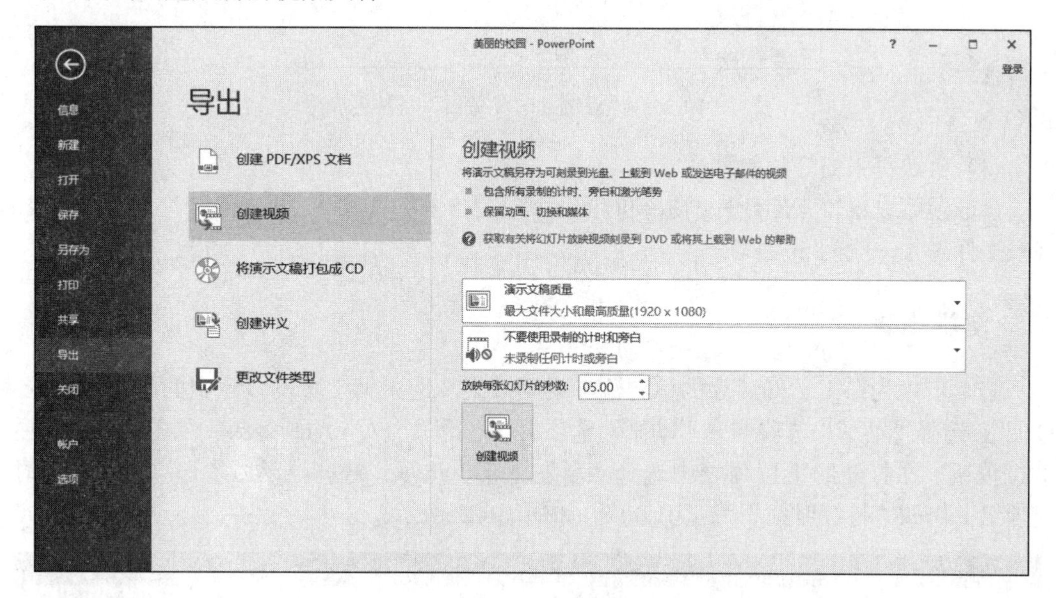

图 10-28　创建视频

2. 创建视频的选项

（1）选择视频分辨率

创建视频时可以选择不同规格的分辨率，以用于不同的设备，如图 10-29 所示。分辨率越大，生成的视频文件占用的存储空间就越大，但清晰度也高。一般建议读者选择默认的“演示文稿质量”选项。

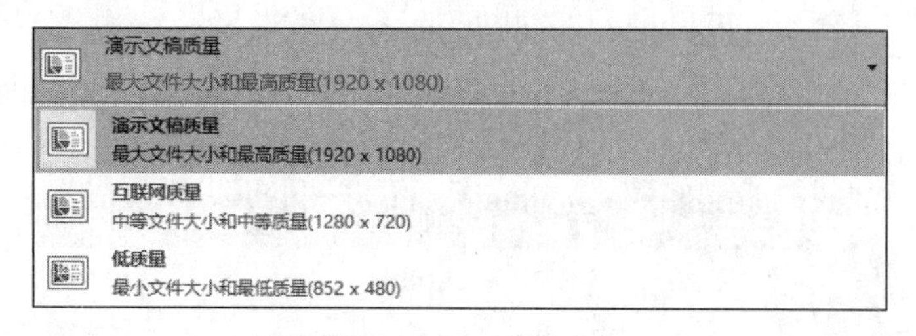

图 10-29　“视频选项”下拉列表

（2）录制计时和旁白选项

制作电子相册或活动背景等视频时，一般选择默认的“不要使用录制的计时和旁白”选项，每张幻灯片的放映时间相同，时间长度可通过第 3 个选项设置。

如果制作讲课或者产品介绍类的视频，则需要在视频中出现计时、旁白和激光笔演示。在如图 10-30 所示的下拉列表中选择“录制计时和旁白”选项进行录制，录制完成后，选择“使用录制的计时和旁白”选项即可。生成的视频中，幻灯片会按照录制节奏配合旁白进行播放，并保留激光笔的演示过程。

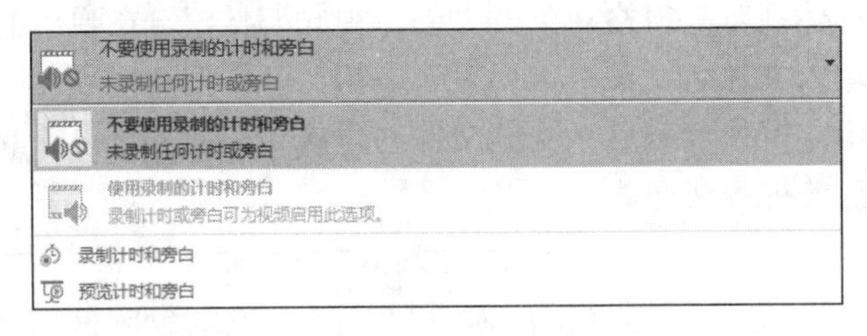

图 10-30 “录制计时和旁白”下拉列表

（3）放映每张幻灯片的秒数

该选项可设置每张幻灯片的放映时间，默认是 5 秒。如果有 10 张幻灯片，最后生成的视频文件时长一般为 50 秒。

实施步骤

第 1 步：为第 1 页幻灯片的标题添加动画效果。选中第 1 页幻灯片中的标题“美丽的校园”，选择“动画”选项卡→“动画”选项组，选择“飞入”动画效果；单击“效果选项”下拉按钮，在打开的下拉列表中选择“自左上部”选项；选择“动画”选项卡→“计时”选项组，修改“持续时间”为“01.00”，如图 10-31 所示。

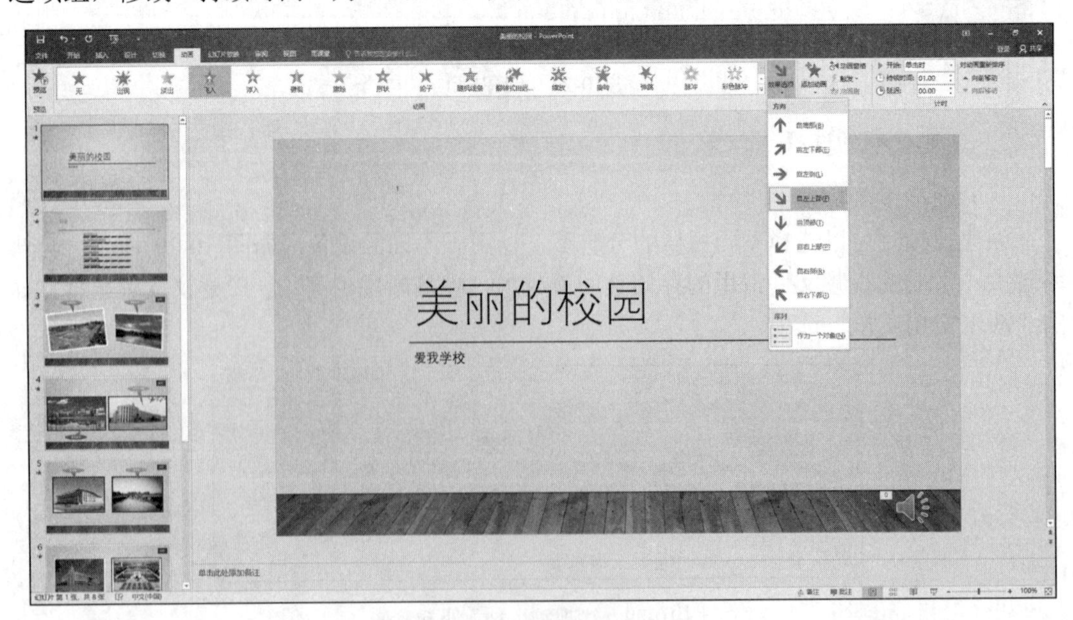

图 10-31 为标题添加动画效果

第 2 步：为第 3 页幻灯片中的图片添加动画效果。选中第 3 页幻灯片中的左侧图片，选择“动画”选项卡→“动画”选项组，选择“旋转”动画效果；选中右侧图片，选择“动画”选项卡→“动画”选项组，选择“弹跳”动画效果。

在一页幻灯片中有多个动画时，为了方便检查和调整动画顺序，可以使用动画窗格。选择“动画”选项卡→“高级动画”选项组，单击“动画窗格”按钮，在右侧会显示动画窗格，如图 10-32 所示。

图 10-32　动画窗格

参照前两步的操作为其余页幻灯片中的图片继续添加喜欢的动画效果，最后保存演示文稿。

第 3 步：将演示文稿生成视频文件。选择“文件”→“导出”命令，在“导出”窗格中选择“创建视频”选项，创建视频选项使用默认选项，单击“创建视频”按钮，在弹出的“另存为”对话框中输入文件名“美丽的校园”，单击“保存”按钮，如图 10-33 所示。

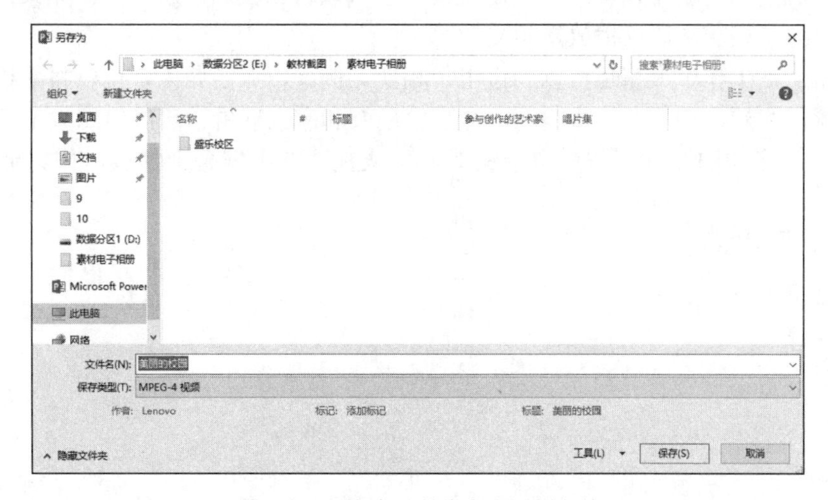

图 10-33　将演示文稿生成视频文件

开始创建视频，这时不要做其他任何操作。在演示文稿窗口最下方的状态栏中可以看到如图 10-34 所示的进度提示，等待片刻后，提示消失，视频文件创建成功。在刚才设置的保存视频文件的位置找到创建成功的视频文件“美丽的校园.mp4”，双击该视频文件，自动打开播放器播放，如图 10-35 所示。

图 10-34　状态栏中的进度提示

图 10-35　播放视频文件

到此所有工作全部完成。如果使用计算机浏览电子相册，首选还是打开演示文稿文件进行放映，因为超链接可以使用，方便跳转，也可以自己控制放映节奏；如果想在电视或手机上浏览电子相册，建议播放视频文件。

在日常生活工作中大家也可以制作电子相册。例如，旅游归来，可以将手机里的照片制作一个旅游主题的相册并生成视频，分享给朋友和家人观看；班级组织大型活动，大家可以将与活动有关的照片制作成电子相册，生成视频在大屏幕上播放，作为活动背景。

项目 11　全国计算机等级考试真题（Word 部分）

任务 11.1　图文混排类型的题目

题目要求

办事员小李需要整理一份有关高新技术企业的政策文件并呈送给总经理查阅。参照“示例 1.jpg”“示例 2.jpg”，利用考生文件夹下提供的相关素材，按下列要求帮助小李完成文档的编排：

1）打开考生文件夹下的文档“Word 素材.docx”，将其另存为 Word.docx（“.docx”为文件扩展名），之后所有的操作均基于此文件，否则不得分。

2）首先将文档“附件 4 新旧政策对比.docx”中的“标题 1”“标题 2”“标题 3”“附件正文”4 个样式的格式应用到 Word.docx 文档中的同名样式，然后将文档“附件 4 新旧政策对比.docx”中的全部内容插入 Word.docx 文档的最下面，后续操作均在 Word.docx 文档中进行。

3）删除 Word.docx 文档中的所有空行和全角（中文）空格；将“第一章”“第二章”“第三章”等所在段落应用“标题 2”样式；将所有应用“正文 1”样式的文本段落以“第一条”“第二条”“第三条”等的格式连续编号并替换原文中的纯文本编号，字号设置为五号，首行缩进 2 字符。

4）在文档的开始处插入“平面引言”文本框，将“插入目录”标记之前的文本移动到该文本框中，要求文本框内部边距分别为左右各 1 厘米、上 0.5 厘米、下 0.2 厘米。为其中的文本进行适当的格式设置，以使文本框高度不超过 12 厘米，结果可参考“示例 1.jpg”。

5）在标题段落“附件 3：高新技术企业证书样式”下方插入图片“附件 3 证书.jpg”，为其应用恰当的图片样式、艺术效果，并改变其颜色。

6）将标题段落“附件 2：高新技术企业申请基本流程”下的绿色文本参照其上方的样例转换成布局为“分段流程”的 SmartArt 图形，适当改变其颜色和样式，加大图形的高度和宽度，将第 2 级文本的字号统一设置为 6.5 磅，将图形中所有文本的字体设置为“微软雅黑”，最后将多余的文本及样例删除。

7）在标题段落“附件 1：国家重点支持的高新技术领域”下方插入以图标方式显示的文档“附件 1 高新技术领域.docx”，图标名称为“国家重点支持的高新技术领域”。双击该图标，应能打开相应的文档进行阅读。

8）将标题段落“附件 4：高新技术企业认定管理办法新旧政策对比”下的以连续符号“###”分隔的蓝色文本转换为一个表格，套用恰当的表格样式，在“序号”列插入自动编号 1、2、3、…，将表格中所有内容的字号设置为小五号，在垂直方向上居中。令表格与其上方的标题“新旧政策的认定条件对比表”占用单独的横向页面，且表格与页面同宽，并适当调整表格各列列宽，结果可参考“示例 2.jpg”。

9）文档的 4 个附件内容排列位置不正确，将其按 1、2、3、4 的正确顺序进行排列，但不能修改标题中的序号。

10）在文档开始的“插入目录”标记处插入只包含第 1、第 2 两级标题的目录并替换“插入目录”标记，目录页不显示页码。自目录后的正式文本另起一页，并插入自 1 开始的页码于右边距内，最后更新目录。

操作步骤

【第 1）题解题步骤】

从 MOOC 平台上下载素材文件“Word 素材.docx”。打开“Word 素材.docx”文件，选择“文件”→“另存为”命令，弹出“另存为”对话框，将“文件名”设置为 Word，保存于学生文件夹下。

【第 2）题解题步骤】

第 1 步：选择“开始”选项卡→“样式”选项组，单击右下角的对话框启动器，打开“样式”窗格，单击“管理样式”按钮，弹出“管理样式”对话框，单击“导入/导出”按钮，弹出“管理器”对话框，在右侧列表框的底部单击“关闭文件”按钮，再单击“打开文件”按钮，弹出“打开”对话框，选择考生文件夹下的“附件 4 新旧政策对比.docx”文件（注意：此处需要选择“文件类型”为“Word 文档”），单击“打开”按钮。

按住 Ctrl 键，在“管理器”对话框右侧的列表框中选择“标题 1”“标题 2”“标题 3”“附件正文”，单击“复制”按钮，在弹出的对话框中单击“全是”按钮，完成后单击“关闭”按钮。

第 2 步：将光标置于 Word.docx 文档的结尾处，选择“插入”选项卡→“文本”选项组，单击“对象”下拉按钮，在打开的下拉列表中选择“文件中的文字”选项，弹出“插入文件”对话框，找到考生文件夹下的文档“附件 4 新旧政策对比.docx”，单击“插入”按钮。

【第 3）题解题步骤】

第 1 步：选择“开始”选项卡→“编辑”选项组，单击“替换”按钮，弹出“查找和替换”对话框，将光标置于“查找内容”文本框中，单击“更多”按钮，在展开的区域中单击“特殊格式”下拉按钮，在打开的下拉列表中选择两次“段落标记”选项；然后将光标置于“替换为”文本框中，单击“特殊格式”下拉按钮，在打开的下拉列表中选择“段落标记”选项；最后单击“全部替换”按钮，在弹出的对话框中单击“确定”按钮。

说明：执行该操作后，文档个别页中仍存在空行，需要手动进行删除。

第 2 步：再次弹出“查找和替换”对话框，将光标置于“查找内容”文本框中，输入全角空格（中文全角状态下按空格键），“替换为”文本框中不输入内容，单击“全部替换”按钮，单击“确定”按钮，再单击“关闭”按钮。

第 3 步：按住 Ctrl 键，同时选中文档中所有“第一章”“第二章”“第三章”等段落，选择“开始”选项卡“样式”选项组中的“标题 2”样式。

第 4 步：选择“开始”选项卡→“样式”选项组，单击右下角的对话框启动器，打开“样式”窗格，找到“正文 1”样式，单击右侧的下拉按钮，在打开的下拉列表中选择“修改”选项，弹出“修改样式”对话框，单击“格式”下拉按钮，在打开的下拉列表中选择“编号”选项，弹出“编号和项目符号”对话框，单击“定义新编号格式”按钮，弹出“定义新编号格式”对话框，在“编号样式”中选择“一、二、三（简）…”，在“编号格式”中设置格式为“第一条”样式，单击“确定”按钮，返回“编号和项目符号”对话框，单击“确定”按钮，返回“修改样式”对话框。

单击“格式”下拉按钮，在打开下拉列表中选择“字体”选项，弹出“字体”对话框，将“字号”设置为“五号”，单击“确定”按钮。再次单击“格式”下拉按钮，在打开的下拉列表中选择“段落”选项，弹出“段落”对话框，将“特殊格式”设置为“首行缩进”，将“磅值”设置为“2 字符”，单击“确定”按钮，关闭对话框。单击“确定”按钮，关闭“修改样式”对话框。接下来，将文档中原先的纯文本编号删除。

第 5 步：选择“开始”选项卡→“编辑”选项组，单击“替换”按钮，弹出“查找和替换”对话框，在“查找内容”文本框中输入“第*条”，选中“使用通配符”复选框，单击“格式”下拉按钮，在打开的下拉列表中选择“样式”选项，弹出“查找样式”对话框，选择“正文 1”选项，单击“确定”按钮，返回“查找和替换”对话框，单击“全部替换”按钮，在弹出的提示对话框中单击“确定”按钮，最后单击“关闭”按钮。

【第 4）题解题步骤】

第 1 步：将光标置于文档的开始处，选择“插入”选项卡→“文本”选项组，单击“文本框”下拉按钮，在打开的下拉列表中选择“内置”→“平面引言”选项。

第 2 步：参考考生文件夹下的“示例 1.jpg”文件，将“插入目录”标记之前的文本剪贴到文本框中。对第一行文本进行分段，并设置居中对齐，将最后两段落款内容设置为右对齐。将光标置于正文“根据《中华人民共和国企业所得税法》……”段落中，选择“开始”选项卡→“段落”选项组，单击右下角的对话框启动器，弹出“段落”对话框，将“特殊格式”设置为“首行缩进”，将“磅值”设置为“2 字符”，将“行距”设置为“2 倍行距”，单击“确定”按钮。

第 3 步：选择“绘图工具-格式”选项卡→“大小”选项组，单击右下角的对话框启动器，弹出“布局”对话框，选择“文字环绕”选项卡，在“距正文”中设置“上”为“0.5 厘米”，“下”为“0.2”厘米，“左”和“右”均为“1 厘米”，单击“确定”按钮。选择“绘图工具-格式”选项卡→“大小”选项组，将“高度”调整为不超过 12 厘米。

【第 5）题解题步骤】

第 1 步：将光标置于标题段落“附件 3：高新技术企业证书样式”最后，按 Enter 键，产生一个新的段落。选择“插入”选项卡→“插图”选项组，单击“图片”按钮，弹出“插入图片”对话框，选择考生文件夹下的“附件 3 证书.jpg”，单击“插入”按钮。

第 2 步：选中插入的图片文件，在“图片工具-格式”选项卡“图片样式”选项组中选择一种图片样式；在“调整”选项组中单击“艺术效果”下拉按钮，在打开的下拉列表中选择一种艺术效果；在“调整”选项组中单击“颜色”下拉按钮，在打开的下拉列表中调整颜色效果。

【第6）题解题步骤】

第1步：将光标置于“附件2：高新技术企业申请基本流程”图片之后，按Enter键，产生一个新的段落。选择“插入”选项卡→“插图”选项组，单击“SmartArt”按钮，弹出“选择SmartArt图形”对话框，选择“流程”→“分段流程”选项，单击“确定”按钮。

第2步：参考上方示例图形，将绿色文字逐一复制粘贴到图形的相应文本框中。默认的文本框数量不够，可选择“SmartArt工具-设计”选项卡→“创建图形”选项组，单击“添加形状”下拉按钮，在打开的下拉列表中选择“在后面添加形状”选项，将全部内容添加到文本框中。

第3步：选中SmartArt对象，选择“开始”选项卡→“字体”选项组，单击“字体”下拉按钮，在打开的下拉列表中选择“微软雅黑”选项，并将所有字体设置为“微软雅黑”。

第4步：选中SmartArt对象，选择“SmartArt工具-设计”选项卡→“创建图形”选项组，单击“文本窗格”按钮，在打开的“在此处键入文字”窗格中选中全部第2级文本，选择“开始”选项卡→“字体”选项组，单击“字号”下拉按钮，在打开的下拉列表中选择“6.5磅”选项。

第5步：选中SmartArt对象，选择“SmartArt工具-设计”选项卡→“SmartArt样式”选项组，单击“其他”下拉按钮，在打开的下拉列表中选择一种样式；单击“更改颜色”下拉按钮，在打开的下拉列表中选择一种颜色。最后参考图例，适当调整整个对象的高度和宽度。

第6步：选中参考图例，按Delete键将其删除。

【第7）题解题步骤】

第1步：将光标放置于标题段落“附件1：国家重点支持的高新技术领域”最后，按Enter键，产生一个新的空段落。

第2步：选择“插入”选项卡→“文本”选项组，单击“对象”下拉按钮，在打开的下拉列表中选择“对象”选项，弹出“对象”对话框，选择“由文件创建”选项卡，单击“文件名”文本框右侧的“浏览”按钮，弹出“浏览”对话框，浏览考生文件夹中的“附件1高新技术领域.docx”文档，单击“插入”按钮，在“对象”对话框中选中“显示为图标”复选框，单击“更改图标”按钮，在“题注”文本框中输入图标名称“国家重点支持的高新技术领域”，单击“确定”按钮，返回“对象”对话框。单击“确定”按钮，关闭对话框。

【第8）题解题步骤】

第1步：选中标题段落“附件4：高新技术企业认定管理办法新旧政策对比”下的以连续符号“###”分隔的蓝色文本。

第2步：选择“开始”选项卡→“编辑”选项组，单击“替换”按钮，弹出“查找和替换”对话框，在“查找内容”文本框中输入“###”，在“替换为”文本框中输入“#”，单击“全部替换”按钮，在弹出的提示框中单击“否”按钮，关闭对话框。

第3步：在蓝色文本选中状态下，选择“插入”选项卡→“表格”选项组，单击“表格”下拉按钮，在打开的下拉列表中选择“文本转换成表格”选项，弹出“将文字转换成表格”对话框，在“文字分隔位置”选项组中选中“其他字符”单选按钮，输入字符“#”，单击“确定”按钮。

第 4 步：将光标置于表格标题“新旧政策的认定条件对比表”之前，选择“布局”选项卡→“页面设置”选项组，单击“分隔符”下拉按钮，在打开的下拉列表中选择“分节符”→“下一页”选项；按照同样的方法，将光标置于表格结尾处，插入分节符。

第 5 步：分节完成之后，将光标置于表格的标题处，选择“布局”选项卡→“页面设置”选项组，单击“纸张方向”下拉按钮，在打开的下拉列表中选择“横向”选项。

第 6 步：将光标定位到表格的任意单元格中，选择“表格工具-布局”选项卡→“单元格大小”选项组，单击“自动调整”下拉按钮，在打开的下拉列表中选择“根据窗口自动调整表格”选项。

第 7 步：选中表格对象，在“表格工具-设计”选项卡“表格样式”选项组中选择一种表格样式。

第 8 步：选中表格，选择“开始”选项卡→“字体”选项组，将“字号”设置为“小五号”；选择“表格工具-布局”选项卡→“单元格大小”选项组，单击右下角的对话框启动器，弹出“表格属性”对话框，选择“单元格”选项卡，在“垂直对齐方式”选项组中选择“居中”选项，单击“确定”按钮。

第 9 步：选中表格中“序号”列的所有空白单元格，选择“开始”选项卡→“段落”选项组，单击“编号”下拉按钮，在打开的下拉列表中选择“定义新编号格式”选项，弹出“定义新编号格式”对话框，设置完成后单击“确定”按钮。

第 10 步：参考“示例 2.jpg”文件，适当调整第一列和第二列的列宽，使整个表格显示在一页上。

【第 9）题解题步骤】

第 1 步：选择“视图”选项卡→“文档视图”选项组，单击“大纲视图”按钮，将文档切换到大纲视图界面。

第 2 步：选择“大纲”选项卡→“大纲工具”选项组，在“显示级别”下拉列表中选择“1 级”选项，此时仅显示出所有“1 级”标题。

第 3 步：选中所有附件内容（注意：此处不包括“高新技术企业认定管理办法”段），选择“开始”选项卡→“段落”选项组，单击“排序”按钮，弹出“排序文字”对话框，在“主要关键字”下拉列表中选择“段落数”选项，将“类型”设置为“拼音”，选择“升序”次序。设置完成后，单击“确定”按钮。

第 4 步：选择“大纲”选项卡→“关闭”选项组，单击“关闭大纲视图”按钮，关闭大纲视图。

【第 10）题解题步骤】

第 1 步：选中文档开始的“插入目录”标记，选择“引用”选项卡→“目录”选项组，单击“目录”下拉按钮，在打开的下拉列表中选择“插入目录”选项，弹出“目录”对话框。单击“选项”按钮，弹出“目录选项”对话框，在“有效样式”对应的“目录级别”中删除“标题 3”对应的目录级别“3”，单击“确定”按钮，关闭“目录”对话框。在插入的目录内容之前输入标题“目录”，参考“示例 1.jpg”文件，设置标题格式为三号字、蓝色、居中。

第 2 步：将光标置于目录页最后，选择“布局”选项卡→“页面设置”选项组，单击“分隔符”下拉按钮，在打开的下拉列表中选择“分节符”→“下一页”选项。

第 3 步：选择“插入”选项卡→“页眉和页脚”选项组，单击“页码”下拉按钮，在打开的下拉列表中选择“页面底端”→“普通数字 3”选项；选择“设计”选项卡→“页眉和页脚”选项组，单击“页码”下拉按钮，在打开的下拉列表中选择“设置页码格式”选项，弹出“页码格式”对话框，将“起始页码”设置为“1”，单击“确定”按钮，并单击取消选中“页眉和页脚工具-设计”选项卡“导航”选项组中的“链接到前一条页眉”按钮。

第 4 步：将光标定位到“目录”页的页脚位置，选择“页眉和页脚工具-设计”选项卡→“选项”组，选中“首页不同”复选框。设置完成后，单击“关闭页眉和页脚”按钮。

第 5 步：将光标置于“目录”项中，选择“引用”选项卡→“目录”选项组，单击“更新目录”按钮，弹出“更新目录”对话框，选中“更新整个目录”单选按钮，单击“确定”按钮。

第 6 步：单击快速访问工具栏中的“保存”按钮，关闭文档。

任务 11.2　长文档编辑类型的题目

题目要求

财务部助理小王需要协助公司管理层制作本年度的财务报告，请按照如下要求完成制作工作：

1）打开“Word 素材.docx”文件，将其另存为“财务报表.docx”，之后所有的操作均在“财务报表.docx”文件中进行。

2）查看文档中所有绿色标记的标题，如“致我们的股东”“财务概要”等，应用本文档样式库中的“标题 1”。

3）修改“标题 1”样式，设置其字体为黑色、黑体，一号，并为该样式添加 0.5 磅的黑色、单线条边框线。

4）将文档中所有含有蓝色标记的标题文字，如“战略要点”“财务要点”等段落应用样式库中的“标题 2”，修改第一个“标题 2”格式为楷体、橙色、小一号，更新所有“标题 2”段落。

5）新建样式并命名为“重点内容”，将其大纲级别设置为 3 级，字体为紫色、仿宋，字号为三号。对于文档中含有红色标记的内容，将其段落格式应用“重点内容”样式。

6）使用多级列表添加编号并生成目录。

① 利用多级列表为标题 1、标题 2 添加标题标号。

② 在文档的第 1 页与第 2 页之间插入新的空白页，并将文档目录插入该页中。文档目录要求包含页码，并包含“标题 1”和“标题 2”样式所示的标题文字，如图 11-1 所示。

③ 将标题“目录”设置为居中、黑体、一号字，并加粗。

7）为财务报表生成页眉/页脚。

① 修改文档页眉，要求文档第 1 页及文档目录页不包含页眉及页码。

② 从文档第 3 页开始，在页眉的右侧区域自动填写该页中“标题 1”样式的标题文字，如图 11-2 所示。

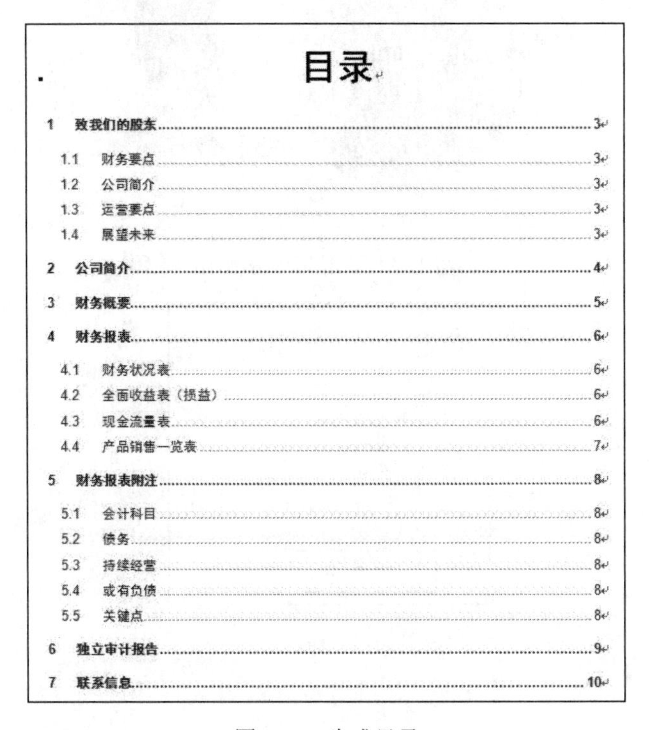

目录

1　致我们的股东……3
1.1　财务要点……3
1.2　公司简介……3
1.3　运营要点……3
1.4　展望未来……3
2　公司简介……4
3　财务概要……5
4　财务报表……6
4.1　财务状况表……6
4.2　全面收益表（损益）……6
4.3　现金流量表……6
4.4　产品销售一览表……7
5　财务报表附注……8
5.1　会计科目……8
5.2　债务……8
5.3　持续经营……8
5.4　或有负债……8
5.5　关键点……8
6　独立审计报告……9
7　联系信息……10

图 11-1　生成目录

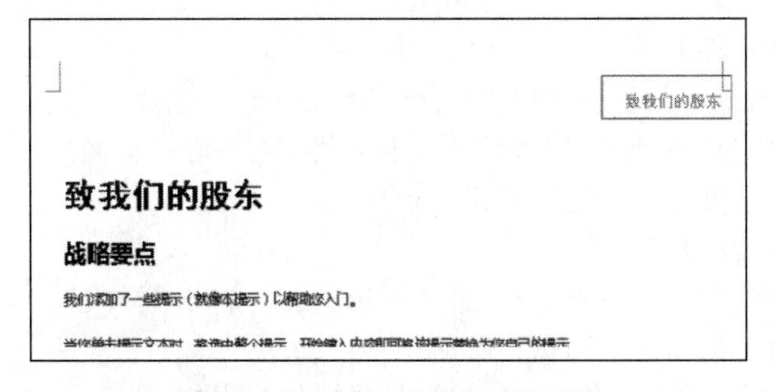

图 11-2　为财务报表生成页眉/页脚

8）为图表添加题注及交叉引用。

① 在“产品销售一览表”段落区域的表格下方插入一个产品销售分析图，图表样式如图 11-3 所示，并将图表调整到与文档页面宽度相匹配。给产品销售分析图添加题注及交叉引用。

② 插入新的图片，并添加题注和引用，观察编号的变化情况。

③ 为“财务报表”中的表格添加题注及交叉引用。

9）利用公式编辑器插入公式，在“独立审计报告”页中插入公式，如图 11-4 所示。

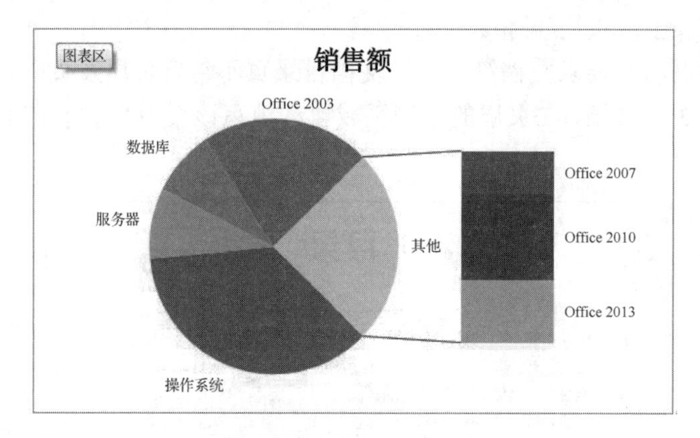

图 11-3 产品销售分析图

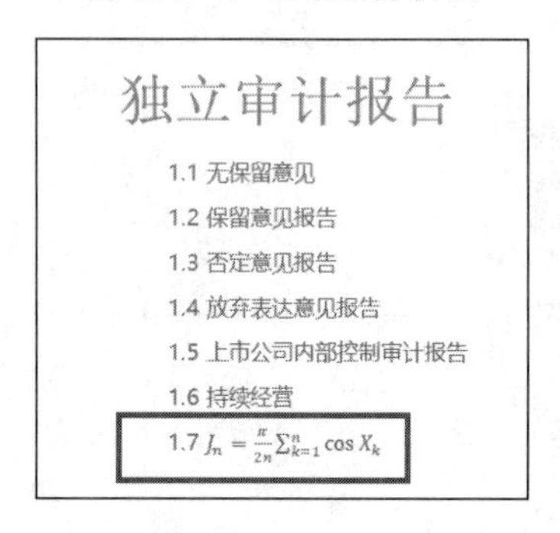

图 11-4 插入公式

操作步骤

【第 1）题解题步骤】

从 MOOC 平台上下载素材文件“Word 素材.docx”。选择“文件”→“另存为”命令，弹出“另存为”对话框，将文档保存在桌面，设置文件名为 Word，单击“确定”按钮。

【第 2）题解题步骤】

第 1 步：选择“开始”选项卡→“样式”选项组，单击“样式”按钮，打开如图 11-5 所示的“样式”列表。

第 2 步：将光标定位在绿色文字间，选择“标题 1”样式即可。

【第 3）题解题步骤】

在“样式”列表中单击“标题 1”下拉按钮，弹出“修改样式”对话框，将“字体”设置为“黑体”，“字体颜色”设置为“黑色”，“字号”设置为“一号”；单击“格式”下拉按钮，在打开的下拉列表中选择“边框”选项，弹出“边框与底纹”对话框，选择“方框”“单线”“0.5 磅”，单击“确定”按钮，回到“修改样式”对话框，单击“确定”按钮。

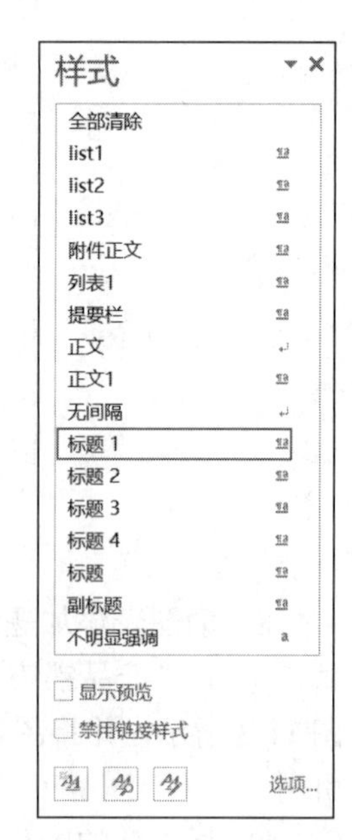

图 11-5 “样式”列表

【第 4）题解题步骤】

第 1 步：按住 Ctrl 键，选中所有蓝色标题文字，选择“样式”列表中的“标题 2”样式，对其应用“标题 2”样式。

第 2 步：任意选中一个应用“标题 2”样式的蓝色标题，将其字体设置为楷体、橙色、小一号。

第 3 步：仍在选中状态下，单击“样式”列表中的“标题 2”下拉按钮，在打开的下拉列表中选择“更新标题 2 以匹配所选内容”选项，此时所有应用“标题 2”的蓝色标题全部更新。

【第 5）题解题步骤】

第 1 步：在“样式”列表中单击“新建样式”按钮，弹出“根据格式设置创建新样式”对话框，修改名称为“重点内容”，字体设置为紫色、仿宋，字号为三号；单击“格式”下拉按钮，在打开的下拉列表中选择“段落”选项，将“大纲级别”设置为“3 级”，单击“确定”按钮即可。

第 2 步：选中所有红色标记的标题文字，选择“样式”列表中的“重点内容”，应用样式。

【第 6）题解题步骤】

第 1 步：选择“开始”选项卡→“段落”选项组，单击“多级列表”下拉按钮，在打开的下拉列表中选择“定义新的多级列表”选项，弹出“定义新多级列表”对话框，如图 11-6 所示。单击“更多”按钮，展开对话框，在“单击要修改的级别”列表框中选择“1”，在“将级别链接到样式”列表框中选择“标题 1”。同样操作，在“单击要修改的级别”列表框中选择“2”，在“将级别链接到样式”列表框中选择“标题 2”，如图 11-7 所示。

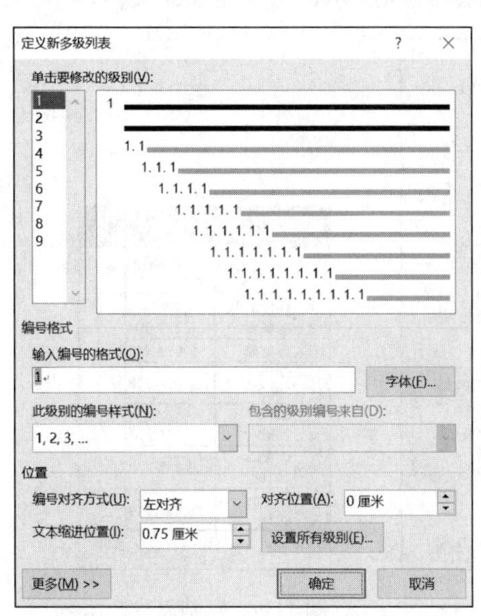

图 11-6　“定义新多级列表”对话框

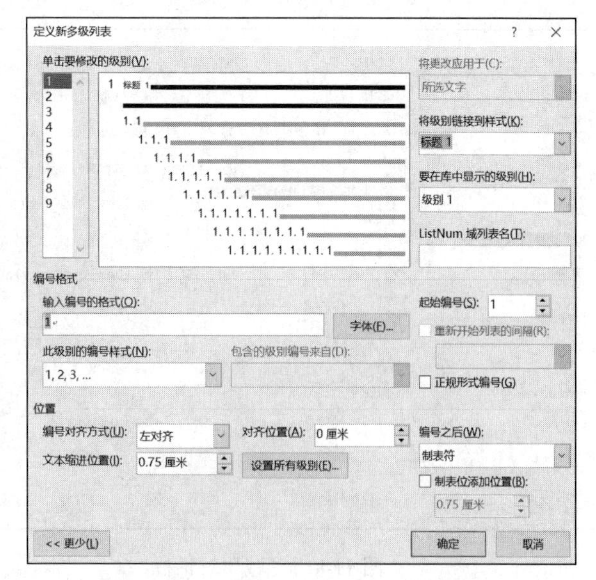

图 11-7　编号级别链接相应标题样式

第 2 步：把光标放在第 2 页“致我们的股东”前，选择“插入”选项卡→“页”选项组，单击“空白页”按钮，即可插入一张空白页。在此空白页中，选中自动应用“标题 1”

的段落，将其应用正文即可。输入“目录”二字，按 Enter 键。选择“引用”选项卡→“目录”选项组，单击“目录”下拉按钮，在打开的下拉列表中选择“插入目录”选项，弹出“目录”对话框，将“显示级别”设置为“2”，“格式”设置为“正式”，单击“确定”按钮。

第 3 步：选中目录标题“目录”二字，将其设置为居中、黑体、一号字，并加粗。

【第 7）题解题步骤】

第 1 步：将光标置于“致我们的股东”前，选择“布局”选项卡→“页面设置”选项组，单击“分隔符”下拉按钮，在打开的下拉列表中选择“分节符”→“连续”选项。

第 2 步：双击第 3 页页眉位置，使其处于编辑状态，选择“页眉和页脚工具-设计”选项卡→“导航”选项组，单击“链接到前一条页面”按钮，使其取消选中链接。将第 1 页中页眉中所有内容删除。

第 3 步：切换到第 3 页，在页眉位置，选择“插入”选项卡→“文本”选项组，单击“文档部件”下拉按钮，在打开的下拉列表中选择“域”选项，弹出“域”对话框（图 11-8），将“域名”设置为 StyleRef，将“域属性→样式名”设置为“标题 1”。选中标题，将其放到右侧。

【第 8）题解题步骤】

第 1 步：将光标定位在“产品销售一览表”段落区域的表格下方，选择“插入”选项卡→“插图”选项组，单击“图表”按钮，弹出“插入图表”对话框，选择“饼图”中的“复合条饼图”选项，单击“确定”按钮。

第 2 步：将表格数据复制到饼图的数据表里，如图 11-9 所示，关闭 Excel 表格。

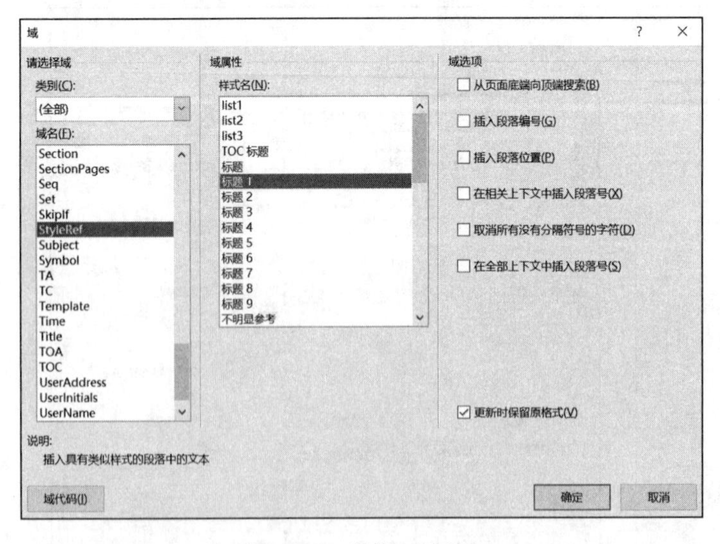

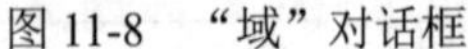
图 11-8 “域”对话框

	A	B
1	销售产品	销售额
2	操作系统	12,909,288
3	服务器	3,221,904
4	数据库	2,981,448
5	Office 2003	7,832,288
6	Office 2007	1,959,768
7	Office 2010	3,983,233
8	Office 2013	2,887,309

图 11-9 复制表格数据

第 3 步：选中饼图，选择“图表工具-设计”选项卡→“添加图表元素”选项组，单击“数据标签”下拉按钮，如图 11-10 所示，在打开的下拉列表中选择“其他数据标签选项”选项。

图 11-10　单击“数据标签”下拉按钮

第 4 步：弹出“设置数据标签”对话框，在“标签选项”→“标签包括”选项组取消选中“值”复选框。将“标签位置”设置为“数据标签外”，单击“关闭”按钮。

第 5 步：选中饼图中的数据，右击，在弹出的快捷菜单中选择“设置数据系列格式”命令，弹出“设置数据系列格式”对话框，将“系列分割依据”设置为“位置”，将“第二绘图区包含最后一个”设置为“4”，单击“关闭”按钮。

第 6 步：选中饼图，选择“图表工具-布局”选项卡→“标签”选项组，单击“图例”下拉按钮，在打开的下拉列表中选择“无”选项。

适当调整图表位置，与文档页面宽度相匹配。

第 7 步：选中图表，选择“引用”选项卡→“题注”选项组，单击“插入题注”按钮，弹出“题注”对话框。如果标签中不含图表标签，则单击“新建标签”按钮，在弹出“新建标签”对话框中添加图表标签；如果标签中含有图表，则选择“图表”按钮，单击“确定”按钮即可，如图 11-11 所示。

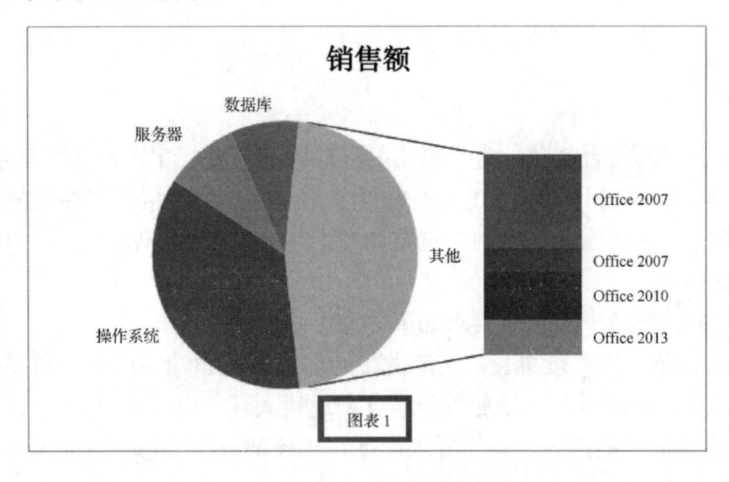

图 11-11　添加题注

第 8 步：将光标定位在“产品销售一览表”上方的正文中，选择“引用”选项卡→“题注”选项组，单击“交叉引用”按钮，弹出“交叉应用”对话框，设置“引用类型”为“图表”，“引用内容”为“只有标签和编号”，在“引用哪一项题注”区选中“图表 1”即可，如图 11-12 所示。

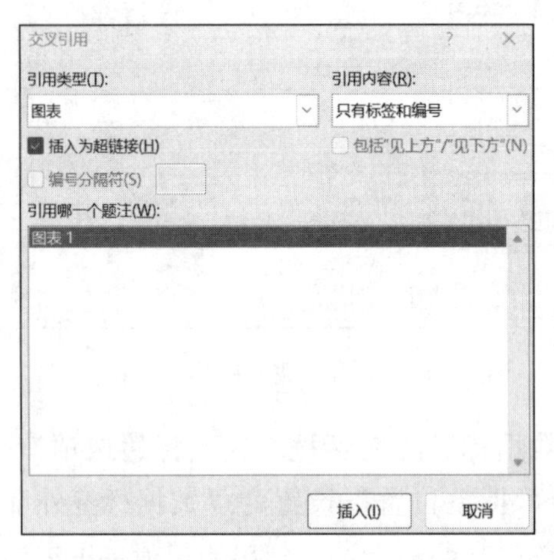

图 11-12　为图表添加交叉引用

第 9 步：用同样的方法为文档中新插入的图片添加题注和交叉引用。

第 10 步：用同样的方法为文档中的表格添加题注和交叉引用。

【第 9）题解题步骤】

选择“插入”选项卡→“符号”选项组，单击“公式”下拉按钮，在打开的下拉列表中选择“插入新公式”选项，按照图 11-4 输入公式。

任务 11.3　邮件合并类型的题目

题目要求

李华是海明公司的前台文秘，她的主要工作是管理各种档案，为总经理起草各种文件。公司定于 2016 年 1 月 12 日下午 2:00 在中关村海龙大厦办公大楼五层多功能厅举办一个产品发布会，重要客人名录保存在名为“重要客户名录.docx”的 Word 文档中，公司联系电话为 010-66668888。

根据上述内容制作请柬，具体要求如下。

1）制作一份请柬，以“董事长：王海龙”的名义发出邀请，请柬中需要包含标题、收件人名称、产品发布会时间、产品发布会地点和邀请人。

2）对请柬进行适当的排版，具体要求如下：标题部分（“请柬”）为黑体、小初，正文部分（以“尊敬的×××公司×××职务×××先生/女士”开头）为宋体、二号；加大行间距和段间距（间距 50 磅，段前段后 0.5 行）；对必要的段落改变对齐方式，适当设置左右及首行缩进（题目居中，正文首行缩进 2 字符，落款右对齐），以美观且符合中国人阅读习惯为准。

3）在请柬的左下角位置插入一幅图片（请柬.png），调整其大小及位置，不影响文字排列，不遮挡文字内容。

4）进行页面设置，加大文档的上边距，设置为 4 厘米；为文档添加页眉，要求页眉内容包含本公司的联系电话。

5）运用邮件合并功能制作内容相同、收件人不同（收件人为“重要客户名录.docx”中的每个人，采用导入方式）的多份请柬，要求将合并主文档以“请柬 1.docx”为文件名进行保存，进行效果预览后，生成可以单独编辑的单个文档“请柬 2.docx”。

操作步骤

【第 1）题解题步骤】

打开 Microsoft Word 2016，新建空白文档。按照题目要求在文档中输入请柬的基本信息，至此请柬初步建立完毕，如图 11-13 所示。

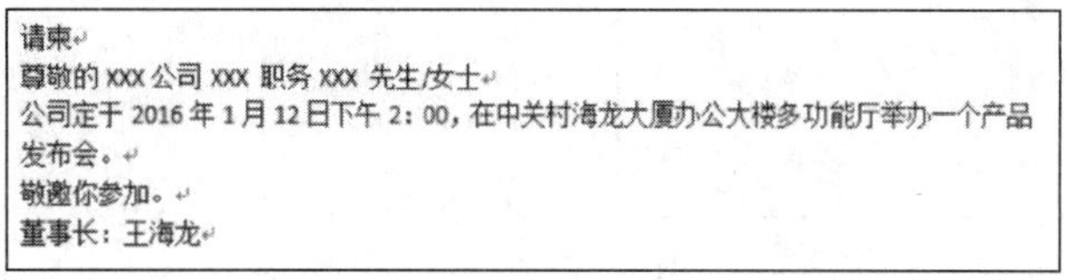

请柬
尊敬的 xxx 公司 xxx 职务 xxx 先生/女士
公司定于 2016 年 1 月 12 日下午 2：00，在中关村海龙大厦办公大楼多功能厅举办一个产品发布会。
敬邀你参加。
董事长：王海龙

图 11-13　示例 1

【第 2）题解题步骤】

第 1 步：根据题目要求，对已经初步做好的请柬进行适当的排版。选中“请柬”二字，选择“开始”选项卡→“字体”选项组，单击“字号”下拉按钮，在打开的下拉列表中选择“小初”选项。按照同样的方式在“字体”下拉列表中设置字体，此处选择“黑体”。

第 2 步：选中除了“请柬”以外的正文部分，选择“开始”选项卡→“字体”选项组，单击“字体”下拉按钮，在打开的下拉列表中选择合适的字体，此处选择“宋体”。按照同样的方式设置字号为“二号”。

第 3 步：选中正文（除了“请柬”和“董事长：王海龙”），选择“开始”选项卡→“段落”选项组，单击右下角的对话框启动器，弹出“段落”对话框。选择“缩进和间距”选项卡，在“间距”选项组中选择合适的行距，此处选择“固定值”，“设置值”为“50 磅”；在“段前”和“段后”微调框中分别选择合适的数值，此处分别设置为“0.5 行”。

第 4 步：在“缩进”选项组中设置合适的“左侧”及“右侧”缩进字符，此处均选择“1 字符”；在“特殊格式”下拉列表中选择“首行缩进”，在对应的“度量值”微调框中选择“2 字符”。

第 5 步：在“常规”选项组中单击“对齐方式”下拉按钮，在打开的下拉列表中选择合适的对齐方式，此处选择“左对齐”。

设置完毕，效果如图 11-14 所示。

【第 3）题解题步骤】

第 1 步：插入图片。根据题目要求，将光标置于正文下方，选择“插入”选项卡→“插图”选项组，单击“图片”按钮，在弹出的“插入图片”对话框中选择合适的图片，此处选择“图片 2”，单击“插入”按钮。

第 2 步：选中图片，将鼠标指针置于图片右上角。此时鼠标指针变成双向箭头，拖动鼠标即可调整图片大小。将图片调整至合适大小后，再利用光标插入点移动图片在文档中的左右位置，完成后效果如图 11-15 所示。

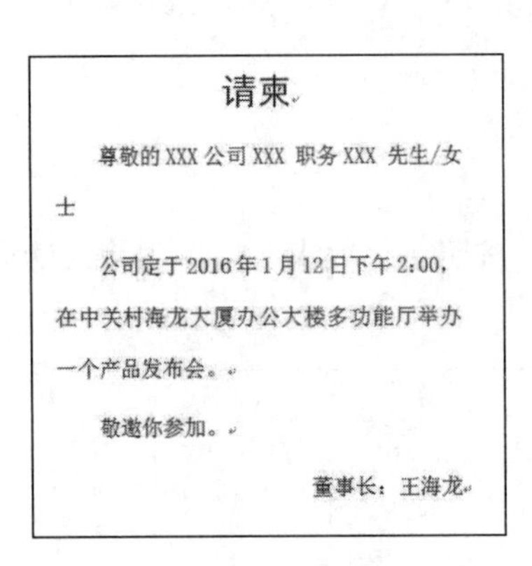

请柬

尊敬的 XXX 公司 XXX 职务 XXX 先生/女士

公司定于 2016 年 1 月 12 日下午 2:00，在中关村海龙大厦办公大楼多功能厅举办一个产品发布会。

敬邀你参加。

董事长：王海龙

图 11-14 示例 2

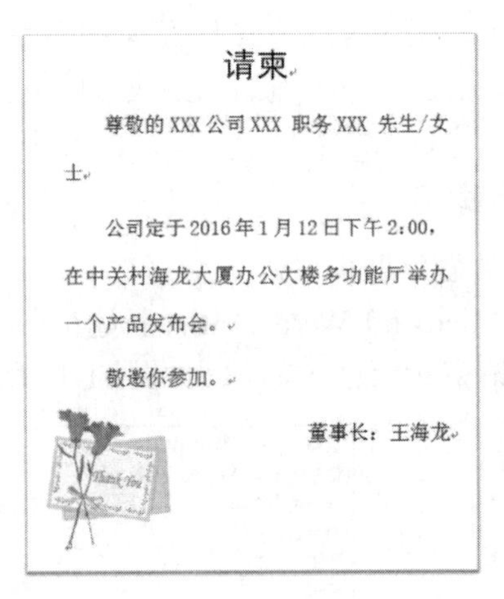

请柬

尊敬的 XXX 公司 XXX 职务 XXX 先生/女士

公司定于 2016 年 1 月 12 日下午 2:00，在中关村海龙大厦办公大楼多功能厅举办一个产品发布会。

敬邀你参加。

董事长：王海龙

图 11-15 示例 3

【第 4）题解题步骤】

第 1 步：选择“布局”选项卡→“页面设置”选项组，单击“页边距”下拉按钮，在打开的下拉列表中选择“自定义边距”选项。

第 2 步：弹出“页面设置”对话框，选择“页边距”选项卡→“页边距”选项组，在“上”微调框中选择合适的数值，以适当加大文档的上边距为准，此处选择“3 厘米”。

第 3 步：选择“插入”选项卡→“页眉和页脚”选项组，单击“页眉”下拉按钮，在打开的下拉列表中选择“空白”选项。

第 4 步：在光标显示处输入本公司的联系电话“010-66668888”，如图 11-16 所示。选择“页眉和页脚工具-设计”选项卡→“关闭”选项组，单击“关闭页眉和页脚”按钮。

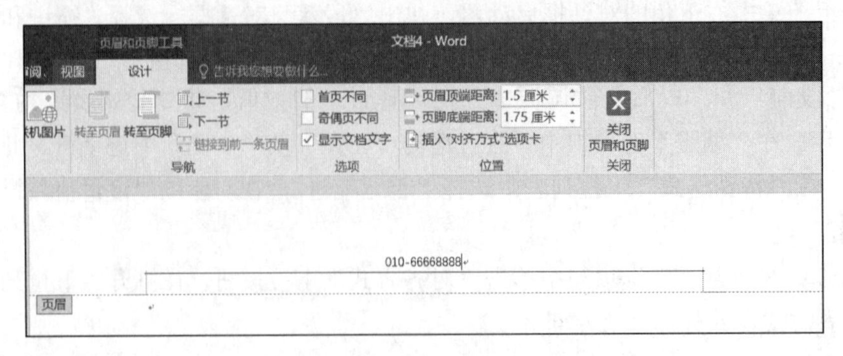

图 11-16 示例 4

【第 5）题解题步骤】

第 1 步：将光标定位在“尊敬的”后面，选择“邮件”选项卡→“开始邮件合并”选项组，单击“开始邮件合并”下拉按钮，在打开的下拉列表中选择“邮件合并分步向导”选项，如图 11-17 所示。

第 2 步：打开“邮件合并”窗格，进入“邮件合并分步向导”的第 1 步。在“选择文档类型”中选择一个希望创建的输出文档的类型，此处选中“信函”单选按钮，如图 11-18 所示。

图 11-17　示例 5

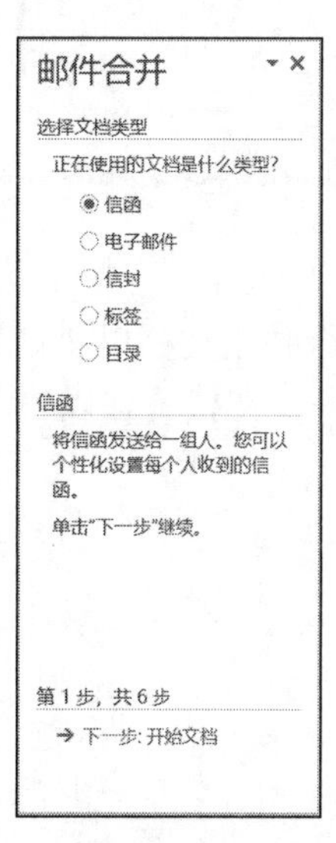

图 11-18　示例 6

第 3 步：单击“下一步：开始文档”超链接，进入第 2 步。在“选择开始文档”中选中“使用当前文档”单选按钮，以当前文档作为邮件合并的主文档。

第 4 步：单击“下一步：选取收件人”超链接，进入第 3 步。在“选择收件人”中选中“使用现有列表”单选按钮。单击“浏览”超链接，弹出“选取数据源”对话框，选择“重要客户名录.docx”文件，单击“打开”按钮。此时弹出“选择表格”对话框，选择默认选项后单击“确定”按钮即可。弹出“邮件合并收件人”对话框，单击“确定”按钮，完成现有工作表的链接工作。

第 5 步：选择收件人列表之后，单击“下一步：撰写信函”超链接，进入第 4 步。在“撰写信函”中单击“其他项目”超链接，弹出“插入合并域”对话框，在“域”列表框中按照题目要求选择“姓名”域，单击“插入”按钮。插入完所需的域后，单击“关闭”按钮。文档中的相应位置就会出现已插入的域标记。

第 6 步：单击“下一步：预览信函”超链接，进入第 5 步。在“预览信函”中，单击“<<”或“>>”按钮，可查看具有不同邀请人的姓名和称谓的信函。

第 7 步：预览并处理输出文档后，单击“下一步：完成合并”超链接，进入第 6 步。此处单击“编辑单个信函”超链接，弹出“合并到新文档”对话框，在“合并记录”选项组中选中“全部”单选按钮。单击“确定”按钮，Word 就会将存储的收件人的信息自动添加到请柬正文中，并合并生成一个新文档，如图 11-19 所示。

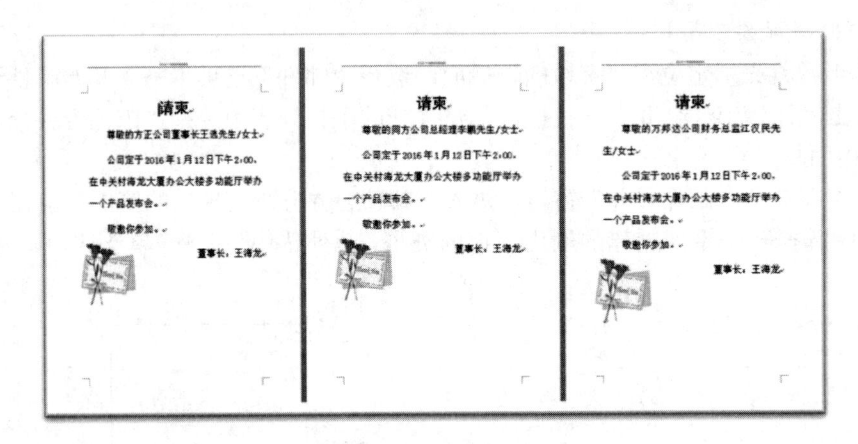

请柬

尊敬的方正公司董事长王逸先生/女士

公司定于2016年1月12日下午2:00，在中关村海龙大厦办公大楼多功能厅举办一个产品发布会。

敬邀你参加。

董事长：王海龙

请柬

尊敬的同方公司总经理李鹏先生/女士

公司定于2016年1月12日下午2:00，在中关村海龙大厦办公大楼多功能厅举办一个产品发布会。

敬邀你参加。

董事长：王海龙

请柬

尊敬的万邦达公司财务总监江汉民先生/女士

公司定于2016年1月12日下午2:00，在中关村海龙大厦办公大楼多功能厅举办一个产品发布会。

敬邀你参加。

董事长：王海龙

图 11-19　示例 7

第 8 步：将合并主文档以“请柬 1.docx”为文件名进行保存。进行效果预览后，生成可以单独编辑的单个文档，并以“请柬 2.docx”为文件名进行保存。

项目 12　全国计算机等级考试真题（Excel 部分）

任务 12.1　常规类型的题目

题目要求

中国的人口发展形势非常严峻，为此国家统计局每 10 年进行一次全国人口普查，以掌握全国人口的增长速度及规模。按照下列要求完成对第五次、第六次人口普查数据的统计分析。

1）新建一个空白 Excel 文档，将 Sheet1 工作表更名为“第五次普查数据”，将 Sheet2 工作表更名为“第六次普查数据”，将该文档以“全国人口普查数据分析.xlsx”为文件名进行保存。

2）浏览网页“第五次全国人口普查公报.htm”，将其中的“2000 年第五次全国人口普查主要数据（大陆）”表格导入“第五次普查数据”工作表中；浏览网页“第六次全国人口普查公报.htm”，将其中的“2010 年第六次全国人口普查主要数据”表格导入“第六次普查数据”工作表中（要求均从 A1 单元格开始导入，不得对两个工作表中的数据进行排序）。

3）对两个工作表中的数据区域套用合适的表格样式，要求至少四周有边框，且偶数行有底纹，并将所有“人口数”列的数字格式设置为带千位分隔符的整数。

4）将两个工作表内容合并，合并后的工作表放置在新工作表“比较数据”中（自 A1 单元格开始），且保持最左列仍为地区名称，A1 单元格中的列标题为“地区”。对合并后工作表适当地调整行高列宽、字体字号、边框底纹等，使其便于阅读。以“地区”为关键字对“比较数据”工作表进行升序排列。

5）在合并后的“比较数据”工作表中的数据区域最右边依次增加“人口增长数”和“比重变化”两列，计算这两列的值，并设置合适的格式。其中，人口增长数=2010 年人口数-2000 年“人口数”，比重变化=2010 年比重-2000 年比重。

6）打开工作簿“统计指标.xlsx”，将“统计数据”工作表插入正在编辑的文档“全国人口普查数据分析.xlsx”中“比较数据”工作表的右侧。

7）在工作簿“全国人口普查数据分析.xlsx”的“统计数据”工作表中的相应单元格内填入统计结果。

8）根据“比较数据”工作表创建一个数据透视表，将其单独存放在一个名为“透视分析”的工作表中。透视表中要求，筛选出 2010 年人口数超过 5000 万的地区及其人口数、2010 年所占比重、人口增长数，并按人口数从多到少排序。最后适当调整透视表中的数字格式。（提示：行标签为“地区”，数值项依次为 2010 年人口数、2010 年比重、人口增长数）。

操作步骤

【第 1）题解题步骤】

第 1 步：打开考试文件夹，在空白处右击，在弹出的快捷菜单中选择“新建”→“Microsoft Excel 工作表”命令，新建一个空白 Excel 文档，并将该文档命名为“全国人口普查数据分析”。

第 2 步：打开“全国人口普查数据分析.xlsx”，双击工作表 Sheet1 的表名，在编辑状态下输入“第五次普查数据”；单击“新工作表”新建一个工作表并命名为“第六次普查数据”。

【第 2）题解题步骤】

第 1 步：在考生文件夹下双击打开网页“第五次全国人口普查公报.htm”，选中网页地址，右击，在弹出的快捷菜单中选择“复制”命令，复制网页地址，如图 12-1（a）所示。在“第五次普查数据”工作表中选中 A1 单元格，选择“数据”选项卡→“获取外部数据”选项组，单击“自网站”按钮，如图 12-1（b）所示。弹出“新建 Web 查询”对话框，在“地址”文本框中粘贴“第五次全国人口普查公报.htm”的地址，单击右侧的“转到”按钮。

第 2 步：从打开的网页上找到“2000 年第五次全国人口普查主要数据（大陆）”表格数据，单击该表旁边的黄色方框的黑色箭头，使之变为带绿色方框的对勾，如图 12-1（c）所示，单击“导入”按钮。

第 3 步：弹出“导入数据”对话框，如图 12-1（d）所示，选择“数据的放置位置”为“现有工作表”（默认），文本框中显示“=$A$1”，单击“确定”按钮。

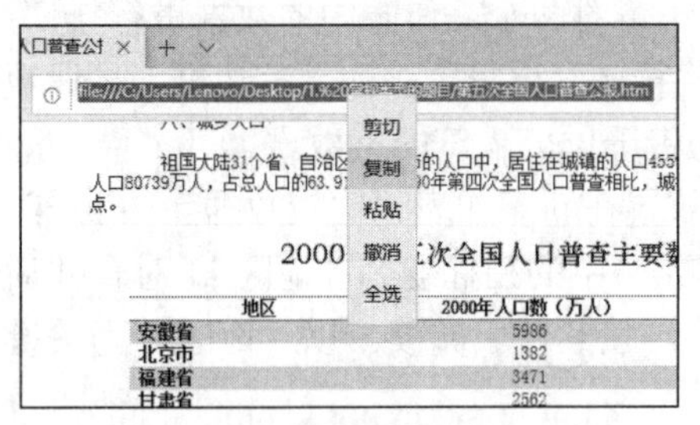

（a）复制网页地址

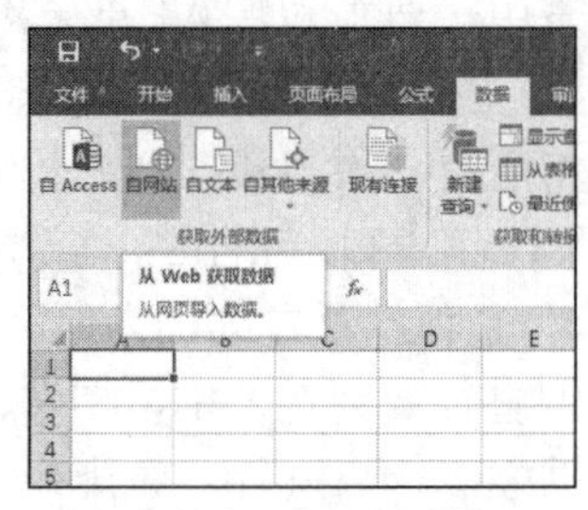

（b）单击“自网站”按钮

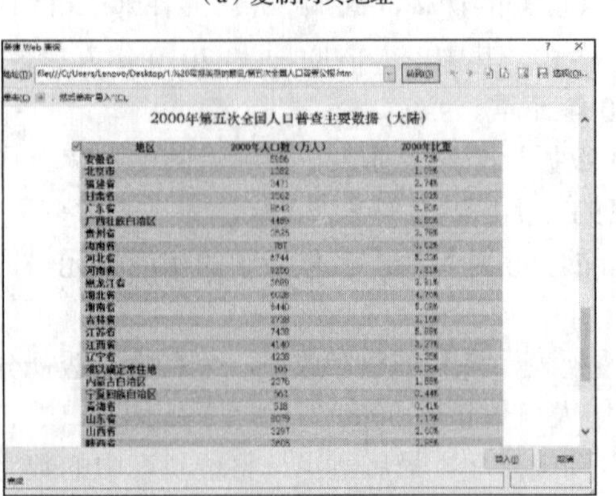

（c）导入表格数据

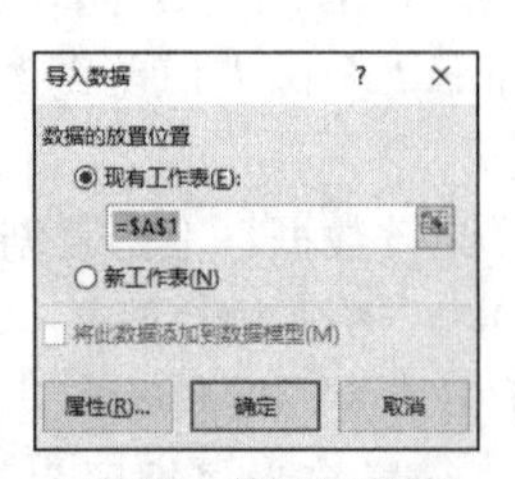

（d）“导入数据”对话框

图 12-1 自网站导入数据

第 4 步：按照上述方法打开网页“第六次全国人口普查公报.htm”，将其中的“2010 年第六次全国人口普查主要数据”表格导入“第六次普查数据”工作表中。

【第 3）题解题步骤】

第 1 步：在“第五次普查数据”工作表中单击任一数据单元格，按 Ctrl+A 组合键，选中数据区域。选择“开始”选项卡→“样式”选项组，单击“套用表格格式”下拉按钮，打开下拉列表，按照题目要求选择一种至少四周有边框且偶数行有底纹的表格样式，此处选择“表样式浅色 16”。弹出“套用表格式”对话框，单击“确定”按钮。之后会弹出一个消息框，提示“选定区域与一个或多个外部数据区域交迭。是否要将选定区域转换为表并删除所有外部连接？”，单击“是”按钮。

第 2 步：选中 B 列，选择“开始”选项卡→“数字”选项组，单击右下角的对话框启动器（或按 Ctrl+1 组合键），弹出“设置单元格格式”对话框。选择“数字”选项卡，在“分类”列表框中选择“数值”，在“小数位数”微调框中输入“0”，选中“使用千位分隔符”复选框，如图 12-2 所示，单击“确定”按钮。

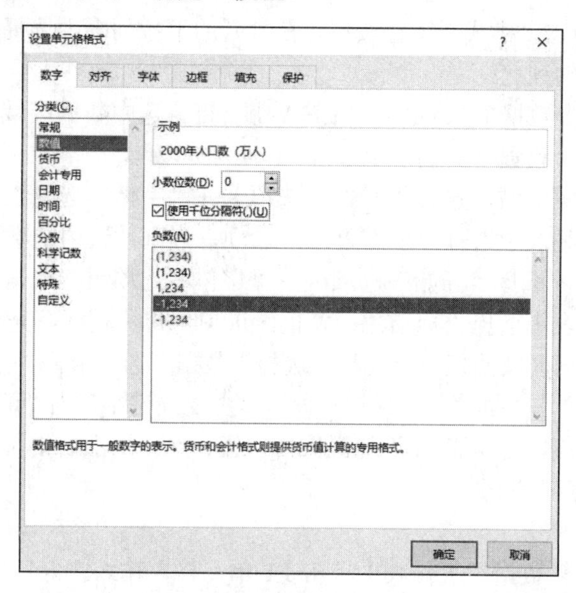

图 12-2　将数字格式设置为带千位分隔符的整数

第 3 步：按照上述方法对“第六次普查数据”工作表套用合适的表格样式，并设置数字格式。

【第 4）题解题步骤】

第 1 步：在本文档下方单击“新工作表”再次新建工作表，并将工作表命名为“比较数据”。在该工作表的 A1 单元格中输入“地区”，选中 A1 单元格，选择“数据”选项卡→“数据工具”选项组，单击“合并计算”按钮，弹出“合并计算”对话框。设置“函数”为“求和”，在“引用位置”文本框中输入第一个单元格区域“第五次普查数据!$A$1:$C$34”，单击“添加”按钮；输入第二个单元格区域“第六次普查数据!$A$1:$C$34”，单击“添加”按钮。在“标签位置”选项组中选中“首行”和“最左列”复选框，单击“确定”按钮，如图 12-3 所示。

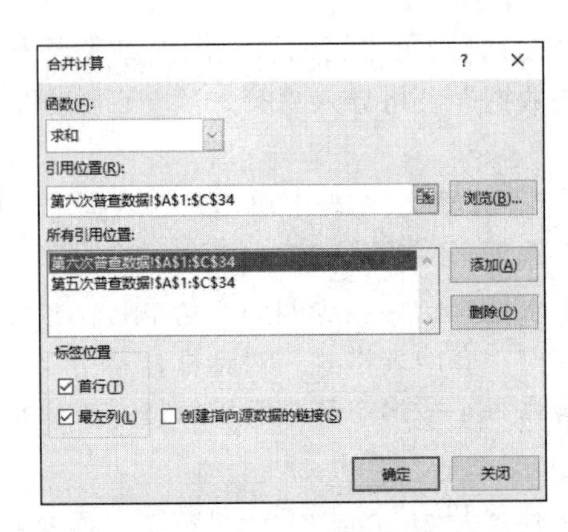

图 12-3 利用“合并计算”将两个表的数据合并到一个表中

第 2 步：选中整个工作表，选择“开始”选项卡→“单元格”选项组，单击“格式”下拉按钮，在打开的下拉列表中选择“行高”选项，设置为“15”；选择“开始”选项卡→“单元格”选项组，单击“格式”下拉按钮，在打开的下拉列表中选择“自动调整列宽”选项，自动调整到合适的列宽。

第 3 步：单击任一数据单元格，按 Ctrl+A 组合键，选中数据区域。选择“开始”选项卡→“字体”选项组，设置字体为“黑体”，字号为“12”。

第 4 步：选中数据区域，选择“开始”选项卡→“字体”选项组，单击“边框”下拉按钮，在打开的下拉列表中选择“所有框线”选项，为刚才选中的数据区域添加边框。选中 A1:E1 单元格区域，选择“开始”选项卡→“字体”选项组，单击“填充颜色”下拉按钮，在打开的下拉列表中选择“标准色：黄色”选项，将标题行填充黄色。

第 5 步：选中数据区域的任一单元格，选择“数据”选项卡→“排序和筛选”选项组，单击“排序”按钮，弹出“排序”对话框，设置“主要关键字”为“地区”，“次序”为“升序”，单击“确定”按钮（也可以在“地区”列的任一单元格上右击，在弹出的快捷菜单中选择“排序”或“升序”命令）。

【第 5）题解题步骤】

第 1 步：在“比较数据”工作表中单击 F1 单元格，输入“人口增长数”；单击 G1 单元格，输入“比重变化”。

第 2 步：在“比较数据”工作表中的 F2 单元格中输入公式“=B2-D2”，按 Enter 键，同时自动填充 F3～F34 单元格。

第 3 步：在 G2 单元格中输入公式“=C2-E2”，按 Enter 键，同时自动填充 G3～G34 单元格。

第 4 步：选中 F 列，按 Ctrl+1 组合键，弹出“设置单元格格式”对话框，选择“数字”选项卡，在“分类”列表框中选择“数值”，在“小数位数”微调框中输入“0”，选中“使用千位分隔符”复选框，单击“确定”按钮。

【第 6）题解题步骤】

第 1 步：打开工作簿“统计指标.xlsx”，在“统计数据”工作表的标签上右击，在弹出的快捷菜单中选择“移动或复制”命令，弹出“移动或复制工作表”对话框。

第 2 步：在“将选定工作表移至工作簿”下拉列表中选择“全国人口普查数据分析.xlsx”选项，在“下列选定工作表之前”列表框中选择“(移至最后)”选项，选中“建立副本”复选框，单击“确定”按钮，完成工作表的复制，如图 12-4 所示。

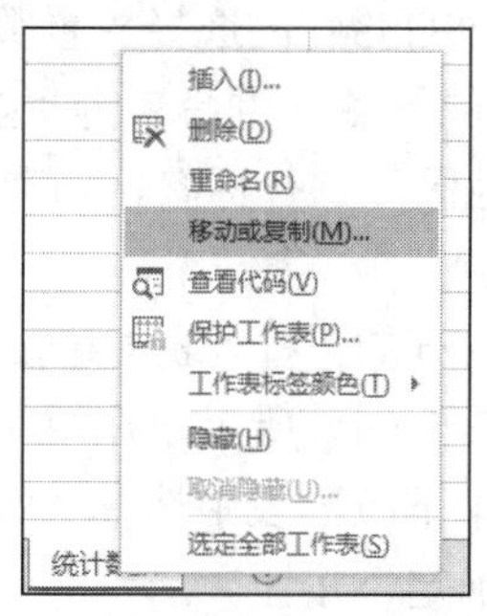

（a）“移动或复制”命令

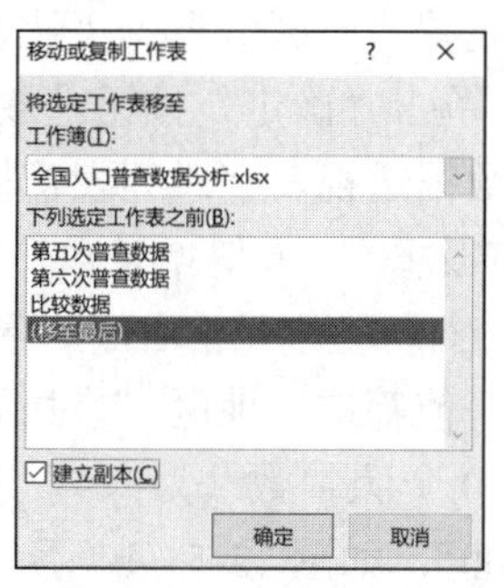

（b）“移动或复制工作表”对话框

图 12-4　复制工作表

说明：此时“全国人口普查数据分析.xlsx”文件应为打开状态，否则对话框中的“将选定工作表移至工作簿”下拉列表中不会出现该文件选项。

【第 7）题解题步骤】

第 1 步：选中“统计数据”工作表的 C3 单元格，选择“开始”选项卡→“编辑”选项组，单击“自动求和”按钮。切换到“第五次普查数据”工作表，选中 B2:B34 单元格区域，按 Enter 键。也可以直接输入公式“=SUM(第五次普查数据!B2:B34)”，跨表引用。

第 2 步：选中“统计数据”工作表的 D3 单元格，选择“公式”选项卡→“函数库”选项组，单击“自动求和”下拉按钮，在打开的下拉列表中选择“求和”选项。切换到“第六次普查数据”工作表，选中 B2:B34 单元格区域，按 Enter 键。也可以直接输入公式：“=SUM(第六次普查数据!B2:B34)”，跨表引用。

第 3 步：在“统计数据”工作表 D4 单元格中输入“=D3−C3”，按 Enter 键，计算结果为总增长人数（另法：选中“统计数据”工作表的 D4 单元格，选择“求和”选项。切换到“比较数据”工作表，选中 F2:F34 单元格区域，按 Enter 键。公式为“=SUM(比较数据!F2:F34)”）。

第 4 步：在“比较数据”工作表的 D 列任一单元格上右击，在弹出的快捷菜单中选择“排序”→“升序”命令。观察可得，河南省人口最多，西藏自治区人口最少。

说明：这里的操作很简单，但是一定要把排序得出的结果完整填写到“统计数据”工作表相应的单元格中。

第 5 步：在“比较数据”工作表的 B 列任一单元格上右击，在弹出的快捷菜单中选择“排序”→“升序”命令。观察可得，广东省人口最多，西藏自治区人口最少。

第 6 步：在“比较数据”工作表的 F 列任一单元格上右击，在弹出的快捷菜单中选择“排序”→“升序”命令。观察可得，广东省人口增长最多，湖北省人口增长最少，且有 6 个地区增长为负数。

第 7 步：由于第 4）题要求按地区升序，因此操作完成后要在“比较数据”工作表的 A 列任一单元格上右击，在弹出的快捷菜单中选择“排序”→“升序”命令。

【第 8）题解题步骤】

第 1 步：在“比较数据”工作表中选择“插入”选项卡→“表格”选项组，单击“数据透视表”下拉按钮，在打开的下拉列表中选择“数据透视表”选项，弹出“创建数据透视表”对话框，设置“表区域”为“比较数据!$A$1:$G$34”。选择放置数据透视表的位置为“新工作表”，单击“确定”按钮。双击新工作表的标签，重命名为“透视分析”。

第 2 步：在数据透视表字段列表窗格中拖动“地区”到行标签，拖动“2010 年人口数（万人）”“2010 年比重”“人口增长数”到数值。

第 3 步：单击行标签单元格右侧的下拉按钮，在打开的下拉列表中选择“值筛选”→“大于”选项，弹出“值筛选（地区）”对话框，如图 12-5（a）所示，在第 1 个下拉列表中选择“求和项：2010 年人口数（万人）”选项，第 2 个下拉列表中选择“大于”选项，在文本框中输入“5000”，如图 12-5（b）所示，单击“确定”按钮。

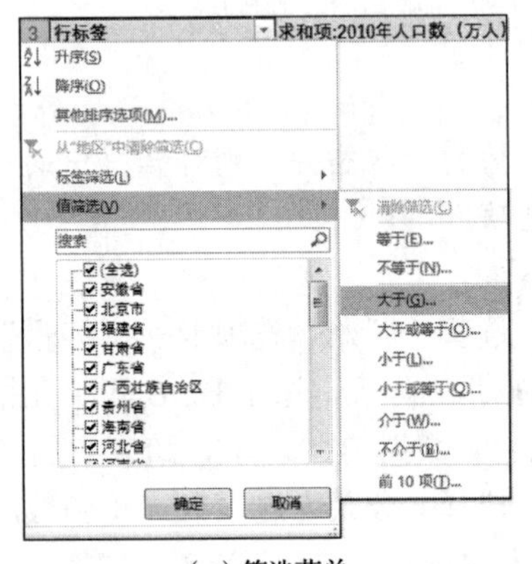

（a）筛选菜单

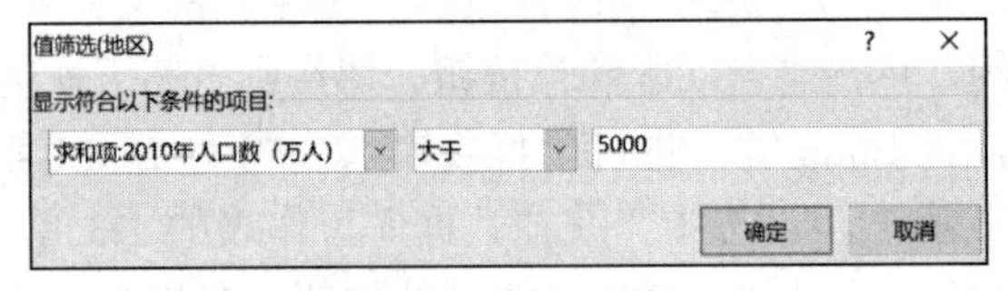

（b）“值筛选”对话框

图 12-5 筛选出 2010 年人口数超过 5000 万的地区等数据

第 4 步：选中 B4 单元格，选择“数据”选项卡→“排序和筛选”选项组，单击“降序”按钮即可按人口数从多到少排序。

第 5 步：选中数据透视表的 B 列、D 列，在“开始”选项卡“数字”选项组将其格式设置为“数值”，小数位数为 0 且使用千位分隔符；选中 C 列，设置其格式为百分比且保留两位小数。

第 6 步：保存文档。

任务 12.2 数据透视类型的题目

题目要求

小李是某家用电器企业的战略规划人员，正在参与制订本年度的生产与营销计划。为此，他需要对上一年度不同产品的销售情况进行汇总和分析，从中提炼出有价值的信息。根据下列要求，帮助小李运用已有的原始数据完成上述分析工作：

1）在考生文件夹下，将文档“Excel 素材.xlsx”另存为“Excel.xlsx”（“.xlsx”为扩展名），之后所有的操作均基于此文档，否则不得分。

2）在 Sheet1 工作表中，从 B3 单元格开始，导入“数据源.txt”中的数据，并将工作表名称修改为“销售记录”。

3）在“销售记录”工作表的 A3 单元格中输入文字“序号”；从 A4 单元格开始，为每笔销售记录插入“001、002、003、…”格式的序号；将 B 列（日期）中数据的数字格式修改为只包含月和日（3\14）；在 E3 和 F3 单元格中分别输入文字“价格”和“金额”；对标题行区域 A3:F3 应用单元格的上框线和下框线，对数据区域的最后一行 A891:F891 应用单元格的下框线，其他单元格无边框线；不显示工作表的网格线。

4）在“销售记录”工作表的 A1 单元格中输入文字“2012 年销售数据”，并使其显示在 A1:F1 单元格区域的正中间（注意：不要合并上述单元格区域）；将“标题”单元格样式的字体修改为“微软雅黑”，并应用于 A1 单元格中的文字内容；隐藏第 2 行。

5）在“销售记录”工作表的 E4:E891 单元格区域中，应用函数输入 C 列（类型）对应的产品价格，价格可以在“价格表”工作表中进行查询；然后将输入的产品价格设置为货币格式，并保留零位小数。

6）在“销售记录”工作表的 F4:F891 单元格区域中计算每笔订单记录的金额，并应用货币格式，保留零位小数，计算规则为：金额=价格×数量×（1-折扣百分比）。折扣百分比由订单中的订货数量和产品类型决定，可以在“折扣表”工作表中进行查询，如某个订单中产品 A 的订货量为 1510，则折扣百分比为 2%（提示：为便于计算，可对“折扣表”工作表中表格的结构进行调整）。

7）将“销售记录”工作表的 A3:F891 单元格区域中所有记录居中对齐，并将发生在周六或周日的销售记录的单元格的填充颜色设置为黄色。

8）在名为“销售量汇总”的新工作表中自 A3 单元格开始创建数据透视表，按照月份和季度对“销售记录”工作表中的 3 种产品的销售数量进行汇总；在数据透视表右侧创建数据透视图，图表类型为“带数据标记的折线图”，并为“产品 B”系列添加线性趋势线，显示“公式”和“R^2 值”（数据透视表和数据透视图的样式可参考考生文件夹中的“数据透视表和数据透视图.jpg”示例文件）；将“销售量汇总”工作表移动到“销售记录”工作表的右侧。

9）在“销售量汇总”工作表右侧创建一个新的工作表，名称为“大额订单”；在该工作表中使用高级筛选功能，筛选出“销售记录”工作表中产品 A 数量在 1550 以上、产品 B 数量在 1900 以上及产品 C 数量在 1500 以上的记录（将条件区域放置在 1～4 行，筛选结果放置在从 A6 单元格开始的区域）。

操作步骤

【第 1）题解题步骤】

第 1 步：打开考生文件夹下的“Excel 素材.xlsx”文件。

第 2 步：选择“文件”→“另存为”命令，弹出“另存为”对话框，将“文件名”改为 Excel，将其保存于考生文件夹下。

【第 2）题解题步骤】

第 1 步：选中 Sheet1 工作表中的 B3 单元格，选择“数据”选项卡→“获取外部数据”选项组，单击“自文本”按钮，如图 12-6（a）所示，弹出“导入文本文件”对话框，选择考生文件夹下的“数据源.txt”文件，单击“导入”按钮。

第 2 步：弹出“文本导入向导-第 1 步，共 3 步”对话框，如图 12-6（b）所示，采用默认设置，单击“下一步”按钮；弹出“文本导入向导-第 2 步，共 3 步”对话框，采用默认设置，继续单击“下一步”按钮。

第 3 步：弹出“文本导入向导-第 3 步，共 3 步”对话框，在“数据预览”选项组中选择“日期”列，在“列数据格式”选项组中设置“日期”列格式为“YMD”，如图 12-6（c）所示。按照同样的方法，设置“类型”列数据格式为“文本”，设置“数量”列数据格式为“常规”，单击“完成”按钮。

第 4 步：弹出“导入数据”对话框，采用默认设置，如图 12-6（d）所示，单击“确定”按钮。

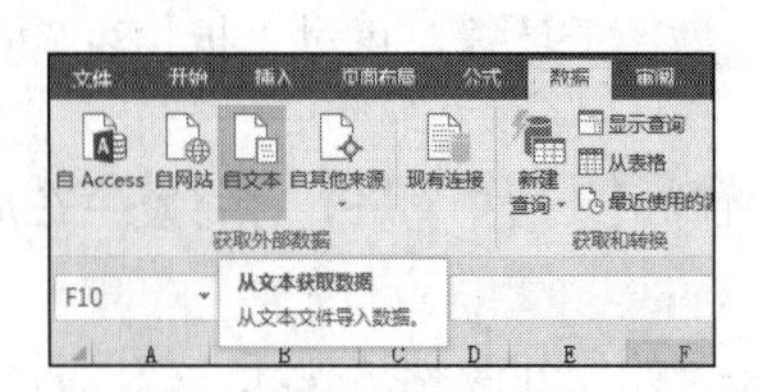

（a）单击“自文本”按钮

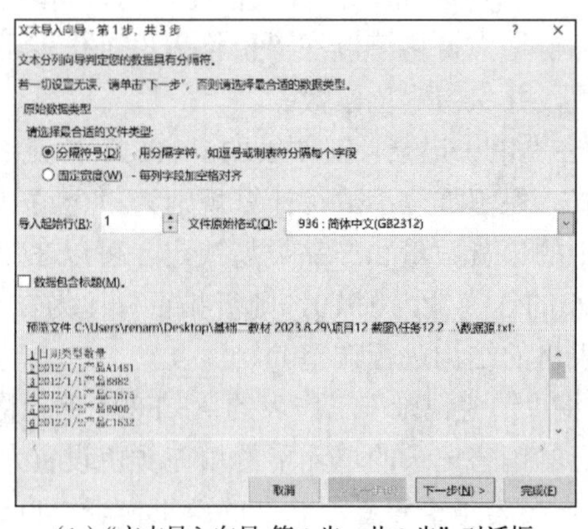

（b）“文本导入向导-第 1 步，共 3 步”对话框

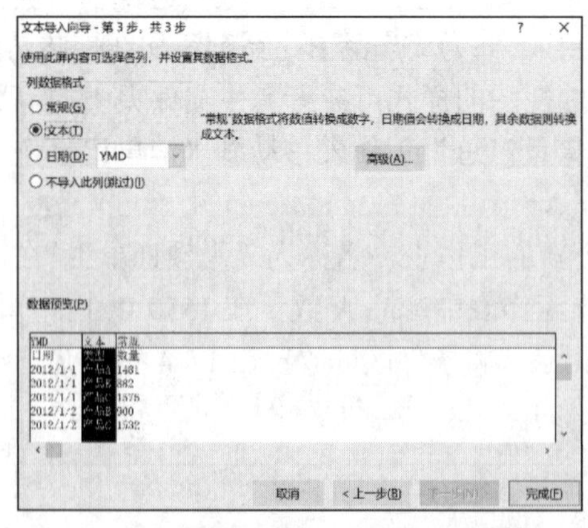

（c）“文本导入向导-第 3 步，共 3 步”对话框

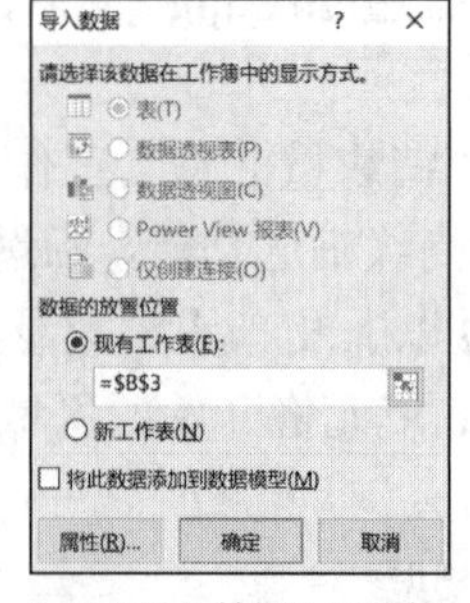

（d）“导入数据”对话框

图 12-6　自外部导入文本文档数据

第 5 步：双击工作表标签 Sheet1，输入工作表名称“销售记录”。

【第 3）题解题步骤】

第 1 步：选中“销售记录”工作表的 A3 单元格，输入文本“序号”。

第 2 步：选中 A4 单元格，输入“’001”。双击 A4 单元格右下角的填充柄，自动填充到 A891 单元格。

第 3 步：选中 B3:B891 单元格区域，右击，弹出“设置单元格格式”对话框，选择“数字”选项卡，在“分类”列表框中选择“日期”，在右侧的“类型”列表框中选择“3/14”，单击“确定”按钮。

第 4 步：选中 E3 单元格，输入文本“价格”；选中 F3 单元格，输入文本“金额”。

第 5 步：选中标题 A3:F3 单元格区域，选择“开始”选项卡→“字体”选项组，单击“边框”下拉按钮，在打开的下拉列表框中选择“上下框线”选项，如图 12-7（a）所示。

第 6 步：选中数据区域的最后一行 A891:F891，选择“开始”选项卡→“字体”选项组，单击“边框”下拉按钮，在打开的下拉列表框中选择“下框线”选项。

第 7 步：选择“视图”选项卡→“显示”选项组，取消选中“网格线”复选框，如图 12-7（b）所示。

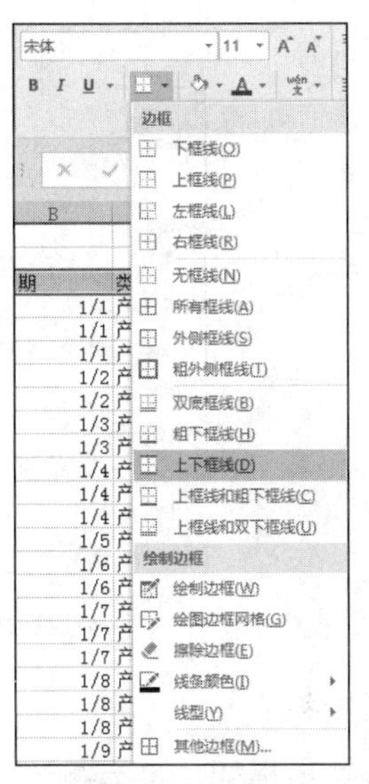

（a）选择“上下框线”选项

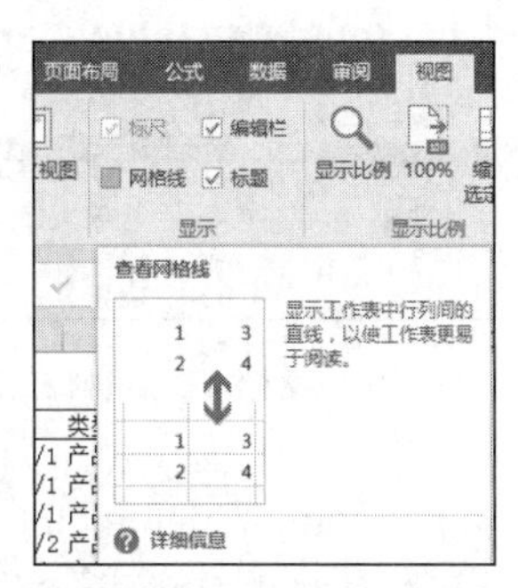

（b）取消选中“网格线”复选框

图 12-7　给标题添加上下框线及不显示网格线

【第 4）题解题步骤】

第 1 步：选中“销售记录”工作表的 A1 单元格，输入文本“2012 年销售数据”。

第 2 步：选中“销售记录”工作表的 A1:F1 单元格区域，右击，在弹出的快捷菜单中选择“设置单元格格式”命令，弹出“设置单元格格式”对话框，选择“对齐”选项卡，在“水平对齐”下拉列表中选择“跨列居中”选项，单击“确定”按钮，如图 12-8 所示。

第 3 步：选中“销售记录”工作表的 A1:F1 单元格区域，选择“开始”选项卡→“样式”选项组，单击单元格样式区域右侧的下拉按钮，在打开的下拉列表中右击“标题”选项，在弹出的快捷菜单中选择“修改”命令，如图 12-9（a）所示，弹出“样式”对话框，单击“格式”按钮，弹出“设置单元格格式”对话框，选择“字体”选项卡，修改“字体”为“微软雅黑”，然后依次单击“确定”按钮，完成标题样式的设置，如图 12-9（b）所示。

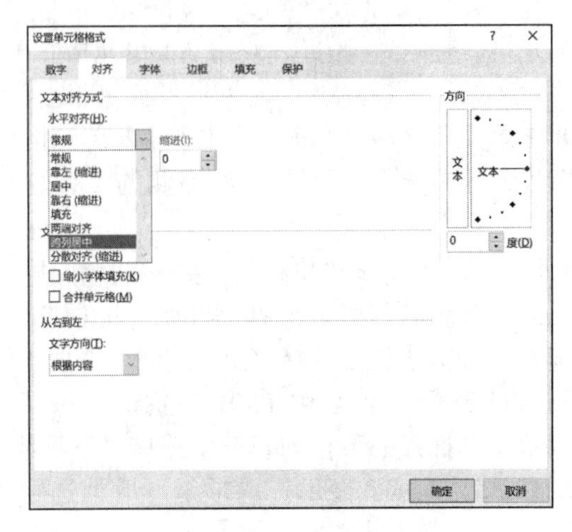

图 12-8　设置标题为跨列居中

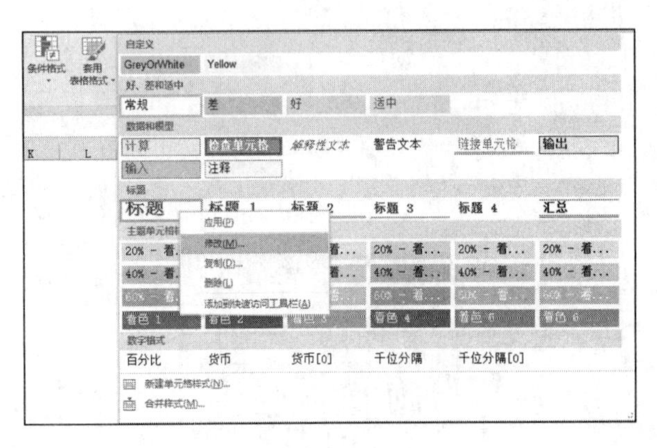

（a）“单元格样式”下拉列表

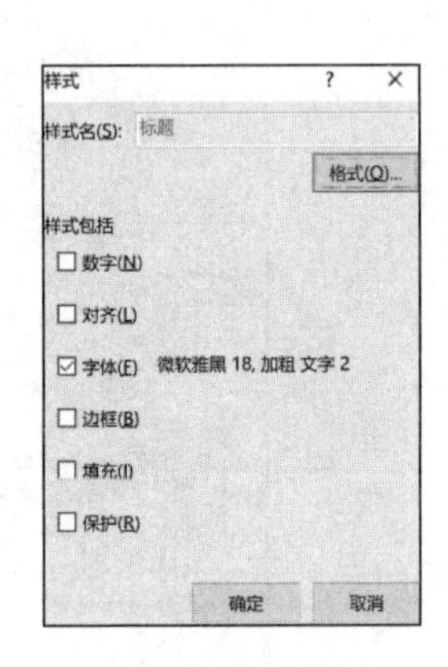

（b）修改标题样式

图 12-9　设置标题样式为“微软雅黑”

选择“开始”选项卡→“样式”选项组，单击单元格样式区域右侧的下拉按钮，在打开的下拉列表中选择“标题”选项，将 A1:F1 单元格区域设置为“标题”。

第 4 步：在行号 2 上右击，在弹出的快捷菜单中选择“隐藏”命令，将第 2 行隐藏。

【第 5）题解题步骤】

第 1 步：选中“销售记录”工作表的 E4 单元格，打开“公式”选项卡，单击“插入函数”按钮，在打开的插入函数对话框的搜索框中输入“vlookup”，单击“转到”按钮找到 VLOOKUP 函数并单击确定，打开 VLOOKUP 函数参数编辑对话框。按照图 12-10 所示，对函数参数进行编辑。

也可以直接在 E4 单元格输入公式“=VLOOKUP(C4,价格表!$B$2:$C$5,2,0)”，按 Enter 键确认。

第 2 步：双击 E4 单元格右下角的填充柄，自动填充到 E891 单元格。

第 3 步：选中 E4:E891 单元格区域，右击，在弹出的快捷菜单中选择“设置单元格格式”命令，弹出“设置单元格格式”对话框，选择“数字”选项卡，在“分类”列表框中选择“货币”，并将右侧的小数位数设置为“0”，单击“确定”按钮。

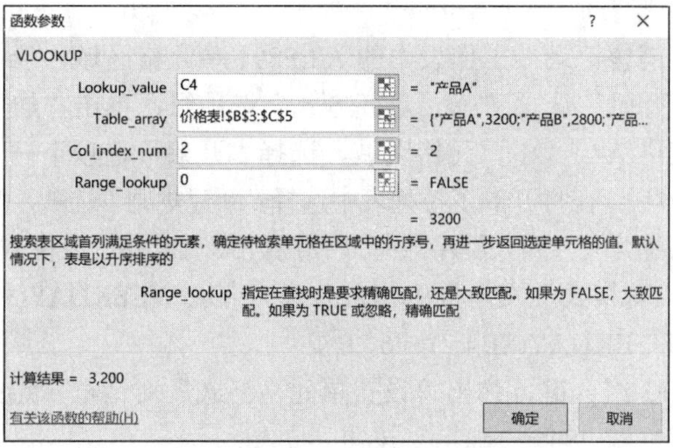

图 12-10　设置 VLOOKUP 函数参数

【第 6）题解题步骤】

第 1 步：选中“折扣表”工作表中的 B2:E6 单元格区域，按 Ctrl+C 组合键，复制该单元格区域。

第 2 步：选中“折扣表”B8 单元格，右击，在弹出的快捷菜单中选择“选择性粘贴”→“粘贴”→“转置”命令，将原表格行列进行转置，如图 12-11 所示。

第 3 步：选中“销售记录”工作表的 F4 单元格，在单元格中输入公式“=E4*D4*(1-VLOOKUP(C4,折扣表!$B$8: $F$11,IF(D4<1000,2,IF(D4<1500,3,IF(D4<2000,4,5))),0))”。

本步操作可先在 F4 单元格中输入图 12-12 所示的函数“=VLOOKUP(C4,折扣表!$B$8:$F$11,IF(D4<1000,2, IF(D4<1500,3,IF(D4<2000,4,5))),0)”，计算出折扣率，再在 F4 单元格的编辑栏中补全公式。

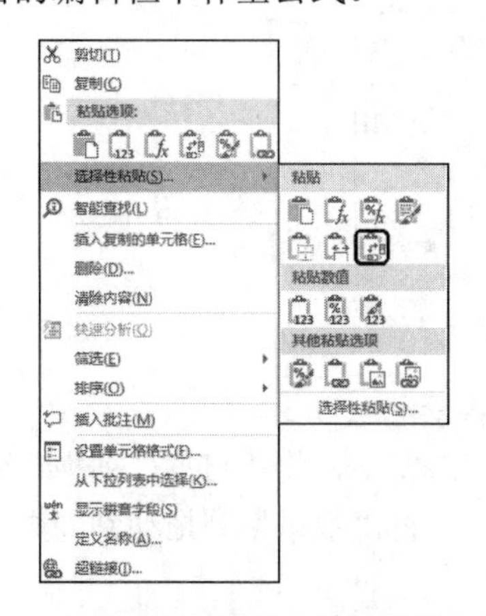

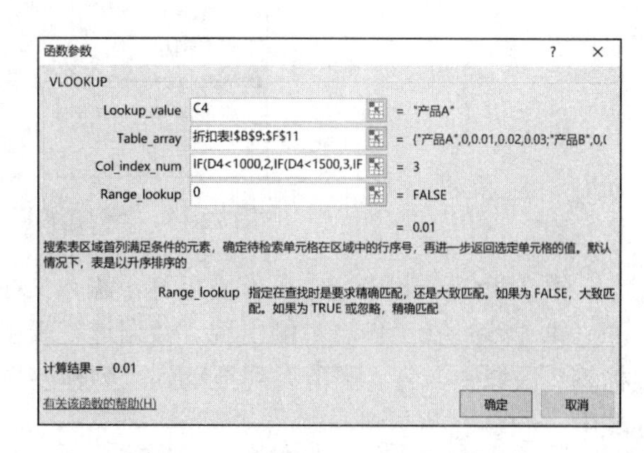

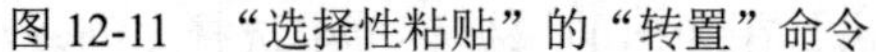

图 12-11　“选择性粘贴”的“转置”命令　　　　图 12-12　设置 VLOOKUP 函数参数

第 4 步：双击 F4 单元格右下角的填充柄，自动填充到 F891 单元格。

第 5 步：选中“销售记录”工作表的 F4:F891 单元格区域，右击，在弹出的快捷菜单中选择“设置单元格格式”命令，弹出“设置单元格格式”对话框，选择“数字”选项卡，在“分类”列表框中选择“货币”，并将右侧的小数位数设置为“0”，单击“确定”按钮。

【第 7）题解题步骤】

第 1 步：选中“销售记录”工作表中的 A3:F891 单元格区域。

第 2 步：选择“开始”选项卡→“对齐方式”选项组，单击“居中”按钮。

第 3 步：选中表格 A4:F891 单元格区域，选择“开始”选项卡→“样式”选项组，单击“条件格式”下拉按钮，在打开的下拉列表中选择“新建规则”选项，弹出“新建格式规则”对话框，在“选择规则类型”列表框中选择“使用公式确定要设置格式的单元格”选项，在“为符合此公式的值设置格式”文本框中输入公式“=OR(WEEKDAY($B4,2)=6, WEEKDAY($B4,2)=7)”（或“=WEEKDAY($B4,2)>=6”）。

第 4 步：按 Ctrl+1 组合键，弹出“设置单元格格式”对话框，选择“填充”选项卡，选择填充颜色为“黄色”，单击“确定”按钮。

【第 8）题解题步骤】

第 1 步：单击“销售记录”工作表任一单元格，以定位光标，选择“插入”选项卡→“表格”选项组，单击“数据透视表”按钮，弹出“创建数据透视表”对话框，Excel 会自动选择数据区域“销售记录!$A$3:$F$891”，全部采用默认设置，如图 12-13 所示，单击“确定”按钮。

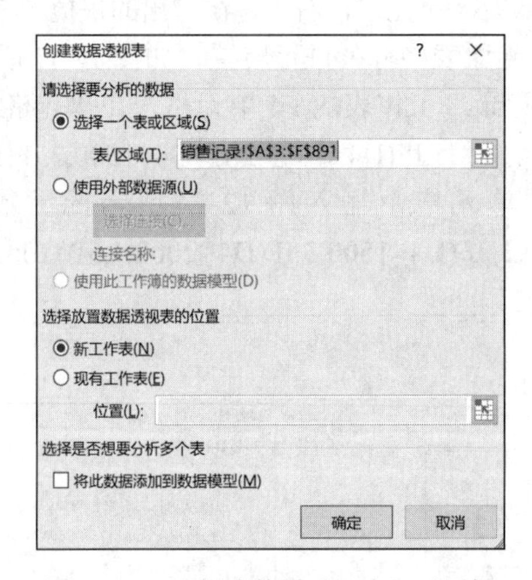

图 12-13 “创建数据透视表”对话框

第 2 步：双击 Sheet1 工作表名称，输入文字“销售量汇总”。

第 3 步：在工作表右侧出现“数据透视表字段列表”窗格，将“日期”列拖动到“行标签”区域中，将“类型”列拖动到“列标签”区域中，将“数量”列拖动到“数值”区域中。

第 4 步：选中“日期”列中的任一单元格，右击，在弹出的快捷菜单中选择“创建组”命令，弹出“分组”对话框，在“步长”选项组中选择“月”和“季度”，单击“确定”按钮。

第 5 步：选中“数据透视表”的任一单元格，选择数据透视表工具中“分析”选项卡→“工具”选项组，单击“数据透视图”按钮，在弹出的“插入图表”对话框中选择“折线图”中的“带数据标记的折线图”。

第 6 步：选中图表绘图区中“产品 B”的销售量曲线，右击，在弹出的快捷菜单中选择“添加趋势线”命令，如图 12-14（a）所示。

第 7 步：在窗口右侧弹出的“设置趋势线格式”参数设置区域中选中“显示公式”和“显示 R 平方值”复选框，如图 12-14 所示。

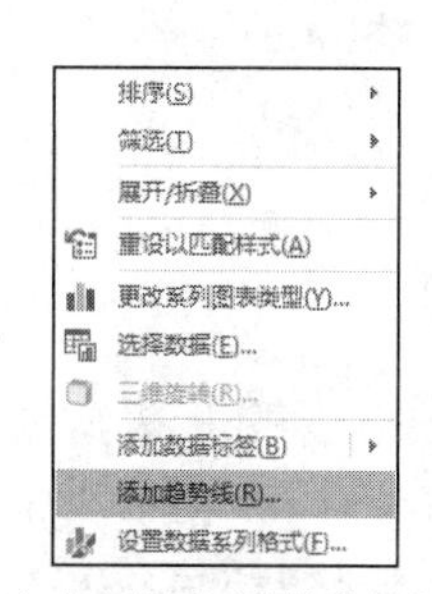

（a）右击绘图区曲线弹出菜单

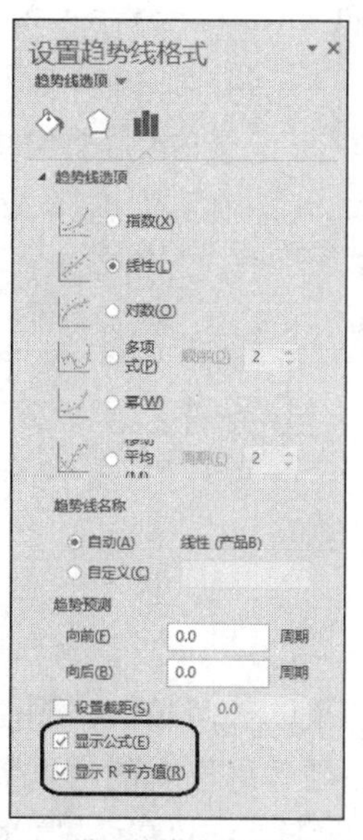

（b）“设置趋势线格式”区域

图 12-14　为“产品 B”添加并设置趋势线格式

第 8 步：选择折线图左侧的“坐标轴”，右击，在窗口右侧弹出的“设置坐标轴格式”参数设置区域，选择“坐标轴选项”选项卡，在“坐标轴选项”组中设置“边界”的“最小值”为“20000”，“最大值”为“50000”，主要单位为“10000”，如图 12-15 所示。

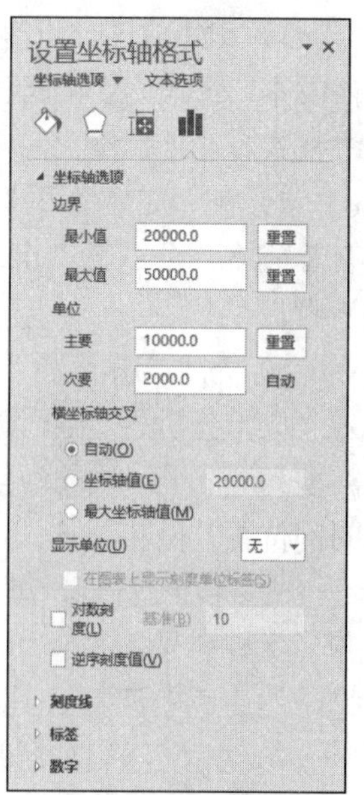

图 12-15　“设置坐标轴格式”参数设置区域

第 9 步：双击图表区的网格线，在窗口右侧弹出的“设置主要网格线格式”参数设置区域，选择“填充和线条”选项卡，选择“线条”为“无线条”。

第 10 步：参照“数据透视表和数据透视图.jpg”示例文件，适当调整公式的位置及图表的大小，移动图表到数据透视表的右侧位置。

第 11 步：选中“销售量汇总”工作表，按住鼠标左键，将其拖动到“销售记录”工作表右侧位置。

【第 9）题解题步骤】

第 1 步：选中“销售量汇总”工作表，单击“新工作表”按钮，在新插入的 Sheet2 工作表名称上双击，在编辑状态下输入“大额订单”。

第 2 步：在“大额订单”工作表的 A1 单元格中输入“类型”，在 B1 单元格中输入“数量”，在 A2 单元格中输入“产品 A”，在 B2 单元格中输入“>1550”，在 A3 单元格中输入“产品 B”，在

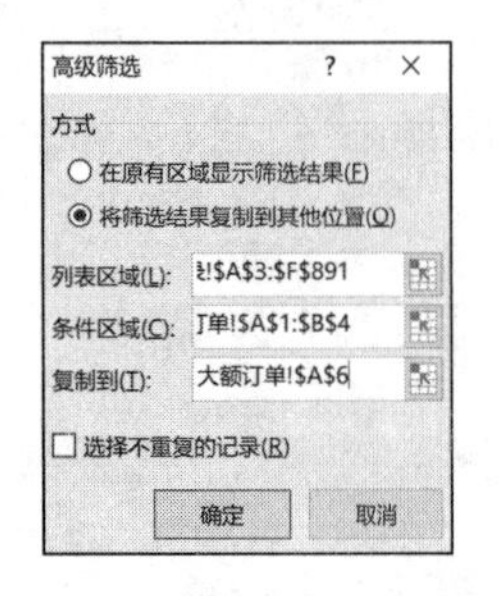

图 12-16 设置高级筛选参数

B3 单元格中输入“>1900”，在 A4 单元格中输入“产品 C”，在 B4 单元格中输入“>1500”。

第 3 步：选择“数据”选项卡→“排序和筛选”选项组，单击“高级”按钮，弹出“高级筛选”对话框，选中“将筛选结果复制到其他位置”单选按钮，“列表区域”选择“销售记录!$A$3:$F$891”，“条件区域”选择“大额订单!$A$1:$B$4”，“复制到”选择 A6 单元格，如图 12-16 所示，单击“确定”按钮。

第 4 步：保存文档。

任务 12.3 本量利分析类型的题目

题目要求

小玲是某企业的采购部门员工，现在需要使用 Excel 来分析采购成本并进行辅助决策。根据下列要求，帮助她运用已有的数据完成这项工作：

1）在考生文件夹下，将“Excel 素材.xlsx”文件另存为“Excel.xlsx”（“.xlsx”为扩展名），后续操作均基于此文件中进行，否则不得分。

2）在“成本分析”工作表的 F3:F15 单元格区域，使用公式计算不同订货量下的年订货成本，公式为“年订货成本=（年需求量/订货量）×单次订货成本”，计算结果应用货币格式并保留整数。

3）在“成本分析”工作表的 G3:G15 单元格区域，使用公式计算不同订货量下的年储存成本，公式为“年储存成本=单位年储存成本×订货量×0.5”，计算结果应用货币格式并保留整数。

4）在“成本分析”工作表的 H3:H15 单元格区域，使用公式计算不同订货量下的年总成本，公式为“年总成本=年订货成本+年储存成本”，计算结果应用货币格式并保留整数。

5）为“成本分析”工作表的 E2:H15 单元格区域套用一种表格格式，并将表名称修改为“成本分析”；根据表“成本分析”中的数据，在 J2:Q18 单元格区域中创建图表，图表类型为“带平滑线的散点图”，并根据“图表参考效果.png”中的效果设置图表的标题内容、图例位置、网格线样式、垂直轴和水平轴的最大/最小值及刻度单位和刻度线。

6）将“经济订货批量分析”工作表的 B2:B5 单元格区域的内容分为两行显示并居中对齐（保持字号不变），如文档“换行样式.png”所示，括号中的内容（含括号）显示于第 2 行，然后适当调整 B 列的列宽。

7）在“经济订货批量分析”工作表的 C5 单元格中计算经济订货批量的值（计算结果保留整数），公式如下：

$$\text{经济订货批量}=\sqrt{\frac{2\times\text{年需求量}\times\text{单次订货成本}}{\text{单位年储存成本}}}$$

8）在“经济订货批量分析”工作表的 B7:M27 单元格区域创建模拟运算表，模拟不同的年需求量和单位年储存成本对应的不同经济订货批量。其中，C7:M7 单元格区域为年需求量可能的变化值，B8:B27 单元格区域为单位年储存成本可能的变化值，模拟运算结果保留整数。

9）对“经济订货批量分析”工作表的 C8:M27 单元格区域应用条件格式，将所有小于等于 750 且大于等于 650 的值所在单元格的底纹设置为红色，字体颜色设置为“白色，背景 1”。

10）在“经济订货批量分析”工作表中，将 C2:C4 单元格区域作为可变单元格，按照表 12-1 所示要求创建方案（最终显示的方案为“需求持平”）。

表 12-1　3 种不同的方案

方案名称	C2 单元格	C3 单元格	C4 单元格
需求下降	10000	600	35
需求持平	15000	500	30
需求上升	20000	450	27

11）在“经济订货批量分析”工作表中，为 C2:C5 单元格区域按表 12-2 所示要求定义名称。

表 12-2　可变单元格的名称

可变单元格	名称
C2	年需求量
C3	单次订货成本
C4	单位年储存成本
C5	经济订货批量

12）在“经济订货批量分析”工作表中，以 C5 单元格为结果单元格创建方案摘要，并将新生成的“方案摘要”工作表置于“经济订货批量分析”工作表右侧。

13）在“方案摘要”工作表中，将 B2:G10 单元格区域设置为打印区域，纸张方向设置为“横向”，缩放比例设置为正常尺寸的 200%；打印内容在页面中水平和垂直方向都居中对齐，在页眉正中央添加文字“不同方案比较分析”，并将页眉到上边距的距离值设置为“3”。

操作步骤

【第 1）题解题步骤】

在考生文件夹下打开“Excel 素材.xlsx”文件，选择“文件”→“另存为”命令，弹出“另存为”对话框，浏览考生文件夹，将文件名称修改为“Excel”，单击“保存”按钮。

【第 2）题解题步骤】

第 1 步：选中“成本分析”工作表中的 F3 单元格，输入公式“=$C$2/E3*$C$3”，按 Enter 键确认。双击该单元格右下角的填充柄，填充到 F15 单元格。

第 2 步：选中 F3:F15 单元格区域，右击，在弹出的快捷菜单中选择“设置单元格格式”

命令，弹出“设置单元格格式”对话框，选择“数字”选项卡，在“分类”列表框中选择“货币”，将小数位数设置为“0”，单击“确定”按钮。

【第 3）题解题步骤】

第 1 步：选中“成本分析”工作表中的 G3 单元格，输入公式“=$C$4*E3*0.5”，按 Enter 键确认。双击该单元格右下角的填充柄，填充到 G15 单元格。

第 2 步：选中 G3:G15 单元格区域，右击，在弹出的快捷菜单中选择“设置单元格格式”命令，弹出“设置单元格格式”对话框，选择“数字”选项卡，在“分类”列表框中选择“货币”，将小数位数设置为“0”，单击“确定”按钮。

【第 4）题解题步骤】

第 1 步：选中“成本分析”工作表中的 H3 单元格，输入公式“=F3+G3”，按 Enter 键确认。双击该单元格右下角的填充柄，填充到 H15 单元格。

第 2 步：选中 H3:H15 单元格区域，右击，在弹出的快捷菜单中选择“设置单元格格式”命令，弹出“设置单元格格式”对话框，选择“数字”选项卡，在“分类”列表框中选择“货币”，将小数位数设置为“0”，单击“确定”按钮。

【第 5）题解题步骤】

第 1 步：选中“成本分析”工作表的 E2:H15 单元格区域，选择“开始”选项卡→“样式”选项组，单击“套用表格格式”下拉按钮，在打开的下拉列表中选择一种表格样式，弹出“套用表格式”对话框，采用默认设置，单击“确定”按钮。

第 2 步：选择“表格工具-设计”选项卡→“属性”选项组，将表名称修改为“成本分析”。

第 3 步：参考考生文件夹下的“图表参考效果.png”，选中 E2:H15 单元格区域，选择“插入”选项卡→“图表”选项组，单击“散点图”下拉按钮，在打开的下拉列表中选择“带平滑线的散点图”，如图 12-17 所示。将图表对象移动到 J2:Q18 单元格区域，适当调整图表对象的大小。

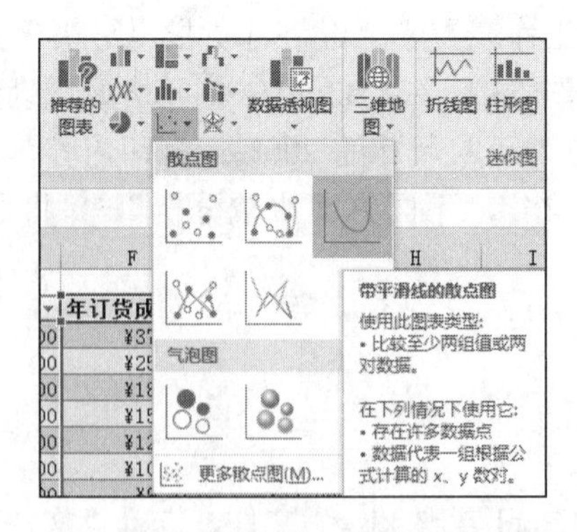

图 12-17 插入“带平滑线的散点图”

第 4 步：选中插入的图表对象，选择“图表工具-设计”选项卡→“图表布局”选项组，单击“添加图表元素”下拉按钮，在打开的下拉列表中将“图表标题”选项设置为“图表上方”，在标题文本框中输入图表标题“采购成本分析”，并在“开始”选项卡“字体”选项组中将标题内容的字体设置为“黑体”，字号为“20”，效果为“加粗”。

第 5 步：单击“添加图表元素”下拉按钮，在打开的下拉列表中将“图例”选项设置为“底部”。

第 6 步：单击图表区域的横向网格线，在窗口右侧弹出的“设置主要网格线格式”参数设置区域，单击“短划线类型”下拉列表，选择“短划线”，如图 12-18（a）所示。单击图表区域纵向网格线，在窗口右侧弹出的“设置主要网格线格式”参数设置区域将线条设置为“无线条”。

第 7 步：选中左侧的“垂直坐标轴”，右击，在弹出的快捷菜单中选择“设置坐标轴格式”命令，在右侧弹出的“设置坐标轴格式”参数设置区域中，将“坐标轴选项”的主要单位修改为“9000”，将“刻度线”的主要类型设置为“无”，其他采用默认设置，如图 12-18（b）所示。

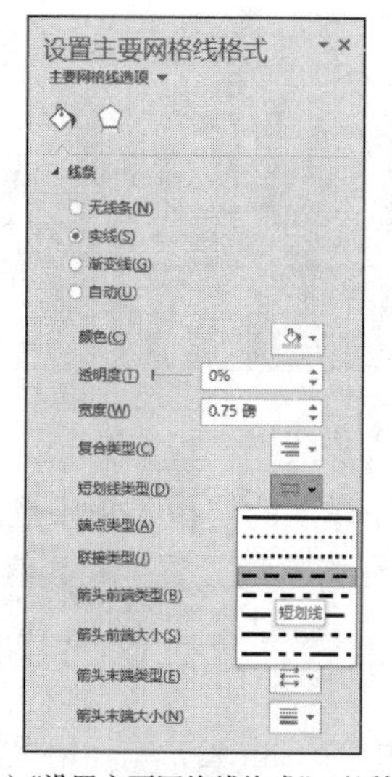

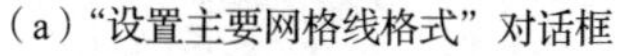
（a）“设置主要网格线格式”对话框

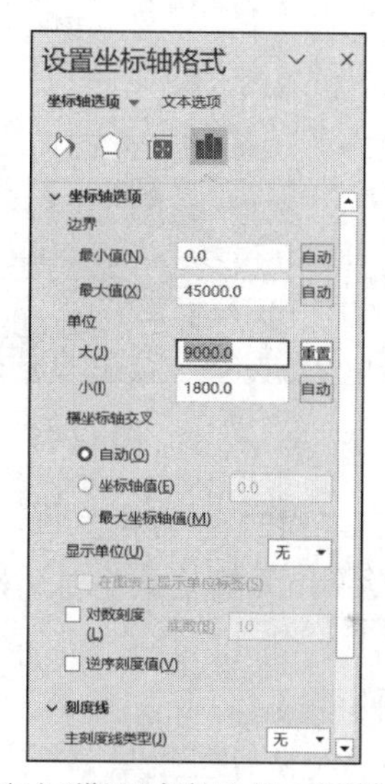

（b）“设置坐标轴格式”对话框

图 12-18　设置网格线及坐标轴格式

第 8 步：选中图表区域底部的“水平坐标轴”，右击，在弹出的快捷菜单中选择“设置坐标轴格式”命令，在窗口右侧弹出的“设置坐标轴格式”参数设置区域中，将“坐标轴选项”的“边界”的“最小值”修改为“200”，“最大值”修改为“1400”，将主要单位修改为“300”，将“刻度线”的主要类型设置为“无”，其他采用默认设置。

【第 6）题解题步骤】

第 1 步：参考“换行样式.png”，选中“经济订货批量分析”工作表中的 B2 单元格，将光标置于“（单位：个）”之前，使用键盘上的 Alt+Enter 组合键（手动换行）进行换行，按 Enter 键确认；按照同样的方法对 B3、B4、B5 单元格进行换行操作。

第 2 步：选中 B2:B5 单元格区域，选择“开始”选项卡→“对齐方式”选项组，单击“居中”按钮。选中 B 列，选择“开始”选项卡→“单元格”选项组，单击“格式”下拉按钮，在打开的下拉列表中选择“自动调整列宽”命令（也可以双击 B 列列标的右边线）。

【第 7）题解题步骤】

选中 C5 单元格，输入公式“=SQRT(2*C2*C3/C4)”。右击，在弹出的快捷菜单中选择

“设置单元格格式”命令，弹出“设置单元格格式”对话框，在“分类”列表框中选择“数值”，保留 0 位小数，单击“确定”按钮。

【第 8）题解题步骤】

第 1 步：在“经济订货批量分析”工作表中选中 B7 单元格，输入公式“=SQRT(2*C2*C3/C4)”，将单元格格式设置为“数值”，保留 0 位小数。

第 2 步：选中 B7:M27 单元格区域，选择“数据”选项卡→“数据工具”选项组，单击“模拟分析”下拉按钮，在打开的下拉列表中选择“模拟运算表”选项，弹出“模拟运算表”对话框，如图 12-19 所示，进行设置，单击“确定”按钮。

图 12-19 双变量模拟运算表

第 3 步：选中 B7:M27 单元格区域，右击，在弹出的快捷菜单中选择“设置单元格格式”命令，弹出“设置单元格格式”对话框，将单元格格式设置为“数值”，保留 0 位小数，单击“确定”按钮。

【第 9）题解题步骤】

第 1 步：选中“经济订货批量分析”工作表中的 C8:M27 单元格区域，选择“开始”选项卡→“样式”选项组，单击“条件格式”下拉按钮，在打开的下拉列表中选择“新建规则”选项，如图 12-20（a）所示，弹出“新建格式规则”对话框，在“选择规则类型”列表框中选择“只为包含以下内容的单元格设置格式”选项，在“编辑规则说明”中选择默认的“单元格值”“介于”，在右侧的文本框中分别输入“650”和“750”，如图 12-20（b）所示。

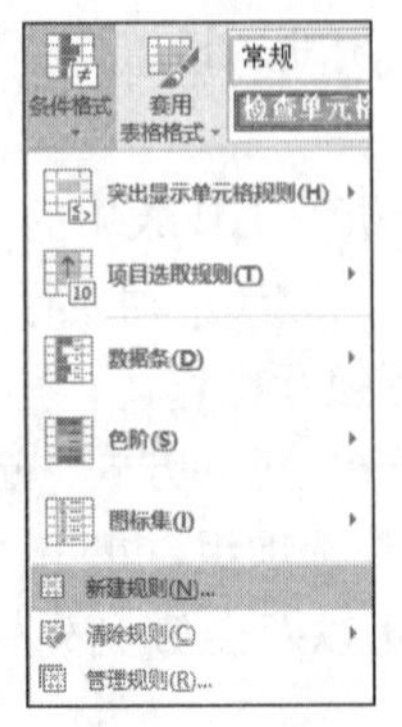

（a）“条件格式”下拉菜单

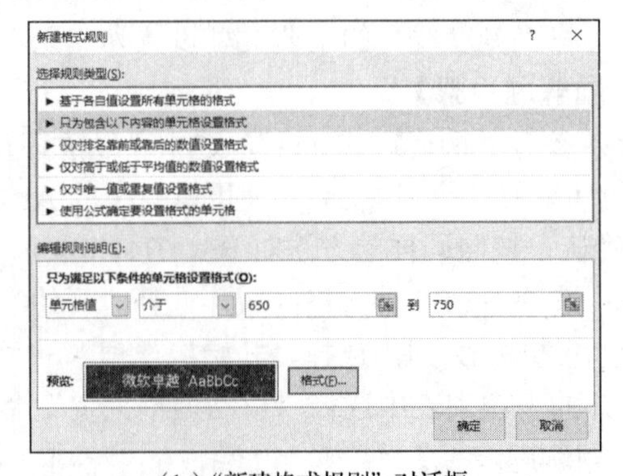

（b）“新建格式规则”对话框

图 12-20 设置条件格式

第 2 步：单击“格式”按钮，弹出“设置单元格格式”对话框，选择“字体”选项卡，将字体颜色选择为“白色，背景 1”；选择“填充”选项卡，将背景色设置为红色，单击“确定”按钮，关闭所有对话框。

【第 10）题解题步骤】

第 1 步：选中 C2:C4 单元格区域，在“经济订货批量分析”工作表中选择“数据”选项卡→“数据工具”选项组，单击“模拟分析”下拉按钮，在打开的下拉列表中选择“方案管理器”选项，如图 12-21（a）所示，弹出“方案管理器”对话框，单击“添加”按钮，弹出“添加方案”对话框，输入第 1 个方案名称“需求下降”，“可变单元格”保持默认的“C2:C4”，如图 12-21（b）所示，单击“确定”按钮。

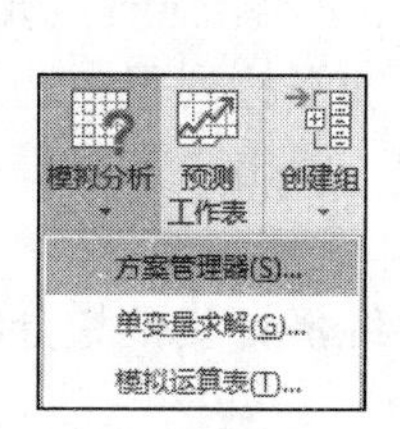

（a）方案管理器

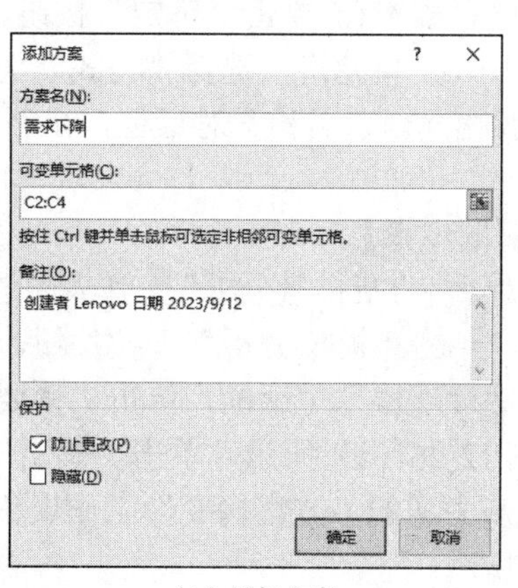

（b）添加方案

图 12-21　添加方案

第 2 步：弹出“方案变量值”对话框，按照图 12-22 所示进行设置，单击“确定”按钮。

第 3 步：按第 1 步进行操作，单击“添加”按钮，弹出“添加方案”对话框，输入第 2 个方案名称“需求持平”，“可变单元格”采用默认的“C2:C4”，单击“确定”按钮，弹出“方案变量值”对话框，按照图 12-23 所示进行设置。

第 4 步：按第 1 步进行操作，单击“添加”按钮，弹出“添加方案”对话框，输入第 3 个方案名称“需求上升”，“可变单元格”采用默认的“C2:C4”，单击“确定”按钮，弹出“方案变量值”对话框，按照图 12-24 所示进行设置。

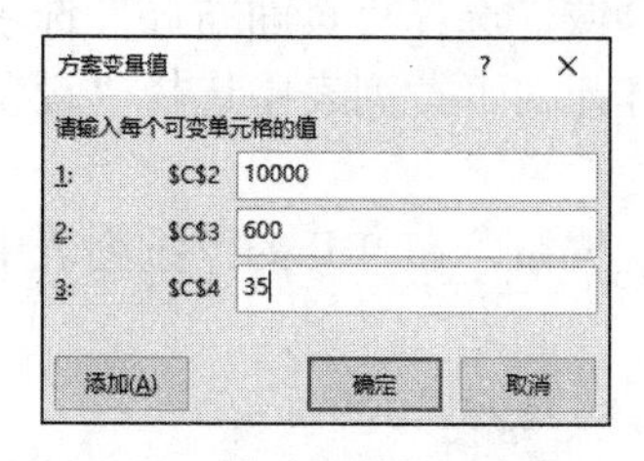

图 12-22　设置第 1 个方案“需求下降”的变量值

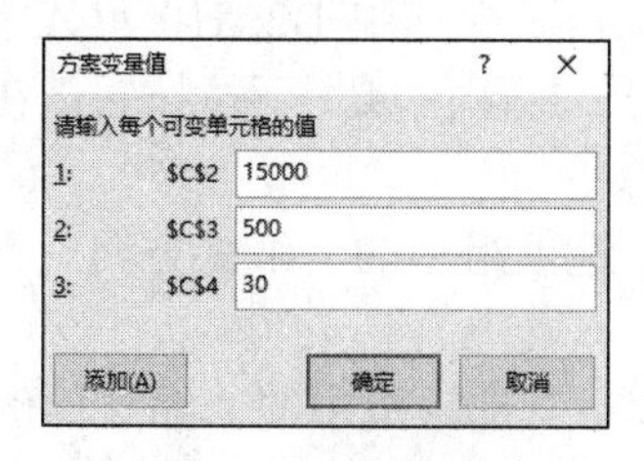

图 12-23　设置第 2 个方案“需求持平”的变量值

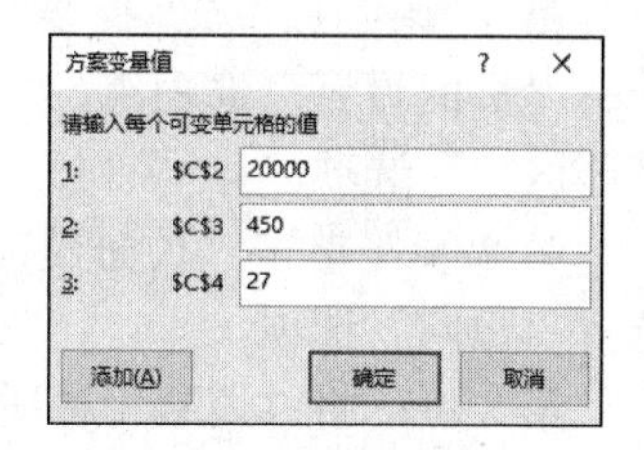

图 12-24　设置第 3 个方案“需求上升”的变量值

第 5 步：单击“确定”按钮，返回“方案管理器”对话框，选择“方案”列表框中的“需求持平”方案，单击“显示”按钮，单击“关闭”按钮，关闭对话框窗口。

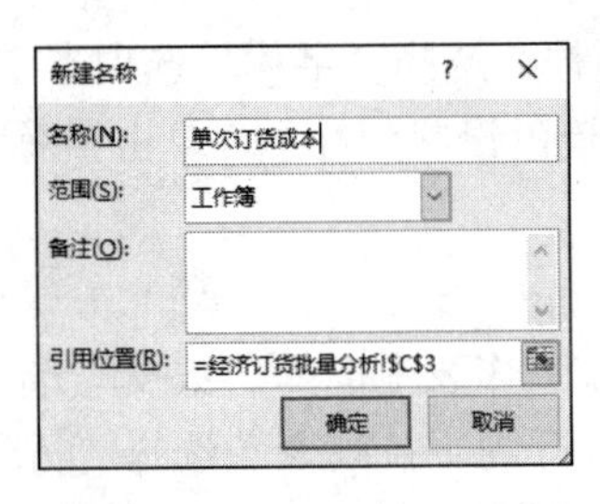

图 12-25 “新建名称”对话框

【第 11）题解题步骤】

第 1 步：在“经济订货批量分析”工作表中选中 C2 单元格，在“名称框”文本框中输入“年需求量”，按 Enter 键确认。

第 2 步：选中 C3 单元格，选择“公式”选项卡→“定义的名称”选项组，单击“定义名称”按钮，弹出“新建名称”对话框，在“名称”文本框中输入“单次订货成本”，如图 12-25 所示，单击“确定”按钮。

第 3 步：选中 C4 单元格，选择“公式”选项卡→“定义的名称”选项组，单击“定义名称”按钮，弹出“新建名称”对话框，在“名称”文本框中输入“单位年储存成本”，单击“确定”按钮。

第 4 步：选中 C5 单元格，选择“公式”选项卡→“定义的名称”选项组，单击“定义名称”按钮，弹出“新建名称”对话框，在“名称”文本框中输入“经济订货批量”，单击“确定”按钮。

【第 12）题解题步骤】

第 1 步：在“经济订货批量分析”工作表中选中 C5 单元格，选择“数据”选项卡→“数据工具”选项组，单击“模拟分析”下拉按钮，在打开的下拉列表中选择“方案管理器”选项，弹出“方案管理器”对话框，单击“摘要”按钮，弹出“方案摘要”对话框，选中 C5 单元格，如图 12-26（a）所示，单击“确定”按钮。

第 2 步：将新生成的“方案摘要”工作表移动到“经济订货批量分析”工作表右侧，如图 12-26（b）所示。

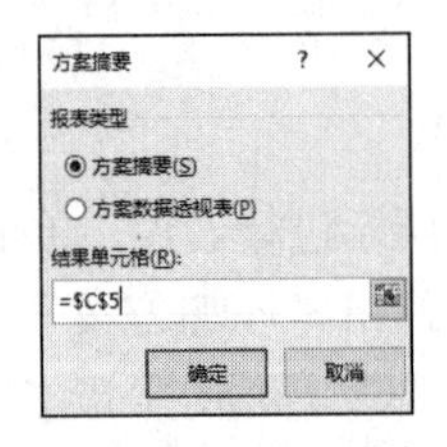

（a）“方案摘要”对话框

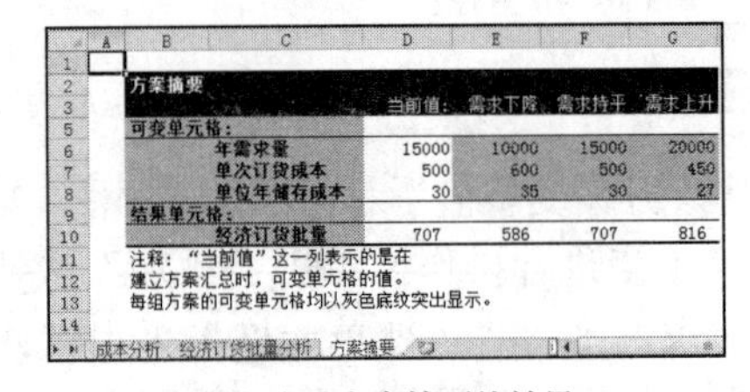

方案摘要		当前值:	需求下降	需求持平	需求上升
可变单元格:					
	年需求量	15000	10000	15000	20000
	单次订货成本	500	600	500	450
	单位年储存成本	30	35	30	27
结果单元格:					
	经济订货批量	707	586	707	816

注释：“当前值”这一列表示的是在
建立方案汇总时，可变单元格的值。
每组方案的可变单元格均以灰色底纹突出显示。

（b）生成方案摘要的效果

图 12-26 生成方案摘要

【第 13）题解题步骤】

第 1 步：在“方案摘要”工作表中选中 B2:G10 单元格区域，选择“页面布局”选项卡→“页面设置”选项组，单击“打印区域”下拉按钮，在打开的下拉列表中选择“设置打印区域”选项。

第 2 步：单击“页面设置”选项组中的“纸张方向”下拉按钮，在打开的下拉列表中选择“横向”选项。

第 3 步：将“调整为合适大小”选项组中的“缩放比例”调整为“200%”。

第 4 步：单击“页面设置”选项组右下角的对话框启动器，弹出“页面设置”对话框，选择“页边距”选项卡，选中“居中方式”组中的“水平”和“垂直”复选框，如图 12-27 所示。

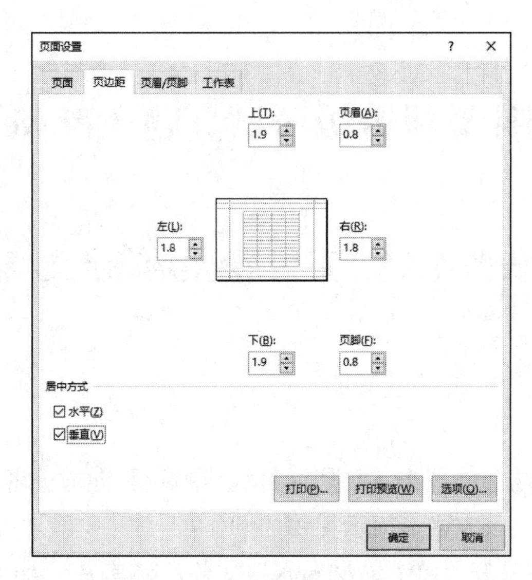

图 12-27　设置居中方式

第 5 步：选择“页眉/页脚”选项卡，单击“自定义页眉”按钮，弹出“页眉”对话框，在“中”文本框中输入“不同方案比较分析”，如图 12-28 所示，单击“确定”按钮，返回“页眉/页脚”选项卡中。

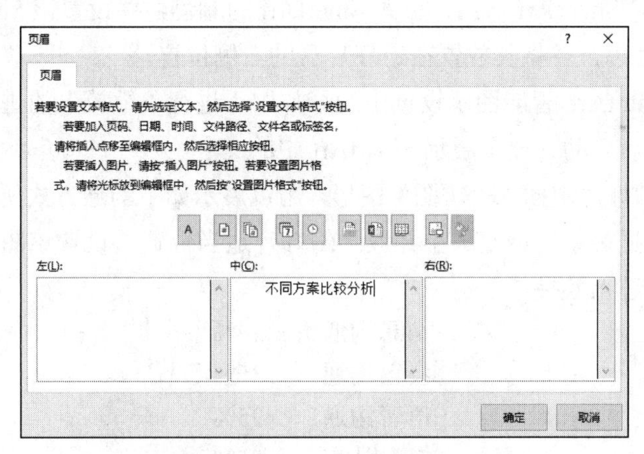

图 12-28　输入页眉“不同方案比较分析”

第 6 步：选择“页边距”选项卡，在“页眉”文本框中输入“3”，单击“确定”按钮。

第 7 步：单击快速访问工具栏中的“保存”按钮，关闭所有文档。

项目 13　全国计算机等级考试真题（PowerPoint 部分）

任务 13.1　宣传展示类演示文稿

题目要求

在会议开始前，市场部助理小王希望通过大屏幕投影向与会者自动播放本次会议传递的办公理念，按照如下要求完成该演示文稿的制作。

1）在考试文件夹下打开“PPT 素材.pptx”文件，将其另存为“PPT.pptx”（“.pptx”为扩展名），之后所有的操作均基于此文件，否则不得分。

2）将演示文稿中第 1 页幻灯片的背景图片应用到第 2 页幻灯片。

3）将第 2 页幻灯片中的“信息工作者”“沟通”“交付”“报告”“发现”5 段文字内容转换为“射线循环”SmartArt 布局，更改 SmartArt 的颜色，并设置该 SmartArt 样式为“强烈效果”。调整其大小，并将其放置在幻灯片页的右侧位置。

4）为上述 SmartArt 智能图示设置由幻灯片中心进行“缩放”的进入动画效果，并要求上一动画开始之后自动、逐个展示 SmartArt 中的文字。

5）在第 5 页幻灯片中插入“饼图”图形，用以展示如下沟通方式所占的比例。为饼图添加系列名称和数据标签，调整大小并放于幻灯片适当位置。设置该图表的动画效果为按类别逐个扇区上浮进入效果。

消息沟通	24%
会议沟通	36%
语音沟通	25%
企业社交	15%

6）将文档中的所有中文文字字体由“宋体”替换为“微软雅黑”。

7）为演示文档中的所有幻灯片设置不同的切换效果。

8）将考生文件夹中的“BackMusic.mid”声音文件作为该演示文档的背景音乐，并要求在幻灯片放映时即开始播放，至演示结束后停止。

9）为了实现幻灯片可以在展台自动放映，设置每页幻灯片的自动放映时间为 10 秒。

操作步骤

【第 1）题解题步骤】

在考试文件夹下打开“PPT 素材”文件（一般情况下扩展名.pptx 不显示），选择“文件”→“另存为”命令，弹出“另存为”对话框中，输入文件名为“PPT”，单击“确定”按钮（注意检查保存路径是否在考试文件夹下），此时窗口的标题栏中间显示 PPT，操作完成。

还有一种操作方法：直接在考试文件夹下选中“PPT 素材”文件，右击，在弹出的快捷菜单中选择“复制”命令，然后在当前文件夹下右击，选择“粘贴”命令，将复制好的“PPT 素材-副本”文件名修改为“PPT”，最后打开 PPT 文件即可。

【第 2）题解题步骤】

第 1 步：在第 1 页幻灯片的背景上任意位置右击，弹出如图 13-1 所示的快捷菜单，选择“保存背景”命令，弹出“保存背景”对话框，选择保存位置并输入文件名（最好选择保存在考试文件夹下，文件名为“背景”），单击“保存”按钮。

第 2 步：选中第 2 页幻灯片，右击，弹出的快捷菜单中选择“设置背景格式”命令，弹出“设置背景格式”参数设置区域，选中“图片或纹理填充”单选按钮，如图 13-2 所示，单击“文件”按钮，弹出“插入图片”对话框，选择第 1 步保存的图片文件，单击“插入”按钮，即可完成背景图片的应用。

图 13-1　右键快捷菜单

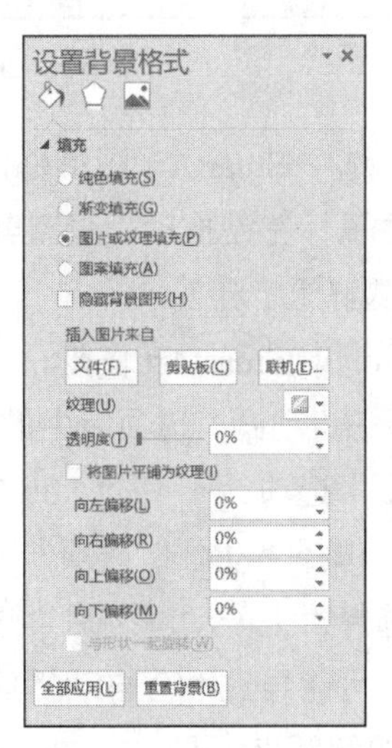

图 13-2　“设置背景格式”参数设置区域

【第 3）题解题步骤】

第 1 步：选中第 2 页幻灯片中的“信息工作者”“沟通”“交付”“报告”“发现”5 段文字，右击，在弹出的快捷菜单中选择“转换为 SmartArt”→“其他 SmartArt 图形”命令，弹出“选择 SmartArt 图形”对话框，选择“循环”中的“射线循环”SmartArt 布局，如图 13-3 所示，单击“确定”按钮。

第 2 步：更改 SmartArt 图形的颜色。选择“SmartArt 工具-设计”选项卡→“SmartArt 样式”选项组，单击“更改颜色”下拉按钮，在打开的下拉列表中选择“彩色”中的第 1 个（彩色-个性色），然后选择“SmartArt 样式”组中的第 5 个图示（强烈效果），如图 13-4 所示。

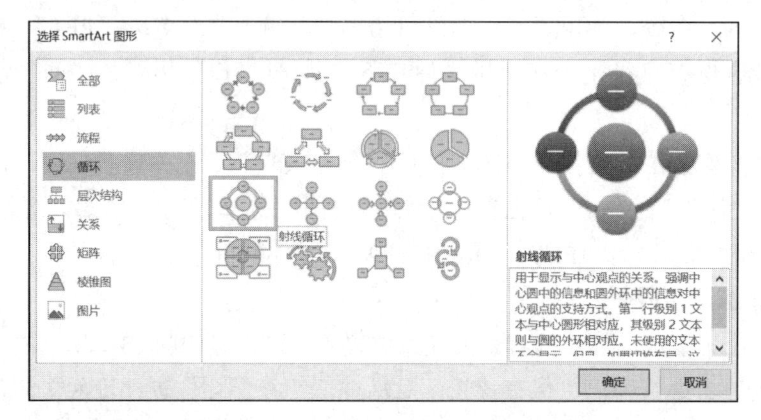

图 13-3　设置 SmartArt 图形布局

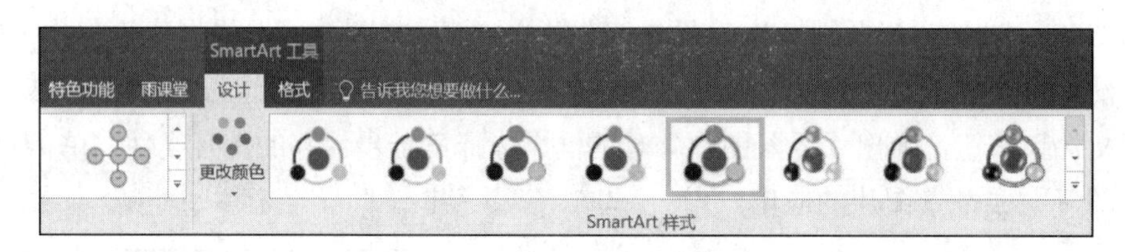

图 13-4　更改 SmartArt 图形的颜色

第 3 步：选中 SmartArt 图形框，将鼠标指针移到图形框的右下角位置，待其变成双向箭头后，按住鼠标左键拖动，调整其大小，最后将其拖曳到幻灯片右侧。

【第 4）题解题步骤】

第 1 步：选中 SmartArt 图形，选择“动画”选项卡→“动画”选项组，选择“缩放”动画效果；单击“动画”选项组中的“效果选项”下拉按钮，在打开的下拉列表中选择“序列”→“逐个”选项。

第 2 步：选择“动画”选项卡→“计时”选项组，单击“开始”下拉按钮，在打开的下拉列表中选择“上一动画之后”选项。最后放映该页幻灯片，检查动画效果，如果操作顺序不正确，可能导致不会自动播放全部图形。

【第 5）题解题步骤】

第 1 步：选中第 5 页幻灯片，选择“插入”选项卡→“插图”选项组，单击“图表”按钮，弹出“插入图表”对话框，选择“饼图”图表类型，单击“确定”按钮。在打开的 Excel 工作表中输入数据（沟通方式、比例；消息沟通、24%；会议沟通、36%；语音沟通、25%；企业社交、15%），即可生成所需的图表，如图 13-5 所示。最后关闭打开的 Excel 工作表。

第 2 步：选择“图表工具-设计”选项卡→“图表布局”选项组，选择“布局 6”，数据标签就会显示在图上，但是右侧图例看不到文字部分，这是由于字体颜色是白色。选中图例项，选择“开始”选项卡→“字体”选项组，修改字体颜色为黑色，完成后的效果如图 13-6 所示。

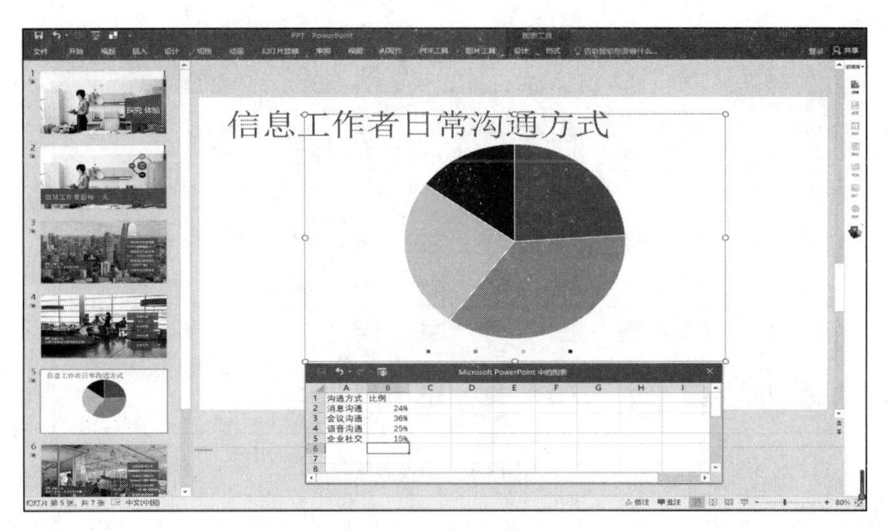

图 13-5　插入图表

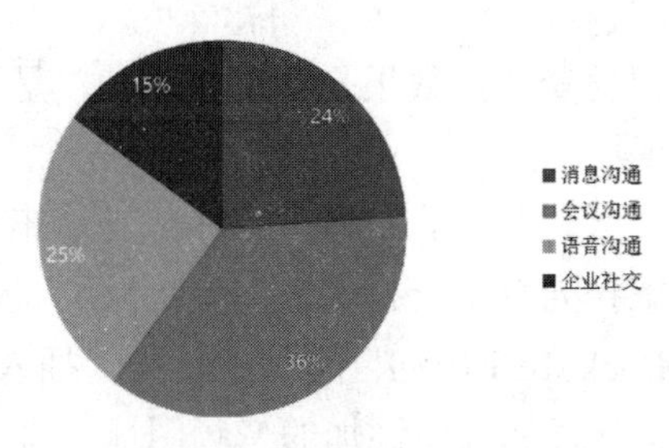

图 13-6　修改后的图表效果

第 3 步：设置该图表的动画效果为按类别逐个扇区上浮进入效果。选中图表，选择“动画”选项卡→“动画”选项组，选择“浮入”动画效果。单击“动画”选项组中的“效果选项”下拉按钮，在打开的下拉列表中选择“序列”→“按类别”选项。选择“动画”选项卡→“计时”选项组，单击“开始”下拉按钮，在打开的下拉列表中选择“上一动画之后”选项。最后放映该页幻灯片，检查动画效果是否正确。

【第 6）题解题步骤】

选择“开始”选项卡→“编辑”选项组，单击“替换”下拉按钮，在打开的下拉列表中选择“替换字体”选项，弹出“替换字体”对话框，在“替换”下拉列表中选择“宋体”，在“替换为”下拉列表中选择“微软雅黑”，如图 13-7 所示，单击“替换”按钮，这时会发现标题等文字字体变成了“微软雅黑”，单击“关闭”按钮。

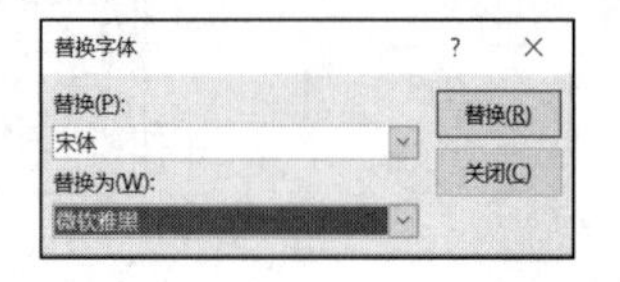

图 13-7　“替换字体”对话框

【第 7）题解题步骤】

选中幻灯片后，在“切换”选项卡“切换到此幻灯片”选项组中有细微型、华丽型、动态内容 3 大类 30 多种切换效果，如图 13-8 所示。读者可以根据喜好选择，为确保所有幻灯片都设置不同的切换效果，建议按顺序选择切换效果，不要使用“全部应用”功能。

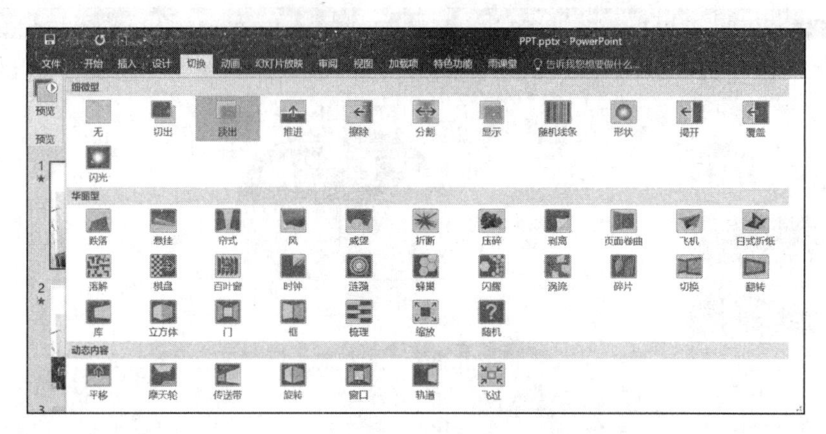

图 13-8　切换效果

选中第 1 页幻灯片，选择“切换”选项卡→“切换到此幻灯片”选项组，选择“切出”切换效果。

按照上述操作方法，依次为第 2～7 页幻灯片设置“淡出”“推进”“擦除”“分割”“显示”“随机线条”切换效果。

最后放映幻灯片，检查切换效果是否设置成功，是否有重复。

【第 8）题解题步骤】

第 1 步：选择第 1 页幻灯片，选择“插入”选项卡→“媒体”选项组，单击“音频”下拉按钮，在打开的下拉列表中选择“PC 上的音频”选项，弹出“插入音频”对话框，选择考试文件夹中的“BackMusic.mid”文件，单击“插入”按钮，即可插入音频文件。

第 2 步：设置音频选项。选中添加的音频图标，选择“音频工具-播放”选项卡→“音频选项”选项组，将其中多个选项按照图 13-9 所示进行设置。选择“开始”下拉列表中的“自动”以及“跨幻灯片播放”复选框，这是为了保证幻灯片放映时音频文件会自动播放，而且切换幻灯片时音频文件仍会继续播放；选中“循环播放，直到停止”复选框，可以保证播放音乐不受音频文件长度的限制，避免幻灯片放映中背景音乐提前结束；选中“放映时隐藏”复选框，主要是为了在放映时第 1 页幻灯片上不出现音频图标，以免影响美观。

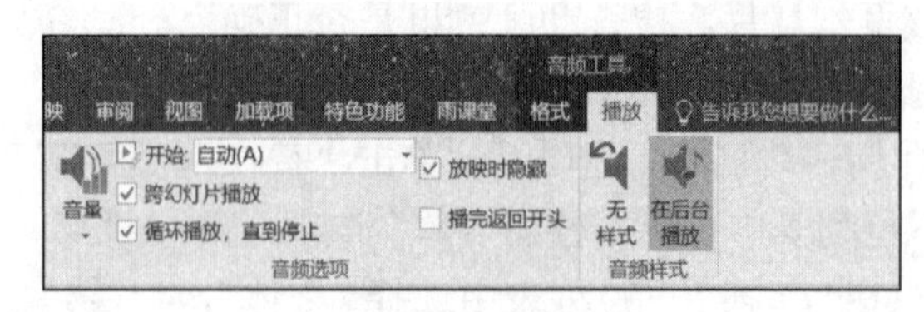

图 13-9　设置音频选项

【第 9）题解题步骤】

第 1 步：选中第 1 页幻灯片，选择“切换”选项卡→“计时”选项组，选中“设置自动换片时间”复选框，并在后面的文本框中输入“00:10.00”，如图 13-10 所示，表示每页幻灯片放映 10 秒后会自动换片。

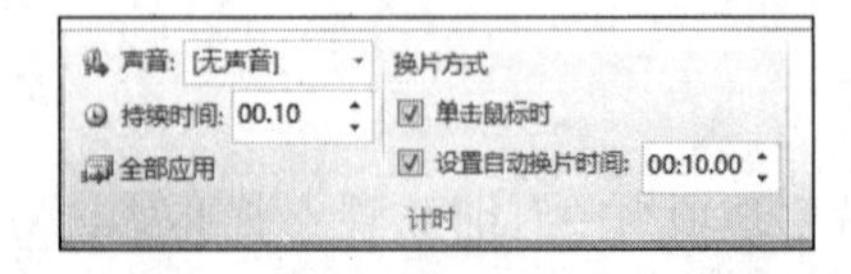

图 13-10　切换计时

第 2 步：采用同样的方法依次为第 2～7 页幻灯片设置自动换片时间。最后放映幻灯片，检查幻灯片是否会自动放映。

全部操作完成后，保存演示文稿。

任务 13.2　培训课件类演示文稿

题目要求

某学校初中二年级五班的物理老师要求学生两人一组制作一份物理课件。小曾与小张自愿组合，他们制作完成的第一章后三节内容见文档“第 3-5 节.pptx”，前两节内容存放在文件“第 1-2 节.pptx”中。小张需要按下列要求完成课件的整合制作。

1）为演示文稿“第 1-2 节.pptx”指定一个合适的设计主题，为演示文稿“第 3-5 节.pptx”指定另一个设计主题，两个主题应不同。

2）将演示文稿“第 3-5 节.pptx”和“第 1-2 节.pptx”中的所有幻灯片合并到“物理课件.pptx”中，要求所有幻灯片保留原来的格式。以后的操作均在“物理课件.pptx”文档中进行。

3）在“物理课件.pptx”的第 3 页幻灯片之后插入一张版式为“仅标题”的幻灯片，输入标题文字“物质的状态”，在标题下方制作一张射线列表式关系图，样例参考“关系图素材及样例.docx”，所需图片在考试文件夹中。为该关系图添加适当的动画效果，要求同一级别的内容同时出现，不同级别的内容先后出现。

4）在第 6 页幻灯片后插入一张版式为“标题和内容”的幻灯片，在该页幻灯片中插入与素材“蒸发和沸腾的异同点.docx”文档中相同的表格，并为该表格添加适当的动画效果。

5）将第 4 页、第 7 页幻灯片分别链接到第 3 页、第 6 页幻灯片的相关文字上。

6）除标题页外，为幻灯片添加编号及页脚，页脚内容为“第一章　物态及其变化”。

7）为幻灯片设置适当的切换方式，以丰富放映效果。

操作步骤

【第 1）题解题步骤】

第 1 步：在考试文件夹下打开“第 1-2 节.pptx”文件，选择“设计”选项卡→“主题”选项组，本题目没有要求具体的主题，可根据自己的喜好选择，这里选择“丝状”主题，如图 13-11 所示，保存演示文稿。

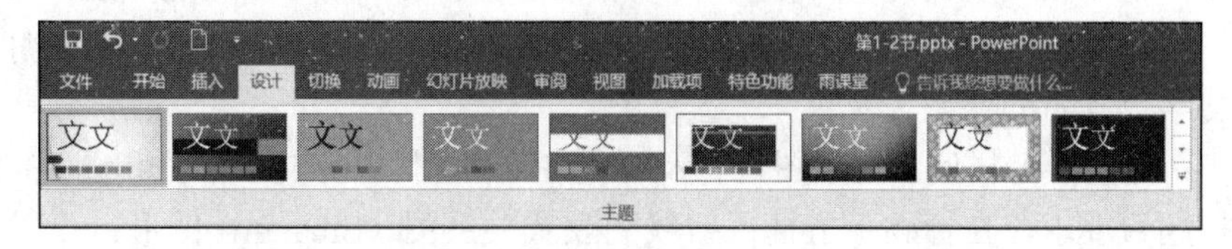

图 13-11　选择“丝状”主题

第 2 步：参照第 1 步的操作，为演示文稿“第 3-5 节.pptx”指定“平面”主题，保存演示文稿。

【第 2）题解题步骤】

第 1 步：在考试文件夹下空白处右击，在弹出的快捷菜单中选择“新建”→“Microsoft PowerPoint 演示文稿”命令，修改文件名为“物理课件”，双击打开演示文稿“物理课件.pptx”。

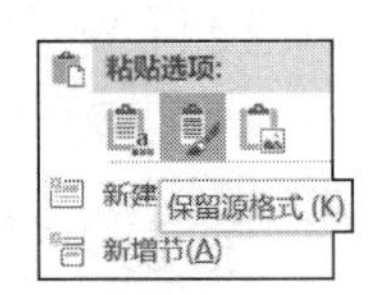

图 13-12　粘贴幻灯片

第 2 步：打开演示文稿“第 1-2 节.pptx”，将光标放置在左侧切换窗口内，按 Ctrl＋A 组合键选中所有幻灯片，按 Ctrl＋C 组合键复制所有幻灯片。回到演示文稿“物理课件.pptx”窗口，在左侧切换窗口中右击，在弹出的快捷菜单中选择“粘贴选项”→“保留源格式”命令，如图 13-12 所示，完成粘贴。

第 3 步：打开演示文稿“第 3-5 节.pptx”，将光标放置在左侧切换窗口内，按 Ctrl＋A 组合键选中所有幻灯片，按 Ctrl＋C 组合键复制所有幻灯片。回到演示文稿“物理课件.pptx”窗口，在左侧切换窗口中最后一页幻灯片的后面右击，在弹出的快捷菜单选择“粘贴选项”→“保留源格式”命令，完成粘贴。

完成合并后的“物理课件.pptx”演示文稿在幻灯片浏览视图下的效果如图 13-13 所示，这时可以将其他 2 个演示文稿关闭。

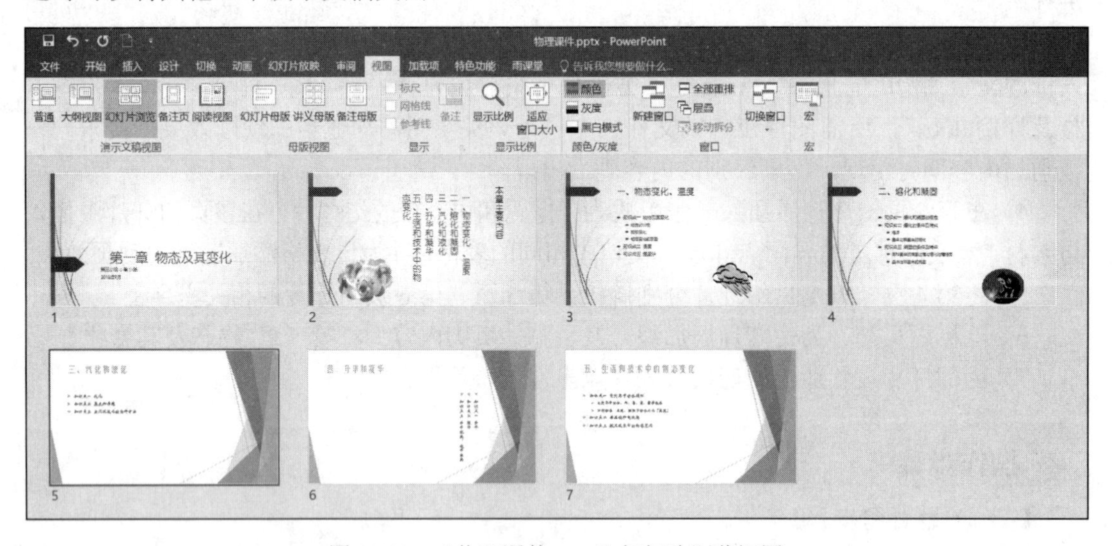

图 13-13　“物理课件.pptx”幻灯片浏览视图

【第 3）题解题步骤】

第 1 步：选中第 3 页幻灯片，选择“开始”选项卡→“幻灯片”选项组，单击“新建幻灯片”下拉按钮，在打开的下拉列表中选择“仅标题”版式，在新插入的幻灯片的标题框中输入文字“物质的状态”。

第 2 步：打开参考样例“关系图素材及样例.docx”，其中有文字部分和图 13-14 所示的图片。分析题目要求，在标题下方插入射线列表式关系图（SmartArt 图形）。

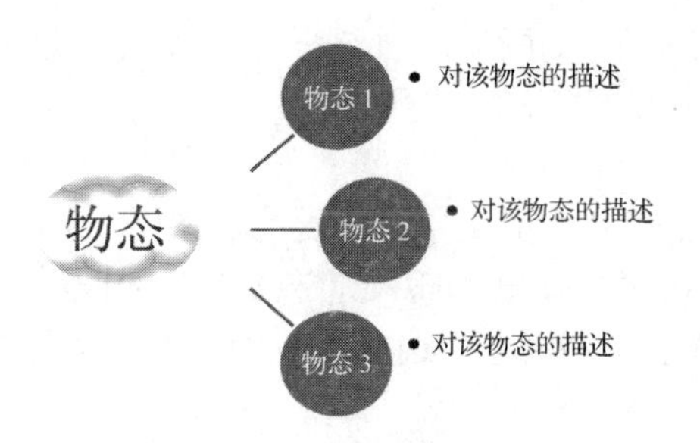

图 13-14　样例中的图片

单击第 4 页幻灯片的空白处，选择“插入”选项卡→“插图”选项组，单击 SmartArt 按钮，弹出“选择 SmartArt 图形”对话框，选择“关系”→“射线列表”SmartArt 布局，如图 13-15 所示，单击“确定”按钮。

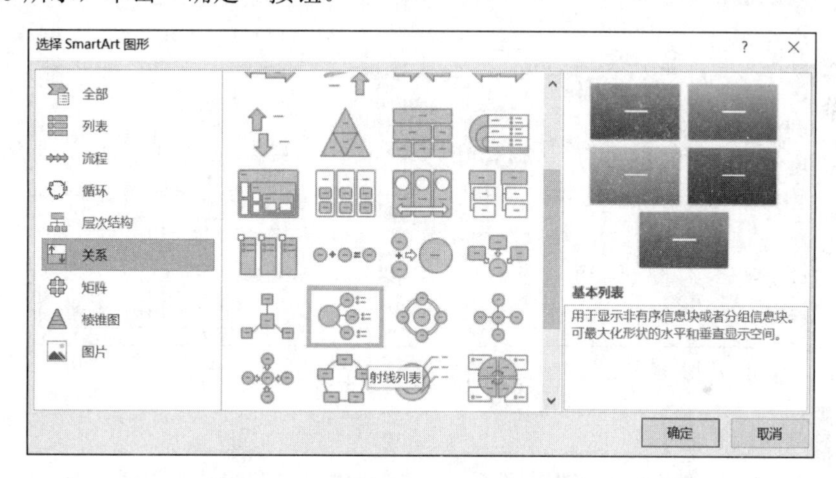

图 13-15　“选择 SmartArt 图形”对话框

第 3 步：参照图 13-14，在 SmartArt 图形对应位置中输入文字；也可以打开文本窗格，将 Word 中的文字复制粘贴到文本窗格中，按层次级别调整文字内容。单击最前面圆圈里的图片占位符，弹出“插入图片”对话框，选择考试文件夹里的“物态图片”文件即可。

第 4 步：选中 SmartArt 图形，选择“动画”选项卡→“动画”选项组，选择“飞入”动画效果。单击“动画”选项组中的“效果选项”下拉按钮，在打开的下拉列表中选择“序列”→“一次级别”选项。最后放映该页幻灯片，检查动画效果。

【第 4）题解题步骤】

第 1 步：选中第 6 页幻灯片，选择“开始”选项卡→“幻灯片”选项组，单击“新建幻灯片”下拉按钮，在打开的下拉列表中选择“标题和内容”版式。

第 2 步：打开“蒸发和沸腾的异同点.docx”文档，先选中文字“蒸发和沸腾的异同点”并复制，然后在新插入幻灯片的标题框中粘贴。

先在 Word 中单击表格左上角的图标，选中整个表格，然后复制，回到幻灯片中，在空白处右击，在弹出的快捷菜单中选择“粘贴选项”→“保留源格式”命令，如图 13-16 所示。插入的表格和 Word 里的表格完全相同。

粘贴选项:
保留源格式 (K)

图 13-16　粘贴选项

第 3 步：选中表格，选择“动画”选项卡→“动画”选项组，选择“放大/缩小”动画效果。最后放映该页幻灯片，检查动画效果。

【第 5）题解题步骤】

第 1 步：选中第 3 页幻灯片中的文字“物质的状态”，选择“插入”选项卡→“链接”选项组，单击“超链接”按钮，弹出“插入超链接”对话框，选择“本文档中的位置”选项，在“请选择文档中的位置”列表框中选择“4. 物质的状态”，如图 13-17 所示，单击“确定”按钮。

第 2 步：参照上述操作方法，将第 7 页幻灯片链接到第 6 页幻灯片的文字“蒸发和沸腾”上。

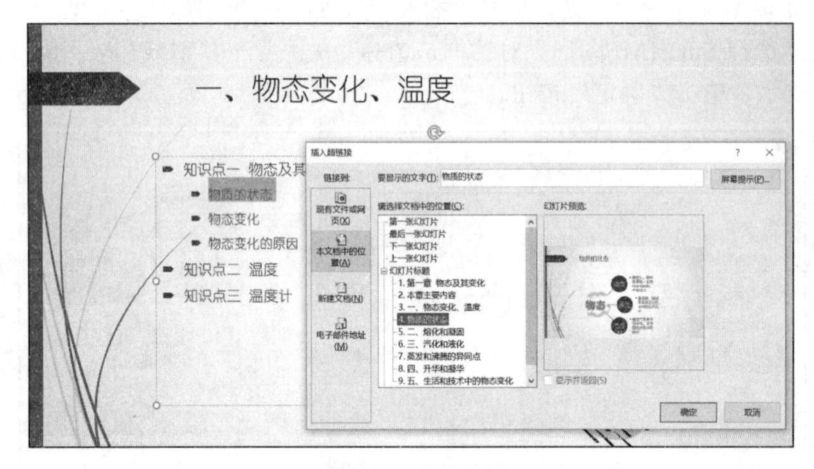

图 13-17 设置超链接

【第 6）题解题步骤】

选择“插入”选项卡→“文本”选项组，单击“页眉和页脚”按钮，弹出“页眉和页脚”对话框，选中“幻灯片编号”和“标题幻灯片中不显示”复选框，选中“页脚”复选框并在文本框中输入“第一章 物态及其变化”，如图 13-18 所示。单击“全部应用”按钮，完成操作。切记这里单击的是“全部应用”按钮，如果单击“应用”按钮，则只对当前页幻灯片有效。

图 13-18 “页眉和页脚”对话框

【第 7）题解题步骤】

选中幻灯片后，在“切换”选项卡“切换到此幻灯片”选项组中有细微型、华丽型、动态内容 3 大类 30 多种切换效果，读者可以根据喜好选择。

选中第 1 页幻灯片，选择“切换”选项卡→“切换到此幻灯片”选项组，选择“推进”切换效果。单击“计时”选项组中的“全部应用”按钮，所有幻灯片都设置成“推进”切换效果。可任意挑选几页幻灯片，设置“擦除”“分割”“显示”“随机线条”等切换效果。

最后放映幻灯片，检查切换效果是否设置成功。

全部操作完成后，保存演示文稿。

参考文献

陈承欢，聂立文，杨兆辉，2018．办公软件高级应用任务驱动教程（Windows 10+Office 2016）[M]．北京：电子工业出版社．

苟燕，2021．Office 办公软件高级修炼[M]．北京：科学出版社．

何兰，喻小萍，2022．Office 2016 高级应用案例教程：视频指导版[M]．北京：人民邮电出版社．

教育部考试中心，2022．全国计算机等级考试二级教程——MS Office 高级应用与设计（2022 年版）[M]．北京：高等教育出版社．

教育部考试中心，2022．全国计算机等级考试二级教程——MS Office 高级应用与设计上机指导（2022 版）[M]．北京：高等教育出版社．

谢华，冉洪艳，2017．Office 2016 高效办公应用标准教程[M]．北京：清华大学出版社．